Die Grundstrukturen
einer physikalischen Theorie

Günther Ludwig

Die Grundstrukturen einer physikalischen Theorie

Zweite,
überarbeitete und erweiterte Auflage

Springer-Verlag

Berlin Heidelberg New York
London Paris Tokyo
Hong Kong Barcelona

Professor Dr. Günther Ludwig
Fachbereich Physik der Philipps-Universität
Renthof 7, D-3550 Marburg

CIP-Titelaufnahme der Deutschen Bibliothek
Ludwig, Günther:
Die Grundstrukturen einer physikalischen Theorie /
Gunther Ludwig. – 2., überarb. u. erw. Aufl. –
Berlin ; Heidelberg ; New York ; London ; Paris ; Tokyo ; Hong Kong ; Barcelona : Springer, 1990
ISBN-13: 978-3-642-75790-7   e-ISBN-13: 978-3-642-75789-1
DOI: 10.1007/ 978-3-642-75789-1

Der Inhalt wurde mit Hilfe der Springer T_EX-Makropakete erfaßt.

2155/3140-543210 – Gedruckt auf säurefreiem Papier

Vorwort zur zweiten Auflage

In der vorliegenden zweiten Auflage konnten im Vergleich zur ersten Auflage nicht nur viele Stellen verbessert werden, sondern auch einige ungeklärte Probleme gelöst werden (siehe §§ 7, 9.3, 9.4, 10). Dazu haben viele Diskussionen beigetragen, die ich nach dem Erscheinen der ersten Auflage mit den Herren W. Balzer und E. Scheibe hatte, wofür ich herzlich danke (siehe auch [32], Seite 55). In [32] erschienen auch erste Verbesserungsergebnisse. Herrn E. Scheibe möchte ich besonders für viele Artikel danken, in denen er die hier dargestellte Strukturanalyse mit den Vorstellungen anderer Autoren vergleicht.

Mit Anwendungen auf die Quantenmechanik wurden die wichtigsten Ergebnisse der hier in der zweiten Auflage verbesserten Analyse in [20] XIII kurz skizziert.

Die zweite Auflage erscheint gleichzeitig in einer französischen Übersetzung. Herrn G. Thurler schulde ich nicht nur hierfür unermeßlichen Dank, denn er hat außerdem noch die mühevolle Aufgabe übernommen, sowohl den deutschen wie den französischen Text druckfertig herzustellen. Durch viele Diskussionen in Marburg konnten nicht nur Probleme der Übersetzung geklärt, sondern auch manche Verbesserungen des deutschen Textes vorgenommen werden.

Was die Entstehung und Zielsetzung dieses Buches betrifft, kann ich fast wörtlich die Ausführungen aus dem Vorwort zur ersten Auflage übernehmen.

Marburg, Januar 1990   G. Ludwig

Vorwort zur ersten Auflage

Die vorliegende Darstellung entstand aus einer Überarbeitung und Erweiterung des Kapitels II aus [22]. Diesem war ein Preprint vorangegangen, der an einige Teilnehmer einer Tagung in Salzburg [24] verteilt wurde, wobei ich auch Gelegenheit hatte, über das Grundkonzept, wie es sich in der Kurzform $\mathcal{PT} = \mathcal{MT}(—)\mathcal{W}$ ausdrückt (siehe § 2), zu diskutieren.

Wie aus [22] hervorgeht, war der Anlaß zu der hier dargelegten Strukturanalyse einer physikalischen Theorie eine neue Grundlegung der Quantenmechanik, bei der es erstens keine Schwierigkeiten in der Interpretation geben sollte und bei der zweitens sowohl die Realität wie die Struktur der Mikrosysteme „herauskommen" und nicht „hineingesteckt" werden sollte. Die zentralen Punkte dieser Grundlegung wurden das, was in § 7.4 eine *axiomatische Basis* einer physikalischen Theorie genannt wird und was in § 10.9 als Bilder *realer Strukturarten* eingeführt wird. Wer einen kurzen Einblick in diese Grundlegung der Quantenmechanik wünscht, ohne einen mathematisch langwierigen Weg zu gehen, sei auf [1] XVI und XIII und auf [23] verwiesen. Eine exaktere Darstellung wird in [20] und [3] gegeben (siehe auch [22]).

Seit dem Erscheinen von [22] sind auch andere formalisierende Ansätze gemacht worden [25], um bestimmte Probleme in der Physik wie den Zusammenhang verschiedener Theorien (siehe § 9) und die Einführung physikalischer Begriffe zu klären (siehe § 10.9). Um den Umfang des vorliegenden Buches nicht unnötig anschwellen zu lassen und auch um nicht durch das Nebeneinander verschiedener Vorstellungen den Leser zu verwirren, ist darauf verzichtet worden, die hier dargestellte Strukturanalyse mit den Vorstellungen anderer Autoren zu vergleichen. Ich glaube sogar, daß es fairer ist, einen solchen Vergleich durch den Leser durchführen zu lassen, da ich selber zu leicht in Gefahr geraten würde, meinen Standpunkt über Gebühr zu verteidigen und eventuell die anderen Standpunkte mißzuverstehen.

Nur eines sei betont: Die hier gegebene Strukturanalyse einer physikalischen Theorie will weniger den momentanen Zustand der Physik schildern als vielmehr gerade dazu anregen, diesen Zustand zu *ändern*. Der Verfasser ist der Meinung, daß alle die vielen schwierigen Probleme der Physik wie die Beziehungen zwischen verschiedenen Theorien, die Interpretation physikalischer Theorien wie die Einführung physikalischer Begriffe nur dann lösbar sind, wenn die einzelnen Theorien in der Form einer axiomatischen Basis vorliegen (siehe § 7.4).

Da die „übliche" Form der Quantenmechanik mit ihren ungeklärten sogenannten „Grundbegriffen" wie Mikrosystem (z. B. Elektron), Zustand, Observable alles andere als eine axiomatische Basis ist, hat der Verfasser versucht, eine „einfache axiomatische Basis" (im Sinne von § 7.4) zu entwickeln [20]. Dies auch für andere Theorien durchzuführen, ist eine Aufforderung. Daß dies möglich sei, wird nicht in § 7.4 bewiesen. Der Verfasser hat aber die Überzeugung, daß dies für alle Theorien möglich ist, zumindest wenn man zu einer umfangreicheren Theorie übergeht. Jede andere Form einer Theorie würde der Verfasser nur als meist „sehr brauchbare" Provisorien ansehen. Solche Provisorien können sehr wichtig, ja unabdingbar sein in bezug auf die Entwicklung einer Theorie. So wird also die einfache axiomatische Basis fast immer erst am Ende einer Entwicklung stehen, um die begriffliche Struktur einer Theorie zu klären. Außer für die Quantenmechanik sind ähnliche Untersuchungen für die Thermodynamik [26] und die spezielle wie allgemeine Relativitätstheorie [15] durchgeführt worden.

Im Sinne einer Aufforderung beansprucht die ganze hier dargestellte Analyse keine Endgültigkeit, sondern will vielmehr anregen, weiter danach zu streben, die hier dargestellten Grundideen auszubauen. Ein solcher Ausbau könnte dann einen wichtigen Beitrag dazu darstellen, neben dem historischen Entwicklungsprozeß der Physik auch den „bleibenden und wachsenden" Kern physikalischer Erkenntnisse von realen Strukturen der Welt herauszuarbeiten. Sollte dieses Buch tatsächlich zu einem solchen Ausbau anregen, so hätte es den vom Verfasser beabsichtigten Zweck erfüllt.

Dem Sinn einer Aufforderung entspricht es auch, wenn in dem nachfolgenden Text unterlaufene Fehler korrigiert werden. Der Verfasser ist überzeugt, daß sich eventuelle Fehler korrigieren lassen, ohne die Grundidee in Frage zu stellen, da diese Grundidee nichts anderes ist als das, wonach die Physiker intuitiv beim Aufstellen ihrer Theorien strebten.

Marburg, Juli 1977   G. Ludwig

Inhaltsverzeichnis

Anlaß und Zweck der Untersuchungen

In diesem Buch sollen einige allgemeine Betrachtungen über den Aufbau einer physikalischen Theorie dargestellt werden. Der Anlaß für die Entwicklung einer solchen Analyse des Aufbaus einer physikalischen Theorie war die Tatsache, daß die Quantenmechanik das intuitive Vorgehen bei der Entwicklung physikalischer Theorien in Frage gestellt hat. Ebenso fragwürdig sind alle Aussagen darüber geworden, was und wie „in Wirklichkeit" die Atome sind.

Gerade der übliche Versuch, die Quantenmechanik mit Hilfe des Korrespondenzprinzips und der Begriffe *Observable* und *Wahrscheinlichkeit* systematisch zu begründen (siehe z. B. [1] XI § 1.7 und [4]), zeigt deutlich die Schwierigkeiten, die einer Formulierung und physikalischen Interpretation einer Theorie sogenannter Mikroobjekte im Wege stehen.

Aber auch die über 40jährige Geschichte der Quantenmechanik hat zum Trotz vieler Begründungs- und Interpretationsversuche die Diskussion um die Quantenmechanik nicht zur Ruhe kommen lassen. Daher ist es, wenn man eine neue Grundlegung der Quantenmechanik will (siehe [3] und [20]), einfach der Ehrlichkeit halber notwendig, sich über die Aussageformen der Physik kritisch klar zu werden. „Der Physik", das mag so scheinen, als ob es gar keine Meinungsverschiedenheiten darüber geben könnte, was eigentlich Physik, insbesondere „theoretische Physik", ist. Aber gerade weil sich der Verfasser dessen bewußt ist, daß bei jedem Aufbau einer Wissenschaft „Vorentscheidungen" eingehen, die nicht von allen in gleicher Weise geteilt werden, ist es eben ehrlich, diese Vorentscheidungen so gut als möglich zu formulieren und zu benennen, nicht um damit andere Vorstellungen von der Physik als Wissenschaft als unsinnig oder als „Denkfehler" abzutun, sondern um erstens zu zeigen, daß es keinen Aufbau einer Wissenschaft ohne Vorentscheidungen gibt, und um zweitens darzulegen, so hofft es wenigstens der Verfasser, daß der hier vorgeschlagene Weg *eine* Möglichkeit ist, um die Physik als Wissenschaft immer besser zu verstehen.

Es mag für diesen Zweck überflüssig erscheinen, daß in diesem Buch zunächst ein formaler Aufbau einer mathematischen Theorie skizziert wird. Es ist auch nicht die Absicht dieser Skizze, dem Leser einen genauen Einblick in die verschiedenen Möglichkeiten des Aufbaus der Mathematik zu geben. Es ist nur die Absicht zu verdeutlichen, wie die drei fundamentalen Teile – Logik, Mengenlehre, Strukturarten – sich zum Aufbau einer mathematischen Theorie *zusammenfügen*. Da die Quantenmechanik auch die Logik in Frage gestellt hat, ist es wichtig, sich genau darüber klar zu werden, wo überall die Logik in einer physikalischen Theorie eingeht. Es ist dabei weniger wichtig, ob man

für die Mathematik das von uns (in Parallele zu [2]) skizzierte logische System
benutzt oder einen anderen formalen Aufbau der Logik vorzieht. Ebenso ist es
nicht so wichtig, welchem formalen Aufbau der Mengenlehre man den Vorzug
gibt; entscheidend ist nur, daß Relationen der Form $x \in y$ und die üblichen
Operationen mit Mengen einen Sinn in der mathematischen Theorie erhalten.
Im Gegenteil ist zu vermuten, daß die in [2] zugrundegelegten mathematischen
Methoden für die Physik unnötig „stark" sind, d. h. daß man wahrscheinlich mit
„schwächeren", insbesondere einer schwächeren Mengenlehre auskommt. Diese
Vermutung wird nahegelegt, da man als „Basismengen" der benutzten Strukturarten nur „abzählbare" Mengen braucht (siehe § 8) und dieses „abzählbar"
eigentlich nur als potentiell abzählbar benutzt wird. Da der Verfasser aber nicht
in die Methoden einer mehr „finiten" Grundlegung der Mathematik eingeübt
ist, möchte er den Nachweis der Richtigkeit dieser Vermutung anderen überlassen.

Der grundlegend wichtigste Abschnitt ist die Einführung der „Abbildungsprinzipien". Dabei sollte einmal vermieden werden, solche Begriffe wie die
„Menge aller physikalischen Objekte einer bestimmten Sorte" (z. B. die Menge
aller *physikalischen* Raumpunkte) einzuführen, da solche Begriffe metaphysische Vorentscheidungen in undefinierter Weise implizieren. Andererseits müssen
die Abbildungsprinzipien es ermöglichen, einen in der Erfahrung festgestellten Sachverhalt in der „mathematischen Sprache" auszudrücken. Wenn man
dies tut, so benutzt man dann aber für die „mathematisch ausgesproche-
nen" physikalischen Sachverhalte die in der mathematischen Theorie benutzte
Logik, womit auch die wichtigste Stelle der Logik bei physikalischen Aussagen
klargestellt ist.

Eine weitere Absicht dieses Buches ist es, die allgemeinen Richtlinien
aufzuzeigen, nach denen ein „axiomatischer" Aufbau einer physikalischen Theorie möglich ist. Ein solcher Aufbau wurde für die Quantenmechanik, wenigstens
in bezug auf ihre wichtigsten Grundlagen, durchgeführt (siehe [3], [20], [22], [23]
und etwas vereinfacht dargestellt in [1] XIII und XVI). Für die Thermodynamik
wurde ebenfalls verschiedentlich ein solcher Aufbau entworfen (siehe z. B. [26]);
auch für die spezielle und allgemeine Relativitätstheorie (siehe z. B. [15]).

Am Schluß des Buches muß noch versucht werden, solchen Fragen, wie
der, ob eine physikalische Theorie einen Erfahrungsbereich vollständig oder nur
unvollständig beschreibt, einen genaueren Sinn zu geben. Ebenso ist zu klären,
was man mit Aussagen meint, daß etwas gerade so in der Wirklichkeit sei,
auch wenn dieses nicht beobachtet wurde; jede Theorie hat auch die Absicht,
das allein durch die Erfahrung gegebene Bild der Wirklichkeit zu ergänzen, zu
vervollständigen und damit dem „Messen" das zugänglich zu machen, was ohne
Theorie noch unerfaßbar ist. Wie kann so etwas durchgeführt werden?

Wem die folgende Analyse zunächst zu abstrakt erscheint, sei auf [1] III
hingewiesen, wo auf einer etwas weniger strengen Ebene die entscheidenden
Vorstellungen dargestellt sind.

1. Problemstellung

Ihre historische Entwicklung beginnt eine Wissenschaft weniger damit, über ihre Grundlagen nachzudenken, als vielmehr mit dem Sammeln und Erarbeiten neuer Erkenntnisse. Dabei werden ihre grundlegenden Methoden intuitiv erfaßt und fruchtbar angewendet. Dann aber stößt man irgendeinmal auf Widersprüche. Diese aber müssen behoben werden, wenn man den Anspruch erhebt, ernsthaft Wissenschaft zu betreiben. Dies geschieht, indem man zunächst die Ursache für die aufgetretenen Widersprüche aufzudecken sucht. Hat man sie erkannt, so versucht man, die Methoden der betreffenden Wissenschaft so zu präzisieren, daß diese Widersprüche vermieden werden. Solange diese Präzisierung noch nicht erreicht ist, versieht man wenigstens vorläufig die zu den Widersprüchen führenden Methoden mit Warnschildern, die es möglich machen, mit gewisser Vorsicht die Widersprüche zu umgehen.

Sogar die Mathematik ist in ihrer Entwicklung nicht von solchen Widersprüchen verschont geblieben. Immer aber hat man dann die Methoden so verbessert, daß es gelang, die Widersprüche zu vermeiden. Solche Maßnahmen waren die Einführung des Limesbegriffes zur Grundlegung der Infinitesimalrechnung und in neuerer Zeit die Axiomatisierung und Formalisierung des Mengenbegriffs zur Vermeidung von Widersprüchen in der Mengenlehre.

Das Auftreten von Widersprüchen in der Physik ist eine so „alltägliche" Eigenart der Entwicklung der Physik, daß wir uns dieser Sachlage kaum noch bewußt werden. Aber gerade diese Widersprüche sind es, die die Entwicklung der Physik vorantreiben; und je tiefer die Widersprüche gehen, um so weiter reicht der Erfolg nach Überwindung dieser Widersprüche. Die unzähligen Widersprüche kleineren und größeren Umfangs zwischen Theorie und Wirklichkeit sind immer neue Anstöße, die Theorien zu verbessern. Tiefgehende Widersprüche, wie z.B. die Diskrepanz zwischen dem zunächst benutzten Raum-Zeit-Begriff der Physik und dem Ausgang des *Michelson*-Versuches führten zur Entdeckung der speziellen Relativitätstheorie (siehe z.B. [1] IX) und die Diskrepanz zwischen klassischem Atommodell und quantenhafter Lichtemission, der Widerspruch zwischen Wellen- und Korpuskelbild, zur Entdeckung der Quantenmechanik.

In [1] XI § 1 haben wir versucht, die Ursachen für die beiden zuletzt erwähnten Widersprüche aufzudecken; auch haben wir dort die historisch interessanten Bemühungen skizziert, durch Errichtung von Warnschildern die Widersprüche zu vermeiden; schließlich zeigten wir in [1] XI § 1.7 den üblichen Weg oder besser den üblichen Versuch eines Weges, um eine neue widerspruchsfreie Theorie zu entwickeln.

Viele Fragen aber blieben dabei noch offen. Es muß daher nun die Aufgabe in Angriff genommen werden, die Methoden der Physik neu so zu formulieren, daß die Widersprüche nicht nur bei genügender Vorsicht umgangen werden können, sondern vielmehr überhaupt nicht mehr auftreten (siehe z. B. die Beschreibung des *Einstein-Podolski-Rosen*-Paradoxons in [1] XII § 3.2, [1] XIII § 7, [3] XVII § 4.4 und [20] XII § 2). Vorher aber noch einige Worte über die Methode, die Methoden der Physik neu zu präzisieren.

Sowohl die Widersprüche der Mengenlehre in der Mathematik wie der Widerspruch Welle–Korpuskel in der Physik waren und sind Anlaß geworden für grundlegende philosophische Auseinandersetzungen über das Wesen der Mathematik bzw. der Physik. So berechtigt und interessant diese Fragen sein mögen, so wenig aber können philosophische Diskussionen zur Verfeinerung der Methoden der betreffenden Wissenschaft führen. Andererseits aber setzt jede spezielle Methode einer Wissenschaft - meist unbewußt - gewisse philosophische Grundkonzeptionen voraus, die die Struktur der Methode mitbestimmen. Trotzdem ist es praktisch so, daß nicht philosophische Argumente zur Begründung der Methode herangezogen werden, sondern allein der „Erfolg" der Methoden innerhalb der betreffenden Wissenschaft ausschlaggebend ist. So hat alle philosophische Skepsis gegenüber dem Unendlichkeitsbegriff der Mathematik nichts an der rapiden Entwicklung der Mathematik unendlicher Systeme ändern können. Ebensowenig aber auch hat alles Infragestellen der Objektivität der Welt die Experimentalphysiker davon abhalten können, ihre Meßergebnisse als objektive Tatsachen anzusehen.

Zur Anerkennung der Mathematik kann niemand gezwungen werden, der aus einer philosophischen Vorentscheidung heraus ihre Methoden, z. B. die klassische Logik, grundsätzlich ablehnt. Ebensowenig kann zur Anerkennung der physikalischen Methoden, so wie sie tatsächlich gehandhabt werden, derjenige veranlaßt werden, der von vornherein die Möglichkeit ablehnt, daß wir objektiv reale Sachverhalte feststellen können, d. h., der *das ganz normale und unreflektierte Verhalten der Menschen gegenüber ihrer alltäglichen Umwelt als einer Welt objektiv vorhandener Dinge und objektiv ablaufender Vorgänge* nicht zur Basis einer Wissenschaft machen will.

Unsere Aufgabe wird es also nicht sein, die Methoden der Physik philosophisch zu rechtfertigen, sondern sie zu analysieren und zu präzisieren und danach ihre Struktur selbst zu untersuchen. *Den ersten Teil dieser Aufgabe versucht man durch eine Formalisierung zu lösen. Die Formalisierung sieht von den jeweiligen Bedeutungsinhalten ab, um genau die einzelnen Schritte in „Spielregeln" festzulegen. Der zweite Teil würde die Untersuchung der Struktur dieses „Spieles" sein.* Soweit es die Mathematik betrifft, sind beide Teile des Problems in großem Umfang behandelt worden. Einen ähnlichen Versuch für die Physik wollen wir mit diesem Buch starten (eine erste sehr unvollkommene Darstellung findet man in [22]). Mehr als ein Start kann es aber nicht sein, da es sich um die Behandlung eines noch wenig systematisch durchdachten Fragenkomplexes handelt.

Gegen den Einwand, daß die Physik bisher ohne eine solche Untersuchung ihrer Methoden ausgekommen ist, sei vorläufig nur auf das Beispiel der

Mathematik verwiesen, wo man zunächst mit einem intuitiv erfaßten Mengenbegriff auskam, bis dann zur Beseitigung der aufgetretenen Widersprüche eine genauere Analyse der Grundlagen notwendig wurde.

Genauso ist es kein Einwand gegen die im folgenden gegebenen „Spielregeln" für die physikalischen Methoden, daß diese Regeln bisher durchaus nicht immer eingehalten wurden, sondern erst eine nachträgliche Analyse der Quantenmechanik zu solchen Spielregeln geführt hat. Aber gerade darin liegt die Verbesserung, daß man sich genauer darüber klar wird, was man in der Physik tun darf und was nicht.

Wir erheben nicht den Anspruch, ein für allemal die Methoden so zu formulieren, daß niemals mehr Widersprüche auftreten können. Wir wissen heutzutage um die Problematik solcher „Beweise der Widerspruchsfreiheit" eines Systems. Wir hoffen nur, daß die angestrebte Analyse die methodischen Spielregeln als geeignet für die „heutigen" Probleme der Physik aufweist.

Zusammenfassend seien den angeschnittenen Problemkreisen Namen gegeben, um diese in der Folge zur kurzen Charakterisierung benutzen zu können:

1. *Formale Methodologie der Physik* als Beschreibung der „Spielregeln" der Physik.

2. *Fundamentalphysik* als Untersuchung der Struktur des Systemes der methodischen Spielregeln in der Physik und des Aufbaues der Physik als ganzer, oder besser verschiedener Möglichkeiten des Aufbaues der Physik als ganzer.

3. *Metaphysik* als Behandlung der philosophischen Fragestellung, warum Physik so möglich ist.

4. *Wissenschaftstheorie der Physik* als Behandlung der Fragen nach Entstehung, Anerkennung und Verwendung physikalischer Theorien und der physikalischen Methode und damit der Frage nach der konkreten Struktur der heutigen Physik. Hierhinein gehört auch das Problem, die Physik als einen Teil der Entwicklung der menschlichen Kultur zu erkennen, um so auch die Frage sinnvoll stellen zu können, wie Physik sein *sollte*.

2. Die drei Hauptteile
einer physikalischen Theorie

Bevor wir versuchen, etwas genauer zu formulieren, was eine physikalische Theorie ist, erleichtert es immer das Verständnis, wenn man zunächst falsche Vorstellungen und Hoffnungen über Bord wirft, denn falsche Hoffnungen können den Geist auf etwas anderes ausrichten, wohin der eigentliche Verständnisweg *nicht* führt.

Es gibt eine ganze Reihe solcher falscher Erwartungen gegenüber einer physikalischen Theorie, die sie nicht erfüllen kann. Wir wollen dies mehr an einigen Beispielen als durch lange begriffliche Darlegungen klarzumachen versuchen.

So weiß z. B. jeder, daß Gegenstände zur Erde herunterfallen; und es gibt manche, die von einer physikalischen Theorie zu erfahren hoffen, warum dies so in der Natur ist. Aber gerade mit dieser Frage beschäftigt sich eine physikalische Theorie *nicht*. Statt dessen aber kann man z. B. von einer physikalischen Theorie genauere Einzelheiten über die Struktur der Fallprozesse, der Bahnen von Satelliten und der Bahnen von Planeten und Monden erfahren und erkennt, wie alle diese Vorgänge ein und demselben Ordnungsprinzip unterworfen sind, das man als die physikalische Theorie der *Newton*schen Mechanik und des *Newton*schen Gravitationsgesetzes bezeichnet.

Die Frage nach dem Warum bleibt offen und wird im Rahmen einer physikalischen Theorie gar nicht erst gestellt. Wenn man in der physikalischen Alltagssprache das Wort „warum" benutzt, so meint man etwas ganz anderes: nämlich die Frage, wie ein gerade vorliegender Vorgang in das Ordnungsprinzip einer physikalischen Theorie einzuordnen ist.

Ein anderes Vorurteil ist das: Eine physikalische Theorie versucht den Zustand der Welt in der Zukunft aus dem Zustand in der Gegenwart (und Vergangenheit) zu erklären; die Physik behandelt die Aufgabe, Voraussagen zu machen. Auch dieses Problem behandelt eine physikalische Theorie zumindest *nicht* primär! Daß Techniker physikalische Theorien *benutzen*, um Apparate zu bauen, die sich in der Zukunft in gewünschter Weise verhalten, ist etwas anderes als die physikalische Theorie selbst. Wenn z. B. ein Raumschiff vom Mond zurückkehrt und an einer bestimmten Stelle in die Atmosphäre eintauchen *soll*, so nutzten die Techniker die *Newton*sche Mechanik und *Newton*sche Gravitationstheorie. Der Gegenstand der Theorie selber aber ist nicht die Frage nach dem Verlauf der Bahn allein in der Zukunft, sondern die Bahn als *ganze*. Die Frage, die eine physikalische Theorie behandelt, richtet sich auf die *Struktur* der Bahn und ihre Einordnung in ein allgemeines *Struktur*prinzip. Für eine physikalische Theorie sind in erster Linie nur die *wirklich gemachten Experimente* von Bedeutung und erst in *zweiter* Linie der *mögliche Ausgang möglicher weiterer Experimente* (siehe § 10). Das bedeutet noch keine Vorentscheidung darüber, was in bezug auf die am Ende des vorigen Paragraphen unter Punkt 4 angegebenen Fragestellungen eine größere Rolle spielt! Es bedeutet auch nicht, daß die Diskussion möglicher Experimente keine wichtige Rolle spielt, aber eben in dem Sinne, daß sie einmal wirklich gemacht werden und dann als wirklich gemachte Experimente z. B. zum Test einer Theorie (siehe § 5) oder zu technischen Zwecken dienen.

Gerade das eben erwähnte Vorurteil, eine physikalische Theorie als „Vorhersageinstrument" anzusehen, hat zu den merkwürdigsten Konsequenzen über die Bedeutung des Wahrscheinlichkeitsbegriffes in der Physik geführt (siehe auch § 11).

Ein drittes Vorurteil (das eng mit dem oben erwähnten ersten Vorurteil zusammenhängt) ist dies: Eine physikalische Theorie führt eine Kausalanalyse von Naturvorgängen durch. Manche Ausdrucksweisen der Physik scheinen dieses Vorurteil zu stützen wie z. B. die folgende: Die Ursache dafür, daß ein Stein herunterfällt, ist die Anziehungskraft der Erde auf den Stein. Dazu ist aber zu sagen, daß solche wie die eben erwähnte Aussage nur in volkstümlichen bzw. veranschaulichenden (und damit vermeintlich allgemeinverständlicheren) Beschreibungen der Physik oder aber – ernst zu nehmen – bei philosophischen Deutungsversuchen einer Theorie, aber niemals in einer physikalischen Theorie selbst, vorkommen. „Die Ursache dafür, daß der Stein herunterfällt, ist die Anziehungskraft der Erde auf den Stein", besagt *physikalisch* gar nichts, da der Fallprozeß ein und derselbe in seiner qualitativen wie quantitativen *Struktur* bleibt, ganz gleich, ob ich diesen Prozeß in der Alltagssprache mit „Stein fällt herunter" oder „Erde zieht Stein an" beschreibe. Keine einzige physikalische Theorie klärt einen Ursache–Wirkungszusammenhang auf, ja ein solcher Zusammenhang wird erst gar nicht zum Gegenstand der physikalischen Analyse gemacht; die Frage der Physik richtet sich immer nur auf die Struktur eines Vorganges und seine Einordnung in *möglichst allgemeine* Strukturprinzipien. Damit soll natürlich weder geleugnet werden, daß in einem *vorphysikalischen* Bereich ein solcher Kausalzusammenhang vorausgesetzt wird, um überhaupt von in der Natur vorliegenden objektiven Tatsachen (siehe § 3) sprechen zu können, noch soll untersagt werden, philosophisch die Frage nach Ursache–Wirkung *nach der Physik* wieder aufzunehmen.

Auch bei technischen Anwendungen wird häufig von Ursachen gesprochen. Dabei meint man aber nicht irgendeine philosophische Erkenntnis, sondern wieder eine Einordnung eines Vorganges in eine Theorie. Ist z. B. ein Vorgang *unerwünscht*, so fragt man danach, ob und wie es nach der Theorie möglich wäre, durch Vermeidung von Prozessen, über die man *verfügen kann*, den unerwünschten Vorgang ebenfalls zu vermeiden. Die zur Verfügung stehenden Prozesse nennt man dann die Ursachen für das Auftreten des unerwünschten Vorgangs, z. B. einer Explosion. Die Benutzung des Wortes Ursache entspringt hier aus der Beschreibung einer technischen Zwecksetzung, die zur Theorie hinzugefügt wird. Natürlich sind die physikalischen Theorien schon auf solche Zwecksetzungen angelegt (siehe § 10), lassen aber diese Zwecksetzungen „frei".

Ein viertes Vorurteil ist das folgende: Eine physikalische Theorie ist eine Methode, wie man aus vorliegenden Erfahrungen logisch auf andere Erfahrungen schließen kann. Eng damit hängt der folgende Irrtum zusammen: Eine physikalische Theorie ist ein System, das aus Erfahrungen deduziert werden kann. Gerade auf dieses Vorurteil werden wir gleich weiter unten und auch am Ende von § 5 noch einmal ausführlich zurückkommen müssen. Tatsache ist zumindest, daß keine wirklich bedeutungsvolle Theorie aus Erfahrungen jemals deduziert wurde! Diese Tatsache mag zunächst ein Schock sein - aber ein sehr heilsamer Schock. Diese Tatsache scheint, wenn sie nicht überwunden werden kann, den Traum von der Exaktheit der Physik zunichte zu machen, da ja *keine Garantie* besteht, daß das aus einer physikalischen Theorie Deduzierte wirklich in der Natur so sein muß, wenn eben die Theorie nicht aus Erfahrungen deduzierbar ist. Diese Tatsache läßt also umso dringender die Behandlung der Fragen erscheinen, die am Ende von § 1 unter Punkt 3 und 4 kurz aufgeführt sind.

Und ein letztes Vorurteil ist, daß die theoretische Physik eine *einzige* Theorie sei. Sicher wäre das ein schöner Traum, dessen Verwirklichung aber eine Lösung aller fundamentalphysikalischen Fragen (so wie wir diese in § 1 definiert haben) erfordern würde. Wir werden auf solche *fundamentalphysikalischen* Fragen immer wieder stoßen, zunächst aber ist es einfach realistischer, weniger zu versuchen: nämlich die Struktur der *verschiedenen* physikalischen Theorien ein wenig besser zu verstehen. So stellen wir uns also eine viel bescheidenere Frage: Läßt sich etwas deutlicher charakterisieren, wodurch eine physikalische Theorie gekennzeichnet ist, und vielleicht auch ein wenig erkennen, wie die verschiedenen physikalischen Theorien miteinander in Zusammenhang stehen. Allen diesen Fragen wollen wir nachgehen, um schließlich auch gerade die Quantenmechanik besser in ihren Aussagen über die Struktur von Naturvorgängen verstehen zu können.

Die Methode einer physikalischen Theorie besteht in der Anwendung der Mathematik auf die Wirklichkeit. Eine physikalische Theorie (im folgenden kurz $\mathcal{PT}$ genannt) bestimmen wir deshalb durch die Angabe der drei Teile: einer mathematischen Theorie (kurz mit $\mathcal{MT}$ bezeichnet), eines Wirklichkeitsbereiches (kurz mit $\mathcal{W}$ bezeichnet) und einer Anwendungsvorschrift (kurz mit (—) bezeichnet). Abgekürzt ist also $\mathcal{PT}$ gleich $\mathcal{MT}(-)\mathcal{W}$.

Es wird die Aufgabe der nächsten Paragraphen dieses Buches sein, diese drei Teile genauer zu erfassen. Bevor dies geschieht, sollen hier noch einige Vorbemerkungen gebracht werden, die es erleichtern sollen, die formale und damit abstrakte Beschreibungsweise dieser drei Teile zu verstehen.

Entscheidend zum Verständnis ist, daß man die Mathematik nicht mit ihrer Anwendung vermischt, weil sonst die besondere Problematik der Anwendung gar nicht klar formuliert werden kann. Dies bedeutet, daß wir den Teil $\mathcal{MT}$ *vollkommen für sich allein bestimmen* werden, so wie es in der Mathematik schon geschieht. Dies bedeutet aber nicht, daß eine spezielle $\mathcal{MT}$ nicht durch die Physik angeregt werden kann. Ja, es ist durchaus im Gegenteil so, daß viele

$\mathcal{MT}$s ihre Existenz gerade dem Umgang des Menschen mit der Wirklichkeit verdanken; so entstanden z. B. die Geometrie aus dem Problem der Vermessung von Feldern, die Infinitesimalrechnung aus dem Problem der Beschreibung von Bewegungen. Trotz aller dieser Anwendungen kann man aber eine $\mathcal{MT}$ nur dann erfassen, wenn man erst einmal von allen möglichen Anwendungen absieht. Eine $\mathcal{MT}$ ist dann bestimmt durch die Spielregeln des Beweisens und eine Reihe von Axiomen. Ohne auf Einzelheiten einzugehen (was wegen des beschränkten Umfanges dieses Buches nicht möglich ist), werden wir in § 4 versuchen, diesen Aufbau einer $\mathcal{MT}$ zu skizzieren.

Gerade gegen diese Absonderung der „Mathematik" von aller Anwendung wird von manchen Einspruch erhoben; sie haben die Vorstellung, als ob die Physik ihre spezifischen Aussagen aufgrund von Erfahrungen formuliert und dann die mathematischen Methoden des Schließens nur als Hilfsmittel, als ein besonders ausgebautes und deshalb sehr wirksames Hilfsmittel, benutzt, um aus Aussagen über Erfahrungen auf andere Aussagen über Erfahrungen zu schließen. Wir hatten diese Vorstellung schon oben angedeutet und werden auf sie noch öfter, besonders am Ende von § 5, zurückkommen. Gerade aber diese Vorstellung verbaut restlos das Verständnis der Physik; denn erst die Tatsache, daß die in einer $\mathcal{PT}$ „benutzte" mathematische Theorie $\mathcal{MT}$ ein *in sich selbst* abgeschlossenes Etwas ist, was *keiner* Begründung durch irgendwelche Erfahrungen bedarf, sondern seine Existenz in sich selbst hat, läßt erst die physikalische „Bedeutung" mathematischer Axiome als physikalische Gesetze im rechten Licht erscheinen. Diese „Existenz einer mathematischen Theorie *in sich selbst*" bedeutet natürlich keine Vorentscheidung darüber, *wie* es zu mathematischen Theorien kommt; sie bedeutet *nicht*, daß die mathematischen Theorien auch *aus sich selbst* entstehen. Im Gegenteil gehen in die Axiome der benutzten mathematischen Theorien viele „physikalische Gesichspunkte" ein, solche der Struktur der benutzten Begriffe, der Auswahl der zu beschreibenden Sachverhalte und der intuitiv nahegelegten Struktur der Wirklichkeit. Wir werden im Laufe unserer Darstellung noch genauer auf dieses Problem zurückkommen.

Die beiden anderen Teile $\mathcal{W}$ und (—) einer physikalischen Theorie können nicht mehr in sich selbst bestimmt werden, sondern sind mit abhängig von $\mathcal{MT}$, was für die Anwendungsvorschrift (—) unmittelbar einleuchtet, da ja (—) eine Verbindung von $\mathcal{MT}$ mit $\mathcal{W}$ herstellen soll.

$\mathcal{W}$ aber muß in irgendeiner Weise wenigstens als Teil etwas enthalten, was nicht durch $\mathcal{MT}$ und (—) erfaßt werden kann. $\mathcal{W}$ wird daher (unter anderem) mitbestimmt sein durch die Angabe eines Bereiches realer Gegebenheiten, *gegeben* schon vor jeder Verbindung (—) von $\mathcal{W}$ mit $\mathcal{MT}$. Wir wollen ihn kurz den Grundbereich $\mathcal{G}$ von $\mathcal{W}$ nennen. Für eine konkrete $\mathcal{PT}$ ist dieser Grundbereich $\mathcal{G}$ zwar unabhängig von (—) und $\mathcal{MT}$, aber durchaus nicht immer unabhängig von *jeder* Physik oder gar unabhängig von den Erfahrungen, die man im „Umgang mit $\mathcal{PT}$" gemacht hat.

So können also z. B. zum Grundbereich einer $\mathcal{PT}$ (der *Newton*schen Theorie des Planetensystems) die vermessenen Orte der Planeten gehören, zum Wirklichkeitsbereich aber auch die Orte zu früheren Zeiten, z. B. vor 5000 Jahren, sowie die Orte zu späteren Zeiten.

Die theoretische Physik ist aber, wie wir schon oben betonten, nicht eine einzige $\mathcal{PT}$, sondern besteht aus verschiedenen $\mathcal{PT}$s. So kann es vorkommen, daß die realen Gegebenheiten eines Grundbereiches $\mathcal{G}_1$ einer $\mathcal{PT}_1$ erst aufgrund einer anderen Theorie $\mathcal{PT}_2$, d. h. als Sachverhalte aus dem Wirklichkeitsbereich $\mathcal{W}_2$ dieser Theorie $\mathcal{PT}_2$ bestimmbar, d. h. wirklich gegeben sind; so ist z. B. der Grundbereich der Elektrodynamik erst bestimmbar, wenn schon die Mechanik vorausgesetzt wird (siehe z. B. [1] VIII). Wir nennen dann $\mathcal{PT}_2$ eine *Vortheorie* zu $\mathcal{PT}_1$; die Mechanik wäre also eine Vortheorie zur Elektrodynamik. Damit haben wir schon eine Frage angerührt, auf die wir in §§ 3 und 9.4 noch etwas ausführlicher eingehen müssen und die zu dem Bereich gehört, den wir in § 1 als Fundamentalphysik bezeichnet haben.

Es kann also durchaus sein, daß $\mathcal{G}$ erst mit Hilfe einer anderen physikalischen Theorie als der gerade zu betrachtenden $\mathcal{PT}$ vorgegeben werden kann. Auf jeden Fall geschieht aber die Grundbestimmung von $\mathcal{G}$ nicht durch Angabe von Axiomen, auch nicht durch Angabe gedachter Dinge, sondern durch Verweis auf wirkliche konkrete Sachverhalte (auch wenn erst durch Vortheorien auf solche verwiesen werden kann) in der Welt. Ähnlich wie die Angabe der Axiome für eine $\mathcal{MT}$ nicht eindeutig ist (dieselbe $\mathcal{MT}$ kann durch verschiedene Axiomensysteme fesgelegt werden), so ist auch der Grundbereich $\mathcal{G}$ von $\mathcal{W}$ als Teil von $\mathcal{W}$ nicht eindeutig. $\mathcal{W}$ selber ist, wie wir dies später in § 10.11 sehen werden, erst in der $\mathcal{PT}$ als ganzer bestimmbar, d. h. erst nach Angabe von (—) und $\mathcal{MT}$ und $\mathcal{G}$.

Um das Verhältnis von $\mathcal{G}$ zu $\mathcal{W}$ außer durch das obige Beispiel des Planetensystems noch etwas mehr zu veranschaulichen, sei kurz auf eine „biologische" Theorie aus der Paläozoologie hingewiesen: Die Dinosaurier gehören mit zum Wirklichkeitsbereich $\mathcal{W}$ dieser biologischen Theorie, aber nicht zu $\mathcal{G}$. Zu $\mathcal{G}$ dagegen (und damit auch zu $\mathcal{W}$) gehören z. B. versteinerte Knochen und Abdrücke. Genau wie in diesem Beispiel wird über den vorliegenden Grundbereich $\mathcal{G}$ nicht vom Standpunkt der gerade betrachteten Theorie aus diskutiert (in unserem Beispiel: Knochen und Abdrücke und ihre physikalischen und chemischen Eigenschaften sind vorgegeben), er wird für die betrachtete Theorie vielmehr als gegeben hingenommen. $\mathcal{W}$ (wozu in unserem Beispiel auch die Dinosaurier gehören) gewinnt erst seine Gestalt im Zusammenhang mit der ganzen Theorie.

Für die Angabe von (—) wird wie in einer $\mathcal{MT}$ die axiomatische Methode verwandt werden, wie wir dies in § 5 näher erläutern werden. Es darf also im folgenden nicht verwundern, wenn in einer $\mathcal{PT}$ Axiome auftreten, die keine Bedeutung innerhalb $\mathcal{MT}$ haben.

3. Der Grundbereich realer Gegebenheiten

Wir wenden uns zunächst dem Grundbereich G der realen Gegebenheiten zu. Während in einer mathematischen Theorie, wie wir es noch im § 4 sehen werden, die „Objekte" und „Relationen" keine unmittelbar vorweggegebene Bedeutung haben, sondern erst durch die „Axiome" implizit zu dem werden, als was man sie dann bezeichnet, ist es im Teil G von W gerade umgekehrt. Während ein „Punkt" und eine „Gerade" in der Mathematik *nicht a priori* ihrer Bedeutung nach bekannt sind, so daß man aus ihrer Bedeutung die Axiome ablesen könnte, sondern erst a posteriori durch die aufgestellten geometrischen Axiome einen Inhalt bekommen (eben per definitionem als die Objekte, die diesen Axiomen genügen), ist es in G gerade umgekehrt: Relativ zu der gerade betrachteten PT ist der Grundbereich G von W a priori gegeben. Etwas Vorweggegebenes wird nicht erst implizit definiert, es kann nur vorgezeigt werden.

Dieses „Vorzeigen" ist nicht nur so gemeint, daß man unmittelbar feststellbare Vorgänge vorführt, sondern auch Tatsachen demonstriert, die als solche erst durch physikalische Theorien (aber natürlich *nicht* durch die gerade zu untersuchende PT) definiert sind. So kann z. B. ein elektrischer Strom in einem Leiter für eine PT als vorgezeigte Tatsache gelten, d. h. ein Stück von G sein, obwohl es erst durch die Elektrodynamik möglich ist, von Strömen als gegebenen Tatsachen zu sprechen. Die betrachtete PT, in der ein solcher Strom zum Grundbereich G gehört, kann natürlich *nicht* die Elektrodynamik sein, sondern eine PT (z. B. die Quantenmechanik), die auf die eben geschilderte Art die Elektrodynamik voraussetzt. Will man dagegen als PT gerade die Elektrodynamik betrachten, so gehört ein „Strom" *nicht* zum Grundbereich G von PT; andere „vorweisbare" Tatsachen, wie Kräfte (durch die Mechanik definiert) gehören dann zum Grundbereich G; ein Strom in einem Leiter wird dann erst durch PT (d. h. durch die Elektrodynamik) zu einem Stück von W (siehe z. B. [1] VIII).

Wir halten also noch einmal fest, worauf wir schon kurz in § 2 hingewiesen haben: In die Bestimmung des Grundbereiches G einer PT können schon die Wirklichkeitsbereiche W_ν anderer PT_νs eingehen; wir nannten dann diese PT_νs *Vortheorien* zu PT. Die Bestimmung von G ist also im allgemeinen kein triviales Problem, sondern (schon ganz abgesehen von der Abgrenzung von G gegenüber Dingen, die man nicht zu G zählen will, weil die Theorie PT außerhalb von G nicht brauchbar ist; siehe § 5) ein tiefliegendes *fundamentalphysikalisches* Problem, auf das wir erst später ein wenig eingehen können. Jetzt aber sollen zunächst einmal nur die methodischen Regeln zusammengestellt werden, die *eine* (gerade betrachtete) PT „machen", d. h. zunächst sollen im

Sinne von § 1 die formal methodologischen Probleme der Physik behandelt werden. Und von diesem methodologischen Standpunkt aus ist G etwas relativ zu PT „Vorgegebenes".

Um Mißverständnissen vorzubeugen, seien aber noch folgende Erläuterungen angefügt: Der Grundbereich G von W besteht nicht aus irgendwelchen *Aussagen* über physikalische Vorgänge, sondern aus den vorgegebenen Vorgängen selbst. Genauso, wie ein Text eines Buches vorliegt, so stellt G einen Bereich von realen Sachverhalten dar. Wegen der Ähnlichkeit mit dem Text eines Buches sollen *vorliegende Teilstücke* von G *Realtexte* der Theorie PT genannt werden.

Genausowenig, wie man sich bei der Untersuchung eines Buchtextes erst mit dem Problem des Lesenlernens beschäftigt, genausowenig beschäftigt sich eine PT mit dem Problem des Erkennens des Realtextes. Der Realtext liegt vom Standpunkt der gerade betrachteten PT aus als gegeben vor, auch wenn zum „Lesen" des Realtextes – wie oben erwähnt – die Kenntnis von Vortheorien gehört.

Wie bei jeder menschlichen Tätigkeit, so können auch beim „Lesen" des Realtextes Irrtümer vorkommen. Irrtümer dieser Art möglichst auszuschalten, ist *nicht* die Sache der gerade betrachteten PT, sondern eine Sache des Erkennens von unmittelbar gegebenen Tatsachen und eine Sache der Vortheorien zu PT. Die Anerkennung eines „gelesenen" Realtextes einer PT als „richtig" ist also nicht die Sache der PT selbst, sondern muß vorher, d. h. a priori relativ zu PT, geschehen. Das bedeutet natürlich nicht, daß die PT nicht Hinweise geben könnte, dieses oder jenes Realtextstück noch einmal zu lesen und das „Gelesene" auf seine Richtigkeit hin zu prüfen. Hätte man z. B. als gelesenes Realtextstück für die Mechanik eine Satellitenbahn, die vollkommen verschieden von einer Ellipse ist, so würde die Mechanik zusammen mit dem Massenanziehungsgesetz als PT einen Hinweis geben, dieses Realtextstück noch einmal zu lesen, d. h. das Lesen noch einmal zu überprüfen (z. B. Kontrolle der Vermessung dieser Satellitenbahn). Würde aber das Realtextstück der Überprüfung standhalten, so hätte man eben ein Realtextstück, das der PT widerspricht. Kämen viele solche „widersprüchlichen" Realtextstücke vor, so müßte man die PT verwerfen; treten nur sehr wenige solcher „widersprüchlichen" Realtextstücke auf, so kann man die PT als in gewissen Grenzen brauchbar beibehalten (siehe auch § 5).

Ein gelesener, d. h. „erkannter" Realtext als Basis physikalischer Theorien bereitet psychologisch oft Schwierigkeiten, da man eine so „exakte" Naturwissenschaft wie die Physik auf dem „schwankenden" Boden eines nicht „wissenschaftlich gesicherten" Erkenntnisprozesses des Realtextes gegründet sieht. Es stellt sich ein Bedürfnis nach „Kriterien" ein, aufgrund derer ein gelesener Realtext anzuerkennen ist. Kann man sich nicht getäuscht haben, wenn man den gelesenen Realtext, daß „soeben ein Stein von dem Dach dort drüben heruntergefallen ist", als richtig anerkennt?

Auf diese Einwände gegen den „schwankenden" Boden ist an erster Stelle zunächst hart zu antworten, daß Physik gerade so gemacht wurde und gemacht wird, trotz der obigen Einwände, eben im Glauben, daß der Boden trägt.

Weil wir aber den Einwurf ernst nehmen, lassen wir es nicht bei dieser harten Antwort bewenden. Wir wollen deshalb gleich hier schon ein wenig schildern, wie dieser Boden einer $\mathcal{PT}$ und allgemein der Boden der ganzen sich entwickelnden Physik strukturiert ist.

Wir sagten eben, daß in das Lesen des Realtextes einer speziellen $\mathcal{PT}$ schon andere physikalische Theorien als Vortheorien eingehen können. Damit stellt sich von selbst das schon oben mehrfach angeschnittene Problem der Fundamentalphysik: Die verschiedenen $\mathcal{PT}$s sind in ihrem Zusammenhang so aufzubauen, daß alle $\mathcal{PT}$s gemeinsam auf möglichst einfachen „unmittelbar“ (d. h. *ohne* alle $\mathcal{PT}$s) lesbaren Realtextstücken aufgebaut werden können. Als diese unmittelbar lesbaren Realtextstücke bleiben dann nur solche, die von uns in unserem „alltäglichen“ Verhalten, d. h. ohne jede Reflexion oder gar philosophische Untersuchung, als Tatsachen anerkannt werden, wie ein Stuhl, der im Zimmer steht, eine Tasse Kaffee auf dem Tisch, ein Stein, der eine Fensterscheibe zertrümmert hat.

Tatsächlich ist das meiner Meinung nach (siehe zu diesem Problem auch § 9.4) der Aufbau der Physik, auch wenn dieser Prozeß des Aufbaus bisher nicht in allen Einzelheiten konsequent und sauber durchgeführt wurde. Die Möglichkeit, bestimmte Tatsachen und Vorgänge „unmittelbar“, d. h. ohne jede $\mathcal{PT}$ erkennen zu können, ist die überall zu bemerkende Basis aller Experimente; z. B. wird im Experiment der Stand eines Zählwerkes als eine nicht mehr weiter zu analysierende Tatsache hingenommen. Keine wissenschaftlichen oder gar physikalischen Kriterien werden benutzt, um solche Tatsachen als sicher hinstellen zu können.

Es ist eben ganz entscheidend, daß die Frage nach der Berechtigung, solche unmittelbar gegebenen Tatsachen als reale Tatsachen hinzustellen, von der Physik *weder gestellt noch beantwortet wird*. Gerade durch die *Ausschaltung dieser Frage* ist Physik als Physik möglich. Die somit nicht physikalische Frage nach der Erkenntnis solcher unmittelbar gegebenen Tatsachen ist keine Frage nach Kriterien, sondern eine Frage nach einem komplizierten physikalischen, physiologischen, psychologischen und geistigen Prozeß, über den wir uns selber gar nicht genau Rechenschaft geben können, wie z. B. bei der Behauptung, daß heute nachmittag ein Hase über unseren Spazierweg gehüpft ist. Wir können unsere Sicherheit weder auf die Aussagen anderer Menschen (die auf unserem Spazierweg nicht dabei waren) noch auf Photographien (die wir nicht gemacht haben) noch sonst irgendwelche „Kriterien“ stützen. Natürlich erhebt die Physik keinen Einwand gegen die Behandlung dieser Frage nach der Erkenntnis unmittelbar gegebener Sachverhalte in einem vorphysikalischen Bereich. Ja, sie ist sogar neutral gegenüber Antworten auf diese Frage, solange die Antworten es erlauben, Aussagen der oben angedeuteten Art zu machen.

Eine sehr interessante und fundamentalphysikalisch sinnvolle Frage stellt sich allerdings: Ist der Ausgangspunkt der, wie eben geschildert, für die ganze Physik vorgegebenen Tatsachen mit dieser daraus entwickelten Physik konsistent? Dieses Konsistenzproblem zwischen der auf der Basis vorgegebener Tatsachen entwickelten Physik und der daraus folgenden „physikalischen Darstellung“ der Vorgänge bei Sinneswahrnehmungen ist etwas genauer „beschrieben“

in [1] XVII; zumindest besteht bisher kein einziger Hinweis, daß eine solche Konsistenz zwischen Physik und Sinneswahrnehmungen nicht gegeben sei.

Kommen wir zu unserem Ausgangspunkt zurück: Es ist ganz entscheidend für den „formal methodologischen" Aufbau einer $\mathcal{PT}$, daß die Frage nach der „Richtigkeit" gelesener Realtextstücke entweder vorher entschieden ist oder zumindest als vorher entschieden angenommen wird. *Gerade so und nicht anders wird es möglich, eine Methodologie der Physik zu entwickeln, ohne vorher alle fundamentalphysikalischen Probleme restlos lösen zu müssen.*

Fassen wir zusammen: In bezug auf eine $\mathcal{PT}$ liegen „gelesene Realtexte" vor. Der Vorgang des „Lesens" ist im allgemeinen sehr komplex, da er sowohl das „unmittelbare" Lesen wie das Lesen mit Hilfe von Vortheorien umfaßt. Damit stellt sich das Problem, das Leseergebnis in $\mathcal{PT}$ zu „formulieren". Diesem Problem werden wir uns in § 5 zuwenden.

Dieser ganze Problemkomplex sei noch einmal an einem einfachen Beispiel erläutert: $\mathcal{PT}$ sei die *Newton*sche Mechanik plus *Newton*schem Gravitationsgesetz. Ein Realtextstück sei eine Satellitenbahn. Gelesen wird dieses Stück mit Hilfe einer Vortheorie (z. B. einer einfachen geometrischen Optik plus einfacher irdischer Abstandsmessungen) mit dem zu „formulierenden Ergebnis" der „gemessenen" Orte des Satelliten zu verschiedenen Zeiten. Dieses mittelbare Lesen erfolgt mit Hilfe der Vortheorie auf der Basis des unmittelbaren „Ablesens" der Ergebnisse der Meßgeräte. Weitere Beispiele siehe § 5.

Der Grundbereich $\mathcal{G}$ wird gedacht als eine begriffliche Zusammenfassung aller Realtexte, er ist der Bereich, auf dem die $\mathcal{PT}$ basiert und dessen Existenz nicht erst durch die $\mathcal{PT}$ erklärt wird (im Gegensatz zu $\mathcal{W}$; siehe § 10). Wir fassen also den Grundbereich $\mathcal{G}$ nicht als abgegrenzt vorliegende Sachverhalte wie die Realtextstücke auf, sondern als begriffliche (!) Zusammenfassung „aller" Realtexte. Immer neue Realtexte kommen durch immer neue Experimente hinzu. $\mathcal{G}$ ist also nicht nur durch die „Natur" vorgegeben, sondern entscheidend auch vom Tun des Menschen abhängig, womit ein Problem aufleuchtet, das wir in § 1 unter Punkt 4 eingereiht haben. Wir können also nur begrifflich „alle" Realtexte zusammenfassen, eben in dem Begriff Grundbereich $\mathcal{G}$. Es sei aber betont, daß $\mathcal{G}$ keine Menge ist, da nichts definiert wurde, was etwa den „Elementen" einer Menge entspricht.

Da wir hier ein Buch schreiben und nicht im Labor oder der Natur spazierengehen, müssen wir über Realtextstücke schreiben, ohne sie dem Leser unmittelbar vorführen zu können. Dazu werden wir oft Abkürzungen, Buchstaben usw. benutzen. Diese stehen anstelle des Realtextes, sie sind Zeichen für bestimmte Ausschnitte aus dem Realtext. Jedes Zeichen in diesem Zusammenhang wird also sinnlos, inhaltlos, wenn es nicht für einen ganz bestimmten, objektiven Sachverhalt steht. Gedachte, vorgestellte Vorgänge sind kein Stück des Realtextes. Dieses „Zeichensetzen" wird uns später (§ 5) noch genauer beschäftigen. (Sammelbegriffe wie Stein, Flüssigkeit usw. sind *keine Zeichen* für Realtextstücke; aber z. B. kann S ein Zeichen für den „ganz bestimmten Stein dort" sein).

Der Grundbereich G ist seinem Umfang nach wie auch als Teil von W durchaus nicht ein für allemal fest gegeben. Zwei Gesichtspunkte spielen bei der Abgrenzung und Auswahl des Grundbereiches eine entscheidende Rolle:

1) Der Umfang des Grundbereiches darf nicht zu groß gewählt werden. Nimmt man zu viele reale *Gegebenheiten* in G hinein, so kann es sein, daß die PT mit der Erfahrung in Widerspruch gerät. Eine PT der *ganzen* Welt ist eine Utopie und nicht das Ziel der Physik. Die Abgrenzung des Umfanges des Realtextes ist deshalb meistens gar nicht absolut scharf möglich.

2) Welchen Teil von W man als Grundbereich benutzt, ist außerdem noch durch methodologische Gesichtspunkte bestimmt. Man kann einen gewissen Teil von W als Grundbereich wählen, während man andere Teile von W als erst durch die PT selbst definierte, reale Sachverhalte bezeichnet, obwohl man vielleicht auch diese letzteren Sachverhalte – wenigstens teilweise – unmittelbar, d. h. vor der Entwicklung der PT, feststellen kann. Die Auswahl des Grundbereiches G aus W geschieht dann ähnlich wie bei der Auswahl der Axiome in einer MT nämlich aus Gesichtspunkten heraus, die den möglichst durchsichtigen Aufbau der Theorie betreffen. Wie man zu einer Abgrenzung des Grundbereichs kommen kann, wird in §§ 7.6 und 9.2 näher untersucht.

4. Der Aufbau einer mathematischen Theorie

Neben W ist der zweite wichtigste Teil einer PT die MT. Wir wollen daher so kurz als möglich die Gesichtspunkte schildern, unter denen eine MT aufgebaut werden kann. Zum Studium einer genaueren Beschreibung muß auf die Spezialliteratur verwiesen werden, z. B. [2].

Die Mathematik beschäftigt sich mit gedachten Objekten und gedachten Relationen zwischen diesen Objekten. Um diese Aussage nicht so vage stehen zu lassen, versucht man, die Methoden und Ergebnisse der Mathematik zu formalisieren, d. h. man legt formal die Struktur eines mathematischen Textes fest, um dann genau angeben zu können, was man unter Objekten, Relationen, Axiomen, Beweisen, Sätzen usw. versteht. Da alle diese formalen Methoden parallel einer gewissen „Anschaulichkeit" laufen, wollen wir hier aus Platzgründen keine vollständige Darstellung dieser Methoden geben, sondern uns darauf beschränken, den Weg aufzuzeigen, damit wir in die Lage versetzt werden, den später zu benutzenden Begriffen wie Struktur, Teilstruktur, Relation usw. einen konkreten Sinn geben zu können. Ohne diesen Aufbau der Mathematik würden solche Sätze wie „Eine Teilstruktur einer MT aus einer PT gibt uns ein Bild einer Realstruktur der Welt" eine nur sehr vage Bedeutung haben. Daher müssen wir jetzt die Mühe aufbringen, wenigstens der Idee nach den formalen Aufbau einer MT aufzuzeichnen.

Da auch dies in der Mathematik nicht ganz einheitlich nach denselben Methoden geschieht, können wir erst recht nicht einen Überblick über die verschiedenen Möglichkeiten eines solchen formalen Aufbaus geben. Wir haben *eine* Möglichkeit ausgewählt, die für unsere Zwecke, nämlich der Anwendung einer MT in einer PT (so wie dies in § 5 geschildert wird), am geeignetsten erscheint [2].

4.1 Die Regeln der mathematischen Sprache

Eine mathematische Theorie, von uns immer kurz mit MT bezeichnet, ist definiert als eine Ansammlung von Zeichen nach gewissen Spielregeln. Die Tatsache, daß man eine MT so definieren kann, ist die Folge der Erkenntnis, daß die Formulierung aller mathematischen Aussagen, d. h. daß die Sprache der Mathematik sehr einfachen und wenigen Regeln genügt. So wird jetzt umgekehrt, eben in formaler Weise, eine MT durch diese Sprachregeln = Spielregeln für die Zeichen definiert. Man könnte mit einem für Sprachen gebräuchlichen Wort diese Sprachregeln auch *Syntax* der mathematischen Sprache nennen. Unsere erste Aufgabe ist es also, diese „Syntax" zu beschreiben. Wir beschreiben sie eben als *Spielregeln* mit *Zeichen*.

Die Zeichen, aus denen sich der mathematische Text zusammensetzt, sind dabei Buchstaben und andere wiedererkennbare Zeichen wie z. B. $\vee$, $\neg$, $\Rightarrow$, $\in$, $\subset$. Die Zeichen werden zu Zeichengruppen zusammengefaßt, wobei eine Gruppe eine Reihe von Zeichen ist, die von links nach rechts aneinandergereiht ist. Es werden zunächst Regeln eingeführt, die „sinnvolle" Zeichengruppen charakterisieren sollen und die unter den sinnvollen Gruppen wieder zwischen solchen zu unterscheiden gestatten, die „Objekte", und anderen, die „Aussagen" darstellen.

Diese Art der Betrachtung eines mathematischen Textes ist gerade für die Physik wichtig; denn einmal ist es notwendig, reale Tatsachen aus dem Grundbereich G, wie z. B. experimentelle Ergebnisse in mathematischer Sprache, d. h. in nach den mathematischen Sprachregeln „sinnvollen Aussagen", aufzuschreiben (siehe § 5), und zweitens will man auch aus „Aussagen" in MT mit Hilfe von ($-$) zu Aussagen über den Wirklichkeitsbereich W gelangen (siehe § 10.11). Daher müssen also eindeutig die Regeln aufgestellt werden, nach denen in MT „sinnvolle Aussagen" zu formulieren sind.

Dazu teilen wir die Zeichen in drei Klassen ein:

1) logische Zeichen: $\vee$, $\neg$, τ. Hierbei bedeutet anschaulich $\vee$ „oder", $\neg$ „nicht", τ „ein Objekt, das ...". Die Bedeutung des τ-Zeichens werden wir später noch näher erläutern. Man kann mit diesen logischen Zeichen auskommen. Wir werden aber, weil es uns hier nicht auf eine genaue Klarstellung aller Regeln ankommt, gleich von jetzt an anschaulicher (wobei A und B Zeichengruppen sind) statt der Zeichengruppe $\neg A$ immer „nicht (A)", statt $\vee AB$ immer „(A) oder (B)" schreiben und statt $\vee \neg AB$, d. h. statt $[(\text{nicht } (A)) \text{ oder } (B)]$ immer $(A) \Rightarrow (B)$, in Worten „aus A folgt B" schreiben, und schließlich für „nicht $[(\text{nicht } (A)) \text{ oder } (\text{nicht } (B))]$" einfach „$(A)$ und (B)";

2) kleine Buchstaben; diese stehen anschaulich immer für Objekte. Aber nicht jedes Objekt ist nur durch einen Buchstaben charakterisiert; auch Zeichengruppen können Objekte darstellen;

3) spezielle Zeichen der gerade betrachteten MT wie z. B. $\in$ als Zeichen in der Mengenlehre.

Nur Zeichengruppen, die nach folgenden Regeln entstehen, sind in einer MT erlaubt, d. h. werden anschaulich als „sinnvoll" zugelassen: Jedem speziellen Zeichen der dritten Klasse muß noch ein Charakteristikum zugeschrieben werden. Es ist entweder ein substantivierendes oder relationelles Zeichen, d. h. anschaulich ein Zeichen, das ein Objekt bzw. eine Relation (d. h. eine Aussage) bestimmt. Jedem dieser speziellen Zeichen muß noch ein Gewicht, eine ganze Zahl n zukommen.

Als Terme (anschaulich Objekte) der MT werden alle Zeichengruppen bezeichnet, die mit einem τ oder einem substantivierenden Zeichen beginnen, oder aus nur einem kleinen Buchstaben bestehen, als Relationen (anschaulich Aussagen) der MT alle anderen Zeichengruppen.

Eine Zeichengruppe ist in MT nur (als „sinnvoll") zugelassen, wenn sie einer Folge von Zeichengruppen angehört, die folgende Bedingungen erfüllt:

a) A ist ein kleiner Buchstabe (also ein Objekt).

b) A ist gleich „nicht (B)", wobei B eine Relation ist, die in der Folge der Gruppe A vorangeht.

c) A ist gleich „(B) oder (C)", wobei B und C Relationen sind, die in der Folge A vorangehen.

b) und c) sind unmittelbar anschaulich verständlich als „Verneinung einer vorhergehenden Aussage B" und als die logische Verknüpfung zweier vorhergehender Aussagen B und C mit „oder".

d) A ist gleich $\tau_x(B)$, wobei B eine A vorangehende Relation ist, die den Buchstaben x enthält; um dies anzudeuten, schreiben wir oft $B(x)$ statt B. Dies kann man anschaulich so interpretieren: x ist ein Objekt in einer Aussage $B(x)$ (z. B. $x \in M$, d. h. x ist Element der Menge M). $\tau_x(B)$ ist dann ein spezielles „ausgewähltes" Objekt, das, in $B(x)$ eingesetzt, die Aussage B erfüllt, (z. B. $\tau_x(x \in M)$ ist ein spezielles ausgewähltes Element der Menge M).

e) A ist gleich $sA_1 \ldots A_n$, wobei s ein spezielles Zeichen aus der obigen dritten Klasse vom Gewicht n ist und A_1 bis A_n Terme sind, die A in der Folge vorangehen. Ist s ein substantivierendes Zeichen, so ist anschaulich $sA_1 \ldots A_n$ ein aus Objekten $A_1 \ldots A_n$ gebildetes neues Objekt; ist s relationell, so ist $sA_1 \ldots A_n$ eine Relation zwischen den Objekten (eine Aussage über die Objekte) $A_1 \ldots A_n$.

4.2 Axiome und Beweise

Die bisher geschilderten Regeln sind nur dazu da, die „sinnvollen" Ausdrücke zu charakterisieren. Jetzt müssen wir die Methoden angeben, nach denen entschieden wird, ob eine Aussage (anschaulich gesprochen) „wahr" ist. Dies geschieht durch die Aufstellung von Axiomen und die Durchführung von Beweisen. Für die Mathematik sind die Axiome sozusagen per definitionem wahre Aussagen. Wenn diese Axiome aber in einer $\mathcal{PT}$ durch $(—)$ zu Aussagen über $\mathcal{W}$ werden, so gewinnt in $\mathcal{PT}$ der Wahrheitsgehalt eines Axioms einen gegenüber $\mathcal{MT}$ neuen Sinn. In $\mathcal{MT}$ wollen wir deshalb, wie es oft üblich ist, gar nicht von wahr und falsch sprechen, da die Axiome gesetzt werden und *nicht* das *Ergebnis* eines Erkenntnisaktes sind. Die „Wahrheit" mancher Axiome kann nicht eingesehen werden, da es eine solche Wahrheit oft nicht gibt, weil man in einer $\mathcal{MT}$ statt des Axioms A oft auch (nicht A) als Axiom setzen kann (siehe als „physikalisches" Beispiel dazu das „Gleichzeitigkeitsaxiom" in [1] Kapitel VII und seine „Nichtgültigkeit" in der speziellen Relativitätstheorie, wie dies in [1] Kapitel IX näher erläutert ist).

Das Setzen der Axiome ist damit sowohl ein für die Mathematik wie die Physik entscheidend wichtiger Prozeß, so daß wir ihn allgemein schildern müssen. Wir unterscheiden dabei explizite Axiome und axiomatische Regeln.

Ein *explizites Axiom* ist eine nach den Regeln aus § 4.1 aufgeschriebene Relation (Aussage). Es können mehrere solcher Axiome aufgeschrieben werden. In diesen expliziten Axiomen können einige (kleine) Buchstaben (anschaulich:

undefinierte Grundobjekte der $\mathcal{MT}$) auftreten, die man die Konstanten der $\mathcal{MT}$ nennt. Die expliziten Axiome stellen anschaulich wahre Aussagen über diese Grundobjekte dar. Man kann aber auch sagen, daß die Grundobjekte implizit durch die Axiome definiert sind; als Abkürzung werden oft diesen Grundobjekten Namen gegeben (als Abkürzung für die Gesamtheit der für sie gesetzten Axiome).

So bezeichnet man z. B. einen Term x (x als Grundobjekt) eine „geordnete Menge", wenn in ihr eine Ordnungsrelation mit entsprechenden Axiomen definiert ist.

Die *axiomatischen Regeln* (nicht zu verwechseln mit den syntaktischen Regeln aus § 4.1) sind keine Relationen im Sinne von § 4.1, sondern eben Regeln, mit Hilfe deren man aus schon im Text vorliegenden Relationen neue Relationen gewinnen kann; intuitiv sollen sie „identisch wahre" Aussagen liefern, d. h. welche Relationen auch immer bei der Anwendung einer *axiomatischen Regel* benutzt werden, man erhält eine (intuitiv) „wahre" Relation. Wir werden solche axiomatische Regeln beispielsweise in § 4.3 als logische Regeln (d. h. intuitiv als logisch identisch wahre Aussagenverbindungen) kennenlernen.

Die axiomatischen Regeln lassen sich am einfachsten ausdrücken, wenn man wieder Abkürzungen für Zeichengruppen benutzt: Eine axiomatische Regel läßt sich dann als eine symbolische Relation (Aussage), geformt aus diesen „Abkürzungen", hinschreiben. Diese symbolischen Relationen nennt man dann auch implizite Axiome. Die als Abkürzungen benutzten Buchstaben treten nicht eigentlich in der Theorie auf, da für sie „beliebige" Relationen aus der Theorie eingesetzt werden können. Eine $\mathcal{MT}$ besteht dann aus einem Text von ausgezeichneten Relationen (anschaulich den „wahren" oder „gültigen" Aussagen), die mit Hilfe folgender drei Regeln gewonnen werden können:

1) die expliziten Axiome selbst;

2) die impliziten Axiome, wenn in diesen nach den Regeln aus § 4.1 konstruierte Terme und Relationen eingesetzt werden;

3) aus einer Relation B, falls vorher im Text der $\mathcal{MT}$ die zwei Relationen A und $A \Rightarrow B$ auftreten.

Alle so nach 1) bis 3) entstehenden Relationen (anschaulich die „wahren" Relationen gegenüber den nach § 4.1 nur „sinnvollen" Relationen) nennen wir kurz „Sätze" der $\mathcal{MT}$. Wir rechnen damit also der Einfachheit wegen auch kurz alle expliziten Axiome zu den Sätzen von $\mathcal{MT}$.

Kann also irgendeine Relation (d. h. eine nach den Regeln aus § 4.1 „sinnvoll" gebildete Relation) nicht nach den vorstehenden drei Regeln gewonnen werden, so ist sie *kein Satz* der $\mathcal{MT}$; es sei schon hier darauf aufmerksam gemacht, daß aus der Tatsache, daß die Relation A kein Satz aus $\mathcal{MT}$ ist, *nicht* etwa schon folgt, daß (nicht A) ein Satz von $\mathcal{MT}$ sein müsse. Es können also sowohl A wie (nicht A) keine Sätze von $\mathcal{MT}$ sein! Dies wird auch von Bedeutung für die Entwicklung physikalischer Theorien sein, besonders beim Übergang zu umfangreicheren Theorien (§ 9) und bei der Beurteilung der „physikalischen Wirklichkeit" nicht beobachteter Sachverhalte (§ 10).

Ein weiterer auch gerade für die $\mathcal{PT}$s sehr wichtig werdender Begriff läßt sich schon an dieser Stelle einführen. Es geht um den Vergleich zweier $\mathcal{MT}$s:

Wir nennen eine $\mathcal{MT}_2$ stärker als $\mathcal{MT}_1$, wenn alle Zeichen von $\mathcal{MT}_1$ auch in $\mathcal{MT}_2$ vorkommen und alle expliziten Axiome von $\mathcal{MT}_1$ als Sätze in $\mathcal{MT}_2$ auftreten sowie alle impliziten Axiome von $\mathcal{MT}_1$ auch solche von $\mathcal{MT}_2$ sind. Dann sind natürlich alle Sätze von $\mathcal{MT}_1$ auch solche von $\mathcal{MT}_2$.

Der Übergang von einer $\mathcal{MT}_1$ zu einer stärkeren $\mathcal{MT}_2$ wird beim Aufbau und Ausbau einer physikalischen Theorie von großer Bedeutung werden; denn je stärker die $\mathcal{MT}$s werden, um so aussagekräftiger werden die zugehörigen $\mathcal{PT}$s sein (siehe § 9).

4.3 Logik

Die ersten einzuführenden impliziten Axiome betreffen die Logik. Hier fällt die Vorentscheidung, daß wir die „normale", „zweiwertige" Logik – und keine mehrwertige oder sonst andersartige – benutzen. Da spezielle Relationen der $\mathcal{MT}$ in der $\mathcal{PT}$ zu Aussagen über die Wirklichkeit werden, setzen wir also hiermit für die ganze $\mathcal{PT}$ diese Logik voraus, was erst klarer in §§ 5 und 10 werden wird.

Sowohl in der Mathematik wie in der Physik sind Ansätze gemacht worden, die Logik abzuändern. Die Quantenmechanik wurde in der Physik als Argument für die Notwendigkeit einer neuen, mehrwertigen Wahrscheinlichkeitslogik benutzt. Dadurch, daß wir die ganze Quantentheorie unter Benutzung der normalen Logik aufbauen, ist aber gezeigt, daß eine solche Notwendigkeit nicht besteht.

Wir führen die Logik durch folgende axiomatische Regeln ein: Sind A, B, C Relationen, so sind folgende Relationen implizite Axiome der $\mathcal{MT}$:

1) $(A \text{ oder } A) \Rightarrow A,$

2) $A \Rightarrow (A \text{ oder } B),$

3) $(A \text{ oder } B) \Rightarrow (B \text{ oder } A),$

4) $(A \Rightarrow B) \Rightarrow ((C \text{ oder } A) \Rightarrow (C \text{ oder } B)).$

Denkt man sich anschaulich eine Aussage mit *zwei* möglichen Werten „wahr" oder „falsch" belegt und gibt der Aussage „A oder B" den Wert wahr, wenn wenigstens eine der beiden Aussagen A oder B wahr sind, sonst den Wert falsch, und der Aussage „nicht A" den Wert wahr, wenn A falsch ist, und umgekehrt, so stellen 1) bis 4) identisch wahre Aussagen dar (denn $A \Rightarrow B$ ist nach Definition „nicht (A) oder B", d. h. wahr genau dann, wenn A und B wahr oder A falsch ist).

Und doch darf man die obigen impliziten logischen Axiome 1) bis 4) nicht mit der intuitiven Zuordnung von „wahr" oder „falsch" zu „irgendwelchen" Aussagen $A, B, \ldots$ verwechseln. Wir hatten ja nicht die „Werte" wahr und falsch für Aussagen eingeführt, sondern in § 4.2 nur die Regeln des Beweisens, d. h. Ableitens von neuen Aussagen aus den Axiomen, aufgestellt. An die Stelle dessen, was man intuitiv so ausdrücken würde: In dieser $\mathcal{MT}$ ist die Aussage A

„wahr", trat die neue Formulierung A ist ein Satz in MT. Wir betonten schon oben, daß wenn A kein *Satz* in MT ist, noch lange nicht folgt, daß (nicht A) ein Satz in MT sein müsse. Es kann also sein, daß in einer MT weder A noch (nicht A) ein Satz ist. Nur im folgenden Sinn ist die durch die obigen impliziten Axiome eingeführte Logik die „normale", „zweiwertige":

a) Ist in einer MT sowohl eine Relation A wie (nicht A) ein Satz, so ist jede nach § 4.1 „sinnvoll" gebildete Aussage B ein Satz. Eine solche MT heißt widerspruchsvoll und ist unbrauchbar, da sie eigentlich nichts aussagt. Wir werden in § 5 sehen, daß eine widerspruchsvolle MT auch als Teil einer PT zu einer *vollkommen* „unbrauchbaren" PT (im Sinne von § 5) führt, schon bevor man überhaupt eine solche MT *an der Erfahrung testet*. Wir scheiden deshalb alle widerspruchsvollen MTs aus. Dann kann also nur A oder nur (nicht A) ein Satz sein.

b) Es gilt aber auch folgendes oft bei Beweisen benutzte Prinzip des *Beweises durch Widerspruch*: Nimmt man zu MT als weiteres Axiom die Relation (nicht A) hinzu, wodurch man eine zu MT im Sinne von § 4.2 *stärkere* Theorie MT' erhält, und ist MT' widerspruchsvoll, so ist A ein Satz von MT.

c) Ist A ein Satz in MT, so ist auch (A oder B) ein Satz in MT.

d) Ist B ein Satz in MT, so ist auch (A oder B) ein Satz in MT.

e) Sind (nicht A) und (nicht B) Sätze in MT, so ist auch [nicht (A oder B)] ein Satz in MT; und ist (A oder B) ein Satz in MT so ist „nicht [(nicht A) und (nicht B)]" ein Satz in MT, das heißt aber auch, daß dann nicht sowohl (nicht A) wie auch (nicht B) Sätze aus MT sein können.

Die obigen beiden Feststellungen a) und b) legen die Bedeutung von „nicht" fest und das, was wir in *neuer Form* kurz als Zweiwertigkeit der Logik bezeichnen.

Die Feststellungen c) bis e) legen die Bedeutung von „oder" fest, die in genau dieser Weise an die Stelle der oben intuitiv mit Hilfe der Werte „wahr" und „falsch" eingeführten Bedeutung von „oder" tritt. Wir sagen kurz, daß durch c) bis e) die „normale" Bedeutung von „oder" dargestellt wird.

In diesem Sinne sagen wir schließlich aufgrund von a) bis e), daß durch die impliziten Axiome 1) bis 4) die normale, zweiwertige Logik eingeführt sei.

Natürlich ist hier nicht der Platz, aus den oben angegebenen impliziten Axiomen 1) bis 4) alle für die Beweistechnik der Mathematik wichtigen Folgerungen zu ziehen; insbesondere also die obigen Folgerungen a) bis e) zu beweisen. Dies ist auch um so weniger notwendig, da die erhaltenen Folgerungen meist sofort „intuitiv" einleuchten und der Leser sicherlich gewöhnt ist, in „solcher" Weise die Logik und Beweismethoden in der Mathematik anzuwenden. Wer aber an genaueren Einzelheiten interessiert ist, sei auf [2] I § 3 verwiesen. Insbesondere ist es leicht, anhand der dortigen Ableitungen die obigen Folgerungen a) bis e) zu beweisen: a) wird direkt in [2] I § 3.1 bewiesen, b) ist mit C 15 aus [2] I § 3.3 identisch; c) und d) folgen sofort leicht aus den obigen impliziten Axiomen 2) und 3) und der Beweisregel 3) aus dem vorigen § 4.2 dieses Buches hier; e) schließlich ist eine Folge der unter C 24 in [2] I § 3.5 angegebenen Äquivalenzrelationen „(nicht nicht A) $\Leftrightarrow$ A" und „(A oder B) $\Leftrightarrow$ nicht ((nicht A) und (nicht B))".

Wegen ihrer Wichtigkeit gerade bei physikalisch bedeutungsvollen Überlegungen (siehe § 5 und besonders § 10) seien hier noch zwei weitere Beziehungen angefügt, die sich aus den impliziten Axiomen 1) bis 4) ergeben:

f) Ist A eine Relation in $\mathcal{MT}$, $\mathcal{MT}'$ die Theorie, die man erhält, indem man zu $\mathcal{MT}$ die Relation A als Axiom hinzufügt, und ist B ein Satz in $\mathcal{MT}'$, so ist $A \Rightarrow B$ ein Satz in $\mathcal{MT}$ (Beweis siehe C 14 aus [2] I § 3.3).

g) Seien $A(x)$ und B Relationen in $\mathcal{MT}$ (x keine Konstante von $\mathcal{MT}$) und sei für einen Term T aus $\mathcal{MT}$ die Relation $A(T)$ ein Satz. $\mathcal{MT}'$ sei die Theorie, die man aus $\mathcal{MT}$ erhält, indem man $A(x)$ als Axiom zu $\mathcal{MT}$ hinzufügt (x ist dann also eine Konstante in $\mathcal{MT}'$). Ist B ein Satz in $\mathcal{MT}'$, so ist B auch schon ein Satz in $\mathcal{MT}$ (Beweis siehe C 19 aus [2] I § 3.3).

Aus den beiden obigen Beziehungen a) und b) ergibt sich für eine widerspruchsfreie Theorie $\mathcal{MT}$, daß man zu $\mathcal{MT}$, falls weder A noch (nicht A) Sätze in $\mathcal{MT}$ sind, sowohl A wie (nicht A) als Axiome hinzufügen kann und auf diese Weise zwei gegenüber $\mathcal{MT}$ stärkere, widerspruchsfreie Theorien $\mathcal{MT}_1$ bzw. $\mathcal{MT}_2$ erhält. Diese Situation ist, wie auch schon oben erwähnt, für die Physik sehr wichtig; insbesondere sei auf die Diskussion des Verhältnisses der *Galilei-Newton*schen Raum-Zeit-Theorie zur speziellen Relativitätstheorie in [1] Kapitel IX verwiesen.

Auf die Problematik des „Beweisens" der Widerspruchsfreiheit einer $\mathcal{MT}$ sei hier nicht eingegangen (siehe z. B. [7] und [8]). Wir wollen uns auf den Standpunkt stellen, daß wir solange „hoffen", daß die benutzten $\mathcal{MT}$s widerspruchsfrei sind, solange nicht ein Widerspruch abgeleitet ist. Sollte sich doch einmal in $\mathcal{MT}$ ein Widerspruch ergeben, so haben wir eben die Axiome so abzuändern, daß die aufgetretenen Widersprüche beseitigt sind.

Sind A und B Relationen, so schreiben wir kurz für die Relation „$(A \Rightarrow B)$ und $(B \Rightarrow A)$": „$A \Leftrightarrow B$" und sagen, daß A *äquivalent* zu B ist. Für irgendwelche Relationen gelten dann aufgrund der oben eingeführten Axiome folgende Äquivalenzen (als Sätze in $\mathcal{MT}$, siehe [2] I § 3.3):

$$(A \text{ und } (B \text{ oder } C)) \Leftrightarrow ((A \text{ und } B) \text{ oder } (A \text{ und } C)),$$
$$(A \text{ oder } (B \text{ und } C)) \Leftrightarrow ((A \text{ oder } B) \text{ und } (A \text{ oder } C)),$$
$$(\text{nicht } (A \text{ und } B)) \Leftrightarrow ((\text{nicht } A) \text{ oder } (\text{nicht } B)), \tag{kl}$$
$$(\text{nicht } (A \text{ oder } B)) \Leftrightarrow ((\text{nicht } A) \text{ und } (\text{nicht } B)),$$
$$(\text{nicht } (\text{nicht } A)) \Leftrightarrow A.$$

Wenn wir „formal" $\Leftrightarrow$ wie ein Gleichheitszeichen betrachten und statt „und" das Zeichen $\wedge$, statt „oder" das Zeichen $\vee$ setzen, so gehen die eben aufgeschriebenen „logischen" Sätze *formal* in die Rechenregeln für einen distributiven, komplementären Verband (siehe [9]) über. Die Tatsache, daß

$$(A \Rightarrow B) \Leftrightarrow [(A \text{ oder } B) \Leftrightarrow B]$$

ein Satz ist, kann man dann formal so interpretieren, daß $\Rightarrow$ die durch die „Verbandsoperationen" $\vee$, $\wedge$ bestimmte Ordnung ist (siehe [9]), so daß auch rückwärts $\Leftrightarrow$ mit Recht „formal" zum Gleichheitszeichen wird.

Und doch besteht ein ganz *entscheidender* Unterschied zwischen einem distributiven, komplementären Verband und den obigen logischen Sätzen: Die in den logischen Beziehungen auftretenden Buchstaben sind *keine* (!) Elemente einer Menge, d. h. alle aufgrund der in § 4.4 noch kurz zu besprechenden Axiome über Mengen und der Axiome für einen Verband beweisbaren Sätze dürfen in keiner Weise unmittelbar auf die logischen Beziehungen zwischen Relationen angewandt werden. Relationen (d. h. Aussagen) in einer $\mathcal{MT}$ und Elemente einer Menge sind grundverschiedene Dinge und dürfen nicht miteinander vermengt werden.

Trotzdem aber können wir natürlich die oben unter (kl) zusammengestellten fünf Relationen als die anschaulichste Formulierung dafür betrachten, daß wir durch die impliziten Axiome 1) bis 4) die „klassische" Logik in $\mathcal{MT}$ eingeführt haben. Wir setzen jetzt im folgenden immer die Gültigkeit der impliziten logischen Axiome 1) bis 4) für $\mathcal{MT}$ voraus.

Nachdem wir so die logische Bedeutung von „oder" und „nicht" in eine $\mathcal{MT}$ eingeführt haben, muß ausdrücklich betont werden, daß damit *zunächst* noch nichts darüber ausgesagt ist, wie man logisch Aussagen über Vorgänge in der Natur verknüpft, denn solche Aussagen über irgendwelche Naturvorgänge sind zunächst keine solche als Relationen $A, B, \ldots$ in einer $\mathcal{MT}$ auftretende Zeichenkombination (siehe § 4.1). Erst in § 5 werden wir auf das Problem der Verbindung (—) von $\mathcal{MT}$ und W und damit auch auf das Problem der „Deutung" der mathematisch logischen Zeichen $\vee$ und $\neg$ aus § 4.1 zu sprechen kommen. Daß dieses Problem (—) *auch* in bezug auf die logischen Zeichen nicht trivial ist, folgt besonders bei dem nächsten in § 4.1 als τ eingeführten Zeichen, worauf wir an einigen Stellen ausdrücklich hinweisen werden.

Während also $\neg$ und $\vee$ durch die impliziten Axiome 1) bis 4) ihre „Bedeutung" (anschaulich eben als „nicht" und „oder") erhalten haben, müssen wir jetzt auch τ durch axiomatische Regeln eine „Bedeutung" geben. Vorher führen wir einige Abkürzungen ein, die eine anschaulich naheliegende Bedeutung haben: Ist R eine Zeichengruppe, die den Buchstaben x enthält, so konnte man die Zeichengruppe $\tau_x(R)$ bilden, die x nicht mehr enthält (siehe § 4.1 und [2] I § 1.1). Setzt man diese Zeichengruppe $\tau_x(R)$ in R statt x (d. h. überall wo x in R auftritt) ein, so erhält man eine neue Zeichengruppe, die wir mit $(\exists x)R$ bezeichnen. $(\exists x)R$ enthält also x ebenfalls nicht mehr. $\tau_x(R)$ war anschaulich ein spezielles Objekt, das R erfüllt. $(\exists x)R$ ist also R, mit einem „speziellen Objekt, das R erfüllt", anstelle von x eingesetzt. Dafür sagen wir auch „es existiert ein Objekt, das R erfüllt". Ist R eine Relation, so also auch $(\exists x)R$ ($\tau_x(R)$ ist ein Term), d. h. in einer $\mathcal{MT}$ kann nach § 4.1 $(\exists x)R$ nur auftreten, wenn R eine Relation ist. Daß „nicht ein Objekt existiert, das (nicht R) erfüllt", drücken wir anschaulich aus durch „für alle Objekte gilt R"; deshalb kürzen wir „nicht $((\exists x)(\text{nicht } R))$" durch „$(\forall x)R$" ab. $(\forall x)R$ ist also ebenfalls eine Relation, wenn R eine ist, und ist in einer $\mathcal{MT}$ ebenfalls nur sinnvoll, wenn R eine Relation ist.

Entsprechend dem „anschaulichen" Sinn von $(\exists x)R$ führen wir jetzt durch eine axiomatische Regel den Sinn von $(\exists x)R$ ein:

5) Ist $R(x)$ eine Relation, die x als Buchstabe enthält, und T ein Term, so ist

$$R(T) \Rightarrow (\exists x)R(x)$$

ein implizites Axiom. Dabei ist $R(T)$ die Relation, die aus $R(x)$ hervorgeht, wenn überall x durch T ersetzt wird. 5) drückt also aus, daß, wenn man ein T hat, das R erfüllt, ein Objekt existiert, das R erfüllt.

Wer sich wieder für die genaueren Einzelheiten und Konsequenzen aus den bisher eingeführten impliziten Axiomen 1) bis 5) interessiert, sei auf [2] I § 4 verwiesen. Wer dort nicht nachlesen will, kann die bisher von ihm intuitiv geübte Methode bei der Benutzung der Worte „es gibt ..." und „für alle ..." beibehalten.

Trotzdem seien, allerdings ohne Beweis, einige Sätze erwähnt, da diese in §§ 9 und 10 eine Rolle spielen.

α) Ist $R(x)$ ein Satz in $\mathcal{MT}$ und x keine Konstante in $\mathcal{MT}$, so ist auch $(\forall x)R(x)$ ein Satz in $\mathcal{MT}$.

β) Sind $A(x)$ und $R(x)$ Relationen in $\mathcal{MT}$ (x keine Konstante aus $\mathcal{MT}$) und ist $A(x) \Rightarrow R(x)$ ein Satz in $\mathcal{MT}$, so folgt, daß auch

$$(\exists x)A(x) \Rightarrow (\exists x)R(x)$$

ein Satz in $\mathcal{MT}$ ist.

γ) Sind $A(x)$ und $R(x)$ Relationen in $\mathcal{MT}$, so sind die Relation $(\exists x)(A(x)$ und nicht $R(x))$ und die Relation $(\forall x)(A(x) \Rightarrow R(x))$ äquivalent.

Uns kam es hier weniger auf Aufstellung solcher Sätze wie die eben erwähnten an, als wir oben das Zeichen τ und die Relationen $(\exists x)R$ und $(\forall x)R$ und das Axiom 5) einführten, sondern wir wollten hauptsächlich die Stelle aufweisen, wo in $\mathcal{MT}$ diese logischen Beziehungen eingehen und daß bei dieser Einführung wieder zunächst in keiner Weise von Physik oder irgendwelchen Aussagen über Naturvorgänge die Rede ist. Deshalb sei ausdrücklich und eindringlich davor gewarnt, diese Worte „es gibt ..." und „für alle ..." mit irgendwelchen „Alltagsaussageformen" über die Natur blindlings zu identifizieren. Es wird geradezu erst einer diffizilen Untersuchung in § 10 bedürfen, um solchen Worten wie z. B. „es gibt ..." in bezug auf den Wirklichkeitsbereich W einer $\mathcal{PT}$ einen „Sinn" zu geben.

Um aber an dieser Stelle zunächst nur Warnungen auszusprechen, seien kurz Beispiele von „üblichen Aussagen" über Sachverhalte in der Natur angegeben, denen hier beim Aufbau einer $\mathcal{PT}$ kein (wenigstens unmittelbar einleuchtender) Sinn gegeben wird; ob einige trotzdem solche Aussagen für sinnvoll halten, soll hier nicht in Frage gestellt werden; es soll vielmehr betont werden, daß solche Aussagen über Naturvorgänge nicht als Grundlage für den Aufbau einer physikalischen Theorie benutzt werden, so wie hier in diesem Buch der Aufbau einer $\mathcal{PT}$ dargestellt wird.

Solche (wenigstens zunächst) sinnlosen Aussagen sind z. B. Sätze wie die: „Alle Raben sind schwarz"; „Alle Elektronen haben dieselbe Masse m"; „Alle Menschen sind sterblich" usw. Nehmen wir als Beispiel den ersten Satz: „Alle

Raben sind schwarz." Er ließe sich leicht in der mathematischen Form aus § 4.1 formalisieren: r ist ein relationelles Zeichen vom Gewicht 1 mit der Bedeutung „Rabe sein"; s ist ein relationelles Zeichen vom Gewicht 1 mit der Bedeutung „schwarz sein". „Alle Raben sind schwarz" ließe sich dann schreiben:

$$(\forall x)(r(x) \Rightarrow s(x)).$$

Aber in einer $\mathcal{MT}$ haben eben zum Unterschied des obigen Alltagssatzes die relationellen Zeichen r und s keine inhaltliche Bedeutung. Wenn aber „Raben sein" schon (wie es offenbar gemeint ist) eine inhaltliche Bedeutung hat, so kann man nicht nur „formal" wie oben in $\mathcal{MT}$ das Zeichen $\forall$ einführen. „Alle Raben" müßte also auch wieder eine „einsehbare" (und eben nicht nur formale) Bedeutung haben; aber welche? Was soll das heißen „alle Raben"? Wo sind diese „alle Raben" vorweisbar? Wo gibt es diese „alle Raben" überhaupt? Der Verfasser dieses Buches ist leider nicht in der Lage, sich unter „allen Raben" etwas wohl Definiertes vorzustellen (was nicht heißen soll, daß dies nicht doch andere Menschen können; aber auch solche anderen, die meinen, sich darunter etwas Bestimmtes vorstellen zu können, konnten diese ihre Vorstellung dem Verfasser leider nicht klarmachen, so daß es mir nicht möglich ist, an dieser Stelle über solche Vorstellungen zu schreiben).

Wir werden daher im ganzen Aufbau einer $\mathcal{PT}$ niemals solche Aussagen wie die oben erwähnten benutzen, außer in sehr *abgekürzten Redeformen*, auf die aber dann *nicht* die logischen Regeln anwendbar sind!

Nach dieser *Warnung*, nicht blindlings logische Aussageformen und logische Regeln aus $\mathcal{MT}$ auf die „Natur" zu übertragen, wollen wir im weiteren logischen Aufbau einer $\mathcal{MT}$ fortfahren, indem wir das „gleich sein" durch ein Zeichen in $\mathcal{MT}$ einführen und ihm durch axiomatische Regeln eine Bedeutung in $\mathcal{MT}$ geben.

In diesem Sinne führen wir als weiteres Zeichen für alle später zu benutzenden $\mathcal{MT}$s das Gleichheitszeichen $=$ als relationelles Zeichen vom Gewicht 2 ein mit der Vorschrift nach § 4.1, daß $=AB$ eine Relation zwischen je zwei Termen (d. h. zwei Objekten) AB ist. Statt $(=AB)$ schreiben wir $A = B$. Für „nicht $(A = B)$" schreiben wir auch $A \neq B$. Den Sinn von $=$ legen wir durch die folgenden axiomatischen Regeln fest:

6) Ist $R(x)$ eine Relation und sind A und B Terme, so gilt das implizite Axiom:

$$(A = B) \Rightarrow (R(A) \Leftrightarrow R(B)).$$

7) Sind $R(x)$ und $S(x)$ Relationen, so gilt das implizite Axiom:

$$[(\forall x)(R(x) \Leftrightarrow S(x))] \Rightarrow [\tau_x(R) = \tau_x(S)].$$

Die anschauliche Beziehung 6) drückt aus, daß es „gleich" ist, ob man in einer Relation $R(x)$, in der der Buchstabe x steht, dieses x durch A oder das zu A gleiche B ersetzt, d. h. daß die Relationen $R(A)$ und $R(B)$ „dieselben" oder – exakter ausgedrückt – „äquivalent" sind. Man kann auch kurz sagen: Zwei gleiche A, B haben auch dieselben „Eigenschaften" R. 7) ist nicht so

unmittelbar intuitiv zu sehen, da das Symbol τ (in Worten: ein Objekt, das
…) in seinem intuitiven Inhalt weniger leicht zu fassen ist. 7) legt eben fest,
daß zwei für alle x gleiche Eigenschaften R und S zur Folge haben, daß der
durch τ bestimmte Term (= Objekt) sowohl für R wie für S gleich ist, d. h. daß
das „Auswahlverfahren“ τ für „gleiche“ Eigenschaften R und S auch „gleich“
auswählt.

Wer wieder an den Einzelheiten der Konsequenzen aus diesem weiteren und
den vorhergehenden Axiomen interessiert ist, sei auf [2] I § 5 verwiesen. Nur zwei
Sätze seien ohne Beweise angegeben, da sie später oft benutzt werden und in
§ 10 auch physikalisch wichtig werden. Zunächst eine Definition:

Ist die Relation

$$(\forall y)(\forall x)[(R(y) \text{ und } R(x)) \Rightarrow (x = y)]$$

ein Satz in $\mathcal{MT}$ (wofür man oft sagt, daß es höchstens ein x gibt, das R erfüllt),
so heißt $R(x)$ „einwertig“. Es gilt nun für jede $\mathcal{MT}$, die die Axiome 1) bis 7)
erfüllt, die Beziehung:

δ) Ist $R(x)$ einwertig in $\mathcal{MT}$, so ist

$$R(x) \Rightarrow (x = \tau_x(R))$$

ein Satz in $\mathcal{MT}$.

Und ist umgekehrt für einen Term T die Relation

$$R(x) \Rightarrow (x = T)$$

ein Satz in $\mathcal{MT}$, so ist R einwertig.

Wir führen noch eine weitere Definition ein: Ist in einer $\mathcal{MT}$ $R(x)$ einwertig
und gilt außerdem noch der Satz

$$(\exists x)R(x),$$

so sagt man, daß „es ein und nur ein x gibt, das $R(x)$ erfüllt“, und nennt $R(x)$
„funktional“. Es gilt dann:

ϵ) Wenn $R(x)$ in $\mathcal{MT}$ funktional ist, so ist

$$R(x) \Leftrightarrow (x = \tau_x(R))$$

ein Satz in $\mathcal{MT}$.

Und ist umgekehrt für einen Term T

$$R(x) \Leftrightarrow (x = T)$$

ein Satz in $\mathcal{MT}$, so ist $R(x)$ funktional.

Zusammenfassend wollen wir noch einmal wiederholen, daß wir diese hier
in § 4.3 zusammengefaßten grundlegenden Axiome einer „logischen“ $\mathcal{MT}$ nicht
deswegen beschrieben haben, um aus ihnen als Sätze einer $\mathcal{MT}$ die bekannten
Schlußweisen der Mathematik abzuleiten, sondern um später (z. B. §§ 5 und 10)
besser erkennen zu können, was für eine Bedeutung diese Axiome einer $\mathcal{MT}$
innerhalb $\mathcal{PT}$ haben.

4.4 Mengentheoretische Axiome

Da wir die Mengentheorie ebenfalls voraussetzen wollen, können wir uns bei der Aufstellung der Axiome kurz fassen. Wir wollen hauptsächlich dabei auf einige Gesichtspunkte hinweisen, die für die Stellung dieser Axiome in einer $\mathcal{PT}$ wichtig sein werden. Der Problematik der Benutzung der Mengentheorie im Bild $\mathcal{MT}$ einer $\mathcal{PT}$ werden wir uns erst in § 8 zuwenden können; deshalb seien hier auf die physikalische Bedeutung zunächst so gut wie keine Hinweise gegeben.

In der Mengentheorie tritt als neues relationelles Zeichen auf: $z \in y$, anschaulich „z ist Element von y". Als Abkürzung für $(\forall z)((z \in x) \Rightarrow (z \in y))$, d. h. für die Relation, daß „alle Elemente z von x auch Elemente von y sind", schreiben wir kurz $x \subset y$ (in Worten: „x ist Teil von y"; oder „y enthält x" oder ähnliche Redeweisen). Für „nicht $(z \in y)$" bzw. „nicht $(x \subset y)$" schreiben wir öfter $z \notin y$ bzw. $x \not\subset y$.

Das relationelle Zeichen $\in$ wird entscheidend wichtig für die Anwendung einer $\mathcal{MT}$ in einer $\mathcal{PT}$ werden. Anschaulich besteht geradezu die $\mathcal{PT}$ darin, daß sie gewisse Stücke des Realtextes als Elemente einer Menge auffaßt (siehe § 5).

Für die mathematische Mengenlehre ist es entscheidend, daß die Menge intuitiv als das zusammenfassende Ganze aller ihrer Elemente gesehen wird. Gerade aber dieses „Ganze aller" ist im Bereich der Physik mehr als fragwürdig, wie wir schon oben bei der Einführung des logischen Zeichens $\forall$ in $\mathcal{MT}$ betonten. Zum Beispiel die „Menge aller Elektronen" wird bei dem hier vollzogenen Aufbau einer $\mathcal{PT}$ nicht als sinnvoller Ausdruck benutzt, weil es eben fragwürdig ist, ob es wirklich dieses Ganze aller Elektronen überhaupt gibt.

Für die Mathematik ist aber dieses „zu einer Menge zusammenfassen" ein wichtiger Begriff der Mengenlehre. Wenn die Menge eine Zusammenfassung ihrer Elemente ist, so müssen zwei Mengen als gleich gelten, wenn sie dieselben Elemente haben; deshalb wird als erstes explizites Axiom

M 1) $(\forall x)(\forall y)((x \subset y \text{ und } y \subset x) \Rightarrow (x = y))$

gefordert. Gerade aber das intuitiv so naheliegende „Zusammenfassen zu einer Menge" hat in der Mathematik zu Widersprüchen geführt, wenn man bestimmte Vorsichtsmaßregeln außer acht ließ.

Wenn wir jetzt z. B. versuchen, formal alle x einer bestimmten Sorte zu einer Menge zusammenzufassen, so kann dies geschehen durch: Ist $R(x)$ eine Relation, so kürzen wir die Relation $(\exists y)(\forall x)((x \in y) \Leftrightarrow R(x))$ durch „$\mathrm{Coll}_x R$" ab. Wenn $\mathrm{Coll}_x R$ ein Satz in $\mathcal{MT}$ ist, so sagt man, daß die Relation $R(x)$ eine Menge bestimmt. y ist dann die „Zusammenfassung aller x, die $R(x)$ erfüllen", denn es gilt, daß aus $(\forall x)((x \in y) \Leftrightarrow R)$ und $(\forall x)((x \in z) \Leftrightarrow R)$ die Gleichheit $(z = y)$ folgt. Für die Relation $S(y) : (\forall x)((x \in y) \Leftrightarrow R)$ gibt es also höchstens ein y, so daß $S(y)$ gilt; d. h. nach § 4.3 $S(y)$ ist einwertig. Ist $(\exists y)S(y)$ ein Satz aus $\mathcal{MT}$ (d. h. ist $S(y)$ funktional), so gilt nach § 4.3 auch $S(y) \Leftrightarrow (y = \tau_y(S))$. Wenn also $\mathrm{Coll}_x(R)$, das ist $(\exists y)S(y)$, ein Satz aus $\mathcal{MT}$ ist, so können wir die Menge y, die $S(y)$ erfüllt, mit $\tau_y[(\forall x)((x \in y) \Leftrightarrow R(x))]$ bezeichnen, wofür wir zur Abkürzung $E_x(R)$ schreiben, in Worten: $E_x(R)$ ist die Menge aller x, die $R(x)$ erfüllt. Die Relation $(\forall x)((x \in E_x(R)) \Leftrightarrow R)$ ist also mit $\mathrm{Coll}_x(R)$ äquivalent, die Relation $R(x)$ mit $(x \in E_x(R))$ äquivalent. Die Menge $E_x(R)$ schreiben wir später oft in der gebräuchlicheren Form: $\{x \mid R(x)\}$.

Die Menge $E_x(R)$ „existiert" aber nur, wenn $\mathrm{Coll}_x(R)$ ein Satz in $\mathcal{MT}$ ist. Es ist aber in keiner Weise so, daß in einer $\mathcal{MT}$ für alle $R(x)$ die Relation $\mathrm{Coll}_x(R)$ ein Satz ist. Für die unreflektierende Intuition scheint dies merkwürdig, da es doch „immer", d. h. zu jedem $R(x)$ die „Menge aller x mit $R(x)$" geben sollte. Wäre es daher nicht naheliegend, $\mathrm{Coll}_x(R)$ für alle $R(x)$ als Axiom zu fordern? Wer der Problematik einer „intuitiven" Mengenlehre begegnet ist, wird wissen, daß genau eine solche „allgemeine" Forderung Gefahren in sich birgt. Wir gehen daher etwas behutsamer vor:

Wenn man nur solche x betrachtet, für die $R(x)$ gilt und die Elemente einer Menge z sind (wobei z durchaus Elemente enthalten kann, die nicht der Relation R genügen), so ist anschaulich zu erwarten, daß die R genügenden x eine Teilmenge von z bilden, d. h. daß $\mathrm{Coll}_x(R)$ ein Satz der Theorie wird. Wir gehen noch etwas weiter: Hängt die Relation R noch von einem Objekt y ab, und sind alle x, die bei festem y der Relation R genügen, Elemente einer (eventuell von y abhängenden) Menge z, so sollen alle die x, die R für wenigstens ein Element y einer Menge u genügen, eine Menge bilden, was wir in dem impliziten Axiom:

$$\text{M 2)} \quad ((\forall y)(\exists z)(\forall x)(R \Rightarrow (x \in z)) \Rightarrow (\forall u)\mathrm{Coll}_x((\exists y)((y \in u) \text{ und } R))$$

fordern. Dies ermöglicht, mit Hilfe von Relationen aus Mengen neue Mengen zu gewinnen. Um aber überhaupt Mengen herstellen zu können, setzen wir folgende Axiome an:

$$\text{M 3)} \quad (\forall x)(\forall y)\mathrm{Coll}_x(z = x \text{ oder } z = y).$$

Dies bedeutet, daß je zwei Elemente (x und y) zu einer Menge aus diesen beiden zusammengefaßt werden können. Wir bezeichnen diese Menge kurz mit $\{x, y\}$. Dieses Axiom ist innerhalb $\mathcal{PT}$ sehr leicht interpretierbar, wie jede endliche Menge, in der endlich viele $x_1, \ldots, x_n$ zusammengefaßt werden. Für die $\mathcal{MT}$ werden aber gerade die (erst weiter unten zu definierenden) unendlichen Mengen von großer Wichtigkeit. Sie sind es auch, die eine konkrete Axiomatisierung der Mengenlehre erforderlich machten; sie sind aber nicht ohne weiteres physikalisch deutbar, worauf wir schon oben hingewiesen haben und genauer in § 8 eingehen werden.

Zum weiteren Ausbau der Mengenlehre brauchen wir dann noch die Möglichkeit, ein Paar (x, y) von Termen (Objekten) als einen neuen Term, d. h. ein neues, aus den beiden Einzelobjekten x, y bestehendes Paarobjekt einzuführen:

$$\text{M 4)} \quad (\forall x)(\forall x')(\forall y)(\forall y')((x, y) = (x', y') \Rightarrow (x = x' \text{ und } y = y')).$$

Das Paar (x, y) ist etwas anderes als die Menge $\{x, y\}$! Im Paar sind nach M 4) die Komponenten x und y geordnet.

M 5)　$(\forall x)\mathrm{Coll}_y(y \subset x)$

besagt, daß die Menge aller Teilmengen einer Menge x „existiert". Das letzte Axiom

M 6)　postuliert die Existenz einer unendlichen Menge.

Eine unendliche Menge ist dabei eine nicht endliche Menge; eine endliche Menge ist in bekannter Weise dadurch definiert, daß die Mächtigkeit sich ändert, wenn man der Menge ein Element hinzufügt.

Jede in einer $\mathcal{PT}$ benutzte $\mathcal{MT}$ ist stärker als die Mengenlehre, d. h. in $\mathcal{MT}$ gelten alle bisher angegebenen Axiome. *Wir setzen daher im folgenden jede $\mathcal{MT}$ als stärker als die Mengenlehre voraus.*

Man könnte in bezug auf die Physik – wie aus § 8 hervorgeht – die Mengenlehre noch durch ein siebentes Axiom ergänzen, nämlich daß es zwischen der Mächtigkeit der ganzen Zahlen und der des Kontinuums keine weitere Mächtigkeit gibt. Es konnte gezeigt werden, daß dieses siebente Axiom unabhängig von den vorhergehenden ist. Man könnte statt dessen auch fordern, daß jede Menge aus $\mathcal{MT}$ entweder höchstens abzählbar oder (im Sinne von § 7.1) Teilmenge einer Leitermenge über höchstens abzählbaren Mengen ist.

5. Abbildungsprinzipien

Die Zuordnung (—) zwischen $\mathcal{MT}$ und $\mathcal{W}$ beginnt zunächst mit einer Verknüpfung eines Realtextes aus $\mathcal{G}$ (siehe § 3) mit $\mathcal{MT}$. Der erste Schritt für diese Verknüpfung besteht in einer „Zeichensetzung".

Im Realtext werden wohldefinierte Stücke durch „Zeichen" gekennzeichnet. In [1] II, III, XIII sind viele *einfache* Beispiele solcher Zeichensetzungen angegeben. Wir werden weiter unten auch in diesem Paragraphen einige einfache Beispiele skizzieren.

Als Zeichen wählen wir meist Buchstaben und hoffen, daß dadurch keine Verwechslungen vorkommen, da es immer klar ist, welche Buchstaben als Zeichen für Realtextstücke stehen. Jedes Zeichen muß dabei eindeutig einem und nur einem Realtextstück entsprechen. Es scheint deshalb zunächst diese Zeichensetzung eine unnötige Gedankenspielerei zu sein, da ja Zeichen und Realtextstücke eindeutig aufeinander bezogen sind. Hätte man nicht bei den Realtextstücken selber bleiben können?

Der erste Vorteil der Zeichen gegenüber den Realtextstücken selbst besteht in der Möglichkeit, diese Zeichen in dem „mathematischen Spiel mit Zeichen" mitzubenutzen, während die Realtextstücke selbst dazu wenig handlich sind. Es kann z. B. in dem „mathematischen Spiel" notwendig sein, dasselbe Zeichen mehrmals aufzuschreiben, was mit dem einmaligen Realtextstück schwerlich geht.

Der zweite Grund für die Zeichensetzung ist die dadurch gegebene „Auszeichnung" bestimmter Realtextstücke im Realtext. Nicht „alle" (was man überhaupt unter „alle" dabei verstehen sollte, ist sowieso nicht klar) Stücke eines Realtextes werden mit Zeichen versehen, sondern nur eine gewisse endliche Menge von Stücken. Es kann also z. B. a ein Zeichen für ein gewisses Stück des Realtextes sein, während ein Teilstück dieses „Stückes a" nicht bezeichnet wird. Einen so mit Zeichen versehenen Realtext bezeichnen wir als *genormten Realtext*.

Diese Zeichensetzung ist durchaus von gewisser Willkür: Man kann eine vorliegende Zeichensetzung durch weitere Zeichensetzungen für vorher nicht bezeichnete Realtextstücke erweitern; man kann „zuviele" Zeichen einführen, nämlich solche, die bei den gleich aufzustellenden Abbildungsaxiomen $(—)_r$ gar nicht benutzt werden. Wir wollen im folgenden die letzte Möglichkeit durch die Vorschrift ausschalten, daß nur *die* Zeichen bei einer Zeichensetzung gesetzt werden sollen, die auch bei der Aufstellung der Axiome $(—)_r$ benutzt werden.

Der Grundbereich $\mathcal{G}$ von $\mathcal{W}$ war begrifflich eingeführt als die Zusammenfassung aller Realtexte und in diesem Sinne – wieder anschaulich aber nicht ganz exakt – als der *gesamte* Realtext. Ähnlich bezeichnen wir mit genormtem Grundbereich $\mathcal{G}_n$ die Zusammenfassung aller genormter Realtexte.

Dadurch daß wir bestimmte Vorgänge *nicht* mit Zeichen versehen und so auch nicht mit zum Vergleich zwischen Theorie und Experiment heranziehen, haben wir die Möglichkeit, den Grundbereich im Sinne der am Ende von § 3 unter den Punkten 1) und 2) angegebenen Prinzipien einzuschränken; d. h. also, daß wir schon *vor* der Zeichensetzung etwas darüber wissen müssen, was wir alles zum Grundbereich einer $\mathcal{PT}$ rechnen *wollen*. Daß dieses Problem nicht trivial ist, darauf haben wir schon mehrfach hingewiesen.

Das Zeichensetzen ist der erste Schritt des „Lesens" des Realtextes. Der zweite Schritt besteht in einer sprachlichen Formulierung der festgestellten Sachverhalte. Sowohl das Zeichensetzen wie die sprachliche Formulierung der festgestellten Sachverhalte kann unmittelbar oder mittelbar mit Hilfe von Vortheorien durchgeführt werden.

Zunächst ein sehr einfaches Beispiel für eine unmittelbare Zeichensetzung und eine sprachliche Formulierung unmittelbar abgelesener Sachverhalte: $\mathcal{G}$ sind Vögel. Dieser und jener Vogel bekommt ein Zeichen (z. B. a, b, c, ... usw.) wie einen „Vogelring". Interessieren mögen wir uns für Raben und die Farbe der Vögel. Unmittelbar abgelesene Sachverhalte und ihre sprachliche Formulierung sind z. B. „a ist ein Rabe", „b ist kein Rabe", „a ist schwarz", „b ist schwarz", „c ist nicht schwarz" usw. Man beachte schon hier die „simple" Logik solcher Aussagen; keine logischen Formen, wie z. B. „alle Raben" oder „es gibt Raben", treten auf!

Benutzt man zum Lesen des Realtextes auch noch Vortheorien, so kann sowohl die Zeichensetzung wie die Beschreibung der realen Sachverhalte mit Hilfe der mathematischen Sprache der Vortheorien durchgeführt werden. Fließt z. B. in einem Draht ein Strom (als Teil eines Realtextes einer $\mathcal{PT}$), so kann dieser Strom mit einem Zeichen a versehen werden, weil er zum Wirklichkeitsbereich der „Elektrodynamik" als Vortheorie zu $\mathcal{PT}$ gehört. Wird die „Stromstärke" im mathematischen Bild der Elektrodynamik durch $J(a)$ beschrieben und mit Hilfe eines Meßinstrumentes zu 5 Ampere gemessen, so lautet der am Realtext abgelesene Sachverhalt: $J(a) = 5$, formuliert eben in der Sprache des mathematischen Bildes der Elektrodynamik.

Betrachten wir *eine* $\mathcal{PT}$, so nehmen wir an, daß die vorgegebenen Realtexte genormt und abgelesen *seien*. Entscheidend für die Verknüpfung des genormten und gelesenen Realtextes mit $\mathcal{MT}$ sind dann die *Abbildungsprinzipien*. Unter Abbildungsprinzipien verstehen wir dabei *Regeln*, die es gestatten, aufgrund des genormten und gelesenen Realtextes *und* der $\mathcal{MT}$ die unten unter $(—)_r$ angegebenen Abbildungsaxiome aufzuschreiben.

Bevor wir auf das Problem der Formulierung solcher Regeln zu sprechen kommen, wollen wir erst einmal einige prinzipielle Strukturen festlegen, die diese Regeln erfüllen sollen:

1) Die Abbildungsprinzipien zeichnen gewisse Terme $Q_1, \ldots, Q_p$ aus $\mathcal{MT}$ aus, die wir *Bildterme* nennen. (Später in § 7 werden wir sehen, daß man im Prinzip rein formal immer mit *einem* Bildterm auskäme, was aber in der „Praxis" manche theoretischen Formulierungen nur erschweren würde.) Wieder

sei außer den weiter unten angeführten Beispielen auf einfache Beispiele aus [1] II, III verwiesen.

Es sei betont, daß die Auszeichnung der Terme $Q_1, \ldots, Q_p$ nicht nach mathematischen Gesichtspunkten erfolgt. Zwar muß jeder der Terme Q_ν innerhalb $\mathcal{MT}$ wohl definiert sein. Es kann aber durchaus innerhalb $\mathcal{MT}$ z. B. die Relation $Q_1 = Q_2$ oder $Q_1 \subset Q_2$ gelten. Trotzdem sind Q_1 und Q_2 als „verschiedene" Bildterme anzusehen, nämlich als verschieden in bezug auf ihre Benutzung bei der Aufstellung der unten angegebenen Axiome.

2) Die Abbildungsprinzipien zeichnen gewisse Relationen $R_1(x_{\alpha_1}, x_{\beta_1}, \ldots, \gamma_1), \ldots, R_s(x_{\alpha_s}, x_{\beta_s}, \ldots, \gamma_s)$ aus $\mathcal{MT}$ aus (wobei die $x_\alpha, \ldots, \gamma$ keine Konstanten aus $\mathcal{MT}$ sind), die wir *Bildrelationen* nennen. Es ist wichtig, daß in diesen Bildrelationen solche „freien" Terme $x_\alpha, \ldots$ auftreten, wie wir gleich sehen werden. Der Buchstabe γ_ν in den R_ν soll eine reelle Zahl darstellen, d. h. es soll gelten $\gamma_\nu \in \mathbb{R}$ mit $\mathbb{R}$ als Menge der reellen Zahlen, γ_ν kann in einigen R_ν fehlen; statt eines γ_ν können auch mehrere $\gamma_{\nu_1}, \gamma_{\nu_2}, \ldots$ in einer Relation R_ν auftreten, was wir aber alles im einzelnen nicht immer genau in unserer Schreibweise darstellen werden. In bezug auf Beispiele für Bildrelationen gilt dasselbe, wie das unter 1) Gesagte; siehe auch § 6.

Diese beiden Punkte 1) und 2) bereiten keine Schwierigkeiten, da man ja nur in der wohl definierten $\mathcal{MT}$ die endlich vielen Bildterme und Bildrelationen aufzuschreiben braucht, womit in bezug auf 1) und 2) die Abbildungsprinzipien ohne Schwierigkeiten festgelegt werden können. Das Problem der „Formulierung der Regeln" entsteht bei dem nächsten Punkt 3):

3) Die Abbildungsprinzipien geben *Regeln* an, nach denen (aufgrund des vorliegenden, genormten und gelesenen Realtextes, d. h. aufgrund von schon „vor" $\mathcal{PT}$ formulierten Aussagen) die Zeichen $a_1, \ldots, a_n$ des genormten Realtextes *typisiert* werden durch Axiome der Form:

$$(-)_r(1): \quad a_1 \in Q_{\nu_1}, \ a_2 \in Q_{\nu_2}, \ \ldots, \ a_n \in Q_{\nu_n};$$

und sie geben schließlich Regeln an, nach denen die Zeichen $a_1, \ldots, a_n$ eventuell mit gewissen konkreten reelen Zahlen $\alpha_1, \alpha_2, \ldots$, den sogenannten quantitativen Meßergebnissen, (wieder alles aufgrund des Lesens des Realtextes) in *Relation gesetzt* werden durch weitere Axiome, die aus Bildrelationen der Form $R_\mu(a_1, a_k, \ldots, \alpha_\mu)$ und deren Verneinungen gebildet sind:

$$(-)_r(2): \quad R_{\mu_1}(a_{i_1}, a_{k_1}, \ldots, \alpha_{\mu_1}), \ R_{\mu_2}(a_{i_2}, a_{k_2}, \ldots, \alpha_{\mu_2}), \ \ldots$$
$$[\text{nicht } R_{\nu_1}(a_{u_1}, \ldots, \alpha_{\nu_1})], \ [\text{nicht } R_{\nu_2}(\ldots)], \ \ldots$$

In $(-)_r(2)$ können natürlich sowohl Bildrelationen R_μ wie Zeichen a_i mehrfach auftreten. Die obige Form für $(-)_r(2)$ kann man noch so abändern, daß man alle in $(-)_r(2)$ aufgeschriebenen Relationen mit „und" verknüpft. Es sei nochmals betont, daß in $(-)_r(2)$ *alle* „freien" in den $R(\ldots)$ auftretenden $x \ldots$ durch Zeichen aus dem Realtext ersetzt sind, ebenso die auftretenden „freien" reellen Zahlen γ durch konkrete reelle Zahlen α. Schwierigkeiten bei der Aufstellung der Axiome $(-)_r(1)$ für den Fall, daß in $\mathcal{MT}$ z. B. $Q_1 = Q_2$ oder $Q_1 \subset Q_2$ gilt, können nicht auftreten, da wir vorausgesetzt hatten, daß verschiedenen

Realtextstücken auch immer verschiedene Zeichen a entsprechen. Die unter 3) vorausgesetzten Regeln sind also nichts anderes als *Übersetzungsvorschriften* von durch Lesen des Realtextes gewonnenen Aussagen in „mathematische Aussagen" aus MT, d. h. in die Relationen $(-)_r(1)$ und $(-)_r(2)$.

Diese Übersetzungsvorschriften enthalten einmal die Regeln, wie man Aussagen in einer normalen Sprache über unmittelbar feststellbare Fakten (einer „Anfangssprache") in die Sprache aus MT übersetzt; und zweitens Regeln, die das Übersetzen von Aussagen aus Vortheorien erlauben. Letztere werden wir in §9.4 angeben. Mit ersteren werden wir uns in diesem Buch nicht beschäftigen; insbesondere nicht mit der Frage des Umfangs der in der Physik benutzten „Anfangssprache", die z. B. ein Handwerker bei Unterrichtung seines Lehrlings benutzt. Die Anfangssprache und ihre Übersetzung ist z. B. besonders wichtig bei der Einführung der Geometrie in die Physik (siehe [27]).

Wir wollen den wichtigen Vorgang der Aufstellung der Axiome $(-)_r(1)$ und $(-)_r(2)$, die wir zusammen kurz mit $(-)_r$ bezeichnen, noch etwas mehr in seiner physikalischen und dann mathematischen Bedeutung analysieren. Wir wollen dabei erkennen, daß diese formalisierte Methode genau das wiederholt, was man bisher schon immer mehr oder weniger exakt bei der sogenannten „physikalischen Interpretation" einer MT und dem sogenannten „Vergleich von Theorie und Experiment" getan hat. Zunächst muß betont werden, daß durch $(-)_r$ nicht etwas zu der Formulierung mathematischer Theorien Fremdartiges hinzukommt, denn es ist gerade das Entscheidende der im §4 geschilderten formalen Methode der Mathematik, daß Zeichen beliebig benutzt werden dürfen, ganz gleichgültig, ob man „nebenbei" mit diesen Zeichen noch etwas anderes verknüpft. Daß die in $(-)_r$ auftretenden Zeichen $a_1, \ldots, a_n$ „nebenbei" Zeichen für Realtextstücke sind, hat keine Bedeutung für die weitere Benutzung der Axiome $(-)_r$ innerhalb einer mathematischen Theorie. Daß die Zeichen $a_1, \ldots, a_n$ Bezeichnungen von Realtextstücken sind, hat nur die Bedeutung, daß es gerade so durch Anwendung der Regeln aus den Abbildungsprinzipien möglich ist, aus dem Realtext die Axiome $(-)_r$ abzulesen. $(-)_r$ sind also keine (wie in der Mathematik üblich) nur nach mathematischem Interesse, aber sonst willkürlich gesetzten Axiome, sondern sind durch den gelesenen Realtext mit Hilfe der Abbildungsprinzipien bestimmt. *Sind sie aber einmal aufgeschrieben*, so können sie wie alle anderen Axiome innerhalb einer mathematischen Theorie behandelt werden. Bevor wir dies weiter verfolgen, wollen wir zunächst gerade die andere, physikalische Seite der Aufstellung von $(-)_r$ noch etwas näher betrachten.

Daß wir die Axiome $(-)_r$ in zwei Gruppen $(-)_r(1)$ und $(-)_r(2)$ unterteilt haben, hat mehr einen „physikalisch-anschaulichen" als „formal-mathematischen" Grund. $(-)_r(1)$ sind im mathematischen Text Relationen so wie die aus $(-)_r(2)$; und umgekehrt kann man (siehe §§4.4 und 7) eine Relation R vom Gewicht 1, wenn sie kollektivierend ist, durch eine Relation der Form wie in $(-)_r(1)$ ersetzen. Die Aufteilung in $(-)_r(1)$ und $(-)_r(2)$ entspringt der Form der Regeln innerhalb der Abbildungsprinzipien.

Diese Regeln fassen eine Reihe von Realtextstücken a_i unter demselben „Typ" Q_ν zusammen, indem sie verlangen, daß in $(-)_r(1)$ die Axiome $a_i \in Q_\nu$

mit demselben Q_ν aufzuschreiben sind. Man sagt deshalb statt $a_i \in Q_\nu$ oft: Das Realtextstück a_i ist vom Typ Q_ν. Dieser Satz scheint zunächst unvereinbare Begriffe wie Realtextstücke und mathematische Terme miteinander zu verknüpfen.

Gemeint aber ist mit diesem Satz folgendes: Das mit a_i bezeichnete Realtextstück bekommt den „Namen" Q_ν. Das Zeichen Q_ν eines mathematischen Terms wird auf diese Weise außerdem noch als etwas wie ein „Artname" für mehrere Realtextstücke benutzt, d. h. als Name, unter dem mehrere Realtextstücke als „von derselben Art", vom selben „Typ" zusammengefaßt werden. Die Abbildungsprinzipien bestimmen also die „Artnamen", von uns oben Bildterme genannt, *und bestimmen, welche der Realtextstücke a_i zu welchen Artnamen gehören.* So wie manche Terme in einer $\mathcal{MT}$ oft kurz mit Namen wie Verband, Vektorraum usw. bezeichnet werden, ist es üblich, den Q_ν noch gewisse Namen zu geben wie „Raum", „Zeit" usw.; siehe z. B. [1] II, III, XIII und in diesem Paragraphen weiter unten gebrachte Beispiele.

Geben wir ein ganz einfaches Beispiel zur Veranschaulichung: Im Realtext mögen Kugeln aus verschiedenem Material vorkommen. Jede dieser Kugeln bezeichnen wir mit einem a_i (verschiedene Kugeln haben also verschiedene a_i). Die Abbildungsprinzipien mögen nun die Regel enthalten, alle „Glaskugeln" mit einem Q_1 durch $a_i \in Q_1$ (wenn a_i eine Glaskugel ist) zu verknüpfen, alle Eisenkugeln mit einem Q_2 usw. Umgekehrt lesen wir dann die Relation $a_i \in Q_1$ in der Form: Die Kugel a_i ist vom Typ Glaskugel; Q_1 bezeichnen wir dann oft mit dem Namen „Menge der Glaskugeln", womit aber nun *nicht* etwa gemeint ist, daß plötzlich aus einem mathematischen Term eine Menge von Realtextstücken geworden ist. Der Name „Menge der Glaskugeln" für Q_1 ist vielmehr nur eine abgekürzte Form der Regel im Rahmen der Abbildungsprinzipien, nach der, falls a_i ein Zeichen einer Glaskugel ist, $a_i \in Q_1$ in $(-)_r(1)$ aufzuschreiben ist.

Gerade weil durch „abgekürzte Redewendungen" (die in der Physik praktisch unvermeidlich sind, um überhaupt eine so große Fülle an Beziehungen und Strukturen in der Welt übersichtlich darstellen zu können) sehr oft falsche Vorstellungen erweckt werden, wollen wir die eben am Beispiel erläuterte abgekürzte Redewendung nochmals allgemein wiederholen:

Die Regel der Abbildungsprinzipien, nach der es möglich ist, aufgrund des „Lesens" des genormten Realtextes (zum Lesen wird nach § 3 im allgemeinen die Kenntnis von Vortheorien und deren Wirklichkeitsbereichen notwendig sein) zu Relationen $a_i \in Q_\mu$ für bestimmte Zeichen a_i und einen Bildterm Q_μ zu gelangen, faßt man oft in die kurze Form zusammen: Q_μ ist die Menge „aller"..., wobei die Punkte das andeuten, was eben am Realtext als ablesbares Charakteristikum erscheint (neben dem obigen simplen Beispiel siehe auch die unten zur Illustration angeführten Beispiele und [3] sowie [1] II, III).

Mit dieser Bezeichnungsweise: „Menge aller" scheinen wir gerade unserer in § 4.3 erläuterten Absicht zu widersprechen, solche Worte wie „alle" nicht im physikalischen Bereich zu benutzen. Dieser Widerspruch ist aber nur scheinbar; denn wir fassen eben nicht (!) Q_μ als Menge irgendwelcher physikalischer Objekte auf, da eben physikalische Objekte (außer wenn ihre gesamte *endliche*

Zahl vorliegt) nicht in ihrer Gesamtheit in einem Realtext vorliegen; und eine metaphysische Vorstellung, daß ohne Erfahrung eine solche Gesamtheit einer bestimmten Sorte von physikalischen Objekten als ein Ganzes existiert, *wollen wir nicht zur Grundlage einer* PT machen. Tatsächlich ist also *nur das Bild* Q_μ eine Menge, die Zeichen a_i sind immer endlich viele (für die $a_i \in Q_\mu$ in $(-)_r(1)$ aufzuschreiben ist) und sind nie „alle" Elemente von Q_μ (wenn nicht zufällig Q_μ eine endliche Menge ist). Diese Tatsache werden wir in § 8 nochmals aufgreifen und Konsequenzen für die in einer PT benutzte MT ziehen.

Ganz ähnlich ist es mit den in $(-)_r(2)$ auftretenden Bildrelationen R_μ. Innerhalb des mathematischen Textes sind die R_μ nur formal definierte Ausdrücke. Die *Regeln* der Abbildungsprinzipien, die zur Aufstellung der Axiome $(-)_r(2)$ führen, müssen es aber erlauben, am Realtext etwas abzulesen, was dann in der Form eines Axiomes aus $(-)_r(2)$ niedergeschrieben wird. Das, was am Realtext abgelesen wird, ist nicht $R_\mu(a,\ldots)$, sondern etwas, was durch die Abbildungsregeln auf R_μ bezogen wird, so daß man R_μ wieder als Namen benutzen kann für das im Realtext, womit es die Abbildungs*regel* verknüpft. R_μ wird so zum Namen dieser am Realtext ablesbaren Situation, zum Namen einer „Realrelation". Man drückt das auch oft so aus, daß die mathematische Relation R_μ eine physikalische Interpretation erhält. Wieder darf man darunter nicht verstehen, daß R_μ selbst jetzt plötzlich aus dem mathematischen Text herausgelöst und nun zu einer physikalischen Relation wird, sondern R_μ wird neben seiner mathematischen Bedeutung noch zu einem Namen, einem Zeichen für eine reale Beziehung zwischen Realtextstücken im Realtext.

So ist es also nicht verwunderlich, wenn ein und dieselbe MT durch verschiedene Abbildungsprinzipien verschiedene „physikalische Bedeutungen" bekommen kann. Die Abbildungsprinzipien sind etwas Neues, das weder aus dem Realtext noch aus MT hervorgeht; die Abbildungsprinzipien erlauben es aber, das am Realtext Abgelesene in die „mathematische Form" $(-)_r$ zu *übersetzen*, es „in mathematischer Sprache" auszusagen.

Zur Verdeutlichung der Methode der Abbildungsprinzipien wollen wir ein ganz einfaches Beispiel bringen. MT sei die Theorie eines distributiven, vollständigen Verbandes v. Der Grundbereich G von W sei das Zimmer, in dem ich gerade sitze. Als Realtext nehmen wir einige Gegenstände in diesem Zimmer, den Stuhl, den Tisch, aber auch einzelne Stuhlbeine usw. Diese einzelnen, wohl abgegrenzten Gegenstände (wobei auch mehrere Gegenstände zu einem Gesamtgegenstand zusammengefaßt werden können, wie z. B. Stühle, Tisch, Schrank usw. zu dem Mobilar) werden mit Zeichen gekennzeichnet.

So gewinnt man den genormten Realtext, man sagt kurz: Die endlich vielen Gegenstände $a_1,\ldots,a_n$ bestimmen den genormten Realtext. Die Abbildungsprinzipien lauten: Einzige Bildmenge ist v. Einzige Bildrelation $R(x,y)$: $x < y$, wobei $<$ in bekannter Weise im Verband v definiert ist. Neben den Axiomen $a_1 \in v$, $a_2 \in v$, $\ldots$, $a_n \in v$ sollen Relationen $R(a_i,a_k)$ aufgeschrieben werden, wenn a_i ein Teil von a_k ist, so wie z. B. das Stuhlbein ein Teil vom Stuhl ist; und Relationen „nicht $R(a_i,a_k)$", wenn a_i nicht ein Teil von a_k ist. Damit erhält $a_i < a_k$ die *physikalische Interpretation*: a_i ist Teil von a_k, oder korrekter ausgedrückt:

Das Zeichen $<$ wird als Name für die Realrelation „Teilsein" benutzt. Daß alle Gegenstände a_i unter dem *einen* Typ v zusammengefaßt werden, ganz gleichgültig, ob z. B. a_i ein Stuhlbein, a_k eine Lampe ist, drückt man dann so aus, daß die Abbildungsprinzipien nur den Typ v der einzelnen a_i berücksichtigen und von „anderen Merkmalen" der a_i absehen. In diesem Falle nennt man oft v die Menge der festen Gegenstände, wobei eben der Begriff fester Gegenstand für den Typ v steht und zum Ausdruck bringen soll, daß die a_i nur als feste Gegenstände betrachtet werden und von weiteren unterschiedlichen Merkmalen der einzelnen a_i abgesehen wird.

Ein anderes Beispiel erhalten wir, wenn wir im Realtext *Raumgebiete* betrachten. Raumgebiete sind nicht unmittelbar gegeben, sondern müssen erst mit Hilfe von festen Gegenständen definiert werden, d. h. daß Raumgebiete erst mit Hilfe einer Vortheorie als Äquivalenzklassen von festen Gegenständen, die transportiert werden können, eingeführt werden. Wir wollen hier nicht eine solche Vortheorie (siehe z. B. [27]) diskutieren, da der Begriff des Raumgebietes sehr anschaulich ist. Als Bildmenge für Raumgebiete können wir wieder einen Verband v betrachten. Ein Raumgebiet sehen wir als im Realtext gegeben an, wenn es mit Hilfe von festen Körpern „vorliegt", sei es von Menschen handwerklich hergestellt oder in der Natur gegeben.

Es mag auch in diesem Beispiel zunächst spitzfindig erscheinen, daß wir nicht einfach die „Menge aller Raumgebiete" des physikalischen Raumes als eine Menge (einen Term) v von MT selbst eingeführt haben, sondern statt dessen für jedes einzelne im Realtext gegebene Raumgebiet erst ein Zeichen a_i einführen und dann in $(-)_r(1)$ $a_i \in v$ schreiben. Die „Menge *aller* Raumgebiete" des physikalischen Raumes scheint uns aber (um die allgemeinen Überlegungen noch einmal an diesem Beispiel zu wiederholen) sehr fragwürdig, da sie uns gar nicht gegeben ist. In einen solchen Begriff ginge ein, daß es eine solche Menge aller Raumgebiete in der Wirklichkeit gibt, ginge also in irgendeiner Weise eine ontologische Aussage über etwas nicht Gegebenes ein.

In diesem Beispiel scheinen die Raumgebiete, soweit sie eben nicht „vorliegend" sind, mehr potentieller Natur zu sein: Man kann verschiedene Raumgebiete durch Tätigkeiten des Menschen „vorliegend" machen. Auf solche Fragen kommen wir in § 10 zurück.

Daß wir die Elemente einer Bildmenge nicht unmittelbar als in der Natur existierende Realitäten ansehen dürfen, wollen wir uns noch an einem weiteren Beispiel klarmachen. Gegeben sei in MT eine Menge Q und eine Relation $R(x,y,z)$ und weitere, die Relation $R(x,y,z)$ betreffende Axiome. Die uns bekannten „Menschen" bezeichnen wir mit Zeichen a_i (a_i sind also nichts anderes als „Namen" der einzelnen Menschen). Für jedes Zeichen a_i schreiben wir in $(-)_r(1)$ $a_i \in Q$ auf. Sind a_1, a_2 Eltern von a_3, so schreiben wir in $(-)_r(2)$ $R(a_1, a_2, a_3)$ auf, sind sie es nicht, so nicht $R(a_1, a_2, a_3)$. Q ist also Zeichen für das, was wir in der normalen Sprache mit „Menschen" bezeichnen. $a_i \in Q$ ist in „mathematischer Sprache" dasselbe, was wir normalerweise mit „a_i ist ein Mensch" ausdrücken, oder noch anschaulicher, wenn a_i sich im normalen Leben „Georg" nennt: „Georg ist ein Mensch." Aber was ist die „Menge aller Menschen"? Es werden neue geboren; es hat Lebewesen gegeben, von denen wir nicht sagen können, ob wir sie als Menschen bezeichnen, weil eben der von uns geprägte Begriff Mensch nicht unbedingt für jeden Fall eine scharfe Entscheidung erlaubt, ob man ein Lebewesen dazurechnen soll oder nicht. Alle diese Probleme behindern *nicht* das von uns angegebene Verfahren, denn *nur* für solche Fälle, wo es *klar* ist, daß a_i ein Mensch ist, ist $a_i \in Q$ in $(-)_r(1)$ aufzuschreiben. Das unklare Problem der Existenz einer „Menge aller Menschen" ist ausgeklammert, ist kein echtes Problem im Bereich der formalen Methodologie. Damit ist nicht gesagt, daß Probleme, die nicht zur formalen Methodologie gehören, nicht an anderer Stelle wieder auftreten können (siehe z. B. [13], [14] und [1] XIX, XX).

Als weiteres Beispiel betrachten wir wieder unsere „schwarzen Raben". In $\mathcal{MT}$ sei eine Menge Q gegeben und zwei einstellige Relationen $r(x)$ und $s(x)$ (für $x \in Q$) mit dem Axiom $r(x) \Rightarrow s(x)$.

Oben hatten wir schon die Zeichensetzung und das Ablesen des Realtextes in der Form von Sätzen „a ist ein Rabe" usw. besprochen. Als Abbildungsprinzipien setzen wir fest, daß für „a ist ein Vogel" in $(-)_r(1)$ $a \in Q$ aufzuschreiben ist. Für „a ist ein Rabe" ist in $(-)_r(2)$ $r(a)$ aufzuschreiben; für „b ist kein Rabe" ist in $(-)_r(2)$ [nicht $r(b)$] aufzuschreiben; für „a ist schwarz" ist in $(-)_r(2)$ $s(a)$ aufzuschreiben und für „c ist nicht schwarz" ist in $(-)_r(2)$ [nicht $s(c)$] aufzuschreiben. Sollte man nicht entscheiden können, ob a ein Vogel ist, schreibt man eben nichts in $(-)_r$ auf mit dem Zeichen a, d. h. das Zeichen a kann im genormten Realtext gestrichen werden. Sollte man nicht entscheiden können, ob a ein Rabe oder kein Rabe ist, so schreibt man also weder $r(a)$ noch [nicht $r(a)$] in $(-)_r(2)$ auf! Ebenso, falls man nicht entscheiden kann, ob a schwarz oder nicht schwarz ist. Es besteht also beim Lesen des Realtextes keine Notwendigkeit des „logischen Postulats", daß für eine Bildrelation R entweder $R(a_{i_1}, \ldots)$ oder [nicht $R(a_{i_1}, \ldots)$] in $(-)_r(2)$ aufgeschrieben werden muß. Wir lehnen vielmehr bewußt ein solches Postulat ab.

Daraus erkennen wir, daß die Logik der sprachlichen Formulierung des gelesenen Realtextes „primitiv" ist, was sich eben in der obigen Form der Axiome $(-)_r(2)$ widerspiegelt. Keine „logischen Regeln" ähnlich denen aus $\mathcal{MT}$ sind für die sprachlichen Formulierungen des gelesenen Realtextes notwendig. Erst *nach* der Übersetzung in die Form der Axiome $(-)_r$ können eben diese Axiome $(-)_r$ mit Hilfe der logischen Regeln aus $\mathcal{MT}$ „verarbeitet" werden.

Ein Problem, das nicht zur formalen Methodologie gehört, ist es, wenn wir (wie schon in § 3 erörtert) fragen, wie wir in unseren obigen Beispielen zu solchen Feststellungen gelangen, wie „das Stuhlbein a_1 ist ein Teil vom Stuhl a_2" bzw. „a_1, a_2 sind die Eltern von a_3"; oder „a ist ein Rabe", „b ist kein Rabe", „c ist schwarz".

Nicht zur formalen Methodologie gehört auch das Problem der Formulierung der Regeln, mit Hilfe derer wir diese Sätze in $a_1 < a_2$, $R(a_1, a_2, a_3)$ bzw. $r(a)$, [nicht $r(b)$], $s(c)$ umschreiben. Es ist gerade für den von uns vorgeschlagenen formalen Aufbau *einer* $\mathcal{PT}$ wichtig, daß wir den Vorgang des Zeichensetzens und die Angabe der Regeln, wie man vom gegebenen Realtext zu den Aussagen aus $(-)_r(1)$ und $(-)_r(2)$ gelangt, voraussetzen, d. h. diese nicht selbst zum Untersuchungsobjekt der „formalen Methodologie der Physik" machen,

sondern die Untersuchung dieses Vorganges einer „Fundamentalphysik" überlassen. Damit sind wir wieder auf den schon oben erwähnten, in der formalen
Methodologie ausgeklammerten, aber sehr wichtigen Bereich der Fundamentalphysik gestoßen: Wie geschieht das Lesen des Realtextes in der Anfangssprache
und mit Hilfe von Vortheorien und die Formulierung der Regeln, mit Hilfe derer
es möglich ist, die in einer *vor* der Theorie PT schon gegebenen Sprache formulierten Aussagen in die „mathematischen Sprache" der Axiome $(—)_r$ zu
übersetzen?

Diese Übersetzungsregeln geben auch eine erste Abgrenzung des Grundbereichs G einer PT. In $(—)_r$ können nur Aussagen über solche Fakten
aufgeschrieben werden, für die die Abbildungsprinzipien anwendbar sind. Dies
zeigten auch die obigen Beispiele ganz deutlich.

Diese Abgrenzung des Grundbereiches durch die Abbildungsprinzipien
reicht aber nicht aus. Weitere Untersuchungen sind daher notwendig, damit
die ersten Bemerkungen über eine Abgrenzung des Grundbereiches in § 3 nicht
zu dem Irrtum führen, als ob sich eine Abgrenzung von G nur „zyklisch"
formulieren ließe, als eben der Bereich, wo PT gültig ist.

Die bisherige Art und Weise, wie in der Physik verfahren wird, um den
Grundbereich abzugrenzen, kann tatsächlich den Eindruck eines solchen zykli-
schen Verfahrens erwecken. Denn erst aufgrund von Erfahrungen versucht man
nachträglich mit Hilfe von „Einschränkungen" den Grundbereich abzugrenzen.
Die „Erfahrungen" der Physiker umschreiben kurz den Tatbestand, daß erst
der Umgang mit der PT selbst allmählich eine Abgrenzung des Grundbereiches
möglich macht: Ja, es ist eine der legitimen Methoden, zunächst einmal so zu
tun, als ob es keine Abgrenzung des Grundbereiches gäbe; stößt man dann
aber an einigen Stellen auf Widersprüche zwischen Erfahrung und Theorie (auf
Widersprüche in MTA; siehe Ende dieses Paragraphen), so versucht man zu
formulieren, wie man den Grundbereich abzugrenzen hat, um innerhalb dieses
Grundbereiches Widersprüche zu vermeiden. Dieser unbefriedigende Zustand
ist der Grund dafür, daß wir in §§ 7.6 und 9 formulieren, wie der Grundbereich
mit Hilfe von umfangreicheren Theorien oder normativen Axiomen festgelegt
werden kann.

Was wir in diesem Buch als Auszeichnung und Abgrenzung des Grundbereichs bezeichneten, wird auf einem etwas anderen Weg zur logischen Analyse
physikalischer Theorien (siehe [25]) mit „intendierten Anwendungen" bezeichnet. (Außer einigen solcher kurzer Hinweise wollen wir aber in diesem Buch
keine Analyse eines Vergleichs des hier eingeschlagenen Weges mit anderen
Wegen durchführen, da dies nicht so nebenher durchgeführt werden kann, sondern ein weiteres Buch erfordern würde.)

Die Aufstellung der Axiome $(—)_r$ ist der Punkt, wo sich eventuell andere
Auffassungen über den Vergleich von Experiment und Theorie trennen. Zur
Klarstellung unseres Standpunktes sei deshalb noch einmal genauer die bei der
Formulierung von $(—)_r$ benutzte Logik beschrieben.

Alle in $(—)_r(2)$ aufgeschriebenen Relationen benutzen *nur* die logischen
Verknüpfungen „und" und „nicht" in der Form der oben beschriebenen *Pri-
mitivlogik*. Die in $(—)_r$ aufgeschriebene Aussage muß in ihrer physikalischen

Bedeutung am Realtext als eindeutig „wahr" festgestellt sein. Nur aufgrund einer solchen Feststellung wird $(—)_r$ dann zu MT als Axiom (d. h. für eine gegenüber MT stärkere Theorie als auch „mathematisch wahr") hinzugefügt. Die hier dargelegte Methode eröffnet *keine* Möglichkeit, mit sogenannten Wahrscheinlichkeitsaussagen über Realtexte zu arbeiten. Sicherlich werden einige wissenschaftstheoretisch versierte Leser sofort einwenden, daß theoretische Physik ohne Benutzung des Wahrscheinlichkeitsbegriffs beim Vergleich von Theorie und Experiment unmöglich sei und daß deshalb der ganze Aufbau hier undurchführbar sei und Denkfehler enthalten müsse, wenn er „scheinbar" doch durchführbar erscheint. Gerade dieses Einwandes wegen werden wir uns (auch besonders in bezug auf eine Grundlegung der Quantenmechanik in [3], [20]) immer wieder Mühe geben müssen, auf die entscheidenden Stellen aufmerksam zu machen, an denen hier ein anderer als der eben erwähnte Standpunkt eingenommen wird (siehe auch § 11). Lassen wir es hier aber zunächst bei der krassen Betonung der Ausschließung aller Wahrscheinlichkeitsaussagen als in $(—)_r$ zu formulierender Aussagen bewenden, da wir in § 6 noch einmal darauf zurückkommen.

Wir wenden uns dagegen jetzt dem anderen Problem zu, welche mathematischen Konsequenzen die Aufstellung der Axiome $(—)_r$ hat.

Fügt man $(—)_r$ als Axiom dem Text der MT hinzu, so erhält man eine gegenüber MT stärkere Theorie, die wir MTA nennen. Die Elemente a_i des genormten Realtextes werden also durch $(—)_r$ zu Konstanten von MTA. In MTA werden die Axiome $(—)_r$ nach den logischen Regeln aus §4.3 „verarbeitet"; und genau in diesem Sinne werden nun die axiomatischen Regeln aus § 4.3 auch für die Physik von Bedeutung. Ist MTA widerspruchsfrei (d. h. ist ein Widerspruch innerhalb der mathematischen Theorie MTA nicht gefunden worden), so sagen wir, daß MT mit Hilfe der benutzten Abbildungsprinzipien den vorliegenden Realtext *brauchbar* beschreibt. Man sieht also sofort (wie schon in § 4.3 betont), daß eine schon in sich widerspruchsvolle MT für eine PT ganz unbrauchbar ist. $(—)_r$ enthält *immer* nur die Beschreibung irgendeines *Teils* des Grundbereiches G von W und nicht von ganz G, da immer nur endlich viele Erfahrungen herangezogen werden können und ein vorliegender Realtext nie „alle" Erfahrungen umfassen kann. Erweist sich MTA als widerspruchsfrei für „alle" bisher untersuchten genormten Realtexte aus dem genormten Grundbereich G_n von W, d. h. ist bisher kein Widerspruch für alle durchdachten MTAs bei den mit verschiedenen Realtexten aufgestellten Axiomen $(—)_r$ gefunden worden, so sagen wir, daß MT mit Hilfe der benutzten Abbildungsprinzipien den *gesamten* (was hier als *symbolische* Bezeichnungsweise des eben erläuterten Sachverhaltes zu verstehen ist) Grundbereich G von W brauchbar beschreibt; oder kurz: PT ist eine *endgültig brauchbare Theorie* (oft kurz nur: brauchbare Theorie). Bei dem eben angeführten Beispiel des durch einen distributiven Verband v beschriebenen Zimmers hat sich kein Widerspruch gezeigt. Die angegebene Theorie ist also endgültig brauchbar.

Dies wird aber sofort anders, wenn wir in unserem Beispiel v nicht nur als distributiven Verband, sondern auch als vollständig geordnet voraussetzen,

d. h. wenn das Axiom $\forall x \forall y \{x \in v,\; y \in v \Rightarrow [\text{nicht } (x < y) \Rightarrow (y > x)]\}$ benutzt wird. Ist z. B. a_1 das eine Stuhlbein, a_2 ein anderes, und haben wir unter $(—)_r(1)$ die Axiome $a_1 \in v$, $a_2 \in v$ und unter $(—)_r(2)$ die Axiome nicht $(a_1 < a_2)$, nicht $(a_2 < a_1)$ aufgeschrieben, so ist $\mathcal{MTA}$, wie sofort ersichtlich, widerspruchsvoll. Die so gebildete Theorie $\mathcal{PT}$ ist unbrauchbar.

Einer oder sehr seltene Widersprüche von $(—)_r$ mit $\mathcal{MT}$ werden von den Physikern oft hingenommen. Was soll dabei das Wort „selten" bedeuten? Es bedeutet kein Maß für eine Wahrscheinlichkeit, sondern besagt etwas Qualitatives: Schreibt man in $(—)_r$ alle bisher gemachten Erfahrungen aus dem Grundbereich $\mathcal{G}$ auf, so braucht man nur ganz wenige der fast unübersehbar vielen Relationen $R_\mu(\ldots)$ bzw. $[\text{nicht } R_\mu(\ldots)]$ aus $(—)_r(2)$ zu streichen, um eine widerspruchsfreie $\mathcal{MTA}$ zu erhalten.

Machen wir uns das an dem obigen Beispiel der schwarzen Raben klar: Man hat für „viele" a_i Relationen $r(a_i)$, $s(a_i)$ in $(—)_r(2)$ notiert; jetzt sei es aber einmal (oder in ganz wenigen Fällen) z. B. für a_n vorgekommen, daß $r(a_n)$ und $[\text{nicht } s(a_n)]$ in $(—)_r(2)$ aufgeschrieben ist. $r(a_n)$ und $[\text{nicht } s(a_n)]$ steht im Widerspruch zu dem Axiom $r(x) \Rightarrow s(x)$. Streicht man aber z. B. nicht $s(a_n)$ in $(—)_r(2)$ weg, so erhält man in $\mathcal{MTA}$ keinen Widerspruch. Daß die Physiker ihre theoretischen Aussagen eben nicht über Sachverhalte aus $\mathcal{G}$ bzw. $\mathcal{W}$ formulieren, sondern zwischen $\mathcal{G}$ und $\mathcal{MT}$ eine Abbildung $(—)$ einschalten, macht es ihnen möglich, ohne logische Schwierigkeiten mit Theorien zu arbeiten, die nicht „absolut gültig" sind. Und keine physikalische Theorie scheint absolut gültig zu sein.

Ganz abgesehen davon, daß schon die Widerspruchsfreiheit einer $\mathcal{MTA}$ nicht eigentlich beweisbar ist, wird die Brauchbarkeit einer $\mathcal{PT}$ noch zusätzlich dadurch nie absolut endgültig beweisbar, daß die Erfahrungen nie abgeschlossen sind. Tatsächlich treten bei der Entwicklung einer $\mathcal{PT}$ immer wieder (nicht nur vereinzelte) Widersprüche auf, die immer wieder behoben werden müssen, indem man entweder die Abbildungsprinzipien ändert, d. h. die Interpretation der Theorie verbessert, oder den Anwendungsbereich, d. h. den Grundbereich $\mathcal{G}$ von $\mathcal{W}$ auf einen engeren Teilausschnitt der Erfahrungen einschränkt; auf eine dritte Möglichkeit kommen wir noch im nächsten § 6 zu sprechen. Führt aber alles dies nicht zum Erfolg, so muß man die ganze Theorie als unbrauchbar verwerfen.

Die Tatsache, daß die Zahl der in $(—)_r$ eingehenden Axiome nicht ein für allemal vorgegeben ist, da Realtexte durch immer neue Erfahrungen erweitert werden können, ergibt den eigentümlichen Charakter einer $\mathcal{PT}$ als ein, nicht wie eine $\mathcal{MT}$ abgeschlossenes, theoretisches System. Das Problem, ob eine $\mathcal{PT}$ brauchbar ist, bleibt also in einer eigenartigen Schwebe. Ob man schließlich eine $\mathcal{PT}$ als ein „richtiges" Bild der Wirklichkeit *anerkennt*, ist also ein *nicht allein im Bereich der formalen Methodologie lösbares Problem!* Es ist durchaus verständlich, daß man immer wieder versucht hat, Kriterien aufzustellen, um die „Richtigkeit" einer $\mathcal{PT}$ zu messen. Auf dieses *Problem der Anerkennung einer* $\mathcal{PT}$ wollen wir aber in diesem Buch hier nicht eingehen (man findet dazu einige Hinweise und Literaturangaben in [1] XIX).

Am Schluß dieses Paragraphen wollen wir noch auf einen manchmal anzutreffenden Irrtum eingehen. Er besteht in einer etwa so zu formulierenden Behauptung: Die Physik schließt logisch aus vorgefundenen Erfahrungen auf Gesetze und aus diesen auf weitere Erfahrungen. In unserer hier angegebenen formalen Methode würde die Behauptung etwa so aussehen:

Es genügt, als mathematische Theorie $\mathcal{MT}$ nur die Mengenlehre (einschließlich Logik) zu benutzen (wobei man eventuell entsprechend § 8 noch einige mengentheoretische Axiome fortlassen kann). Wenn dann der für $(-)_r$ benutzte Realtext groß genug ist, so kann man „alles Weitere" aus $\mathcal{MTA}$ herleiten, d. h. aus dieser $\mathcal{MTA}$ kann mathematisch gefolgert werden, wie weitere Erfahrungen ausfallen müssen; inbesondere kann man in $\mathcal{MTA}$ die „Axiome" (d. h. die mathematisch formulierten „physikalischen Gesetze") als Sätze herleiten, mit denen man erst dann eine gegenüber der Mengenlehre stärkere mathematische Theorie $\mathcal{MT}_1$ aufschreibt, um dann $\mathcal{MT}_1$ mit Hilfe von $(-)_r$ auf Widerspruchsfreiheit zu untersuchen. Kurz formuliert, lautet die Behauptung: Für einen genügend großen Realtext ist $\mathcal{MTA}$ eine gleich starke Theorie (§ 4.2) wie $\mathcal{MT}_1\mathcal{A}$; oder dasselbe in etwas bekannterer Formulierung: Die physikalischen Gesetze lassen sich aus der Erfahrung deduzieren.

Die eben geschilderte Forderung zu stellen, daß nur solche Theorien $\mathcal{MT}_1$ benutzt werden dürfen, so daß für einen genügend großen Realtext $\mathcal{MT}_1\mathcal{A}$ nicht stärker als $\mathcal{MTA}$ ist, hieße, die ganze Physik als Wissenschaft ablehnen; natürlich kann niemand gezwungen werden, das von der Physik tatsächlich vertretene Konzept zu akzeptieren; und dieses Konzept geht für jede bekannte $\mathcal{PT}_1$ von einer Theorie $\mathcal{MT}_1$ aus, für die $\mathcal{MT}_1\mathcal{A}$ immer stärker als $\mathcal{MTA}$ ist, für die also die Axiome von $\mathcal{MT}_1$ (d. h. die in $\mathcal{MT}_1$ mathematisch formulierten „physikalischen Gesetze") *nicht* aus den Erfahrungen $(-)_r$ hergeleitet werden können.

Diese krasse Forderung, daß $\mathcal{MTA}$ und $\mathcal{MT}_1\mathcal{A}$ bei genügend großem Realtext gleich starke Theorien sein sollten, wird oft abgeschwächt durch folgendes Postulat:

In $(-)_r$ werden Relationen der Form $a_i \in Q$ (es werde der Einfachheit halber nur ein Bildterm vorausgesetzt) und $R_\mu(a_{i_1}, a_{i_2}, \ldots)$ aufgeschrieben. Man versuche, aus den in $(-)_r(2)$ aufgeschriebenen $R_\mu(\ldots)$ neue Relationen $\widetilde{R}(a_{k_1}, a_{k_2}, \ldots)$ so abzuleiten, daß sich $\widetilde{R}(a_{k_1}, a_{k_2}, \ldots)$ nicht nur für ein paar der Zeichen $a_{k_1}, a_{k_2}, \ldots$ ableiten läßt, sondern daß sich die Relationen $\widetilde{R}(a_{k_1}, a_{k_2}, \ldots)$ ableiten lassen für alle möglichen Kombinationen der Zeichen $a_{k_1}, a_{k_2}, \ldots$ aus dem Realtext. Hat man eine solche Relation $\widetilde{R}(x, y, \ldots)$, so füge man zur Mengenlehre das Axiom $\forall x \forall y \ldots [(x \in Q$ und $y \in Q$ und $\ldots) \Rightarrow \widetilde{R}(x, y, \ldots)]$ hinzu. Man sagt, daß man dieses Axiom durch „unvollständige Induktion" erschlossen hat, wobei man als Vorsichtsmaßnahme vorschreibt, daß die Einführung des Axioms nur dann geschehen soll, wenn der genormte Realtext „sehr viele" Zeichen a_i enthält.

Man könnte dieses Prinzip der unvollständigen Induktion noch etwas aufweichen, indem man von den Relationen $\widetilde{R}(a_{k_1}, a_{k_2}, \ldots)$ für alle im Realtext auftretenden Zeichen a_i nicht verlangt, daß sie sich aus $(-)_r(2)$ deduzieren lassen, sondern nur, daß sie zu den Relationen $(—)_r(2)$ nicht im Widerspruch stehen. Können die $\widetilde{R}(a_{k_1}, a_{k_2}, \ldots)$ für alle im Realtext auftretenden Zeichen im Falle eines „sehr großen" Realtextes ohne Widerspruch aufgeschrieben werden, so entschließt man sich dann zu dem Schluß der unvollständigen Induktion, indem man $\forall x \forall y \ldots [(x \in Q$ und $y \in Q$ und $\ldots) \Rightarrow \widetilde{R}(x, y, \ldots)]$ als Axiom zu $\mathcal{MT}$ hinzufügt.

Zur Illustration sei ein simples Beispiel angegeben: Man stellt bei „vielen" aufgeschriebenen (d. h. in $(—)_r(2)$ aufgeschriebenen) Fallhöhen h und Fallzeiten t fest, daß (etwa) $h = \frac{1}{2}gt^2$ für alle aufgeschriebenen Paare h, t gilt. Man entschließt sich dann als „Axiom" das „Fallgesetz" zu formulieren: „Für *alle* (!) Paare h, t gilt $h = \frac{1}{2}gt^2$."

Dieses vieldiskutierte Problem der „unvollständigen Induktion" wird aber von der tatsächlichen Physik umgangen, da man theoretische Physik einfach *macht, ohne sich* um die Frage der „unvollständigen Induktion" *zu kümmern.* Die tatsächliche theoretische Physik gibt keine Vorschriften für das Aufstellen der Axiome aus $\mathcal{MT}$ an, sondern überläßt das Aufstellen der Axiome aus $\mathcal{MT}$ irgendeiner „Intuition". Die „allgemeine Relativitätstheorie" ist eines der markantesten Beispiele dafür, daß in keiner Weise die Axiome der Theorie nach dem Prinzip der unvollständigen Induktion aus der Erfahrung hergeleitet werden; im Gegenteil war der von *Einstein* intuitiv geschaute Zusammenhang zwischen Raum-Zeit-Struktur und Gravitation der Ansatzpunkt zur Aufstellung der Axiome der allgemeinen Relativitätstheorie (siehe z. B. [1] X).

Statt der nicht geübten unvollständigen Induktion tritt natürlich in der theoretischen Physik in veränderter Form ein (schon oben erwähntes) eigentümliches, neuartiges Problem auf: Wir hatten definiert, daß eine $\mathcal{PT}$ als brauchbar bezeichnet wird, wenn „bisher" keine widersprüchlichen $\mathcal{MTA}$s aufgetreten sind; in diesem Sinne wäre also eine noch nicht an der Erfahrung geprüfte Theorie (falls nicht schon $\mathcal{MT}$ selbst widerspruchsvoll ist) immer als brauchbar zu bezeichnen. Aber wir fällen häufig eine Entscheidung derart, *daß wir eine* $\mathcal{PT}$ (womit auch der zugehörige Grundbereich $\mathcal{G}$ als festgelegt angenommen ist) als „*endgültig brauchbar*" anerkennen. Wir haben schon oben dieses Problem als „Problem der Anerkennung einer Theorie" bezeichnet. Obwohl wir dieses Problem hier nicht ausführlicher diskutieren können, sei aber schon hier betont, daß durch dieses Problem nicht etwa die unvollständige Induktion wieder durch die Hintertür hereinkommt; denn manchmal genügen sogar sehr wenige (fast sogar keine) Erfahrungen, um die Physiker von der endgültigen Brauchbarkeit einer $\mathcal{PT}$ zu „überzeugen", wofür wieder die allgemeine Relativitätstheorie ein typisches Beispiel ist (siehe [1] X, XIX). Das Problem der Anerkennung einer Theorie ist eben weder nur ein Problem der formalen Methodologie noch Fundamentalphysik, sondern fällt schon hinein in die Problemkreise, die wir in § 1 kurz mit den Worten Metaphysik und Wissenschaftstheorie bezeichnet haben.

Da aber auch das abgeschwächte Postulat der unvollständigen Induktion praktisch alle Physik unmöglich machen würde, trifft auch umgekehrt jeder „Beweis", daß eine $\mathcal{PT}$ dieses Postulat nicht erfüllt, weder die betreffende $\mathcal{PT}$ noch die Physik als Wissenschaft. Zum Beispiel viele sogenannte Beweise gegen die Relativitätstheorie und gegen die Quantenmechanik beruhen eben gerade darauf, daß man aufzuzeigen versucht, daß die in diesen Theorien formulierten Gesetze nicht aus der Erfahrung durch unvollständige Induktion deduziert werden können. Solche Bemühungen um Gegenbeweise sind aber vollkommen wertlos, denn nur widerspruchsvolle $\mathcal{MTA}$s können Einwände gegen eine $\mathcal{PT}$ sein.

Zum Schluß sei noch ein möglicher Einwand gegen die hier geschilderte Methode hervorgehoben: Die in $(—)_r$ aufgeschriebenen Relationen können schon in sich widerspruchsvoll sein. Dies würde genauer formuliert besagen, schon eine $\mathcal{MTA}$ mit $\mathcal{MT}$ als *nur* Mengenlehre könnte vielleicht schon widerspruchsvoll sein, weil der Realtext selbst in sich widerspruchsvoll sei, weil – wie man manchmal sagt – die Materie widerspruchsvoll sei.

Die in der Physik gemachte Vorentscheidung ist aber eben gerade die genau umgekehrte: Die in $(—)_r$ mathematisch formulierten Aussagen über den Realtext als Wirklichkeit können nicht in sich widerspruchsvoll sein, außer man hat „aus Versehen" irgendeinen Fehler beim Ablesen der Relationen $(—)_r$ aus dem Realtext begangen, so wie man eben auch Fehler bei Beweisen in der Mathematik machen kann; aber solche „Fehler" sind eben als Fehler erkennbar und keine „Gegenbeweise". Wer natürlich diese Vorentscheidung der Widerspruchsfreiheit der Wirklichkeit nicht machen will, muß eben die Physik als Wissenschaft ablehnen. Zumindest ist nicht ein einziger Fall bekannt, daß schon Erfahrungen selbst und damit $(—)_r$ in sich widerspruchsvoll gewesen wären. Dies ist sehr wichtig, um den angeblichen Widerspruch zwischen Korpuskel- und Wellenbild eben im richtigen Licht zu sehen, so wie das in [1] XI § 1 in einer Skizze dargestellt ist und auch aus dem ganzen späteren Aufbau der Quantenmechanik in [3] folgt; aus den Erfahrungen ist eben dieser Widerspruch zwischen Korpuskel- und Wellenbild nicht deduzierbar (siehe [1] XI § 1).

Um nun noch einmal die vielen in diesem Paragraphen diskutierten Probleme im Zusammenhang zu sehen, wollen wir zum Abschluß den hier zugrundegelegten Aufbau einer $\mathcal{PT}$ in einem Bild zusammenfassen (wobei $\mathcal{W}$ erst in § 10 näher erläutert werden kann):

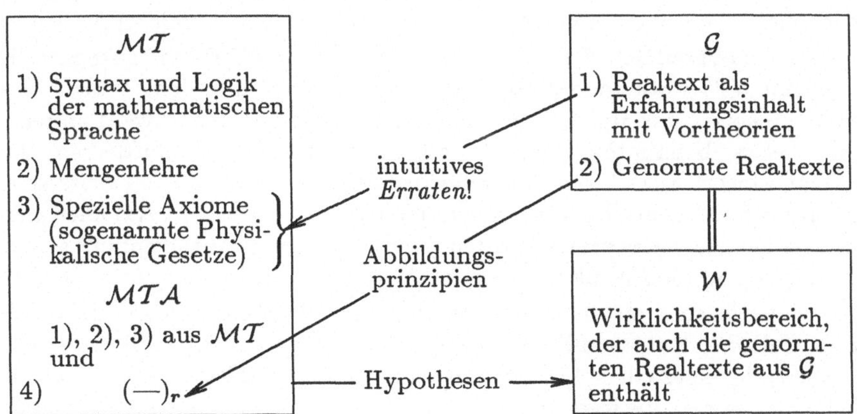

Die linke Seite ($\mathcal{MT}$, $\mathcal{MTA}$) dieses Abbildungsschemas hat eine gewisse Ähnlichkeit mit einem Computer. Dieser Vergleich kann vielleicht diesem oder jenem behilflich sein, die durch obige Abbildung dargestellte Situation besser zu erfassen:

1) Angabe der Konstruktionsweise und Arbeitsweise des „$\mathcal{MT}$-Computers", genannt Syntax und Logik. Wir können uns noch dazu vorstellen, daß am „Computer" eine rote Lampe angebracht ist, die aufleuchtet, sobald bei der Arbeit des Computers ein Widerspruch aufgetreten ist.

2) Darstellung eines *fest* eingebauten Programms, genannt Mengenlehre. Es ist bisher nicht vorgekommen, daß beim Einschalten des so ausgerüsteten „Computers" die „rote Lampe" aufgeleuchtet hat.

3) Eingabe eines speziellen Grundprogramms, genannt spezielle Axiome. Eine *Anweisung*, wie man zur Aufstellung dieses Grundprogrammes kommt, gibt es *prinzipiell* nicht, da dieses Grundprogramm *nicht* an der Erfahrung abgelesen, sondern nur aufgrund von Ideen, Einfällen und Vorstellungen anhand der Erfahrungen *erraten* werden kann. Natürlich muß dieses Programm in der Computersprache geschrieben werden.

In der Physik kommt es beim Aufstellen dieser Programme 3) öfter vor, daß nach Einschalten des Computers die „rote Lampe" aufleuchtet (man denke heutzutage nur an die Quantenfeldtheorie). Dann muß das Programm in Ordnung gebracht werden.

4) Eingabe des Programms $(-)_r$, das aus den Experimenten gewonnen wird. Dieses Programm dient zum „Testen" der Theorie in dem Sinne, daß man nachsieht, ob nach Eingabe des Programmes $(-)_r$ die „rote Lampe" aufleuchtet. Bei einer *brauchbaren* Theorie läßt sich der Grundbereich G so abgrenzen, daß *kein* Aufleuchten der roten Lampe auftritt.

Im Gegensatz zum Grundprogramm 3 ist die Aufstellung des Programmes $(-)_r$ *keiner* Willkür unterworfen, sondern hat nach genauen Regeln zu erfolgen, die wir Abbildungsprinzipien nannten. Willkürlich ist allein der Realtext, aber auch dieser nur insofern, als wir die Wahl der durchzuführenden Versuche haben.

Wie wir mit Hilfe des „Computers" zur Konstruktion eines Wirklichkeitsbereiches W gelangen können, werden wir in § 10.11 zu schildern haben.

Das im oberen Schema durch den Pfeil „intuitives Erraten" gekennzeichnete Problem fällt unter den Bereich, der in § 1 kurz mit dem Wort „Wissenschaftstheorie" gekennzeichnet ist. Durch das Wort „intuitives Erraten" soll nicht etwa behauptet werden, daß dieses Raten im „luftleeren Raum" erfolgt. Durch dieses Wort soll vielmehr betont werden, daß einerseits *keine* (!) „Vorschriften" gemacht werden, wie man zu den speziellen Axiomen kommt, und daß andererseits dieses Erraten durch *viele* Dinge mitbeeinflußt sein kann, da diejenigen, die Physik machen, im Austausch mit anderen Menschen leben.

Im Gegensatz zu der Tatsache, daß es viele Dinge sein können, die im Einzelfall des Ratens mit sehr verschiedenen Gewichten in den Prozeß des Findens der speziellen Axiome eingegangen sind, findet man auch absonderliche Meinungen, die irgendeinen *einzigen* und dann noch meist falschen Grund für dieses Raten angeben, nur damit die Ideologie des Betreffenden bestätigt erscheint.

Zum Schluß dieses Paragraphen sei noch auf ein mögliches Mißverständnis hingewiesen, das ein Verständnis der weiteren Überlegungen erschweren würde. Da man häufig $\mathcal{MTA}$ als „Test" der Theorie $\mathcal{MT}$ oder die Relationen $(—)_r$ als „Testrelationen" für $\mathcal{MT}$ bezeichnet, könnte man den Eindruck gewinnen, als ob die ganze Arbeit der „Experimentalphysiker" nur darin bestehen würde, etwas zum Test einer $\mathcal{PT}$ zu „realisieren", was die „Theoretiker" ohnehin schon „wissen". Dies ist natürlich ein Irrtum. Die Formulierung dieses Irrtums würde in mathematischer Sprache etwa so lauten: Die Relationen $(—)_r$ sind als Sätze aus $\mathcal{MT}$ herleitbar. Das aber ist so gut wie nie der Fall. Wäre das der Fall, so würden sich alle Überlegungen aus § 10 erübrigen. Die Arbeit der Experimentalphysiker, die sich formal in den Relationen $(—)_r$ dokumentiert, besteht eben nicht nur im Nachprüfen, ob eine $\mathcal{PT}$ brauchbar ist, sondern hauptsächlich in einer Vermehrung unserer Kenntnisse über die Welt, d. h. über den Wirklichkeitsbereich $\mathcal{W}$. Die Konstruktion des Wirklichkeitsbereiches $\mathcal{W}$, wie sie in § 10.11 skizziert ist, hängt *entscheidend* (!) ab von den Axiomen $(—)_r$, d. h. von der Arbeit der Experimentalphysiker; aus $\mathcal{MT}$ allein erhält man in den bekannten $\mathcal{PT}$s so gut wie überhaupt keinen Wirklichkeitsbereich $\mathcal{W}$!

Die Experimentalphysiker sind sich intuitiv dessen wohl bewußt, wie wichtig ihre Arbeit nicht nur zur „Prüfung" von $\mathcal{PT}$s, sondern auch gerade zur Vermehrung unserer Kennnisse über die Wirklichkeit ist. Sie sind sich aber manchmal nicht bewußt, wie weit sie auch immer Theorie betreiben, indem sie sich erstens vorher theoretisch überlegen, wie sie ihre Apparate bauen, und zweitens nachher das benutzen, was wir Vortheorien nannten, um ihre Meßergebnisse „auszuwerten". Über die Konstruktion der Apparate kann man in gewissem Umfang frei verfügen (Verfügbarkeit: siehe § 11.3), die Meßergebnisse liegen fest. Sie sind aber eben Ergebnisse erst durch die „Auswertung". Auswertung ist aber genau das, was wir etwas mehr formal als das „Aufschreiben des am Realtext Abgelesenen in der Form $(—)_r$" beschrieben haben.

Die „volle Bedeutung" der Relationen $(—)_r$ für die Physik wird man erst richtig *nach* dem Studium von § 10 ermessen können.

Die hier gegebene Darstellung einer „brauchbaren" $\mathcal{PT}$ als einer, für die $\mathcal{MTA}$ widerspruchsfrei ist, entspricht ganz der *Popper*schen Forderung nach Widerspruchsfreiheit einer Theorie mit der Erfahrung (siehe [30]). Wir aber erheben diese Forderung *nicht* als *einziges* Kriterium, um mit einer $\mathcal{PT}$ zufrieden zu sein (siehe §§ 10.6 und 10.7).

6. Unscharfe Abbildungsprinzipien

Es kommt in der Physik sehr häufig vor, daß man einem realen Sachverhalt ein „ungefähres" mathematisches Objekt zuordnet. Oft ist der Sprachgebrauch so, daß man so tut, als ob das mathematische Objekt die exakte Situation sei, die aber durch die Feststellung – die Messung – realer Gegebenheiten nur „ungenau beobachtet" wird, d. h. wegen eines „Meßfehlers" nur unexakt bestimmt werden kann. Durch die Entwicklung der Physik sind wir aber gegenüber solchen Redewendungen skeptisch geworden: Die „an sich existierenden" aber nur ungenau festgestellten Tatsachen sind keine Basis für die Physik. Als Basis bleibt eben nur der Realtext. Die „Ungenauigkeit" hat vielmehr etwas mit der Art der Zuordnung zwischen Realtext und $\mathcal{MT}$ zu tun. Diese Zuordnung ist oft nicht scharf herstellbar, ohne zu einer widerspruchsvollen Theorie zu kommen. Wir werden jetzt genau zu formulieren haben, was wir mit diesem Satz meinen.

Um das Prinzip der unscharfen Abbildungen zu verdeutlichen, betrachten wir zunächst ein spezielles Beispiel: $\mathcal{MT}$ sei die Theorie eines dreidimensionalen, euklidischen Raumes X, in dem ein Abstand $d(x,y)$ zwischen je zwei Elementen x,y von X definiert ist. Bildterm (Bildmenge) ist X und Bildrelation ist die Relation $R(x,y,\gamma)$, die durch $d(x,y) = \gamma$ mit reellen Zahlen γ definiert ist. (Mit $\mathbb{R}$ als Menge der reellen Zahlen, bestimmt $R(x,y,\gamma)$ eine Teilmenge s von $X \times X \times \mathbb{R}$, nämlich die Menge aller (x,y,γ) für die $R(x,y,\gamma)$ gilt. s ist der Graph einer Abbildung $X \times X \to \mathbb{R}$, die wir mit $d(x,y)$ bezeichnet haben.) Die Abbildungsprinzipien bestimmen, daß die in einem physikalischen Raum (z. B. dem Zimmer) fixierten Stellen mit Zeichen a_i zu versehen sind und durch $a_i \in X$ zu typisieren sind. Physikalisch mit Maßstäben zwischen je zwei a_{i_1}, a_{i_2} *gemessene* Abstände sind „unscharf" mit $d(a_{i_1}, a_{i_2})$ zu vergleichen; was diese letzte Ausdrucksweise bedeuten soll, ist jetzt genauer klarzulegen. (In bezug auf eine genauere Darstellung dieses Beispieles und des physikalischen Abstandsmessens sei auf [1] II, [1] III § 5, [1] IV, IX und X verwiesen.)

Die „Messung" des Abstandes zwischen den beiden Stellen a_{i_1}, a_{i_2} soll bedeuten, daß am Realtext eine Zahl $\alpha_{i_1 i_2}$ (z. B. ganz primitiv an einem Bandmaß) ablesbar ist. Es läge dann zunächst nahe, im Sinne des vorigen § 5 neben den in $(-)_r(1)$ aufzuschreibenden Relationen $a_i \in X$ in $(-)_r(2)$ die „scharfen" Relationen $R(a_{i_1}, a_{i_2}, \alpha_{i_1 i_2})$ aufzuschreiben. Es zeigt sich aber sehr schnell, daß eine so gebildete $\mathcal{MTA}$ oft widerspruchsvoll wird, z. B. mit dem in $\mathcal{MT}$ geltenden pythagoreischen Satz (siehe z. B. [1] II) in Widerspruch kommt. Man pflegt dazu zu sagen, daß $\mathcal{MTA}$ nur deshalb widerspruchsvoll ist, da die gemessenen Abstände $\alpha_{i_1 i_2}$ nicht genau, sondern mit „Meßfehlern" behaftet seien. Aber gerade diese Ausdrucksweise hat sich sehr leicht als irreführend erwiesen, weil so getan wird, als ob es in der Natur „exakte" Abstände gäbe, die man nur nicht ganz genau messen könnte, die aber als „exakte" Abstände doch der euklidischen Geometrie genügen würden. Aber gerade diese praktische Identifizierung des Bildes X der euklidischen Geometrie mit einer sogenannten „exakten" Wirklichkeit hat zu so vielen Fehlschlüssen und Fehlvorstellungen geführt, daß wir heute – wie wir oben schon zu Beginn dieses § 6 erwähnten – solche „Identifizierungen" ablehnen und statt dessen viel nüchterner das Problem der sogenannten „ungenauen Messungen" als ein Problem der „unscharfen" Abbildung zwischen $\mathcal{MT}$ und dem genormten Realtext sehen.

In unserem Beispiel könnte man die Methode der unscharfen Abbildungsprinzipien etwa so benutzen: Wir zeichnen eine Teilmenge U von $\mathbb{R} \times \mathbb{R}$ aus, die wir *Unschärfemenge* nennen. U soll auf jeden Fall alle Paare gleicher Elemente (α, α) enthalten. Zum Beispiel kann eine solche Auszeichnung einer Menge U dadurch geschehen, daß man eine Zahl $\epsilon > 0$ fest vorgibt und $U = \{(\alpha, \beta) \mid |\alpha - \beta| < \epsilon\}$ setzt.

Aus der Relation $R(x, y, \alpha)$ kann man mit U eine andere Relation $\widetilde{R}(x, y, \alpha)$ gewinnen, indem man $\widetilde{R}(x, y, \alpha)$ durch

$$\exists \beta [R(x, y, \beta) \text{ und } (\beta, \alpha) \in U]$$

definiert. Die Relation $\widetilde{R}(x, y, \alpha)$ bezeichnen wir als die mit „U verschmierte Relation R". Statt R benutzen wir dann $\widetilde{R}$ als Bildrelation, d.h. statt der $R(a_{i_1}, a_{i_2}, \alpha_{i_1 i_2})$ schreiben wir in $(\text{—})_r(2)$ die Relationen

$$\widetilde{R}(a_{i_1}, a_{i_2}, \alpha_{i_1 i_2})$$

mit dem „abgelesenen" Zahlenwert $\alpha_{i_1 i_2}$ auf.

Man macht sich leicht klar, daß $\widetilde{R}(a_{i_1}, a_{i_2}, \alpha_{i_1 i_2})$ mit der bekannteren Form

$$\alpha_{i_1 i_2} - \epsilon < d(a_{i_1}, a_{i_2}) < \alpha_{i_1 i_2} + \epsilon$$

identisch ist, die man in der Physik häufig noch kürzer

$$d(a_{i_1}, a_{i_2}) = \alpha_{i_1 i_2} \pm \epsilon$$

schreibt. Dies ist genau das, was die Experimentalphysiker als die „Fehlergrenzen" $\pm\epsilon$ ihrer Messungen bezeichnen; und doch wollen wir hier bewußt vermeiden, von „Fehlern" zu sprechen, weil eben das Wort „Fehler" immer irgendwie eine Vorstellung von etwas „Exaktem" aber fehlerhaft Gemessenem impliziert, die wir als utopisch für den Aufbau einer $\mathcal{PT}$ ablehnen. Am Ende dieses Paragraphen werden wir nur kurz auf den Sinn solcher Fehlerbetrachtungen hinweisen, die schon eine physikalische Theorie des Messens als Vortheorie voraussetzen. Zunächst ist aber die oben am Beispiel skizzierte Methode der unscharfen Abbildung *viel allgemeiner* definiert, als daß sie irgend soetwas wie Meßfehler schon implizieren würde; es ist wichtig, sich dies klarzumachen.

Es ist nun für den Physiker aufgrund der bekannten Abstandsmeßmethoden und der Erfahrungen leicht ersichtlich, daß für einen solchen genormten Realtext von Stellen a_i im Zimmer und den abgelesenen Abständen α_{ik} die mit

$\widetilde{R}$ statt R (für ein „geeignet" gewähltes ϵ) gebildete Theorie $\mathcal{MTA}$ *nicht* mehr zu Widersprüchen führt.

Damit haben wir an diesem Beispiel sowohl das Prinzip der unscharfen Abbildung erkannt wie auch gesehen, warum es in der Physik oft unmöglich ist, ohne unscharfe Abbildungen auszukommen. Man halte sich deshalb dieses Beispiel immer wieder bei den folgenden allgemeinen Überlegungen vor Augen.

Zunächst sieht man leicht, daß sich die obigen Überlegungen in folgender Weise verallgemeinern lassen: In physikalischen Theorien tritt häufig der Fall auf, daß eine Bildrelation $R(x, y, \alpha)$ durch eine Abbildung des Produktes zweier Bildterme $Q_1 \times Q_2 \to \mathbb{R}$ definiert ist; schreiben wir für diese Abbildung kurz $f(x, y)$ mit $x \in Q_1$, $y \in Q_2$, so ist also $R(x, y, \alpha)$ die Relation $f(x, y) = \alpha$. Man kann dann genau wie oben mit einer Unschärfemenge U für die reelen Zahlen die „verschmierte" Relation $\widetilde{R}(x, y, \alpha)$ bilden.

Die *spezielle* Wahl der Unschärfemenge

$$U = \{(\alpha, \beta) \mid |\alpha - \beta| < \epsilon\}$$

kann (und muß vielleicht auch für viele Zwecke) verallgemeinert werden. Statt eines festen ϵ kann man z. B. eine Funktion ϵ von $\alpha + \beta$ vorgeben, was sicher in dem obigen Beispiel der Abstandsmessung notwendig ist, da vermutlich große Abstände auch größere Ungenauigkeiten verlangen. Mit einer solchen Funktion $\epsilon(\alpha + \beta)$ könnte man dann

$$U = \{(\alpha, \beta) \mid |\alpha - \beta| < \epsilon(\alpha + \beta)\}$$

als Unschärfemenge benutzen.

Zeichnet man, wie oben an einem speziellen Beispiel und dann etwas verallgemeinert geschildert, in $\mathcal{MT}$ eine bestimmte Unschärfemenge U aus und benutzt man dann als Bildrelation *nicht* die „ideale" Relation R, sondern die verschmierte Relation $\widetilde{R}$, so bleibt also alles im Rahmen der in § 5 beschriebenen formalen Methode. Man könnte sich daher rückwärts fragen, warum wir überhaupt erst von R und nicht gleich von $\widetilde{R}$ als Bildrelation ausgegangen sind.

Der Grund dafür ist der, daß man die Unschärfemenge U und damit $\widetilde{R}$ *verschieden* vorgeben kann, um widerspruchsfreie $\mathcal{MTA}$s zu erhalten. Die Theorie $\mathcal{MT}$ enthält keine *systematische* Anweisung, genau eine bestimmte Unschärfemenge auszuwählen. Dies liegt natürlich daran, daß man ein physikalisches Problem nicht hat lösen können und deshalb eine Theorie $\mathcal{MT}$ wählt, die eine Realrelation durch eine Idealisierung R darstellt, um dann diese „Idealisierung" nachträglich wieder durch „Verschmierung" von R mit Unschärfemengen U rückgängig zu machen; wenn die physikalische Situation so gut geklärt wäre, daß man eine $\mathcal{MT}'$ und genau eine Relation R' in $\mathcal{MT}'$ angeben könnte, die als Bild der betrachteten Realrelation benutzt werden soll, so wäre natürlich die Theorie $\mathcal{MT}$ mit R als idealer und mit *verschiedenen* $\widetilde{R}$ als brauchbaren „verschmierten" Bildrelationen wenigstens prinzipiell nicht notwendig, obwohl man auch dann noch $\mathcal{MT}$ als vielleicht einfachere Approximation von $\mathcal{MT}'$ benutzen könnte (siehe die Überlegungen aus § 9 über Approximationstheorien; zur Frage der „Idealisierung" siehe auch § 8). Solche $\mathcal{MT}'$, die überhaupt keiner Unschärfemengen bedürfen, sind aber reine Utopie (siehe weiter unten in diesem Paragraphen und Anfang von § 8).

Wir wollen uns dies wieder an dem obigen Beispiel der Abstandsmessungen verdeutlichen. Das Bild des kontinuierlichen Raumes X mit der Abstandsfunktion $d(x, y)$ ist eine Idealisierung, da es physikalisch ganz *unklar* ist, wie genau überhaupt ein Unterschied verschiedener Stellen im realen Raum (z. B. des Zimmers) physikalisch feststellbar ist. Man braucht sich nur die Frage zu stellen, was ein Abstand von 10^{-1000} cm physikalisch überhaupt bedeuten soll. Da man nicht weiß, wie der reale Raum im kleinen strukturiert ist, ersetzt man diese Unkenntnis im Bild $\mathcal{MT}$ durch den *kontinuierlichen* Raum X. Die *kontinuierliche* Struktur von X in $\mathcal{MT}$ ist also kein Bild der Wirklichkeit, sondern ein Ausweg aus einer Unkenntnis durch Idealisierung. Genau diese Idealisierung müssen wir aber wieder rückgängig machen, indem wir bei Benutzung von $\mathcal{MT}$ als Bild das Prinzip der unscharfen Abbildung mit „geeigneten" Unschärfemengen anwenden. Da aber keine bestimmte Unschärfemenge als die einzig geeignete ausgezeichnet werden kann, ist es eben *sehr praktisch*, das idealisierte Bild des kontinuierlichen Raumes X zu benutzen.

Die Tatsache, daß das Bild $\mathcal{MT}$ nicht so ganz mit der Wirklichkeit übereinstimmt, ja sogar Strukturen enthalten kann, die *kein* Abbild der Wirklichkeit sind (wie oben z. B. die kontinuierliche Struktur des euklidischen Raumes X), hat zu Irrtümern Anlaß gegeben und mag für viele irgendwie enttäuschend sein; man ist vielleicht versucht, solche Bilder mit „falschen" Teilstrukturen zu verwerfen. Daß aber auch Bilder mit offensichtlich falschen Teilstrukturen sehr brauchbar sein können, zeigt das einfache Beispiel einer Photographie. Niemand wird aus der Silberkornstruktur einer Photographie im kleinen auf eine „Kornstruktur" des photographierten Gegenstandes schließen; ja es kann diese Silberkornstruktur durchaus sehr hinderlich sein, um z. B. Feinheiten des photographierten Gegenstandes auf der Photographie auszumachen; und trotzdem kann eine Photographie sehr brauchbar und sehr wichtig sein. Ein unzulängliches Abbild ist immer noch besser als gar keines, hauptsache ist, daß man *um die Unzulänglichkeiten weiß*, damit man keine Fehler macht.

So sind eben auch in der Physik unzulängliche, „idealisierte" Bilder $\mathcal{MT}$ in einer $\mathcal{PT}$ weit besser als gar keine $\mathcal{PT}$. Ja, würde man die Forderung an die theoretische Physik stellen, keine idealisierten $\mathcal{MT}$s als Bilder zu benutzen, so hieße das, die ganze Physik als Wissenschaft abzulehnen. Denn gerade durch die Einführung idealisierter Bildtheorien $\mathcal{MT}$ wird Physik überhaupt erst möglich, weil man auf diese Weise *noch ungelöste physikalische Probleme zurückstellen* kann; und ungelöste physikalische Probleme·nicht zurückstellen zu wollen, um sofort eine alle Probleme lösende Theorie zu finden, heißt nichts anderes, als auf jede Theorie zu verzichten. Die Alles-oder-nichts-Forderung in der Wissenschaft führt zum Nichtsergebnis.

Natürlich muß man für das Zurückstellen ungelöster physikalischer Probleme durch Einführung eines idealisierten Bildes $\mathcal{MT}$ einen Preis bezahlen: Und dieser Preis ist eben die Methode der Unschärfemengen, d. h. der unscharfen Abbildungsprinzipien, um $\mathcal{MT}$ und $\mathcal{G}$ zu vergleichen.

Wenn wir ganz besonders zum Ausdruck bringen wollen, daß in $\mathcal{MT}$ noch keine speziellen Unschärfemengen als Terme in $\mathcal{MT}$ ausgezeichnet sind (sondern spezielle Unschärfemengen erst beim Aufschreiben der Abbildungsaxiome $(-)_r(2)$ ausgewählt werden), schreiben wir für $\mathcal{MT}$ auch $\mathcal{MTI}$. Meist aber wird es im Zusammenhang des Dargestellten klar sein, daß $\mathcal{MT}$ ein idealisiertes Bild ist, ohne dies durch die besondere Schreibweise $\mathcal{MTI}$ zu betonen.

Unsere nächste Aufgabe wird es sein, angeleitet durch die obigen Beispiele, allgemein für eine $\mathcal{MTI}$ eine Struktur zu verlangen, die zwar nicht eine ganz bestimmte Unschärfemenge zu jeder idealisierten Bildrelation vorgibt, aber doch (wieder in einer idealisierten Form) ein „System immer feinerer Unschärfemengen" bestimmt (aus denen man beim praktischen Vergleich zwischen Theorie und Experiment eine oder mehrere auswählen kann), so daß sich die mit diesen Unschärfemengen gebildeten verschmierten $\widetilde{R}$ im „Limes" dem idealisierten R nähern. In unserem obigen Beispiel könnte man etwa $\epsilon \to 0$ gehen lassen.

Es stellt sich somit die Frage nach solchen „Systemen von Unschärfemengen". Wir hatten im obigen Beispiel nur für die reellen Zahlen Unschärfemengen U betrachtet. Wir verallgemeinern dies nun für irgendwelche Bildrelationen und Bildterme. Diese „verallgemeinernden" Überlegungen stellen keine Deduktionen dar, sondern sollen nur zeigen, wie wir dazu kommen, an die idealisierten Bilder $\mathcal{MTI}$ physikalischer Theorien gewisse *Forderungen* zu stellen.

Betrachten wir also irgendeine idealisierte Bildrelation $R_\mu(x, y, \ldots, \alpha)$ (in der auch keine reellen Zahlen α vorzukommen brauchen und die auch keine Abbildung auf $\mathbb{R}$ darzustellen braucht). Wir versuchen nun für ein idealisiertes System N_μ von sich immer mehr verfeinernden Unschärfemengen $U \in N_\mu$ für R_μ einige Forderungen zu stellen:

Zunächst betrachten wir die Menge M_μ aller Tupel $(x, y, \ldots, \alpha)$ der in R_μ auftretenden Elemente (nach § 7.1 ist M_μ die Produktmenge $Q_{\alpha_1} \times Q_{\alpha_2} \times \ldots \times \mathbb{R}$ aus einigen der Bildterme Q_{α_i} und $\mathbb{R}$). Die U aus N_μ sollen Teilmengen von $M_\mu \times M_\mu$ sein, d.h. N_μ ist eine Menge von Teilmengen von $M_\mu \times M_\mu$ (d.h. $N_\mu \subset \mathcal{P}(M_\mu \times M_\mu)$, siehe § 7.1). Da ein Tupel $(x, y, \ldots, \alpha)$ sicherlich von sich selbst nicht zu unterscheiden ist, fordern wir, daß $\Delta_\mu \subset U$ für jedes $U \in N_\mu$ gilt, wobei Δ_μ die Diagonale von $M_\mu \times M_\mu$, d.h. die Menge aller Paare (z, z) mit $z \in M_\mu$ ist.

Für jedes $U \in N_\mu$ kann man dann aus der idealisierten Bildrelation $R_\mu(\ldots)$ folgende verschmierte Bildrelation $\widetilde{R}_\mu^U(x, y, \ldots, \alpha)$ gewinnen:

$$(\exists x')(\exists y') \ldots (\exists \alpha')[R_\mu(x', y', \ldots, \alpha') \\ \text{und } ((x, y, \ldots, \alpha), (x', y', \ldots, \alpha')) \in U]. \tag{6.1 a}$$

Ebenso kann man auch die Verneinung von R_μ, d.h. [nicht $R_\mu(\ldots)$] mit U verschmieren:

$$(\exists x')(\exists y') \ldots (\exists \alpha')[\text{nicht } R_\mu(x', y', \ldots, \alpha') \\ \text{und } ((x, y, \ldots, \alpha), (x', y', \ldots, \alpha')) \in U]. \tag{6.1 b}$$

Wir wollen diese Relation kurz mit $\widetilde{R}_\mu'^U(\dots)$ bezeichnen. $\widetilde{R}_\mu'^U(\dots)$ ist nicht die logische Verneinung von $\widetilde{R}_\mu^U(\dots)$, sondern die Verschmierung der Verneinung von R_μ. Bei Anwendung der unscharfen Abbildungsprinzipien ist der Realtext wie bisher zu lesen, nur die Übersetzungsregeln sind in folgender Weise abzuändern: Eine „geeignete" Unschärfemenge ist auszuwählen; jede Relation R_μ aus $(—)_r(2)$ ist durch $\widetilde{R}_\mu^U(\dots)$ und jede Relation [nicht R_μ] aus $(—)_r(2)$ durch $\widetilde{R}_\mu'^U(\dots)$ zu ersetzen. Was wir hier mit dem Wert „geeignet" meinen, wird weiter unten genauer beschrieben.

Man sieht sofort, daß durch eine Vergrößerung von U die Relationen $(—)_r(2)$ weicher werden. So wird es manchmal möglich, Widersprüche in $\mathcal{MTA}$ durch Vergrößerung der Unschärfemengen zu vermeiden. Es kommt in der Physik häufig vor, daß $(\forall x)(\forall y)\dots(\forall\alpha)\widetilde{R}_\mu'^U(x,y,\dots,\alpha)$ ein Satz in $\mathcal{MT}$ ist; dann braucht man natürlich Relationen $\widetilde{R}_\mu'^U(\dots)$ in $(—)_r(2)$ gar nicht erst aufzuschreiben. So kommt es, daß man sich häufig nur um die „bejahenden" Relationen $\widetilde{R}_\mu^U(\dots)$ kümmert.

Welche Forderungen an die Menge N_μ würden in besonders natürlicher Weise die Tatsache „idealisieren", daß man beim Vergleich von Theorie und Experiment (d. h. beim Aufstellen der Axiome $(—)_r(2)$) eben keine bestimmte Unschärfemenge $U \in N_\mu$ auswählen muß, sondern daß es eine große Menge möglicher Us gibt, die alle nicht zu widerspruchsvollen $\mathcal{MTA}$s führen. Die Idealisierung für N_μ besteht darin, daß wir zu jeder Unschärfemenge eine Verfeinerung fordern werden, weil wir nicht *wissen* (d. h. aufgrund keiner durch eine $\mathcal{PT}$ erkannten Struktur wissen; was sofort etwas anders aussehen kann, falls eine umfangreichere Theorie bekannt ist: siehe § 9), wie fein die Unschärfemengen noch gewählt werden dürfen, um widerspruchsfreie $\mathcal{MTA}$s zu erhalten; erst die Erfahrung (oder eine umfangreichere Theorie) kann dem Physiker einen Eindruck von den noch zulässigen Unschärfemengen vermitteln.

Zunächst schreiben wir für N_μ die schon oben eingeführte Forderung

1) $\Delta_\mu \subset U$ für alle $U \in N_\mu$

auf.

Da zu jeder Unschärfemenge U sicher erst recht jede gröbere Unschärfemenge eine „brauchbare" $\mathcal{PT}$ (d. h. eine widerspruchsfreie $\mathcal{MTA}$) liefert, fordern wir weiterhin:

2) Aus $U_1 \in N_\mu$ und $U_2 \supset U_1$ folgt auch $U_2 \in N_\mu$.

Eine ebenso durch die Bedeutung von U sehr nahegelegte Forderung ist:

3) Aus $U \in N_\mu$ folgt auch $U^{-1} \in N_\mu$; dabei ist $U^{-1} = \{(z_1, z_2) \mid (z_2, z_1) \in U\}$.

Diese Forderung liegt deshalb nahe, da, wenn z_2 von z_1 „praktisch" nicht zu unterscheiden ist, auch z_1 von z_2 praktisch nicht unterscheidbar sein sollte.

Eine mathematische „Idealisierung" für N_μ stellt aber schon die nächste Forderung dar:

4) Aus $U_1 \in N_\mu$ und $U_2 \in N_\mu$ folgt auch $U_1 \cap U_2 \in N_\mu$. Dies ist eine Idealisierung: Denn daß mit U_1 und U_2 auch die „feinere" Unschärfemenge $U_1 \cap U_2$ noch eine brauchbare $\mathcal{PT}$ liefert, wenn dies für U_1 und U_2 der Fall war, ist *nicht* selbstverständlich, sondern stellt eine Forderung an die Verfeinerungsmöglich-

keit der Unschärfemengen dar. Diese Forderung ist aber plausibel, da sie auch für die wirklich brauchbaren (nicht nur idealisierten) Unschärfemengen erfüllt sein wird, *solange man* sich mit den Unschärfemengen noch nicht der Grenze der gerade noch erlaubten Unschärfemengen nähert, einer Grenze, die meist nur sehr vage bekannt ist. Die nächste und letzte Forderung an N_μ ist die entscheidende „Idealisierung" dafür, daß man „immer feinere" Unschärfemengen finden kann:

5) Zu jedem $U \in N_\mu$ gibt es ein $V \in N_\mu$ mit $V^2 \subset U$. Dabei ist V^2 definiert durch

$$V^2 = \{(z_1, z_2) \mid \text{es gibt ein } z \text{ mit } (z_1, z) \in V \text{ und } (z, z_2) \in V\}.$$

V paßt sozusagen „zweimal in U hinein".

Die aufgestellten Forderungen 1 bis 5 an N_μ sind aber gerade die an eine uniforme Struktur (siehe z. B. [10]). Wir stellen also die Forderung an $\mathcal{MTI}$ *und* an die Abbildungsprinzipien für den Fall unscharfer Abbildungen, daß die Abbildungsprinzipien neben den „idealen" Bildrelationen $R_\mu(\ldots)$ zu jedem $R_\mu(\ldots)$ eine uniforme Struktur N_μ in $\mathcal{MTI}$ auszeichnen.

Die jedem $R_\mu(\ldots)$ so (durch die Abbildungsprinzipien) zugeordneten N_μ bezeichnet man als die *uniformen Strukturen der unscharfen Abbildungen*.

In diesem Sinne kommt also neben den R_μ auch den N_μ eine physikalische Bedeutung zu. Das idealisierte R_μ *allein* stellt eben noch kein ausreichendes Abbild einer Realrelation dar; erst durch die Ergänzung mit N_μ wird klargestellt, daß R_μ nur ein „approximatives" Bild ist, wobei N_μ die „Art" der Approximation beschreibt.

Wenn in den folgenden Abschnitten des Buches von „physikalischer Approximation" (oder oft kurz von „approximativ") die Rede ist, so ist dies immer in dem eben diskutierten Sinn gemeint.

Es bleibt jetzt noch zu erklären, was wir mit der Auswahl einer oder mehrerer „geeigneter" Unschärfemengen U aus N_μ meinen. Die aufgestellten Abbildungsaxiome $(—)_r(2)$ hängen von der Wahl der Unschärfemengen U ab. „Geeignete" Unschärfemengen U sind solche, für die sich die $\mathcal{PT}$ im Sinne von § 5 als brauchbar erweist. Damit gewinnt aber das Problem der „Brauchbarkeit" einer $\mathcal{PT}$ mit einer $\mathcal{MTI}$ als Bild einen eigentümlichen Charakter: Die Brauchbarkeit hängt von der Wahl der Unschärfemengen ab. Gibt es keine Wahl, für die die $\mathcal{PT}$ brauchbar wird, so muß man sie als vollkommen unbrauchbar abtun. Andererseits wird man versuchen, mit „möglichst feinen" Unschärfemengen noch zu einer brauchbaren $\mathcal{PT}$ zu gelangen. So erhält man ein gewisses „Gütemaß" für eine solche $\mathcal{PT}$ mit einer $\mathcal{MTI}$ als Bild durch die „Feinheit" der gerade noch geeigneten Unschärfemengen. Dies ist eine in der Physik so allgemein bekannte Erscheinung, nämlich, daß jede irgendwie bedeutungsvolle $\mathcal{PT}$ nur mit einer gewissen „Güte" der Approximation brauchbar ist. Oft verzichtet man sogar auf bessere Approximation zugunsten einer leichter handhabbaren Theorie (siehe § 9 und viele Beispiele in [1], [3], [5] und [20]).

Aber auch *die Güte der Approximation und die Abgrenzung des Grundbereiches* (siehe §§ 3, 5 und 9) *sind nicht unabhängig voneinander*. Alles dies läßt die Anwendung physikalischer Theorien für den „Nichtphysiker", auch sehr oft für Mathematiker zu undurchsichtig erscheinen, während gute Experimentalphysiker sehr häufig ein ausgezeichnetes „Gefühl" für Anwendungsbereich und Approximationsgüte haben.

Zum Schluß dieses Paragraphen sei darauf hingewiesen, daß die unscharfen Abbildungen nicht mit den oft in der Experimentalphysik angewandten *Wahrscheinlichkeitsmethoden* für die „Meßfehlerberechnung" verwechselt werden dürfen. Als erstes müssen wir nochmals betonen, daß die Unschärfemengen nichts mit dem Begriff der Wahrscheinlichkeit zu tun haben. Wie wir schon in § 5 hervorhoben, wird auch bei der Benutzung von Unschärfemengen beim Aufstellen von $(-)_r(2)$ zum Vergleich zwischen $\mathcal{MT}$ und Realtext nur die „primitive" Logik benutzt; keine der in $(-)_r(2)$ mit den „verschmierten" $\widetilde{R}$ aufgeschriebenen Relationen ist nur „wahrscheinlich wahr". Was aber hat dann die übliche „Meßfehlertheorie" mit den hier dargestellten Überlegungen zu tun?

Dies läßt sich am einfachsten an einem simplen Beispiel erläutern: Die Länge eines Eisenstabes ist zu messen (als ein spezieller Fall des Abstandes zweier fixierter Stellen a_1 und a_2 aus dem Beispiel am Anfang dieses Paragraphen; statt $d(a_1, a_2)$ schreiben wir jetzt kurz d). Am Realtext, wo an den Stab ein konkreter Maßstab angelegt ist, kann eine Zahl α für die Länge abgelesen werden. Sei z. B. $\alpha = 1.15$ m abgelesen worden. Unter $(-)_r(2)$ ist dann z. B. $1.13 < d < 1.17$ aufzuschreiben, womit eine Ungenauigkeit von 2 mm berücksichtigt wurde. Diese Angabe $1.13 < d < 1.17$ ist also „wahr" und nicht nur als „ziemlich wahrscheinlich wahr" anzusehen. Mit Sicherheit ist also der Stab nicht länger als 1.17 m und nicht kürzer als 1.13 m. Es ist nun aber das Bestreben (wie schon oben angedeutet), die Unschärfemengen möglichst kleinzumachen. In diesem Bestreben wiederholt nun der Experimentalphysiker die Messung mehrmals, wobei er Zahlen findet (die alle in der Nähe von 1.15 liegen). Auch dies kann man mit der obigen Methode der Unschärfemengen sofort berücksichtigen: Für dasselbe $d = d(a_1, a_2)$ sind in $(-)_r(2)$ dann eben mehrere Relationen der Form

$$\alpha_\nu - \epsilon < d < \alpha_\nu + \epsilon \quad ; \quad \nu = 1, 2, \ldots \tag{6.2}$$

aufzuschreiben, die zumindest nicht in sich widerspruchsvoll sind, solange die Intervalle $\alpha_\nu - \epsilon < \ldots < \alpha_\nu + \epsilon$ einen gemeinsamen Durchschnitt haben. Es ist also kein Problem, eine „geeignete" Unschärfemenge, d. h. in diesem Falle ein geeignetes ϵ zu wählen. Aber in dem Wunsch, die Unschärfemengen, d. h. in diesem Falle ϵ möglichst klein zu halten, stellt man eine sogenannte „Fehlerberechnung" an, in die die Zahl N der Einzelmessungen, der Mittelwert und die Streuung der Messungen eingehen. Dieser „Fehlerberechnung" liegt eine sogenannte Wahrscheinlichkeitsbetrachtung zugrunde. Im „Glauben" an die Wahrscheinlichkeit als Grundbegriff aller Erfahrungswissenschaft zieht man dann oft den merkwürdigen Schluß, daß die oben unter (6.2) aufgeschriebenen Relationen auch für noch so großes ϵ nicht mit Sicherheit, sondern nur mit sehr großer Wahrscheinlichkeit wahr seien. Gerade aber darin, diesen „Glauben" an die Wahrscheinlichkeit nicht mitzumachen, liegt einer der entscheidenden Merkmale der Grundsätze des hier dargestellten Aufbaues einer $\mathcal{PT}$, in dem nur die normale Logik benutzt wird.

Wie aber *innerhalb* einer $\mathcal{PT}$ (und nicht etwa als Grundbegriff der Logik) dann doch wieder ein Wahrscheinlichkeitsbegriff in einer rein physikalischen Weise, d. h. durch physikalische Gesetze (als Axiome in $\mathcal{PT}$ zu formulieren) eingeführt werden kann, ist einer der wesentlichen Inhalte von § 11. *Erst von* solchen $\mathcal{PT}$s aus gewinnt dann auch die „Fehlerberechnung" der Experimentalphysiker einen Sinn. Da wir in § 11 den Wahrscheinlichkeitsbegriff zu begründen haben, genügt es, hier nur hervorzuheben, daß die Methode der Unschärfemengen (trotz aller Ähnlichkeiten) auf keinen Fall mit dem Wahrscheinlichkeitsbegriff verwechselt werden darf.

Zum Schluß dieses Paragraphen sei auf eine der häufigsten Situationen beim Testen einer $\mathcal{PT}$ verwiesen. Durch die Vortheorien zu $\mathcal{PT}$ werden (sozusagen von außen) Unschärfemengen für die auf der Basis der Vortheorien gemessenen Größen festgelegt. Man spricht hierbei kurz von den „Meßungenauigkeiten" der zum Testen von $\mathcal{PT}$ durchgeführten Experimente. Der Experimentalphysiker kann meist sehr gut diese Meßungenauigkeiten angeben. (Siehe dazu auch die Frage der Meßungenauigkeiten beim Vergleich von Wahrscheinlichkeiten aus $\mathcal{MT}$ mit Häufigkeiten im Realtext; § 11.) Kleinere Unschärfemengen bei einem Test von $\mathcal{PT}$ zu verwenden als die durch die Meßungenauigkeiten bestimmten, widerspricht dem Sinn der Vortheorien; denn man will nicht die Vortheorien, sondern $\mathcal{PT}$ testen.

Kommt man beim Testen von $\mathcal{PT}$ mit den durch Meßungenauigkeiten bestimmten Unschärfemengen aus, um widerspruchsfreie $\mathcal{MTA}$s zu erhalten, so bezeichnet man $\mathcal{PT}$ als im Rahmen der Meßgenauigkeiten brauchbare Theorie. Sollte man aber größerer Unschärfemengen als die der Meßungenauigkeiten bedürfen, um widerspruchsfreie $\mathcal{MTA}$s zu erhalten, so erkennt man die echten „Unschärfegrenzen" von $\mathcal{PT}$ selbst. Diese Erkenntnis der echten Unschärfegrenzen von $\mathcal{PT}$ selbst ist natürlich immer ein Ansporn, eine zu $\mathcal{PT}$ umfangreichere $\mathcal{PT}_1$ (siehe § 9) zu suchen, die mit kleineren Unschärfemengen als $\mathcal{PT}$ auskommt. Durch die Erkenntnis der echten Unschärfemengen von $\mathcal{PT}$ hat man ja die Grenze erkannt, bei der ein echtes von $\mathcal{PT}$ verdrängtes physikalisches Strukturproblem beginnt.

Ein Ansporn zum Suchen nach einer zu $\mathcal{PT}$ umfangreicheren Theorie $\mathcal{PT}_1$ braucht aber nicht nur die Erkenntnis der echten Unschärfegrenze von $\mathcal{PT}$ zu sein! Es kann ganz andere Motive für das Suchen nach der „besseren" Theorie $\mathcal{PT}_1$ geben; dafür ist ein schönes Beispiel das Aufstellen der allgemeinen Relativitätstheorie, die umfangreicher als die spezielle Relativitätstheorie und auch umfangreicher als die *Newton*sche Theorie der Mechanik gravitierender Körper ist. Siehe dazu die Darstellung der Motivation zur allgemeinen Relativitätstheorie in [1] X.

Zum Schluß wollen wir kurz auf einen möglichen Einwand gegen die unscharfen Abbildungsprinzipien eingehen.

Es ist heutzutage üblich, Messungen möglichst digital durchzuführen. Bei diesen Messungen gibt es keine „Unschärfen", da nur zwischen „0" und „1" zu unterscheiden ist.

Wenn die Bildrelation R_μ selbst digital ist und die dazugehörigen digitalen Entscheidungen wirklich aufgrund von Vortheorien und unmittelbar feststellbaren Tatsachen durchführbar sind, so braucht man allerdings keine Unschärfemengen, um R_μ zu verschmieren.

Dies sieht sofort anders aus, wenn R_μ zwar digital ist, aber seine Messung auf der Basis einer Vortheorie nur unscharf durchführbar ist. Dann ist R_μ zu verschmieren. Ist z. B. aufgrund einer Vortheorie $R(x)$ definiert als $l(x) \leq 1$ (mit einer reellen Funktion l), so ist sowohl $R(x)$ wie [nicht $R(x)$] mit einer in der Vortheorie benutzten Unschärfemenge zu verschmieren. Die Relationen $\widetilde{R}(x)$ und $\widetilde{R}'(x)$ stehen aber nicht mehr digital zueinander: Ist $l(x)$ ungefähr gleich 1, so kann mit $\widetilde{R}$ und $\widetilde{R}'$ *nicht* entschieden werden, ob R oder [nicht R] gilt; es kann sowohl $\widetilde{R}$ wie $\widetilde{R}'$ gelten.

Meistens aber ist es gerade umgekehrt: In der betrachteten $\mathcal{PT}$ ist R_μ keine digitale Relation; aber es existiert eine Vortheorie für digitales Messen von R_μ. Dann zeigt eben diese Vortheorie auf, wie R_μ trotz der unverschmierten digitalen Messungen zu verschmieren ist. Zum Beispiel eine CD-Platte kann man als digitales Meßergebnis einer Schallwelle ansehen. Trotz der eindeutigen digitalen Marken auf der Platte wird die Schallwelle nur unscharf wiedergegeben. Auch eine Analogplatte ist eine unscharfe Wiedergabe der Schallwelle. Nur haben die Unschärfen bei beiden Meßmethoden verschiedene Gründe. Allein mit Hilfe digitaler Meßmethoden kann man aus einer $\mathcal{MT}$ innerhalb einer $\mathcal{PT}$ kein exaktes Bild der Wirklichkeit machen.

7. Der physikalisch wirksame Teil einer $\mathcal{PT}$

Mit diesem Paragraphen wenden wir uns einigen fundamentalphysikalischen Problemen zu, ohne diese systematisch und korrekt behandeln zu können, da eine Fundamentalphysik bisher noch kaum systematisch bearbeitet wurde. Durch die Abbildungsprinzipien sind die Bildterme, die Bildrelationen und (eventuell) dazugehörige uniforme Strukturen ausgezeichnet. Nur *der* Teil aus $\mathcal{MT}$ kann also physikalisch eine Rolle spielen, der mit den Bildtermen und Bildrelationen und den uniformen Strukturen der unscharfen Abbildungen zusammenhängt. Um dieser intuitiven Vorstellung einen genaueren Sinn zu geben, müssen wir auf den Aufbau einer $\mathcal{MT}$, die stärker als die Mengenlehre ist, weiter eingehen. (Wer an genaueren Einzelheiten interessiert ist, sei auf [2] IV § 1 verwiesen.)

7.1 Mathematische Strukturen

In einer $\mathcal{MT}$ (stärker als die Mengenlehre) kann man aus n Mengen (Termen) $E_1, \ldots, E_n$ Schritt für Schritt neue Mengen konstruieren. Wir bezeichnen mit $\mathcal{P}(E)$ die Menge aller Teilmengen von E und mit $E_1 \times E_2$ die Menge aller Paare (x, y) mit $x \in E_1$, $y \in E_2$. Wenn man ausgehend von $E_1, \ldots, E_n$ in endlich vielen Schritten nacheinander die Operationen $\mathcal{P}$ und $\times$ anwendet, erhält man neue Mengen. Ein solches in endlich vielen Schritten angebbares Verfahren nennt man ein *Leiterverfahren* und eine Menge, die man durch ein Leiterverfahren erhält, eine *Leitermenge*; $E_1, \ldots, E_n$ sollen als Basismengen des Leiterverfahrens bezeichnet werden. Eine Leitermenge wollen wir kurz mit $S(E_1, \ldots, E_n)$ bezeichnen, wobei der Buchstabe S das Leiterverfahren angeben soll, nach dem die Leitermenge $S(E_1, \ldots, E_n)$ gewonnen wurde. Sind also $E'_1, \ldots, E'_n$ andere Mengen, so ist also $S(E'_1, \ldots, E'_n)$ ebenfalls eine Leitermenge, und zwar wird sie nach demselben Verfahren S aus $E'_1, \ldots, E'_n$ gewonnen, wie $S(E_1, \ldots, E_n)$ aus $E_1, \ldots, E_2$ konstruiert wurde.

In $\mathcal{MT}$ seien Abbildungen f_i der Mengen E_i in die Mengen E'_i gegeben, d. h. für $x \in E_i$ ist $f_i(x) \in E'_i$, wobei $f_i(x)$ für alle $x \in E_i$ definiert ist. Man kann dann aus den f_i „kanonisch" sehr leicht Abbildungen von $S(E_1, \ldots, E_n)$ in $S(E'_1, \ldots, E'_n)$ konstruieren: Dies geschieht Schritt für Schritt, indem man

1) eine Abbildung g von $\mathcal{P}(E)$ nach $\mathcal{P}(E')$ aufgrund einer Abbildung f von E nach E' dadurch definiert, daß $g(e)$ für eine Teilmenge $e \subset E$ als die Teilmenge aller $f(x)$ mit $x \in e$ definiert wird, und indem man

2) eine Abbildung g von $E_1 \times E_2$ nach $E_1' \times E_2'$ aufgrund zweier Abbildungen f_1 von E_1 nach E_1', f_2 von E_2 nach E_2' durch $g(x,y) = (f_1(x), f_2(y))$ definiert.

Die so gewonnene Abbildung von $S(E_1, \ldots, E_n)$ auf $S(E_1', \ldots, E_n')$ wollen wir mit $\langle f_1, \ldots, f_n \rangle^S$ bezeichnen.

Sind alle f_i injektiv (bzw. surjektiv), so ist auch $\langle f_1, \ldots, f_n \rangle^S$ injektiv (bzw. surjektiv), was man leicht dadurch nachweist, daß dies für jeden Schritt $\times$ oder $\mathcal{P}$ des Leiterverfahrens S gilt. Sind f_i Abbildungen von E_i in E_i' und g_i von E_i' in E_i'', so bezeichnet man die zusammengesetzte Abbildung von E_i in E_i'' mit $g_i f_i$. Es gilt dann

$$\langle g_1 f_1, \ldots, g_n f_n \rangle^S = \langle g_1, \ldots, g_n \rangle^S \langle f_1, \ldots, f_n \rangle^S.$$

Sind alle f_i bijektiv (d. h. injektiv und surjektiv), so folgt also (mit $g_i = f_i^{-1}$), daß auch $\langle f_1, \ldots, f_n \rangle^S$ bijektiv und

$$(\langle f_1, \ldots, f_n \rangle^S)^{-1} = \langle f_1^{-1}, \ldots, f_n^{-1} \rangle^S$$

ist, wobei f^{-1} die Umkehrabbildung von f ist.

Gibt man mehrere Elemente $s_1, \ldots, s_p$ irgendwelcher Leitermengen $G_1, \ldots, G_p$ an, so kann man statt dessen auch *ein* Element $s = (s_1, \ldots, s_p)$ der Menge $G_1 \times \ldots \times G_p$ angeben, die ebenfalls Leitermenge ist. Ist eine Relation $R(x_1, \ldots, x_p)$ gegeben, so kann man die Relation

$$R(x_1, \ldots, x_p) \text{ und } x_1 \in G_1 \text{ und } \ldots \text{ und } x_p \in G_p$$

betrachten. Statt dessen kann man dann auch R als Relation nur eines x aus $G = G_1 \times \ldots \times G_p$ auffassen:

Es gilt der Satz: $\mathrm{Coll}_x[R(x) \text{ und } x \in G]$, d. h. $R(x)$ bestimmt in G eine Teilmenge $H \subset G$ mit $\{x \in H \Leftrightarrow R(x) \text{ und } x \in G\}$.

Diese Menge H hatten wir in § 4.4 $E_x(R(x) \text{ und } x \in G)$ genannt; später werden wir (wie ebenfalls schon in § 4.4 angegeben) diese Menge H mit $\{x \mid x \in G \text{ und } R(x)\}$ bezeichnen. H selbst ist aber wieder Element von $\mathcal{P}(G)$, d. h. eine Relation R kann durch eine *Teilmenge* einer Leitermenge und auch durch ein Element einer Leitermenge charakterisiert werden. Auch Funktionen, Abbildungen usw. kann man durch ein Element einer Leitermenge charakterisieren. Inbesondere können also die Bildrelationen R_μ jede durch eine Teilmenge r_μ einer Leitermenge S_μ über den Bildtermen als Basismengen dargestellt werden oder auch als Element $r_\mu \in \mathcal{P}(S_\mu)$. Man kann natürlich auch für alle R_μ zusammen das Element: $(r_1, r_2, \ldots) = s$ aus $\mathcal{P}(S_1) \times \mathcal{P}(S_2) \times \ldots$ betrachten; und ist umgekehrt: $s \in \mathcal{P}(S_1) \times \mathcal{P}(S_2) \times \ldots$, so ist das mit $s = (r_1, r_2, \ldots)$ äquivalent zu:

$$r_1 \in \mathcal{P}(S_1) \text{ und } r_2 \in \mathcal{P}(S_2) \text{ und } \ldots$$

Axiome oder Sätze, die sich durch die R_μ allein ausdrücken lassen, gehen dann in eine Relation P von s über, in die die Basismengen eingehen. Aufgrund dieser Sachlage kommen wir zur Betrachtung folgender Entwicklungsschritte mathematischer Theorien:

$x_1, \ldots, x_n, s$ seien Buchstaben, die von den Konstanten der Theorie verschieden sind. $A_1, \ldots, A_m$ seien Terme aus $\mathcal{MT}$ (in denen die x_i und s nicht vorkommen). Die Relation

$$T(x_1, \ldots, x_n, s): \quad s \in S(x_1, \ldots, x_n, A_1, \ldots, A_m),$$

wobei S ein Leiterverfahren charakterisiert, heißt eine Typisierung von s, s selbst heißt „Struktur". Eine Relation $P(x_1, \ldots, x_n, s)$ heißt transportabel in bezug auf die Typisierung $T(x_1, \ldots, x_n, s)$, wenn bijektive Abbildungen zu äquivalenten Relationen führen, d.h. wenn in $\mathcal{MT}$ der Satz gilt: Aus $T(x_1, \ldots, x_n, s)$ und (f_1 eine bijektive Abbildung von x_1 auf y_1) und ... und (f_n eine bijektive Abbildung von x_n auf y_n) folgt die Relation:

$$P(x_1, \ldots, x_n, s) \Leftrightarrow P(y_1, \ldots, y_n, s'),$$

wobei $s' = \langle f_1, \ldots, f_n, Id_1, \ldots, Id_m \rangle^S(s)$ ist und Id_i die identische Abbildung von A_i auf sich ist.

Wir betrachten jetzt einen Text Σ, der aus folgenden Zeichengruppen besteht: Den Buchstaben $x_1, \ldots, x_n, s$; der Relation $T(x_1, \ldots, x_n, s)$ und einer transportablen Relation $P(x_1, \ldots, x_n, s)$. Diesen Text Σ nennen wir eine *Strukturart*. Die $x_1, \ldots, x_n$ heißen die *Hauptbasis* der Strukturart Σ, die $A_1, \ldots, A_m$ die *Hilfsbasis* und *s eine Struktur der Art Σ*.

Fügt man zur Theorie $\mathcal{MT}$ als Axiom „T und P" hinzu, so erhält man eine stärkere Theorie $\mathcal{MT}_\Sigma$. Die Konstanten von $\mathcal{MT}_\Sigma$ sind also die von $\mathcal{MT}$ und $x_1, \ldots, x_n, s$. $\mathcal{MT}_\Sigma$ bezeichnen wir als *Theorie der Strukturart Σ* (über $\mathcal{MT}$). Ist Σ_1 eine zweite Strukturart mit derselben Haupt- und Hilfsbasis, derselben Typisierung, aber mit der „strengeren" Relation P_1, d.h. die Relation P von Σ ist ein Satz in $\mathcal{MT}_{\Sigma_1}$, so heißt Σ_1 eine *reichere Strukturart* als Σ und Σ *ärmer* als Σ_1.

Als Beispiel sei kurz auf die Struktur Σ eines Verbandes verwiesen. Als Hauptbasis wird nur ein Term x eingeführt (und keine Hilfsbasis). Die „Ordnungsrelation $<$" wird durch einen Strukturterm s mit der Typisierung:

$$s \in \mathcal{P}(x \times x)$$

definiert, d.h. $y_1 < y_2$ wird für $(y_1, y_2) \in s$ geschrieben. In $P(x, s)$ werden alle die Axiome für die Ordnungsrelation $<$ zusammengefaßt, die man „für einen Verband x" aufschreibt.

Der Übergang von einer „nur" geordneten Menge zu einem Verband und dann zu einem distributiven Verband ist ein Beispiel für den Übergang von einer Strukturart zu einer immer reicheren Strukturart.

Als weiteres Beispiel einer Strukturart sei eine einfache, aber physikalisch wichtige (siehe z. B. §§ 11, 12 und [1] XIII § 1) Strukturart explizit angegeben: Man geht aus von einer Basismenge x. Die Typisierung des Strukturterms s wird durch

$$s \in \mathcal{P}(\mathcal{P}(x))$$

festgelegt, d. h. $s \subset \mathcal{P}(x)$. Die axiomatische Relation $P(x,s)$ setzt sich aus folgenden beiden Axiomen zusammen (mit a' als Komplementärmenge von a in x) und mit $a \cap b$ als Durchschnitt):

1 $\quad \forall a[a \in s \Rightarrow a' \in s]$,

2 $\quad \forall a \forall b[(a \in s \text{ und } b \in s) \Rightarrow a \cap b \in s]$.

Die so definierte Strukturart Σ werden wir im folgenden kurz „Eigenschaftsstrukturart" und die Struktur s dieser Art Σ kurz eine „Eigenschaftsstruktur" nennen.

Zur Illustration der Überlegungen aus §5 sei angegeben, wie z. B. diese Strukturart mit Hilfe von Abbildungsprinzipien einen Grundbereich beschreiben könnte: Als Bildmengen kann man x und s benutzen; wir haben hier den Fall, daß die eine Bildmenge s Teilmenge einer Leitermenge der anderen Bildmenge x ist.

Im Realtext muß es zwei bezeichenbare „Typen" von Realtextstücken geben; solche, für deren Zeichen a_i in $(—)_r(1)$ $a_i \in x$, und solche, für deren Zeichen b_k in $(—)_r(1)$ $b_k \in s$ aufzuschreiben ist. Die $a_i \in x$ nennen wir „Objekte", die $b_k \in s$ nennen wir „Eigenschaften". Es müssen also am Realtext der „Typ" Objekt und der „Typ" Eigenschaften unterscheidbar sein.

Als Bildrelation $R(x,y)$ benutzen wir $x \in y$ und bezeichnen sie mit „x hat die Eigenschaft y". Es muß also am Realtext ablesbar sein, ob z. B. das Objekt a_i die Eigenschaft b_k hat; hat a_i die Eigenschaft b_k, so ist in $(—)_r(2)$ $a_i \in b_k$ aufzuschreiben; hat a_i nicht die Eigenschaft b_k, so ist $a_i \notin b_k$ aufzuschreiben. Es sei aber hervorgehoben, daß durch eine Menge mit einer Eigenschaftsstruktur noch nicht voll das charakterisiert ist, was man mit „physikalischen Objekten" bezeichnet (siehe §12).

Es kann nun Theorien $\mathcal{MT}'$ (stärker als $\mathcal{MT}$) geben, die von sich aus schon Strukturarten Σ enthalten. Damit ist folgendes gemeint:

Ein Term (Menge) U aus $\mathcal{MT}'$ heißt *eine Struktur der Art Σ* über der Basis $E_1, \ldots, E_n$, wenn die Relation:

$$T(E_1, \ldots, E_n, U) \text{ und } P(E_1, \ldots, E_n, U)$$

ein Satz aus $\mathcal{MT}'$ ist. Wir werden auch öfter sagen, *die Mengen $E_1, \ldots, E_n$ sind mit der Struktur U der Art Σ versehen.*

U ist also ein Element von $S(E_1, \ldots, E_n, A_1, \ldots, A_m)$, das die Relation $P(E_1, \ldots, E_n, U)$ erfüllt. V sei die Teilmenge aller Elemente U von $S(E_1, \ldots, E_n, A_1, \ldots, A_m)$, die $P(E_1, \ldots, E_n, U)$ erfüllen. V ist dann die Menge aller Strukturen der Art Σ über der Basis $E_1, \ldots, E_n$.

Für jeden Satz $B(x_1, \ldots, x_n, s)$ der Theorie $\mathcal{MT}_\Sigma$ folgt dann, daß auch $B(E_1, \ldots, E_n, U)$ für alle Elemente U aus V ein Satz von $\mathcal{MT}'$ ist.

Sind bijektive Abbildungen f_i in $\mathcal{MT}'$ von den Basismengen $E_1, \ldots, E_n$ auf Mengen $E'_1, \ldots, E'_n$ gegeben, so ist (da die Relation P transportabel ist) mit

$$U' = \langle f_1, \ldots, f_n, Id_1, \ldots, Id_m \rangle^S (U)$$

eine Struktur derselben Art Σ über den $E'_1, \ldots, E'_n$ als Basismengen gegeben.

Sind in einer Theorie $\mathcal{MT}'$ zwei Strukturen U über $E_1, \ldots, E_n$ und U' über $E'_1, \ldots, E'_n$, die beide der Art Σ seien, gegeben und sind f_i bijektive Abbildungen der E_i auf die E'_i mit

$$U' = \langle f_1, \ldots, f_n, Id_1, \ldots, Id_m \rangle^S(U),$$

so bezeichnet man $f_1, \ldots, f_n$ als einen Isomorphismus der beiden Strukturen U und U'. Gibt es einen Isomorphismus der Strukturen U und U', so heißen U und U' isomorph.

Sind irgend zwei Strukturen der Art Σ immer isomorph zueinander, so nennt man Σ eine *einwertige* (sonst *mehrwertige*) *Strukturart*.

Die Strukturen einer Art Σ in einer $\mathcal{MT}$ haben im Rahmen einer $\mathcal{PT}$ eine entscheidend wichtige Bedeutung: Einmal beschreiben sie im Bild einer *mathematischen* Strukturart eine durch den Grundbereich $\mathcal{G}$ zugängliche *physikalische* Strukturart (siehe „axiomatische Basis" in § 7.4) und ein andermal sind sie als sogenannte „abgeleitete" Strukturen (siehe § 7.2) die Basis für die Einführung neuer physikalischer Begriffe (siehe § 10.9).

7.2 Ableitung von Strukturen

Wir hatten im vorigen Paragraphen Strukturarten erklärt und gesehen, daß in einer Theorie $\mathcal{MT}'$ solche Strukturarten vorhanden sein können. Wir wollen jetzt speziell vorhandene Strukturarten Σ' innerhalb einer Theorie $\mathcal{MT}_\Sigma$ untersuchen.

Der Text Σ sei wie bisher erklärt (Hauptbasis $x_1, \ldots, x_n$, Hilfsbasis $A_1, \ldots, A_m$, Strukturterm s, Relation P). In derselben Theorie $\mathcal{MT}$ sei ein zweiter Text Σ' gegeben durch Buchstaben $y_1, \ldots, y_r, t$ und Terme $B_1, \ldots, B_p$ mit $t \in S'(y_1, \ldots, y_r, B_1, \ldots, B_p)$ und durch eine transportable Relation $P'(y_1, \ldots, y_r, t)$. Wir nennen dann eine Ableitung der Strukturart Σ' aus Σ die Angabe von Termen $E_1, \ldots, E_r, U$ aus $\mathcal{MT}_\Sigma$, so daß

1) U eine Struktur der Art Σ' über der Basis $E_1, \ldots, E_r$ ist;

2) jeder der Terme $E_1, \ldots, E_r, U$ ein „innerer" (intrinsic) Term ist, wobei ein Term $V(x_1, \ldots, x_n, s)$ ein innerer Term heißt, wenn V ein Element einer Leitermenge auf der Basis $x_1, \ldots, x_n, A_1, \ldots, A_m$ ist und bei bijektiven Abbildungen f_i der x_i auf x'_i das kanonische Bild von $V(x_1, \ldots, x_n, s)$ gleich $V(x'_1, \ldots, x'_n, s')$ mit s' als kanonischem Bild von s wird. Wir haben in der Bezeichnungsweise $V(x_1, \ldots, x_n, s)$ die Hilfsbasisterme $A_1, \ldots, A_m$ nicht explizit angegeben, eine Vernachlässigung, die wir in Zukunft der Kürze halber öfter anwenden werden.

Die Ableitung der Strukturart Σ' aus Σ ist also bestimmt durch die genaue Form der Terme $U = U(x_1, \ldots, x_n, s)$ für die Struktur U und $E_1 = E_1(x_1, \ldots, x_n, s), \ldots, E_r = E_r(x_1, \ldots, x_n, s)$ für die Basis, wobei $U(\ldots), E_1(\ldots) \ldots, E_r(\ldots)$ die Methoden angeben, nach denen die Terme abgeleitet werden. Es wird sich oft als mathematisches Problem stellen, solche Ableitungen zu finden. In [20] wird z. B. die *Hilbert*-Raumstrukturart Σ' aus einer „physikalisch näher liegenden" Struktur Σ (der axiomatischen Basis, siehe § 7.4) abgeleitet.

Die Forderung, daß wir nur innere Terme $E_1, \ldots, E_r, U$ benutzen, hat sowohl eine wichtige physikalische Bedeutung als auch wohl zu beachtende mathematische Konsequenzen. Sei zunächst der Hinweis auf die physikalische Bedeutung vorangeschickt:

Seien $x_1, \ldots, x_n, s$ durch die Abbildungsprinzipien physikalisch interpretierte Terme (siehe axiomatische Basis in § 7.4). Ein innerer Term $V(x_1, \ldots, x_n, s)$ ist dann dadurch ausgezeichnet, daß er „allein" durch die Terme $x_1, \ldots, x_n, s$ und „nichts anderes" definiert ist, da bijektive Abbildungen diese Definition „invariant" lassen; das heißt aber, daß sich aus der „mathematischen Definition" von V eindeutig die „physikalische Interpretation" ergibt, nämlich aufgrund der Konstruktion von V aus den physikalisch interpretierten Termen $x_1, \ldots, x_n, s$ (siehe § 7.5).

Die mathematischen Konsequenzen, daß wir für die Ableitung einer Strukturart nur innere Terme benutzen, sind die folgenden:

Sei $f_1, \ldots, f_n$ eine Isomorphie der Struktur s mit der Basis $x_1, \ldots, x_n$ auf s' mit der Basis $x_1', \ldots, x_n'$. Mit den Leiterverfahren T_i lasse sich der Typ der E_i so darstellen:

$$E_i \in \mathcal{P}[T_i(x_1, \ldots, x_n, A_1, \ldots, A_m)],$$

d. h. die E_i seien Teilmengen der $T_i(x_1, \ldots, x_n, A_1, \ldots, A_m)$. Die Abbildungen $g_i = \langle f_i, \ldots, f_n, Id_1, \ldots, Id_m \rangle^{T_i}$ von $E_i = E_i(x_1, \ldots, x_n, s)$ auf $E_i' = E_i'(x_1', \ldots, x_n', s')$ bilden dann einen Isomorphismus von $U = U(x_1, \ldots, x_n, s)$ auf $U' = U'(x_1', \ldots, x_n', s')$.

Dies überträgt sich natürlich sofort auch auf folgenden Fall: In einer Theorie $\mathcal{MT}'$ sei V eine Struktur der Art Σ über der Basis $F_1, \ldots, F_n$ und V' eine Struktur derselben Art Σ über $F_1', \ldots, F_n'$; Abbildungen f_i von F_i auf F_i' mögen ein Isomorphismus der Struktur V auf V' darstellen. Werden dann in $\mathcal{MT}'$ Terme nach den Verfahren $E_i(\ldots), U(\ldots)$ abgeleitet:

$$E_i = E_i(F_1, \ldots, F_n, V), \quad U = U(F_1, \ldots, F_n, V)$$

und

$$E_i' = E_i(F_1', \ldots, F_n', V'), \quad U' = U(F_1', \ldots, F_n', V')$$

und gilt $E_i \subset T_i(f_1, \ldots, f_n, A_1, \ldots, A_m)$, so stellen die $g_i = \langle f_1, \ldots, f_n, Id_1, \ldots, Id_m \rangle^{T_i}$ Isomorphismen der Strukturen U, U' der Art Σ' dar.

Zwei Strukturarten Σ, Σ' über *derselben* Basis $x_1, \ldots, x_n$ heißen *äquivalent* in bezug auf die Ableitungsverfahren $U(x_1, \ldots, x_n, s)$ und $V(x_1, \ldots, x_n, t)$, wenn sich aufgrund dieser Verfahren ein Strukturterm U der Art Σ' aus der Struktur s der Art Σ und V der Art Σ aus der Struktur t der Art Σ' ableiten lassen und dabei noch gilt: $U = t$ und $V = s$, d. h.

$$U(x_1, \ldots, x_n, V(x_1, \ldots, x_n, t)) = t, \quad V(x_1, \ldots, x_n, U(x_1, \ldots, x_n, t)) = s.$$

Zu jedem Satz $A(x_1, \ldots, x_n, s)$ aus $\mathcal{MT}_\Sigma$ gibt es einen Satz $A(x_1, \ldots, x_n, V)$ aus $\mathcal{MT}_{\Sigma'}$ und zu jedem Satz $B(x_1, \ldots, x_n, t)$ aus $\mathcal{MT}_{\Sigma'}$ einen Satz $B(x_1, \ldots, x_n, U)$ aus $\mathcal{MT}_\Sigma$.

Außerdem folgt aus den obigen Betrachtungen über Isomorphien bei abgeleiteten Strukturen noch der Satz:

Sind S und S' zwei Strukturen der Art Σ über $E_1, \ldots, E_n$ bzw. $E_1', \ldots, E_n'$ in einer Theorie $\mathcal{MT}'$ und S_0 und S_0' zwei dazu äquivalente Strukturen der Art Σ_0, so ist $f_1, \ldots, f_n$ dann und nur dann ein Isomorphismus von S auf S', wenn es ein Isomorphismus von S_0 auf S_0' ist.

Es ist daher üblich, die beiden Theorien $\mathcal{MT}_\Sigma$ und $\mathcal{MT}_{\Sigma'}$ nicht zu unterscheiden und kurz als eine *einzige* Strukturtheorie mit einem einzigen Namen zu bezeichnen, z. B. die Strukturtheorie eines „topologischen Raumes".

Dieselbe Strukturtheorie der Basismengen $x_1, \ldots, x_n$ durch äquivalente Strukturarten Σ und Σ' zu erzeugen, wird häufig benutzt. Als Beispiel sei kurz auf die Strukturtheorie topologischer Räume verwiesen: Als $\mathcal{MT}$ wird die Mengentheorie benutzt. Als Hauptbasis für Σ wird nur ein Term x eingeführt (und keine Hilfsbasis). Die Typisierung ist

$$s \in \mathcal{PP}(x), \quad \text{d. h.} \quad s \subset \mathcal{P}(x).$$

s ist die sogenannte Menge der offenen Mengen, für die als Axiom $P(x, s)$ die bekannten Forderungen über offene Mengen eingeführt werden. x bezeichnet man dann als topologischen Raum.

Σ' hat dieselbe Hauptbasis mit dem einzigen Term x. Die Typisierung ist:

$$t \in \mathcal{P}(x \times \mathcal{PP}(x)), \quad \text{d. h.} \quad t \subset x \times \mathcal{PP}(x).$$

t ist die Menge aller Paare $(y, U(y))$ mit $y \in x$ und $U(y)$ als Umgebungsfilter von y; t heißt oft kurz „Menge der Umgebungen". Für t sind als Axiom $P'(x, t)$ die Axiome für Umgebungen aufzuschreiben.

Um in diesem Beispiel die Äquivalenz von Σ und Σ' zu zeigen, definiert man in $\mathcal{MT}_\Sigma$ die Menge $U(x, s)$ der Umgebungen, eben eine Struktur U der Art Σ'. Ebenso definiert man in $\mathcal{MT}_{\Sigma'}$ die Menge $V(x, t)$ der offenen Mengen, eben eine Struktur V der Art Σ. Dann zeigt man, daß die in $\mathcal{MT}_\Sigma$ über U wieder rückwärts eingeführte Menge $V(x, U(x, s))$ der offenen Mengen mit dem ursprünglichen Term s der offenen Mengen identisch ist. Ebenso zeigt man $U(x, V(x, t)) = t$ und damit die Äquivalenz von Σ und Σ'.

Für die Physik ist aber noch ein allgemeinerer Fall des Verhältnisses zweier Strukturarten Σ, Σ' von großer Wichtigkeit: Wir gehen davon aus, daß in einer Theorie $\mathcal{MT}_{\Sigma'}$ eine Deduktion einer Strukturart Σ gegeben sei. $x_1, \ldots, x_n$ seien die Hauptbasisterme, $A_1, \ldots$ Hilfsbasisterme und $s \in S(x_1, \ldots, x_n, A_1, \ldots)$ der Strukturterm von Σ' und $P'(x_1, \ldots, x_n, s)$ die axiomatische Relation von Σ'. Die Deduktion von Σ besteht in der Angabe von in bezug auf Σ' inneren Termen $E_1 = E_1(x_1, \ldots, x_n, s), \ldots, E_r(x_1, \ldots, x_n, s)$, die Hauptbasisterme für eine Struktur $U = U(x_1, \ldots, x_n, s)$ (also $U(x_1, \ldots, x_n, s)$ ebenfalls innerer Term) der Art Σ in $\mathcal{MT}_{\Sigma'}$ sind.

Es könnte sein, daß es eine reichere Strukturart Σ_1 als Σ gibt, so daß $U(x_1, \ldots, x_n, t)$ auch eine Struktur der Art Σ_1 ist. Wie kann man sichergehen, daß die abgeleitete Struktur U eben „nur" eine Struktur der Art Σ und keiner reicheren Art ist?

Um dies zu erreichen, führen wir folgende Bedingung ein. Wir nennen die in $\mathcal{MT}_{\Sigma'}$ abgeleitete Struktur $U(x_1, \ldots, x_n, s)$ der Art Σ eine *Darstellung* von Σ in Σ', wenn folgende Bedingung erfüllt ist: In $\mathcal{MT}_\Sigma$ (Hauptbasisterme von Σ seien $y_1, \ldots, y_r$, Hilfsbasisterme $A_1, \ldots$, Strukturterm t und axiomatische Relation $P(y_1, \ldots, y_r, t)$) lasse sich der Satz beweisen:

$$(\exists x_1) \ldots (\exists x_n)(\exists s)(\exists f_1) \ldots (\exists f_r)$$
$$[s \in S'(x_1, \ldots, x_n, A_1, \ldots) \text{ und } P'(x_1, \ldots, x_n, s)$$
$$\text{und } f_i : y_i \to E_i(x_1, \ldots, x_n, s) \text{ sind bijektive Abbildungen} \tag{7.2.1}$$
$$\text{mit } \langle f_1, \ldots, f_r, Id_1, \ldots \rangle^S t = U(x_1, \ldots, x_n, s)].$$

In den Begriff der Darstellung geht also die Ableitung $E_1(x_1, \ldots), \ldots,$ $E_r(\ldots), U(\ldots)$ der Strukturart Σ in $\mathcal{MT}_{\Sigma'}$ explizit ein.

Ist $U(x_1, \ldots, x_n, s)$ in diesem Sinne eine Darstellung von Σ in $\mathcal{MT}_{\Sigma'}$ und $R(y_1, \ldots, y_r, t)$ eine transportable Relation, mit der die axiomatische Relation von Σ angereichert werden könnte, und sei $R(E_1, \ldots, E_r, U)$ als Satz in $\mathcal{MT}_{\Sigma'}$ herleitbar, so ist mit nicht in $\mathcal{MT}_\Sigma$ vorkommenden Konstanten $x_1, \ldots, x_n, s$:

$$[s \in S'(x_1, \ldots, x_n, A_1 \ldots) \text{ und } P'(x_1, \ldots, x_n, s)] \Rightarrow R(E_1, \ldots, E_r, U)$$

ein Satz in $\mathcal{MT}_\Sigma$. Weiterhin ist auch mit weiteren nicht in $\mathcal{MT}_\Sigma$ vorkommenden Konstanten $f_1, \ldots, f_r$

$$[s \in S'(x_1, \ldots, x_n, A_1, \ldots) \text{ und } P'(x_1, \ldots, x_n, s) \text{ und nicht } R(y_1, \ldots, y_r, t)$$
$$\text{und } f_i : y_i \to fE_i(x_1, \ldots, x_n, s) \text{ sind bijektive Abbildungen}$$
$$\text{mit } \langle f_1, \ldots, f_r, Id_1, \ldots \rangle^S t = U(x_1, \ldots, x_n, s)] \Rightarrow \text{nicht } R(E_1, \ldots, E_r, U)$$

ein Satz in $\mathcal{MT}_\Sigma$. Also führt die Relation

$$(\exists x_1) \ldots (\exists s)(\exists f_1) \ldots [s \in S' \text{ und } P' \text{ und } f_i \text{ sind bijektive Abbildungen}]$$
$$\text{und nicht } R(y_1, \ldots, y_r, t)$$

in $\mathcal{MT}_\Sigma$ zu einem Widerspruch, so daß die Verneinung dieser Relation als Satz gilt. Wegen des Satzes (7.2.1) ist also dann $R(y_1, \ldots, y_r, t)$ ein Satz in $\mathcal{MT}_\Sigma$, d. h. könnte keine Anreicherung der Strukturart Σ bringen. Damit ist gezeigt, daß U keine Struktur einer reicheren Strukturart als Σ ist. (7.2.1) läßt sich oft so beweisen, daß man in $\mathcal{MT}_\Sigma$ Terme (nicht notwendig innere Terme) $x_1, \ldots, x_n, s$ und $f_1, \ldots, f_n$ angibt, so daß die in (7.2.1) zwischen den Klammern stehende Relation ein Satz in $\mathcal{MT}_\Sigma$ ist.

Insbesondere sieht man so leicht, daß für zwei äquivalente Strukturarten Σ, Σ' sowohl $U(x_1, \ldots, x_n, s)$ eine Darstellung von Σ in Σ' wie $V(x_1, \ldots, x_n, t)$ eine Darstellung von Σ' in Σ ist. Man braucht nur $E_i(x_1, \ldots) = x_i$ zu setzen und in (7.2.1) $y_i = x_i$, f_i als identische Abbildung und $s = V(x_1, \ldots, x_n, t)$ zu wählen, da $U(x_1, \ldots, x_n, V(x_1, \ldots, x_n, t)) = t$ gilt. Ebenso folgt, daß der Satz (7.2.1) auch für $V(\ldots)$ als Darstellung von Σ' in Σ gilt.

Ein weiteres sehr bekanntes Beispiel einer Darstellung einer Strukturart Σ ist die analytische Geometrie. Als $\mathcal{MT}_{\Sigma'}$ wählen wir nur die Mengentheorie (einschließlich der Definition der Menge der reellen Zahlen $\mathrm{I\!R}$), d. h. wir führen zusätzlich zu $\mathcal{MT}$ gar kein Σ' ein. Wir wählen nur ein $E_i : E = \mathrm{I\!R}^3$ und setzen $U \in \mathcal{P}(\mathrm{I\!R}^3 \times \mathrm{I\!R}^3 \times \mathrm{I\!R})$ mit U als Menge aller $(x_1, x_2, x_3, y_1, y_2, y_3, \alpha)$ mit

$$\alpha = g(x_1, x_2, x_3, y_1, y_2, y_3) = \sqrt{(x_1 - y_1)^2 + (x_2 - y_2)^2 + (x_3 - y_3)^2}$$

an. Σ bestimmen wir durch einen Basisterm y durch $t \in T(y, \mathrm{I\!R})$ mit $T(y, \mathrm{I\!R}) = \mathcal{P}(y \times y \times \mathrm{I\!R})$ und der axiomatischen Relation $P(y, t)$, daß t eine Funktion $d : y \times y \to \mathrm{I\!R}$ bestimmt, wobei d noch weitere Forderungen erfüllt, die y zu einem dreidimensionalen euklidischen Raum machen (was hier nicht im einzelnen aufgeführt sei).

U ist dann eine Struktur der Art Σ über $E = \mathrm{I\!R}^3$, aber sogar eine Darstellung von Σ. Der Satz (7.2.1) lautet in diesem Fall

$$(\exists f)[f : y \to \mathrm{I\!R}^3 \text{ ist eine bijektive Abbildung} \atop \quad \text{mit } d(z_1, z_2) = g(f(z_1), f(z_2))], \tag{7.2.2}$$

und sein Beweis stellt nichts anderes dar als den Beweis, daß man die euklidische Geometrie Σ in analytischer Form durch rechtwinklige Koordinaten (nämlich durch $f : y \to \mathrm{I\!R}^3$) darstellen kann.

Ein anderes, nicht triviales Beispiel erhalten wir mit Σ' als der in § 7.1 angegebenen Eigenschaftsstrukturart. Es ist also einziger Basisterm x, $S'(x) = \mathcal{P}(\mathcal{P}(x))$ und

$$P'(x, s) : \qquad \forall a[a \in s \Rightarrow a' \in s] \atop \text{und } \forall a \forall b[(a \in s \text{ und } b \in s) \Rightarrow a \cap b \in s]. \tag{7.2.3}$$

Als Strukturart Σ benutzen wir die eines *Boole*schen Ringes. Einziger Basisterm ist y, Strukturterm $t \in \mathcal{P}(y \times y)$. Als axiomatische Relation benutzen wir diejenige, die mit $z_1 < z_2$ äquivalent zu $(z_1, z_2) \in t$ die Menge y zu einem distributiven, komplementären Verband macht (siehe z. B. [3] A I). Man sagt kurz: y ist *Boole*scher Ring.

Mit $E(x, s) = s$ und $U(x, s) = \{(z_1, z_2) \mid z_1, z_2 \in s \text{ und } z_1 \subset z_2\}$ gilt (wie leicht zu beweisen) der Satz: $U(x, s)$ ist eine Struktur *Boole*scher Ring über $E(x, s)$, d. h. kurz: s ist *Boole*scher Mengenring.

Um den Satz (7.2.1) in $\mathcal{MT}_\Sigma$ zu beweisen, kann man nach *Stone* so vorgehen:

Als Filter bezeichnet man eine Teilmenge φ von y mit

$$\emptyset \notin \varphi; \ z_1 \in \varphi, z_1 < z_2 \Rightarrow z_2 \in \varphi; \ z_1, z_2 \in \varphi \Rightarrow z_1 \wedge z_2 \in \varphi.$$

Es folgt, daß nicht „$z \in \varphi$ und $z^* \in \varphi$" gelten kann (z^* das Komplement von z). φ heißt Ultrafilter, wenn für jedes $z \in y$ entweder $z \in \varphi$ oder $z^* \in \varphi$ gilt. Als inneren Term definieren wir $x(y, t) =$ Menge aller Ultrafilter. Durch

$$f : z \to \{u \mid u \in x(y, t) \text{ und } z \in u\} \tag{7.2.4}$$

ist eine Abbildung $f : y \to \mathcal{P}(x(y, t))$ definiert. Man zeigt leicht, daß f injektiv ist. Als weiteren inneren Term definieren wir $s(y, t) = f(y)$.

Es ist dann nicht mehr schwer, (7.2.1) in der Form zu beweisen, daß für $x(y,t)$, $s(y,t)$ und f der Satz gilt (mit $P'(x,t)$ nach (7.2.3)):

$s(y,t) \in \mathcal{P}(\mathcal{P}(x))$ und $P'(x,t)$

und $f : y \to E(x,s) = s(y,t)$ ist eine bijektive Abbildung

und $f(t) = U(x,s) = \{(z_1, z_2 \in s(y,t)$ und $z_1 \subset z_2\}$.

Die durch f nach (7.2.4) gegebene Darstellung wird auch oft *Stone*sche Darstellung genannt.

Am letzten Beispiel läßt sich auch leicht verdeutlichen, wie der Satz (7.2.1) garantiert, daß die Struktur U der Art Σ über den E_i in $\mathcal{MT}_{\Sigma'}$ keine reichere Strukturart als Σ ist. Wählt man in dem letzten Beispiel für Σ' die reichere Strukturart, die durch das zusätzliche Axiom „x hat endliche Mächtigkeit" bestimmt ist, so gilt nicht mehr der Satz (7.2.1)! Er gilt wieder, wenn man von Σ ebenfalls zu einer reicheren Strukturart übergeht, indem man z. B. das Axiom „y hat endliche Mächtigkeit" hinzufügt.

Eine der Hauptaufgaben in [20] ist es, eine Darstellung der physikalischen Strukturart Σ in der Theorie $\mathcal{MT}_{\Sigma'}$ mit Σ' als *Hilbert*-Raumstruktur zu geben, wobei Σ eine Struktur über den beiden Hauptbasistermen K, L ist, die in der Quantenmechanik als Bilder von Gesamtheiten und Effekten dienen (siehe [20] XIII Ende von § 2.1).

Die Wichtigkeit solcher Darstellungen einer Strukturart Σ in einer Theorie $\mathcal{MT}_{\Sigma'}$ für physikalische Theorien wird uns allgemein in den §§ 7.4 und 7.5 begegnen, in denen etwas näher präzisiert werden soll, was man unter einem „Naturgesetz" versteht und wie man versucht, eine möglichst geeignete mathematische Technik zur Behandlung physikalischer Probleme zu entwickeln.

7.3 Was ist physikalisch an einer $\mathcal{PT}$?

Als mathematische Theorie innerhalb einer $\mathcal{PT}$ wollen wir im folgenden nur Theorien der Form $\mathcal{MT}_\Sigma$ betrachten, wobei $\mathcal{MT}$ die Mengenlehre (einschließlich der Theorie der reellen und komplexen Zahlen) sei.

Die Menge der reellen Zahlen werde mit $\mathbb{R}$, die der komplexen Zahlen mit $\mathbb{C}$ bezeichnet. $\mathbb{R}$ (und auch $\mathbb{C}$) ist häufig einer der Hilfsbasisterme für Σ.

Aus Gründen der Konsistenz der Bezeichnungsweisen in den einzelnen Paragraphen wollen wir die betrachtete Ausgangstheorie mit $\mathcal{PT}'$, ihr mathematisches Bild mit $\mathcal{MT}_{\Sigma'}$, und die Abbildungsprinzipien mit $(-)'$ bezeichnen. Wir betrachten gleich den allgemeinen Fall einer unscharfen Abbildung, d. h. $\mathcal{MT}_{\Sigma'}$ sei die in § 6 mit $\mathcal{MTI}$ bezeichnete Theorie. Durch die Abbildungsprinzipien sind also in $\mathcal{MT}_{\Sigma'}$ die Bildterme Q_ν und die „idealen" Bildrelationen $R_\mu(\ldots)$ mit zugehörigen uniformen Strukturen N_μ ausgezeichnet (siehe § 6). Wir setzen jetzt immer voraus, daß die Q_ν *innere* Terme in bezug auf Σ' sind.

Wenn wir damit auch in der Lage sind, auf der Basis von gelesenen Realtexten $\mathcal{MT}_{\Sigma'}\mathcal{A}'$ nach den in §§ 5 und 6 geschilderten Verfahren aufzuschreiben und auf Widerspruchsfreiheit zu untersuchen, so bleiben doch mehrere Fragen ungeklärt, auf die wir teilweise schon in §§ 5 und 6 hinwiesen.

1. Wie ist der Grundbereich abgegrenzt? Ist z. B. $\mathcal{MT}_{\Sigma'}\mathcal{A}'$ widerspruchsvoll, so könnte es doch daran liegen, daß man unter $(-)'_r$ Vorgänge notiert hat, die gar nicht zum Grundbereich gehören.

2. Was an der Theorie $\mathcal{MT}_{\Sigma'}$ kann überhaupt durch Erfahrungen widerlegt werden? Was ist in $\mathcal{MT}_{\Sigma'}$ reine mathematische Zutat ohne jede Bedeutung für Erfahrungen und Experimente? Hat z. B. die axiomatische Relation $P'(\ldots)$ von Σ' überhaupt eine physikalische Bedeutung?

Solche Fragen werden besonders akut, wenn z. B. $\mathcal{MT}'$ *nur* die Mengenlehre, d. h. überhaupt kein Σ' enthält und die Q_ν wie die $R_\mu(\ldots)$ allein mit Hilfe von $\mathbb{R}$ konstruierte Mengen und Relationen sind. Als Beispiel für eine solche $\mathcal{MT}'$ haben wir im vorigen § 7.2 die analytische Geometrie erkannt. Ja, bei den praktischen Anwendungen physikalischer Theorien werden häufig „analytische" Formen, d. h. als $\mathcal{MT}'$ nur die Mengenlehre benutzt und alle Terme Q_ν und Relationen R_μ aus $\mathbb{R}$ konstruiert. Eine solche Form ermöglicht es eben, beim praktischen Rechnen die „gewohnten" Methoden im Umgang mit reellen Zahlen einzusetzen.

Ist $\mathcal{MT}'$ nur die Mengenlehre, so muß alles „Physikalische" irgendwie in die Definition der Q_ν und $R_\mu(\ldots)$ hineingesteckt sein. Aber wie und wodurch?

Es ist wirklich kein Wunder, wenn man in der physikalischen Interpretation von in analytischer Form vorliegenden Theorien sehr unsicher ist und oft Fehler gemacht hat. Daher stellt sich die Aufgabe, nach neuen Formen für physikalische Theorien zu suchen, bei denen sich die eben erwähnten Fragen (und noch manche andere) leichter beantworten lassen. Wir sehen also eine bekannte und noch so sehr bewährte Theorie in ihrer Form als unbefriedigend an, solange es nicht gelungen ist, die echten physikalischen Inhalte herauszupräparieren.

Diesem Anliegen sind die nächsten §§ 7.4 bis 7.6 gewidmet.

7.4 Eine axiomatische Basis einer $\mathcal{PT}$

Der Begriff der axiomatischen Basis einer $\mathcal{PT}$ geht von der Auszeichnung der Bildterme Q_ν und der Bildrelation R_μ aus. Diese hängen, wie wir das in § 5 dargelegt haben, von der Form der Abbildungsprinzipien ab. Dies sei hier nochmals betont, um darauf hinzuweisen, daß eine axiomatische Basis durchaus nicht eindeutig festgelegt sein muß. Aber erst *nach* der Einführung des Begriffs der axiomatischen Basis wird man einen genaueren Überblick über verschiedene Möglichkeiten der Form einer solchen axiomatischen Basis gewinnen können.

Wie wir schon in § 7.3 erwähnten, setzen wir die Bildterme Q_ν als innere Terme voraus. Um dies in der Schreibweise von § 7.2 noch deutlicher werden zu lassen, schreiben wir jetzt statt Q_ν: $E_\nu(x_1, \ldots, x_n, s)$, wobei $x_1, \ldots, x_n$ die Basisterme und s der Strukturterm von Σ' seien ($\mathbb{R}$ und $\mathbb{C}$ eventuelle Hilfsbasisterme). Die Zahl der Bildterme sei r.

Eine ideale Bildrelation $R_\mu(z_1, \ldots, \alpha)$ (wobei α eine reelle Zahl ist, die in R_μ vorkommen aber auch fehlen kann) kann man nach § 7.1 durch eine Teilmenge

$$r_\mu \subset E_{i_1} \times E_{i_2} \times \ldots \times \mathbb{R} \qquad\qquad (7.4.1\,\mathrm{a})$$

(wobei $\mathbb{R}$ als Faktor auch fehlen kann) ersetzen. Wir schreiben kurz für die Leitermenge auf der rechten Seite von (7.4.1 a) $S_\mu(E_1, \ldots, \mathbb{R})$. (7.4.1 a) können wir dann auch in der Form

$$r_\mu \subset S_\mu(E_1, \ldots, \mathbb{R}) \qquad\qquad (7.4.1\,\mathrm{b})$$

schreiben. Da wir unscharfe Abbildungen zulassen, seien also in einigen der $S_\mu(E_1, \ldots, \mathbb{R})$ uniforme Strukturen N_μ eingeführt (siehe § 6).

Eine uniforme Struktur über einer Menge X ist (siehe [10]) durch einen Term N mit der Typisierung

$$N \in \mathcal{P}(\mathcal{P}(X \times X)), \quad \mathrm{d.\,h.} \quad N \subset \mathcal{P}(X \times X)$$

bestimmt. Es müssen sich also in $\mathcal{MT}_{\Sigma'}$ innere Terme N_μ als uniforme Strukturen über denjenigen $S_\mu(E_1, \ldots, E_r, \mathbb{R})$ mit $r_\mu \subset S_\mu(\ldots)$ herleiten lassen. Für die N_μ gilt also

$$N_\mu \subset \mathcal{P}(S_\mu(\ldots) \times S_\mu(\ldots)).$$

Es kommt häufig vor, daß sich einige der N_μ aus einem Teil dieser N_μ deduzieren lassen, z. B. für eine Produktmenge nach [10] § 2 n. 6. Man notiere nur diejenigen N_μ, die sich nicht aus der uniformen Struktur von $\mathbb{R}$ und aus anderen, schon notierten bzw. auf den E_i eingeführten uniformen Strukturen deduzieren lassen.

Wir fassen nun die Elemente r_μ und die so beibehaltenen N_μ zu einem Element $U = (r_1, r_2, \ldots, N_1, \ldots)$ zusammen, das eine Typisierungsrelation

$$\begin{aligned}
&U \in S(E_1, \ldots, E_r, \mathbb{R}) \\
&\text{mit} \\
&S(E_1, \ldots, E_r, \mathbb{R}) = \mathcal{P}S_1(E_1, \ldots, E_r, \mathbb{R}) \times \mathcal{P}S_2(\ldots) \times \ldots \\
&\qquad \ldots \times \mathcal{P}(\mathcal{P}(X_1 \times X_1)) \times \ldots
\end{aligned} \qquad (7.4.2)$$

erfüllt, wobei X_1 nur als Abkürzung für eines der E_i oder für eine Produktmenge einiger E_i steht. Wir setzen ebenfalls voraus, daß U ein innerer Term in bezug auf Σ' in $\mathcal{MT}_{\Sigma'}$ ist. Wir können dann U als eine in $\mathcal{MT}_{\Sigma'}$ abgeleitete Struktur über $E_1, \ldots, E_r$ bezeichnen. Es liegt daher die Frage nahe, für welche Strukturart Σ U eine Struktur der Art Σ ist, und noch genauer, für welche Strukturart Σ ist U eine Darstellung der Strukturart Σ in $\mathcal{MT}_{\Sigma'}$?

Ist U eine Struktur der Art Σ ($y_1, \ldots, y_r$ Basisterme, t Strukturterm, $t \in S(y_1, \ldots, y_r, \mathbb{R})$ mit S nach (7.4.2)), so kann man in folgender Weise aus $\mathcal{PT}'$ eine neue Theorie $\mathcal{PT}$ gewinnen: Als genormter Grundbereich $\mathcal{G}_n$ von $\mathcal{PT}$ wird derselbe wie für $\mathcal{PT}'$ benutzt, und das Lesen der Realtexte für $\mathcal{PT}$ erfolgt wie bei $\mathcal{PT}'$. Als mathematische Theorie für $\mathcal{PT}$ wird $\mathcal{MT}_\Sigma$ benutzt.

Die Abbildungsprinzipien von $\mathcal{PT}'$ werden in sehr natürlicher Weise auf $\mathcal{PT}$ übertragen.

1) Für eine Relation $a_i \in Q_\mu = E_\mu$ aus $(-)'_r(1)$ schreibt man in $(-)_r(1)$ die Relation $a_i \in y_\mu$ auf.

2) In bezug auf die Axiome $(-)'_r(2)$ gehen wir so vor: Die idealen Bildrelationen $R_\mu(\ldots)$ werden, wie in §6 beschrieben, mit Hilfe von ausgezeichneten Ungenauigkeitsmengen n_μ verschmiert. Wir nehmen für die Auszeichnung von n_μ an, daß es in $\mathcal{MT}_\Sigma$ innere Terme (siehe §7.2) $\underline{n}_\mu(y_1, \ldots, y_r, t)$ gibt, die auf $\mathcal{MT}_{\Sigma'}$ übertragen $n_\mu = \underline{n}_\mu(E_1, \ldots, E_r, U)$ liefern. Den in §6 eingeführten Bildrelationen $\widetilde{R}_\mu$ und $\widetilde{R}'_\mu$ entsprechen dann mit $n_\mu \in \mathcal{P}(S_\mu(E_1, \ldots) \times S_\mu(E_1 \ldots))$ verschmierte Terme

$$\widetilde{r}_\mu = \{x \mid \text{es gibt ein } y \in r_\mu \text{ mit } (x,y) \in n_\mu\},$$
$$\widetilde{r}'_\mu = \{x \mid \text{es gibt ein } y \notin r_\mu \text{ mit } (x,y) \in n_\mu\}.$$

Die Bildrelationen aus $(-)'_r(2)$ kann man dann in der Form

$$(a_{i_1}, \ldots) \in \widetilde{r}_\mu \quad \text{bzw.} \quad (a_{k_1}, \ldots) \in \widetilde{r}'_\mu \tag{7.4.3}$$

schreiben.

Jedem r_μ entspricht in $\mathcal{MT}_\Sigma$ eine Komponente t_μ von t mit

$$t_\mu \subset S_\mu(y_1, \ldots, \mathbb{R}) \quad \text{und} \quad S_\mu(y_1, \ldots, \mathbb{R}) = y_{\mu_1} \times y_{\mu_2} \times \ldots \times \mathbb{R}. \tag{7.4.4}$$

Mit

$$\widetilde{t}_\mu = \{x \mid \text{es gibt ein } y \in t_\mu \text{ mit } (x,y) \in \underline{n}_\mu\}$$
$$\widetilde{t}'_\mu = \{x \mid \text{es gibt ein } y \notin t_\mu \text{ mit } (x,y) \in \underline{n}_\mu\} \tag{7.4.5}$$

sind $\widetilde{t}_\mu$, $\widetilde{t}'_\mu$ innere Terme in $\mathcal{MT}_\Sigma$. Für die Relationen (7.4.3) aus $(-)'_r(2)$ schreiben wir in $(-)_r(2)$ die Relationen

$$(a_{i_1}, \ldots) \in \widetilde{t}_\mu \quad \text{bzw.} \quad (a_{k_1}, \ldots) \in \widetilde{t}'_\mu \tag{7.4.6.}$$

auf. Damit ist $\mathcal{PT}$ wohl definiert. Man erahnt, was wir weiter unten zeigen werden, daß $\mathcal{MT}_\Sigma \mathcal{A}$ nicht widerspruchsvoll sein kann, wenn $\mathcal{MT}_{\Sigma'}\mathcal{A}$ zu keinem Widerspruch führt.

Wir wollen $\mathcal{MT}_\Sigma$ eine *axiomatische Basis erster Stufe* von $\mathcal{PT}$ nennen, wenn die Bildterme mit den (Haupt-)Basistermen y_ν von Σ übereinstimmen, der Strukturterm t die Form $t = (t_1, t_2, \ldots, N_1, \ldots)$ mit (7.4.4) hat und die Abbildungsprinzipien zu den Relationen $(-)_r$ der Form

$$(-)_r(1): \quad a_1 \in y_{i_1}, a_2 \in y_{i_2}, \ldots$$
$$(-)_r(2): \quad (a_{i_1}, \ldots) \in \widetilde{t}_{\mu_1}, (a_{i_2}, \ldots) \in \widetilde{t}_{\mu_2}, \ldots$$
$$(a_{n_1}, \ldots) \in \widetilde{t}'_{\nu_1}, \ldots$$

führen. Diese Definition ist unabhängig von $\mathcal{PT}'$.

Wir sagen, daß $\mathcal{PT}$ eine axiomatische Basis zu $\mathcal{PT}'$ ist, wenn U nicht nur eine Struktur der Art Σ, sondern sogar eine Darstellung der Strukturart Σ in $\mathcal{MT}_{\Sigma'}$ ist.

In vielen Fällen ist es möglich, einige der Basisbildterme y_ν mit Hilfe von Abbildungen zu eliminieren.

Wir gehen von folgender Situation aus: Für einige der y_ν, die wir mit y_{ν_i} bezeichnen, seien in $\mathcal{MT}_\Sigma$ innere Terme g_i definiert, die injektive Abbildungen

$$g_i : y_{\nu_i} \to T_{\nu_i}(y_{\mu_1}, \ldots, \mathbb{R}) \tag{7.4.7}$$

darstellen, wobei die T_{ν_i} Leitermengen sind, in denen nur diejenigen y_{μ_k} vorkommen, die nicht zur Gruppe der y_{ν_i} gehören.

Im Falle einer Verbindung von $\mathcal{PT}$ mit $\mathcal{PT}'$, so daß U eine Struktur Σ über $E_1, \ldots, E_r$ ist, können die g_i als Abbildungen $\tilde{g}_i$ nach $\mathcal{MT}_{\Sigma'}$ übertragen werden:

$$\tilde{g}_i : E_{\nu_i} \to T_{\nu_i}(E_{\mu_1}, \ldots, \mathbb{R}). \tag{7.4.8}$$

Wir setzen dann voraus, daß die $\tilde{g}_i$ die identischen Abbildungen von E_{ν_i} auf sich seien. Insbesondere gilt also in $\mathcal{MT}_{\Sigma'}$:

$$E_{\nu_i} \subset T_{\nu_i}(E_{\mu_1}, \ldots, \mathbb{R}). \tag{7.4.9}$$

Allgemein folgt aus (7.4.7), daß man auf die y_{ν_i} als Basisterme verzichten kann: Ausgehend von Σ konstruiere man die folgende Strukturart $\Sigma^{(1)}$. Als Basisterme benutze man nur die y_{μ_k}. Statt der y_{ν_i} betrachte man die $g_i(y_{\nu_i})$ als zusätzliche Strukturterme in $\Sigma^{(1)}$.

Um dies sauber durchzuführen, benutzten wir neue Buchstaben für den Text von $\Sigma^{(1)}$. Die y_{μ_k} aus Σ ersetzen wir durch die Buchstaben z_k, die y_{ν_i} ersetzen wir durch die Buchstaben $t_i^{(1)}$. Als Typisierung für die $t_i^{(1)}$ fordern wir (mit T_{ν_i} nach (7.4.7)):

$$t_i^{(1)} \subset T_{\nu_i}(z_1, \ldots, \mathbb{R}). \tag{7.4.10}$$

Außer den $t_i^{(1)}$ behalten wir den Strukturterm t von Σ mit der Bezeichnung $t_0^{(1)}$ und derselben Typisierung $S(y_1, \ldots)$ wie in Σ bei, wenn wir in dieser Typisierung die y_{μ_k} durch die z_k und die y_{ν_i} durch die $T_{\nu_i}(\ldots)$ aus (7.4.10) ersetzen: $t_0^{(1)} \in S(z_1, \ldots, T_{\nu_1} \ldots)$. $t_0^{(1)}$ und die $t_i^{(1)}$ kann man wieder zu einem Strukturterm $t^{(1)}$ von $\Sigma^{(1)}$ zusammenfassen.

Um die axiomatische Relation $P^{(1)}(z_1, \ldots, t_1^{(1)}, \ldots, t_0^{(1)})$ zu definieren, „übernehmen" wir zunächst $P(y_1, \ldots, t)$ von Σ als $P_0^{(1)}(z_1, \ldots, t_1^{(1)}, \ldots, t_0^{(1)})$, indem wir in $P(\ldots)$ die y_{μ_k} durch die z_k, die y_{ν_i} durch die $t_i^{(1)}$ und t durch $t_0^{(1)}$ ersetzen. Zu $P_0^{(1)}$ fügen wir noch weitere Relationen hinzu, um ganz $P^{(1)}$ zu erhalten. Zunächst die Relation $t_0^{(1)} \in S(z_1, \ldots, t_1^{(1)}, \ldots)$, die wir aus der Typisierung von t in Σ erhalten, wenn wir die y_{μ_k} durch z_k und die y_{ν_i} durch $t_i^{(1)}$ ersetzen. Die oben eingeführte Typisierung für $t_0^{(1)}$ wird wegen (7.4.10) dadurch als Axiom überflüssig. Weitere hinzuzufügende Relationen erhalten wir so:

Aus (7.4.7) folgt, daß sich mit Hilfe von $P_0^{(1)}$ innere Terme $\widehat{g}_i$ definieren lassen, die injektive Abbildungen

$$\widehat{g}_i : t_i^{(1)} \to T_{\nu_i}(z_1, \ldots) \tag{7.4.11}$$

darstellen. Als zusätzliche Relationen für $P^{(1)}$ fordern wir, daß die $\widehat{g}_i$ die identischen Abbildungen von $t_i^{(1)}$ auf sich sind.

Man sieht unmittelbar, daß $t_0^{(1)}$ in $\mathcal{MT}_{\Sigma^{(1)}}$ eine Struktur der Art Σ über den $z_1, \ldots, t_1^{(1)}, \ldots$ als Basistermen ist. Mit Hilfe von (7.4.7) folgt, daß $t_0^{(1)}$ sogar eine Darstellung der Strukturart Σ in $\mathcal{MT}_{\Sigma^{(1)}}$ ist: Um dies zu zeigen, schreiben wir die Bedingung (7.2.1) für diesen Fall auf:

$$(\exists z_1) \ldots (\exists t_1^{(1)}) \ldots (\exists t_0^{(1)})(\exists f_1) \ldots$$

$$[t_i^{(1)} \subset T_{\nu_i}(z_1, \ldots) \text{ und } t_0^{(1)} \in S(z_1, \ldots, t_1^{(1)} \ldots)$$

$$\text{und } P_0^{(1)}(z_1, \ldots, t_1^{(1)}, \ldots, t_0^{(1)}) \text{ und } f_\nu \text{ sind bijektive Abbildungen} \tag{7.4.12}$$

$$f_{\mu_k} : y_{\mu_k} \to z_k, \quad f_{\nu_i} : y_{\nu_i} \to t_i^{(1)} \text{ und } \langle f_1, \ldots \rangle^S t = t_0^{(1)}].$$

Um zu zeigen, daß (7.4.12) ein Satz in $\mathcal{MT}_\Sigma$ ist, braucht man nur $z_k = y_{\mu_k}$ und f_{μ_k} als identische Abbildungen, $t_i^{(1)} = g_i(y_{\nu_i})$ und $f_{\nu_i} = g_i$ (mit g_i nach (7.4.7)) zu setzen und dann $t_0^{(1)}$ durch $\langle f_1, \ldots \rangle^S t$ zu definieren.

Es gilt aber auch eine Art Umkehrung: Die Terme $g_i(y_{\nu_i})$, $\widetilde{t} = \langle f_1, \ldots \rangle^S t$ (wobei f_{μ_k} die identische Abbildung von y_{μ_k} und $f_{\nu_i} = g_i$ ist) bilden in $\mathcal{MT}_\Sigma$ eine Struktur der Art $\Sigma^{(1)}$ über der Basis $y_{\mu_1}, \ldots$, ja sogar eine Darstellung von $\Sigma^{(1)}$ in $\mathcal{MT}_\Sigma$. Daß sie eine Struktur der Art $\Sigma^{(1)}$ bilden, ist damit äquivalent, daß in $\mathcal{MT}_\Sigma$ der Satz gilt:

$$g_i(y_{\nu_i}) \subset T_{\nu_i}(y_{\mu_1}, \ldots) \text{ und } \widetilde{t} \in S(y_{\mu_1}, \ldots, g_1(y_{\nu_1}), \ldots)$$

$$\text{und } P_0^{(1)}(y_{\mu_1}, \ldots, g_1(y_{\nu_1}), \ldots, \widetilde{t}) \tag{7.4.13}$$

$$\text{und } \widetilde{g}_i : g_i(y_{\nu_i}) \to g_i(y_{\nu_i}) \text{ sind identische Abbildungen.}$$

Dabei ist $\widehat{g}_i$ definiert als die Übertragung von $g_i : y_{\nu_i} \to g_i(y_{\nu_i})$ durch die Abbildungen f_{μ_k} (als identische Abbildungen) und $f_{\nu_i} = g_i$ auf $\widehat{g}_i : g_i(y_{\nu_i}) \to g_i(y_{\nu_i})$, woraus folgt, daß $\widehat{g}_i$ die identische Abbildung von $g_i(y_{\nu_i})$ auf sich ist. Der Rest des Satzes (7.4.13) folgt daraus, daß die Relation P aus Σ transportabel ist.

Um zu zeigen, daß die Terme $g_i(y_{\nu_i})$, $\widetilde{t}$ sogar eine Darstellung von $\Sigma^{(1)}$ sind, ist in $\mathcal{MT}_{\Sigma^{(1)}}$ der (7.2.1) entsprechende Satz zu beweisen:

$$(\exists y_1) \ldots (\exists t)(\exists f_1) \ldots$$

$$[t \in S(y_1, \ldots) \text{ und } P(y_1, \ldots, t)$$

$$\text{und } f_k : z_k \to y_{\mu_k} \text{ sind bijektive Abbildungen} \tag{7.4.14}$$

$$\text{und } \langle f_1, \ldots \rangle^{T_{\nu_i}} t_i^{(1)} = g_i(y_{\nu_i}) \text{ und } \langle f_1, \ldots \rangle^S t_0^{(1)} = \widetilde{t}].$$

Man erhält einen Beweis, wenn man $y_{\mu_k} = z_k$, $y_{\nu_i} = t_i^{(1)}$, $t = t_0^{(1)}$ und f_k als identische Abbildungen wählt, da dann $g_i = \widehat{g}_i$ (mit $\widehat{g}_i$ nach (7.4.11)) wird und $\widehat{g}_i$ auf $t_i^{(1)}$ die identische Abbildung ist.

In $\mathcal{MT}_{\Sigma'}$ kann man die E_{ν_i} und U zu einem Strukturterm V zusammenfassen. Wir wollen zeigen, daß V eine Struktur der Art $\Sigma^{(1)}$ über den $E_{\mu_1}\dots$ (d. h. über den restlichen der Bildterme E_ν, die nicht zu den E_{ν_i} zählen) als Basistermen ist, wenn U eine Strukturart der Art Σ über den E_ν ist. In diesem Zusammenhang bezeichnet man die E_{μ_k} auch als *Basisbildterme* in $\mathcal{MT}_{\Sigma'}$.

Wir müssen zeigen, daß in $\mathcal{MT}_{\Sigma'}$ der Satz gilt:

$$E_{\nu_i} \subset T_{\nu_i}(E_{\mu_i}, \dots) \text{ und } U \in S(E_1, \dots, E_r, \mathbb{R})$$
$$\text{und } P(E_1, \dots, E_r, U) \tag{7.4.15}$$
$$\text{und } \widetilde{g}_i : E_{\nu_i} \to E_{\nu_i} \text{ sind identische Abbildungen.}$$

Dieser Satz folgt aber aus (7.4.9), aus der Voraussetzung über $\widetilde{g}_i$ (siehe nach (7.4.8)) und daraus, daß U eine Struktur der Art Σ über $E_1, \dots, E_r$ ist.

Es gilt aber auch umgekehrt: Ist $\{E_{\nu_i}, U\}$ eine Struktur der Art $\Sigma^{(1)}$ über den Basisbildtermen $E_{\mu_1}, \dots$, so ist U eine Struktur der Art Σ über den $E_1, \dots, E_r$. Dazu ist

$$U \in S(E_1, \dots, E_r, \mathbb{R}) \text{ und } P(E_1, \dots, E_r, U) \tag{7.4.16}$$

in $\mathcal{MT}_{\Sigma'}$ zu beweisen. Da $\{E_{\nu_i}, U\}$ eine Struktur der Art $\Sigma^{(1)}$ ist, gilt in $\mathcal{MT}_{\Sigma'}$ der Satz (7.4.15), woraus (7.4.16) folgt.

Ist U sogar eine Darstellung von Σ in Σ', so ist auch V eine Darstellung von $\Sigma^{(1)}$ in Σ'. Um dies zu zeigen, ist in $\mathcal{MT}_{\Sigma^{(1)}}$ der Satz zu beweisen:

$$(\exists x_1)\dots(\exists s)(\exists h_1)\dots$$
$$[s \in S'(x_1, \dots) \text{ und } P'(x_1, \dots, s)$$
$$\text{und } h_k : z_k \to E_{\mu_k} \text{ sind bijektive Abbildungen} \tag{7.4.17}$$
$$\text{mit } \langle h_1, \dots \rangle^{T_{\nu_i}} t_i^{(1)} = E_{\nu_i}(x_1, \dots) \text{ und } \langle h_1, \dots \rangle^S t_0^{(1)} = U(x_1, \dots, s)].$$

In $\mathcal{MT}_\Sigma$ gilt der Satz (7.2.1). Da $t_0^{(1)}$ eine Struktur der Art Σ in $\mathcal{MT}_{\Sigma^{(1)}}$ ist, gilt in $\mathcal{MT}_{\Sigma^{(1)}}$ der Satz:

$$(\exists x_1)\dots(\exists s)(\exists f_1)\dots$$
$$[s \in S'(x_1, \dots) \text{ und } P'(x_1, \dots, s)$$
$$\text{und } f_\nu \text{ sind bijektive Abbildungen} \tag{7.4.18}$$
$$f_{\mu_k} : y_{\mu_k} \to E_{\mu_k}(x_1, \dots), \quad f_{\nu_i} : t_i^{(1)} \to E_{\nu_i}(x_1, \dots)$$
$$\text{und } \langle f_1, \dots \rangle^S t_0^{(1)} = U(x_1, \dots, s)].$$

Ersetzen wir in (7.4.18) die Buchstaben f_{μ_k} durch h_k und die f_{ν_i} durch k_i, so folgt (7.4.17) aus (7.4.18), wenn wir in $\mathcal{MT}_{\Sigma^{(1)}}$ beweisen, daß aus (7.4.18) die Relationen $k_i t_i^{(1)} = \langle h_1, \dots \rangle^{T_{\nu_i}} t_i^{(1)}$ folgen. Da die g_i aus (7.4.7) innere Terme sind, ist für bijektive Abbildungen f_ν mit $\widetilde{g}_i$ nach (7.4.8) das Diagramm

$$E_{\nu_i} \xrightarrow{\ \widetilde{g}_i\ } \quad E_\nu$$

$$\Big\uparrow f_{\nu_i} \qquad\qquad \Big\uparrow \langle f_{\mu_i},\dots\rangle^{T_{\nu_i}}$$

$$y_{\nu_i} \xrightarrow{\ g_i\ } \quad T_{\nu_i}(y_{\mu_i},\dots)$$

kommutativ, d. h. es gilt

$$\widetilde{g}_i f_{\nu_i} = \langle f_{\mu_1},\dots\rangle^{T_{\nu_i}} g_i.$$

Da $\widetilde{g}_i$ nach Voraussetzung die Identität ist, folgt

$$f_{\nu_i} = \langle f_{\mu_1},\dots\rangle^{T_{\nu_i}} g_i,$$

was sich nach $\mathcal{MT}_{\Sigma^{(1)}}$ in der Form

$$k_i = \langle h_1,\dots\rangle^{T_{\nu_i}} \widehat{g}_i$$

überträgt. Da $\widehat{g}_i$ auf $t_i^{(1)}$ die Identität ist, folgt schließlich

$$k_i t_i^{(1)} = \langle h_1,\dots\rangle^{T_{\nu_i}} t_i^{(1)}.$$

Ist umgekehrt $V = \{E_{\nu_i}, U\}$ eine Darstellung von $\Sigma^{(1)}$ in Σ', so ist U eine Darstellung von Σ. Um dies zu zeigen, ist aus (7.4.17) als Satz in $\mathcal{MT}_{\Sigma^{(1)}}$ der Satz (7.2.1) in $\mathcal{MT}_\Sigma$ zu beweisen. Da $\{g_i(y_{\nu_i}), \widetilde{t}\}$ eine Struktur der Art $\Sigma^{(1)}$ in $\mathcal{MT}_\Sigma$ ist, folgt aus (7.4.17) der Satz

$(\exists x_1)\dots(\exists s)(\exists h_1)\dots$

$[s \in S'(x_1,\dots)$ und $P'(x_1,\dots,s)$

und $h_k : y_{\mu_k} \to E_{\mu_k}$ sind bijektive Abbildungen

mit $\langle h_1,\dots\rangle^{T_{\nu_i}} g_i(y_{\nu_i}) = E_{\nu_i}(x_1)$ und $\langle h_1,\dots\rangle^S \widetilde{t} = U(x_1,\dots,s)]$.

Mit $f_{\nu_i} = \langle h_1,\dots,\rangle^{T_{\nu_i}} g_i$ und mit der Definition von $\widetilde{t}$ folgt dann (7.2.1).

Ausgehend von $\mathcal{PT}'$, kann man mit Hilfe von $\mathcal{MT}_{\Sigma^{(1)}}$ eine neue Theorie $\mathcal{PT}^{(1)}$ konstruieren, indem man die Abbildungsprinzipien von $\mathcal{PT}'$ in sehr naheliegender Weise auf $\mathcal{PT}^{(1)}$ überträgt:

1) Für eine Relation $a_i \in E_{\mu_k}$ aus $(-)'_r(1)$ schreibe man in $(-)^{(1)}_r(1)$ die Relation $a_i \in z_k$ auf. Für eine Relation $a_l \in E_{\nu_i}$ aus $(-)'_r(1)$ schreibe man in $(-)^{(1)}_r(1)$ die Relation $a_l \in T_{\nu_i}(z_1,\dots)$ auf und zusätzlich in $(-)^{(1)}_r(2)$ die Relation $a_l \in t_i^{(1)}$, d. h. man faßt in $\mathcal{MT}_{\Sigma'}$ die Relation $a_l \in T_{\nu_i}(E_{\mu_1},\dots)$ als Typisierung und $a_l \in E_{\nu_i}$ als Bildrelation auf. Natürlich folgt $a_l \in T_{\nu_i}(z_1,\dots)$ aus $a_l \in t_i^{(1)}$, aber beide Relationen aufzuschreiben, macht es leichter, bestimmte Sätze zu beweisen.

2) Aus den in $(-)'_r(2)$ aufgeschriebenen Relationen folgen durch Ersetzen von U durch $t_0^{(1)}$ entsprechenden Relationen in $(-)^{(1)}_r(2)$.

Man macht sich leicht klar, wie die Verbindung der Abbildungsprinzipien von $\mathcal{PT}$ und $\mathcal{PT}^{(1)}$ aussieht und daß hier ebenfalls die einen aus den anderen in sehr naheliegender Weise folgen.

In $\mathcal{MT}_{\Sigma(1)}$ sind alle Basisterme z_k auch Bildterme; aber es kommen auch Leitermengen T_{ν_i} über den z_k als Bildterme vor. Wir sagen, daß $\mathcal{MT}_{\Sigma(1)}$ von n-ter Stufe relativ zu $\mathcal{PT}$ ist, wenn n die höchste Zahl von Potenzmengenbildungen ist, die in einem T_{ν_i} auftreten. Auch innerhalb von $\mathcal{PT}^{(1)}$ bezeichnet man $\mathcal{MT}_{\Sigma(1)}$ als axiomatische Basis (n-ter Stufe) von $\mathcal{PT}^{(1)}$.

Oft sind $\mathcal{MT}_{\Sigma(1)}$ höherer Stufe mathematisch durchsichtiger als die $\mathcal{MT}_{\Sigma}$ erster Stufe. In ihrer logischen Struktur ist eine $\mathcal{MT}_{\Sigma}$ erster Stufe wesentlich einfacher, insbesondere wenn man Fragen nach der Widerlegbarkeit einer Theorie durch Experimente untersuchen will. In [20] werden für die Quantenmechanik beide Möglichkeiten erster und höherer Stufe diskutiert. Zunächst aber wollen wir untersuchen, wie sich die Theorien $\mathcal{PT}'$, $\mathcal{PT}$, $\mathcal{PT}^{(1)}$ beim Vergleich mit Erfahrungen verhalten.

Die Abbildungsaxiome von $\mathcal{PT}$ bestehen in $(-)_r(1)$ aus einer Reihe von Relationen $a_i \in y_\nu$ und die entsprechenden aus $(-)'_r(1)$ aus Relationen $a_i \in E_\nu$. Die Axiome $(-)_r(2)$ bestehen aus Relationen der Form (7.4.6), die aus $(-)'_r(2)$ aus den entsprechenden Relationen (7.4.4). Faßt man alle a_i zu einem $A = (a_1, \ldots)$ zusammen, so kann man $(-)_r(1)$ zu

$$A \in \widetilde{T}(y_1, \ldots, y_r) \tag{7.4.19}$$

und entsprechend $(-)'_r(1)$ zu

$$A \in \widetilde{T}(E_1, \ldots, E_r) \tag{7.4.20}$$

zusammenfassen, wobei $\widetilde{T}(\ldots)$ eine Leitermenge ist. Alle Relationen aus $(-)_r(2)$ kann man dann zu einer transportablen Relation

$$\widetilde{P}(y_1, \ldots, y_r, t, A, \mathbb{R}) \tag{7.4.21}$$

und $(-)'_r(2)$ entsprechend zu

$$\widetilde{P}(E_1, \ldots, E_r, U, A, \mathbb{R}) \tag{7.4.22}$$

zusammenfassen.

Aber auch dem Zusammenhang zwischen den Relationen $(-)'_r(1)$, $(-)'_r(2)$ und $(-)_r^{(1)}(1)$, $(-)_r^{(1)}(2)$ kann man nach der oben geschilderten Übertragung der Abbildungsprinzipien dieselbe Gestalt wie (7.4.19) bis (7.4.22) geben:

$$A \in \widetilde{\widetilde{T}}(z_1, \ldots)$$

$$\text{bzw.} \quad A \in \widetilde{\widetilde{T}}(E_{\mu_1}, \ldots)$$

$$\text{und} \quad \widetilde{\widetilde{P}}(z_1, \ldots, t^{(1)}, A, \mathbb{R}) \quad \text{mit} \quad t^{(1)} = \{t_i^{(1)}, t_0^{(1)}\}$$

$$\text{bzw.} \quad \widetilde{\widetilde{P}}(E_{\mu_1}, \ldots, V, A, \mathbb{R}) \quad \text{mit} \quad V = \{E_{\nu_i}, U\}.$$

Dabei ist natürlich $\widetilde{\widetilde{T}}$ ein anderes Leiterverfahren als $\widetilde{T}$ und $\widetilde{\widetilde{P}}$ eine andere Relation als $\widetilde{P}$; in $\widetilde{\widetilde{T}}$ kommen z. B. Potenzmengenbildungen vor, in $\widetilde{T}$ nicht.

Wenn wir aber für den Zusammenhang von $\mathcal{PT}'$ mit $\mathcal{PT}$ auf der Basis von (7.4.19) bis (7.4.22) etwas beweisen, so gilt dasselbe in äquivalenter Weise für den Zusammenhang von $\mathcal{PT}'$ mit $\mathcal{PT}^{(1)}$. Es genügt also, die Relationen (7.4.19) bis (7.4.22) zu betrachten.

Die Theorie $\mathcal{MT}_{\Sigma'}\mathcal{A}'$ entsteht also aus $\mathcal{MT}_{\Sigma'}$ durch Hinzunahme der Konstanten A und der Axiome (7.4.20), (7.4.22). Die Theorie $\mathcal{MT}_{\Sigma}\mathcal{A}$ entsteht aus $\mathcal{MT}_{\Sigma}$ durch Hinzunahme der Konstanten A und der Axiome (7.4.19), (7.4.21).

In $\mathcal{MT}_{\Sigma}$ kann man nun einen Text aus einer Typisierungsrelation

$$w \in \widetilde{T}(y_1, \ldots, y_r, \mathbb{R})$$

und einer Relation

$$\widetilde{P}(y_1, \ldots, y_r, t, w)$$

aufschreiben, wobei, wie oben erwähnt, $\widetilde{P}(y_1, \ldots, y_r, t, w)$ transportabel in bezug auf die Typisierung von t und w ist.

Durch die Typisierung

$$(t, w) \in S(y_1, \ldots) \times \widetilde{T}(y_1, \ldots)$$

und die Relation

$$P(y_1, \ldots, y_r, t) \text{ und } \widetilde{P}(y_1, \ldots, y_r, t, w)$$

ist dann eine Strukturart $\langle \Sigma\mathcal{A} \rangle$ definiert, die wir den Test $\mathcal{A}$ der Strukturart Σ nennen. Der Term (U, A) in $\mathcal{MT}_{\Sigma'}\mathcal{A}'$ ist dann eine Struktur der Art $\langle \Sigma\mathcal{A} \rangle$ über $E_1, \ldots, E_r$.

$\mathcal{MT}_{\Sigma}\mathcal{A}$ geht also aus $\mathcal{MT}_{\langle \Sigma\mathcal{A} \rangle}$ hervor, indem man überall den Buchstaben w durch A ersetzt. $\mathcal{MT}_{\Sigma}\mathcal{A}$ und $\mathcal{MT}_{\langle \Sigma\mathcal{A} \rangle}$ sind also identische Theorien.

Da (U, A) eine Struktur der Art $\langle \Sigma\mathcal{A} \rangle$ in $\mathcal{MT}_{\Sigma'}\mathcal{A}'$ ist, folgt aus jedem Satz in $\mathcal{MT}_{\langle \Sigma\mathcal{A} \rangle}$ ein entsprechender Satz in $\mathcal{MT}_{\Sigma'}\mathcal{A}'$. Führt $\mathcal{MT}_{\Sigma'}\mathcal{A}'$ zu keinem Widerspruch, so kann also auch $\mathcal{MT}_{\langle \Sigma\mathcal{A} \rangle}$ zu keinem Widerspruch führen. $\mathcal{PT}'$ ist also „leichter" falsifizierbar als $\mathcal{PT}$. Man sagt auch $\mathcal{PT}'$ ist eine strengere Theorie als $\mathcal{PT}$.

Ist U eine Darstellung von Σ in $\mathcal{MT}_{\Sigma'}$, so gilt auch das Umgekehrte.

In $\mathcal{MT}_{\langle \Sigma\mathcal{A} \rangle}$ gilt mit unbestimmten Konstanten $x_1, \ldots, x_n, s$ und $f_1, \ldots, f_r$ der Satz:

$$[s \in S'(x_1, \ldots) \text{ und } P'(x_1, \ldots)$$
$$\text{und } f_i : y_i \to E_i(x_1, \ldots, s) \text{ sind bijektive Abbildungen}$$
$$\text{mit } \langle f_1, \ldots \rangle^S t = U(x_1, \ldots)] \tag{7.4.23}$$
$$\Rightarrow \widehat{w} \in \widetilde{T}(E_1, \ldots) \text{ und } \widetilde{P}(E_1, \ldots, E_r, U, \widehat{w}),$$

wobei $\widehat{w}$ das kanonische Bild von w in bezug auf die f_i ist, d. h.:

$$\widehat{w} = \langle f_1, \ldots \rangle^{\widetilde{T}} w.$$

Ist nun in $\mathcal{MT}_{\Sigma'}\mathcal{A}'$ ein Widerspruch herleitbar, so gilt in $\mathcal{MT}_{\Sigma'}$ der Satz:

$$\widehat{w} \in \widetilde{T}(E_1,\ldots) \Rightarrow \text{nicht } \widetilde{P}(E_1,\ldots,E_r,U,\widehat{w}). \tag{7.4.24}$$

Damit äquivalent ist, daß in $\mathcal{MT}$ (und damit auch in $\mathcal{MT}_{\langle\Sigma\mathcal{A}\rangle}$!) der folgende Satz gilt:

$$[s \in S'(x_1,\ldots) \text{ und } P'(x_1,\ldots)] \Rightarrow [\widehat{w} \in \widetilde{T}(\ldots) \Rightarrow \text{nicht } \widetilde{P}(\ldots)]. \tag{7.4.25}$$

Da $[\widehat{w} \in \widetilde{T} \Rightarrow \text{nicht } \widetilde{P}]$ die Verneinung von $[\widehat{w} \in \widetilde{T} \text{ und } \widetilde{P}]$ ist, folgt in $\mathcal{MT}_{\langle\Sigma\mathcal{A}\rangle}$ aus der linken Seite von (7.4.23) sowohl $[\widehat{w} \in \widetilde{t} \text{ und } \widetilde{P}]$ wie die Verneinung davon. Also ist die Verneinung von (7.2.1) ein Satz in $\mathcal{MT}_{\langle\Sigma\mathcal{A}\rangle}$. Da aber in $\mathcal{MT}_{\Sigma}$ und damit auch in $\mathcal{MT}_{\langle\Sigma\mathcal{A}\rangle}$ der Satz (7.2.1) gilt, sind wir in $\mathcal{MT}_{\langle\Sigma\mathcal{A}\rangle}$ auf einen Widerspruch gestoßen.

Somit haben wir gezeigt, daß der Test $\mathcal{MT}_{\Sigma'}\mathcal{A}'$ der Theorie $\mathcal{MT}_{\Sigma'}$ äquivalent ist zur Untersuchung der Theorie $\mathcal{MT}_{\langle\Sigma\mathcal{A}\rangle}$ mit der Strukturart $\langle\Sigma\mathcal{A}\rangle$, die wir den Test $\mathcal{A}$ der Strukturart Σ nannten.

Die drei Theorien $\mathcal{PT} = \mathcal{MT}_{\Sigma}(-)\mathcal{W}$, $\mathcal{PT}^{(1)} = \mathcal{MT}_{\Sigma^{(1)}}(-)^{(1)}\mathcal{W}$ und $\mathcal{PT}' = \mathcal{MT}_{\Sigma'}(-)'\mathcal{W}$ (wobei die Abbildungsprinzipien $(-)$, $(-)^{(1)}$ und $(-)'$ in der oben angegebenen, der Darstellung der Strukturart Σ bzw. $\Sigma^{(1)}$ in $\mathcal{MT}_{\Sigma'}$ sehr natürlich angepaßten Beziehung zueinander stehen) sind also gleichwertig in bezug auf jede Nachprüfung an der Erfahrung, wenn U eine Darstellung von Σ bzw. V eine Darstellung von $\Sigma^{(1)}$ in $\mathcal{MT}_{\Sigma'}$ ist. Aus diesem Grunde bezeichnet man in diesem Falle die oben angegebenen Theorien $\mathcal{PT}$, $\mathcal{PT}^{(1)}$ und $\mathcal{PT}'$ als äquivalent und oft kurz als die „gleichen" Theorien. $\mathcal{MT}_{\Sigma}$ bezeichnet man dann auch als axiomatische Basis erster Stufe und $\mathcal{MT}_{\Sigma^{(1)}}$ als axiomatische Basis höherer Stufe nicht nur von $\mathcal{PT}$ bzw. $\mathcal{PT}^{(1)}$, sondern auch von $\mathcal{PT}'$.

Es sei hervorgehoben, daß man aufgrund der obigen Konstruktion von $\Sigma^{(1)}$ leicht erkennt, daß man $\mathcal{PT}^{(1)}$ aus $\mathcal{PT}$ unabhängig von $\mathcal{PT}'$ konstruieren kann. Daraus folgt, daß $\mathcal{PT}$ und $\mathcal{PT}^{(1)}$ immer äquivalente Theorien sind. $\mathcal{MT}_{\Sigma}$ und $\mathcal{MT}_{\Sigma^{(1)}}$ bezeichnet man dann oft als axiomatische Basen verschiedener Stufe der „gleichen" Theorien $\mathcal{PT}$, $\mathcal{PT}^{(1)}$.

7.5 Naturgesetze und theoretische Begriffe

Wir haben in § 7.4 definiert, wann wir $\mathcal{MT}_{\Sigma}$ (oder $\mathcal{MT}_{\Sigma^{(1)}}$) als eine axiomatische Basis zu einer Theorie $\mathcal{PT}'$ bezeichnen. Ob es aber zu jeder Theorie $\mathcal{PT}'$ eine axiomatische Basis gibt, wurde nicht erläutert.

Diese Aufgabe, zu einer vorgegebenen physikalischen Theorie $\mathcal{PT}'$ eine axiomatische Basis zu finden, ist aber im Prinzip immer auf eine triviale Weise lösbar. Man braucht nämlich für $P(y_1,\ldots,y_r,t)$ nur die Relation (7.2.1) zu wählen. (7.2.1) als Axiom entspricht zwar sicher noch nicht dem, was sich ein Physiker von einer axiomatischen Basis erhofft. Wir werden darauf weiter unten gleich zurückkommen. Nur zur Klärung logischer Probleme könnte eine axiomatische Basis mit $P(\ldots)$ nach (7.2.1) nützlich sein.

Eine solche Form einer axiomatischen Relation z. B. für $\mathcal{MT}'$ als „analytische Geometrie" (siehe § 7.2) sähe dann so aus: mit y als Basisterm, $d(z_1, z_2) = \alpha$ als Abstandsrelation ist als Axiom $P(\ldots)$ die Relation (7.2.2) zu fordern.

Einerseits erkennt man an diesem Beispiel, daß (7.2.2), d. h. die Forderung der Existenz „rechtwinkliger Koordinaten", die Menge y als euklidische Geometrie festlegt. Andererseits aber erkennt man die physikalische Bedeutung der euklidischen Geometrie durch (7.2.2) wohl auch nicht besser als durch $\mathcal{PT}'$.

Wie würde man sich also eine Relation $P(\ldots)$ wünschen, um daraus möglichst viel über Physik zu erfahren?

Tatsächlich weiß man aus vielen mathematischen Beispielen, daß man auch bei vorgegebenen Basisbildtermen $y_1, \ldots, y_r$ und bei der Vorgabe der Typisierung des Strukturterms t noch viele äquivalente Formen $P(\ldots)$ und $\widehat{P}(\ldots)$ finden kann, so daß $\widehat{P}(\ldots)$ als Satz in $\mathcal{MT}_\Sigma$ und $P(\ldots)$ als Satz in $\mathcal{MT}_{\widehat{\Sigma}}$ ($\widehat{\Sigma}$ als Strukturart mit $\widehat{P}(\ldots)$) ableitbar ist. Welche Form von $P(\ldots)$ sollte man also anstreben?

Diese Sachlage ist zu beachten, wenn wir jetzt durch die axiomatische Basis $\mathcal{MT}_\Sigma$ (oder auch $\mathcal{MT}_{\Sigma^{(1)}}$) dem Begriff des Naturgesetzes einen genau definierten Sinn geben.

Ist $\mathcal{MT}_\Sigma$ eine axiomatische Basis, so heißt die axiomatische Relation $P(y_1, \ldots, y_r, t)$ von Σ: die Zusammenfassung der durch $\mathcal{PT}$ erfaßten physikalischen Gesetze (oft auch Naturgesetze genannt).

Daß man $P(y_1, \ldots, y_r, t)$ nicht als ein einziges Gesetz zu bezeichnen pflegt, hat nur den praktischen Grund, daß $P(\ldots)$ meistens in der Form einer größeren Reihe von Einzelaxiomen, die man die einzelnen physikalischen Gesetze nennt, erscheint. Man sagt oft, daß man durch Aufstellen einer axiomatischen Basis die physikalischen Gesetze innerhalb einer physikalischen Theorie „erkennt".

Nun wird man wohl kaum der Meinung sein, daß durch die Formulierung (7.2.1) als axiomatische Relation die physikalischen Gesetze besser erkannt seien als durch die ursprüngliche Theorie $\mathcal{PT}'$ mit $\mathcal{MT}_{\Sigma'}$ als mathematischem Bild, wobei für Σ' die Terme $x_1, \ldots, x_n$ die Basisterme und s der Strukturterm mit der Typisierung $s \in S'(\ldots)$ sind und die axiomatische Relation durch $P'(\ldots)$ gegeben ist. Wie sollte also $P(y_1, \ldots, y_r, t)$ aussehen, um das „Physikalische" an den Naturgesetzen besser erkennen zu können?

Um einen Hinweis für die Beantwortung dieser Frage zu bekommen, wollen wir zunächst versuchen, ein anderes Phänomen physikalischer Theorien genauer zu beschreiben, nämlich die Einführung neuer physikalischer Begriffe. Die Form $\mathcal{PT}'$ der Theorie ist dazu wenig geeignet. In $\mathcal{PT}'$ sind zunächst nur die Bildterme und Bildrelationen ausgezeichnet, deren physikalische Bedeutung gerade mit Hilfe der „alten", schon aus Vortheorien und Alltagssprache bekannten Begriffe beschrieben wird. Wie man aber andere Terme aus $\mathcal{MT}_{\Sigma'}$ physikalisch interpretieren könnte, bleibt unsicher. In einer axiomatischen Basis werden die Bildterme und Bildrelationen zu Basis- und Strukturtermen einer Strukturart Σ, so daß der Zusammenhang anderer Terme aus $\mathcal{MT}_\Sigma$ mit Σ klarer zu erkennen ist.

Über die Form der axiomatischen Relation $P(y_1, \ldots, y_r, t)$ von Σ wollen wir zunächst keine speziellen Annahmen machen. Liegt $P(y_1, \ldots, y_r, t)$ vor, so wollen wir solche „unbestimmten" Terme, die in $P(\ldots)$ unter Existenzquantoren $\exists$ auftreten, als theoretische Hilfsterme bezeichnen (dabei ist natürlich vorausgesetzt, daß man (nicht $\forall$) durch $\exists$ und (nicht $\exists$) durch $\forall$ ersetzt hat). Ist beispielsweise $P(\ldots)$ gerade durch (7.2.1) gegeben, so sind die $x_1, \ldots, x_n, s$, $f_1, \ldots, f_r$ theoretische Hilfsterme. (Oft ist s eine Zusammenfassung mehrerer s_μ, dann bezeichnet man alle s_μ als theoretische Hilfsterme.) In diesem Sinne sind die in der „analytischen Geometrie" (siehe das oben und in § 7.2 angegebene Beispiel) durch die Abbildung $f : y \to \mathbb{R}^3$ aus (7.2.2) eingeführten „rechtwinkligen Koordinaten" ein theoretischer Hilfsterm.

$\mathcal{MT}_{\Sigma'}$ aus $\mathcal{PT}'$ ist in diesem Sinne durch die theoretischen Hilfsterme $x_1, \ldots, x_n, s, f_1, \ldots, f_r$ aus (7.2.1) charakterisiert. Es ist wesentlich, daß dabei auch die f_i als theoretische Hilfsterme erscheinen. Erst in $\mathcal{MT}_\Sigma$ mit $P(\ldots)$ nach (7.2.1), und nicht schon in $\mathcal{MT}_{\Sigma'}$, erkennt man deutlich, welche „Hilfsterme" zur Formulierung von $\mathcal{PT}'$ benötigt werden.

Betrachten wir wieder allgemein $P(y_1, \ldots, y_r, t)$. Wir können dann eine zu $\mathcal{MT}_\Sigma$ erweiterte Theorie $\mathcal{MT}_{erw}$ definieren:

Statt wenigstens einiger der unter Existenzquantoren in $P(\ldots)$ vorkommenden Terme führe man zusätzlich zu $y_1, \ldots, y_r, t$ neue Konstanten $u_1, u_2, \ldots$ ein. Als zur Typisierung $t \in S(y_1, \ldots, y_r, \mathbb{R})$ hinzutretendes Axiom $P_{erw}(u_1, u_2, \ldots, y_1, \ldots, y_r, t)$ von $\mathcal{MT}_{erw}$ benutze man die Relation, die man aus $P(y_1, \ldots, y_r, t)$ dadurch erhält, daß man überall statt $(\exists u)R(u)$ einfach $R(u)$ schreibt. Am Beispiel der Relation (7.2.1) für $P(\ldots)$ sähe das so aus (mit $x_1, \ldots, x_n, s$, $f_1, \ldots, f_r$ statt der $u_1, u_2, \ldots$):

$$P_{erw}(x_1, \ldots, x_n, s, f_1, \ldots, f_r; y_1, \ldots, y_r, t) :$$
$$s \in S'(x_1, \ldots, x_n) \text{ und } P'(x_1, \ldots, x_n, s) \tag{7.5.1}$$
$$\text{und } f_i : y_i \to E_i(x_1, \ldots, x_n, s) \text{ sind bijektive Abbildungen}$$
$$\text{mit } \langle f_1, \ldots, f_r \rangle^S t = U(x_1, \ldots, x_n, s).$$

(7.5.1) ist bestimmt durch die Theorie $\mathcal{PT}'$; und wenn man die bijektiven Abbildungen f_i als „Identifikationen" benutzt, d. h. die y_i mit den E_i und t mit U identifiziert, erhält man $\mathcal{PT}'$ zurück. Begrifflich hat aber $\mathcal{PT}_{erw}$ einige Vorteile gegenüber $\mathcal{PT}'$; dabei sind in $\mathcal{PT}_{erw}$ die Abbildungsprinzipien wie in $\mathcal{PT}$ (und nicht wie in $\mathcal{PT}'$) zu benutzen.

In dem durch (7.5.1) charakterisierten Beispiel ist $\mathcal{MT}_{erw}$ von der Form $\mathcal{MT}_{\Sigma_{erw}}$, wobei Σ_{erw} durch die Hauptbasisterme $x_1, \ldots, x_n, y_1, \ldots, y_r$, die Strukturterme s, t, f_i mit der Typisierung $s \in S'(x_1, \ldots, x_n)$, $t \in S(y_1, \ldots, y_r)$ und $f_i \in y_i \times \widetilde{S}_i(x_1, \ldots, x_n)$ und die axiomatische Relation (7.5.1) gegeben ist (in (7.5.1) kann dabei die Relation $s \in S'(\ldots)$ weggelassen werden; dabei ist $\widetilde{S}_i$ die Typisierung des inneren Terms E_i).

Wir setzen voraus, daß $\mathcal{MT}_{erw}$ immer in der Form einer $\mathcal{MT}_{\Sigma_{erw}}$ geschrieben werden kann mit Σ_{erw} von der oben angegebenen Form. Liegt eine solche $\mathcal{PT}_{erw}$ mit $\mathcal{MT}_{\Sigma_{erw}}$ als mathematischer Theorie und den $y_1, \ldots, y_r$ als Bildtermen und t als Zusammenfassung der Bildrelationen vor, so kann man *theoretische Hilfsbegriffe* durch innere Terme von $\mathcal{MT}_{\Sigma_{erw}}$ definieren. Die $x_1, \ldots, x_n$, aber auch s und die f_i sind theoretische Hilfsbegriffe. In den meisten physikalischen Theorien benutzt man viele solche Hilfsbegriffe. Da oft verschiedene Formen $\mathcal{PT}'$ und entsprechend von $\mathcal{PT}_{erw}$ möglich sind, ist es nicht verwunderlich, daß es keine Systematik für die Benutzung theoretischer Hilfsbegriffe gibt. Vielmehr haben sich solche Begriffe oft historisch eingebürgert. Manchmal werden solche theoretischen Hilfsbegriffe wieder aufgegeben und durch neue Hilfsbegriffe in einer „moderneren" Form der Theorie ersetzt. Schon diese Sachlage allein würde es angeraten erscheinen lassen, möglichst auf theoretische Hilfsbegriffe zu verzichten. Aber vorher noch ein Beispiel aus der Quantenmechanik.

In [3] haben wir eine Darstellung einer axiomatischen Basis zur üblichen Quantenmechanik gegeben (allerdings noch mit einer Vortheorie des Präparierens und Registrierens), in der die axiomatische Relation $P(\ldots)$ genau die Form (7.2.1) hat, nämlich Axiom AQ aus [3] III §5 (die dort mit β, γ bezeichneten Abbildungen entsprechen den f_i aus (7.2.1), wobei man sich $\mathcal{K}$ und $\mathcal{L}$ noch vor der Anwendung der Abbildungen β, γ zu Mengen K und L vervollständigt denke; siehe die Definitionen von K und L in [3] III §3). Diese Teilstruktur der Quantenmechanik sieht dann in der Form $\mathcal{PT}_{erw}$ so aus: $x_1 = x = \mathcal{H}$ mit s und P', so daß $\mathcal{H}$ ein *Hilbert*-Raum ist. $y_1 = K$, $y_2 = L$, $t \in K \times L \times \mathbb{R}$; $E_1(x,s) =$ Menge aller selbstadjungierten Operatoren W mit $W \geq 0$ und $\mathrm{Sp}(W) = 1$. $E_2(x,s) =$ Menge aller selbstadjungierten Operatoren F mit $0 \leq F \leq 1$; $U(x,s) \in E_1 \times E_2 \times \mathbb{R}$ ist bestimmt durch die Relation $\mathrm{Sp}(WF) = \alpha$.

$y_1 = K$ ist die Bildmenge für die „Gesamtheiten", $y_2 = L$ ist die Bildmenge für die „Effekte" und $\mathrm{Sp}(WF) = \alpha$ ist die „Wahrscheinlichkeit für den Effekt F in der Gesamtheit W". f_1 und f_2 sind zwei bijektive Abbildungen $f_1 : y_1 = K \to E_1$ und $f_2 : y_2 = L \to E_2$.

Theoretische Hilfsbegriffe werden in vielfältiger Weise benutzt, wofür kurz einige Beispiele skizziert seien. $\mathcal{H}$ als Menge „aller" Vektoren ist ein Hilfsbegriff. Die Menge aller Teilräume von $\mathcal{H}$ ist ein Hilfsbegriff. Die Menge aller Vektoren $\varphi \in \mathcal{H}$ mit $\|\varphi\| = 1$ (die oft als „Zustände" bezeichnet werden) ist ein Hilfsbegriff. Bei allen diesen Hilfsbegriffen bleibt zunächst ganz offen, ob ihnen eine „physikalische" Bedeutung zukommt oder ob ihnen sogar etwas „in der Wirklichkeit" entspricht. So gibt es z. B. den Hilfsbegriff der „Phase" als eine Relation zwischen zwei „Zuständen" φ_1 und φ_2 gleicher Richtung: Die Phase α ist definiert durch $\varphi_2 = e^{i\alpha}\varphi_1$. Dadurch, daß man „meinte", der Phase käme irgendeine physikalische Bedeutung zu, sind viele Irrtümer entstanden. Tatsächlich haben φ_1 und $\varphi_2 = e^{i\alpha}\varphi_1$ dieselbe physikalische Bedeutung und damit α keine physikalische Bedeutung. Aber was soll man dabei überhaupt unter physikalischer Bedeutung verstehen? Die axiomatische Basis ist das geeignete Hilfsmittel, um diese Frage zu beantworten.

Wir gehen jetzt also wieder zu $\mathcal{PT}$ mit $\mathcal{MT}_\Sigma$ als axiomatischer Basis zurück (ohne aber zunächst über die Form von $P(\ldots)$ etwas auszusagen).

Als „theoretische Begriffe" wollen wir nur solche Begriffe zulassen, die sich in der axiomatischen Basis durch sogenannte *innere Terme* charakterisieren lassen. Ihnen kommt also genau diejenige physikalische Bedeutung zu, die sich aus ihrer Definition als innere Terme und aus der vorausgesetzten physikalischen Bedeutung der Basisterme $y_1, \ldots, y_r$ und des Strukturterms t ergibt. Diese theoretischen Begriffe sind also von den theoretischen *Hilfs*begriffen wohl zu unterscheiden, da den Hilfsbegriffen wenigstens zunächst keine physikalische Bedeutung zukommt. Man kann natürlich sofort die inneren Terme von $\mathcal{M}\mathcal{T}_\Sigma$ nach $\mathcal{M}\mathcal{T}_{\Sigma_{erw}}$ übertragen. In $\mathcal{M}\mathcal{T}_{\Sigma_{erw}}$ ist also jeder theoretische Begriff auch immer theoretischer Hilfsbegriff; aber nicht umgekehrt.

Einige theoretische Hilfsbegriffe können aber auch dadurch zu theoretischen Begriffen erklärt werden, wie z. B. die $E_i(x_1, \ldots, x_n, s)$ und $U(x_1, \ldots, x_n, s)$, die aufgrund der „isomorphen" Abbildungen f_i mit den zu y_i bzw. zu t gehörigen Begriffen „identifiziert" werden können. Gerade das war ja der Sinn der axiomatischen Basis, daß man die bekannte physikalische Interpretation der $E_i(\ldots)$, $U(\ldots)$ zur Grundlage der Strukturart Σ machte. Natürlich kann man auch durch die f_i die Bedeutung aller inneren Terme aus $\mathcal{M}\mathcal{T}_\Sigma$ auf entsprechende, aus den $E_i(\ldots), U(\ldots)$ gebildete Terme aus $\mathcal{M}\mathcal{T}_{\Sigma_{erw}}$ übertragen. Das aber klärt in keiner Weise irgendeine Bedeutung der x_is oder anderer Terme in $\mathcal{M}\mathcal{T}_{\Sigma_{erw}}$, die sich nicht als f_i-Bilder von inneren Termen aus $\mathcal{M}\mathcal{T}_\Sigma$ darstellen lassen.

Es ist ein Irrtum, daß im allgemeinen den theoretischen *Hilfs*begriffen eindeutige physikalische Interpretationen zukämen. Dieser Irrtum hat z. B. in der Quantenmechanik in der oben angegebenen Form $\mathcal{M}\mathcal{T}_{\Sigma_{erw}}$ zu mancher Verwirrung geführt. Natürlich hat man oft den theoretischen Hilfsbegriffen eine physikalische Interpretation zugeschrieben, war sich aber nicht immer bewußt, daß dies für viele Hilfsbegriffe auf sehr verschiedene und willkürliche Art und Weise möglich ist.

Solche „Zuschreibung" von physikalischer Interpretation an Hilfsbegriffe kann in $\mathcal{M}\mathcal{T}_{\Sigma_{erw}}$ z. B. auf folgende Art und Weise geschehen. $F(x_1, \ldots, x_n, s)$ sei ein innerer Term in $\mathcal{M}\mathcal{T}_{\Sigma_{erw}}$, der sich nicht als f_i-Bild von inneren Termen aus $\mathcal{M}\mathcal{T}_\Sigma$ darstellen läßt. Es gäbe aber einen anderen inneren Term $G(x_1, \ldots, x_n, s)$, der auf der Basis der f_i-Bilder physikalisch interpretiert sei. Außerdem sei als innerer Term eine bijektive Abbildung $g\colon G(x_1, \ldots, x_n, s) \to F(x_1, \ldots, x_n, s)$ abgeleitet. Man kann dann $F(\ldots)$ auf der Basis der Abbildung g „dieselbe" physikalische Interpretation wie $G(\ldots)$ geben. Es kann aber sein, daß es einen zweiten auf der Basis der f_i-Bilder interpretierten Term $H(x_1, \ldots, x_n, s)$ und eine bijektive Abbildung $h\colon H(x_1, \ldots, x_n, s) \to F(x_1, \ldots, x_n, s)$ gibt. Auf der Basis der Abbildung h kann dann $F(\ldots)$ eine zweite physikalische Interpretation erhalten, die von der auf der Basis der g-Abbildung verschieden ist. Solche Vorkommnisse waren manchmal Anlaß zur Verwirrung. Dazu ein Beispiel:

In der Quantenmechanik sei in $\mathcal{M}\mathcal{T}_{\Sigma_{erw}}$ die Menge $E_1(x, s)$ der positiven, selbstadjungierten Operatoren W mit $\mathrm{Sp}(W) = 1$ als Menge der Gesamtheiten physikalisch interpretiert (als f_1-Bild von y_1); ebenso sei schon die Menge G der Projektionsoperatoren als Menge der Entscheidungseffekte (oft auch als Menge der Ja-nein-Messungen bezeichnet) interpretiert (z. B. als f_2-Bild von $\partial_e y_2$; es ist $G = \partial_e E_2(x, s)$). Mit $\overrightarrow{\varphi}$ sei die Menge aller Vektoren bezeichnet, die sich von φ (mit $\|\varphi\| = 1$) nur um einen Faktor $e^{i\alpha}$ unterscheiden. Die Menge aller $\overrightarrow{\varphi}$ sei Z. $\partial_e E_1$, die Menge der Extremalpunkte von E_1 ist physikalisch interpretiert als Menge aller nicht mehr echt entmischbaren Gesamtheiten. Jedes Element von $\partial_e E_1$ hat die Form P_φ (mit P_φ als Projektionsoperator $P_\varphi \psi = \varphi\langle\varphi, \psi\rangle$). Durch $g : P_\varphi \to \overrightarrow{\varphi}$ ist dann eine Bijektion $g : \partial_e E_1 \to Z$ gegeben, mit der man die physikalische Interpretation von $\partial_e E_1$ auf Z übertragen kann. Die Elemente von Z werden so als nicht entmischbare Gesamtheiten bezeichnet (oft auch einfach als „Zustände" bezeichnet, was *nicht* die von uns in [3] und [20] benutzte Bezeichnungsweise ist). Mit A als Menge der Atome des Verbandes G ist A (physikalisch interpretiert) die Menge der „feinsten" Entscheidungseffekte. Jedes Element von A hat die Form P_φ, so daß es auch eine bijektive Abbildung $h : A \to Z$ gibt. Auf der Basis der Abbildung h werden die Elemente von Z als feinste Entscheidungseffekte, synonym dazu als feinste Ja-nein-Messungen, bezeichnet. So wird z. B. mit $\overrightarrow{\varphi}_1$ als „Zustand" und $\overrightarrow{\varphi}_2$ als einer „feinsten Ja-nein-Messung" die Wahrscheinlichkeit für die Ja-nein-Messung $\overrightarrow{\varphi}_2$ im Zustand $\overrightarrow{\varphi}_1$ gleich $|\langle\varphi_1, \varphi_2\rangle|^2 = \mathrm{Sp}(P_{\varphi_1} P_{\varphi_2})$.

Der Phase, d. h. dem Faktor $e^{i\alpha}$ zwischen zwei Vektoren im *Hilbert*-Raum, konnte aber nicht einmal auf diese eben geschilderte Art und Weise eine physikalische Bedeutung zudiktiert werden.

Nach dieser Diskussion über die Möglichkeiten, den theoretischen Hilfsbegriffen aus $\mathcal{MT}_{\Sigma_{erw}}$ eine physikalische Interpretation zu geben, ergibt sich eigentlich wie von selbst der Wunsch, solche theoretischen Hilfsbegriffe überhaupt zu vermeiden. Damit stellt sich die Aufgabe, für die axiomatische Relation $P(\ldots)$ in der axiomatischen Basis $\mathcal{MT}_\Sigma$ eine solche Form zu wählen, daß keine theoretischen Hilfsbegriffe wie in (7.2.1) vorkommen.

Der Begriff der theoretischen Begriffe erscheint uns immer noch zu weit, da die Menge der reellen Zahlen $\mathrm{I\!R}$ in die Typisierung eines inneren Terms aus $\mathcal{MT}_\Sigma$ beliebig eingehen kann. So wäre in dem oben schon mehrfach benutzten Beispiel der euklidischen Geometrie mit y als Basisterm die Menge aller bijektiven Abbildungen $f : y \to \mathrm{I\!R}^3$ mit $d(z_1, z_2) = \sqrt{(f_1(z_1) - f_1(z_2))^2 + \ldots}$ (d. h. die Menge aller rechtwinkligen Koordinatensysteme) ein innerer Term der axiomatischen Basis $\mathcal{MT}_\Sigma$. Sicher hat dieser seine physikalische Bedeutung, wie wir noch genauer in § 10 sehen werden. Aber diese physikalische Bedeutung ergibt sich in $\mathcal{MT}_\Sigma$ nicht unmittelbar aus der Bedeutung der Basisterme und des Strukturterms. Wir wollen daher spezieller einen theoretischen Begriff einen *physikalischen Begriff* nennen, wenn der zugehörige Term B nicht nur innerer Term ist, sondern spezieller mit einem Leiterverfahren T gilt:

$$B \in T(y_1, \ldots, y_r, t_1, t_2, \ldots), \tag{7.5.2}$$

wobei t_μ die Komponenten des Strukturterms t sind, und in $T(\ldots)$ die Menge $\mathrm{I\!R}$ *nur* deswegen auftreten kann, weil sie in einigen der t_μ vorkommt. Im Sinne dieser Bedingung (7.5.2) gehen die reellen Zahlen in einen physikalischen Begriff *nur* mit der Bedeutung ein, die sie innerhalb einer Bildrelation aufgrund der Abbildungsprinzipien haben.

Wir wollen eine axiomatische Relation $P(\ldots)$ in der axiomatischen Basis „physikalisch interpretierbar" nennen, wenn in $P(\ldots)$ nur solche Quantoren $\exists z$

(und $\forall z$) auftreten, für die gleichzeitig gefordert wird, daß z Element einer Leitermenge der Art (7.5.2) ist, d. h. zum Beispiel

$$\exists z[z \in T(y_1, \ldots, y_r, t_1, t_2, \ldots) \text{ und } \ldots].$$

Natürlich kann manchmal $z \in T(\ldots)$ wegfallen, wenn nach „und" Relationen auftreten, aus denen $z \in T(\ldots)$ folgt.

Die Relation (7.2.1) ist also im allgemeinen keine „physikalisch interpretierbare" Relation.

Liegt eine axiomatische Basis MT_Σ nach § 7.4 vor und ist $P(\ldots)$ physikalisch interpretierbar, so nennen wir MT_Σ eine axiomatische Basis erster Stufe mit physikalisch interpretierbaren Naturgesetzen. Genau dies ist die erwünschte Form einer PT. Geht man dann von MT_Σ im Sinne von § 7.4 zu $MT_{\Sigma^{(1)}}$ über, so bezeichnen wir $MT_{\Sigma^{(1)}}$ als axiomatische Basis n-ter Stufe mit physikalisch interpretierbaren Naturgesetzen. Wegen der großen Bedeutung einer axiomatischen Basis erster Stufe mit physikalisch interpretierbaren Gesetzen wollen wir eine solche Basis abgekürzt als „einfache" axiomatische Basis bezeichnen.

Von einigen Wissenschafstheoretikern wird behauptet, daß es physikalische Theorien gäbe oder geben könnte, für die sich dieser Wunsch nach einer axiomatischen Basis mit physikalisch interpretierbaren Naturgesetzen nicht erfüllen lasse, d. h. für die echte theoretische Hilfsbegriffe unvermeidbar seien. Sicher existieren physikalische Theorien, für die noch keine axiomatische Basis mit physikalisch interpretierbaren Naturgesetzen ausgearbeitet ist. Das bedeutet aber nicht, daß dies nicht möglich sei. Wenn es für die Quantenmechanik möglich war (siehe [3] und [20]), obwohl die übliche Form der Quantenmechanik zunächst sehr viele theoretische Hilfsbegriffe enthielt, so besteht zumindest eine große Hoffnung, daß es für alle physikalischen Theorien möglich ist, ohne theoretische Hilfsbegriffe auszukommen. Dem Verfasser ist wenigstens kein „Beweis" bekannt, daß man nicht ohne theoretische Hilfsbegriffe auskommen könne.

Sollte man nun auf jedwede physikalische Theorie mit Bildern $MT_{\Sigma'}$, in denen theoretische Hilfsbegriffe auftreten, verzichten? Im Gegenteil: Ein solches mathematisches Bild $MT_{\Sigma'}$, in dem die Strukturart Σ der axiomatischen Basis *dargestellt* ist, kann für den Umgang mit einer physikalischen Theorie von großer Bedeutung sein. Ist in der angegebenen Weise die Strukturart Σ in $MT_{\Sigma'}$ dargestellt, so nennen wir $MT_{\Sigma'}$ einen *mathematischen* Rahmen der Bildwelt MT_Σ. Durch diese Bezeichungsweise soll angedeutet werden, daß den Termen aus Σ' (wenigstens primär) keine physikalische Bedeutung zugemessen wird. Ein solcher mathematischer Rahmen $MT_{\Sigma'}$ von MT_Σ erweist sich aber oft als *sehr* vorteilhaft, wenn sich Beweistechnik und Rechentechnik in $MT_{\Sigma'}$ leichter als in MT_Σ durchführen lassen. Ja, Auswahl und Gebrauch eines mathematischen Rahmens (es kann zu einer MT_Σ durchaus verschiedene mathematische Rahmen geben) kann sehr von der historischen Entwicklung der Mathematik abhängen, d. h. davon, was die Mathematik jeweils an ausgearbeiteten Methoden anbietet. Aber auch umgekehrt können physikalische Problemstellungen, mathematisch zunächst in MT_Σ formuliert, zur Entwicklung neuer mathematischer Methoden, d. h. neuer mathematischer Rahmen $\mathcal{MT}_{\Sigma'}$, Anlaß geben.

7.6 Normen, Empirie und Grundbereich

Wir gehen jetzt von einer *einfachen axiomatischen Basis* aus. Um besser das zu erkennen, was an den „physikalisch interpretierbaren" Gesetzen $P(\ldots)$ tatsächlich „von der Wirklichkeit herkommt" und was mehr oder weniger vom Denken und Handeln des Menschen herrührt, gehen die Wünsche an die Form der Gesetze $P(\ldots)$ noch weiter, als wir es in § 7.5 erläutert haben.

Wir hatten in § 5 zur Demonstration das Beispiel eines distributiven Verbandes v mit der Interpretation von $<$ durch „Teilsein" betrachtet und „festgestellt", daß diese Theorie im Grundbereich der Gegenstände im Zimmer „brauchbar" ist. Aber hätten wir wirklich einen Widerspruch mit der Erfahrung erwarten können? Legt nicht der *Begriff* „Teilsein" schon die Axiome des Verbandes fest? Sind die Axiome durch den Begriff oder durch die Wirklichkeit gegeben? Einem ähnlichen Problem werden wir in § 11 bei der Einführung des Wahrscheinlichkeitsbegriffs begegnen.

Es gibt also augenscheinlich Fälle, wo durch die begriffliche Interpretation einer mathematischen Relation die Axiome für diese mathematische Relation festgelegt sind. Oder besser: Die Axiome für die mathematische Relation präzisieren erst den Begriff, den man der formalen Relation aus $\mathcal{MT}$ zuordnet. Solche Fälle findet man in §§ 11 und 12 und auch in [3] und [20]. An einen echten Test der Axiome durch Erfahrung ist gar nicht gedacht. Entweder kann man den Begriff anwenden, um Axiome aus $(—)_r$ aufzuschreiben; die Relationen aus $(—)_r$ können aber dann nicht den Axiomen der Begriffspräzisierung widersprechen. Oder aber der Begriff ist nicht anwendbar; und das heißt nichts anderes, als daß Erfahrungen, auf die der Begriff nicht anwendbar ist, nicht zum Grundbereich der Theorie gehören. Wir wollen solche Axiome *begriffliche Normen* nennen. Begriffliche Normen stellen also eine Eingrenzung des Grundbereiches dar. Das „Physikalische" an solchen Axiomen aus $P(\ldots)$ ist die Tatsache, daß es überhaupt einen Grundbereich gibt, auf den die durch die Normen präzisierten Begriffe anwendbar sind. Die Abbildungsaxiome $(—)_r$ können aber mit den begrifflichen Normen nicht in Widerspruch geraten, es sei denn, man hat *Fehler* bei der Anwendung des entsprechenden Begriffs gemacht.

In diesem Sinne können wir dann die Aussage aus § 5 präzisieren, daß die $\mathcal{PT}$ mit $\mathcal{MT}$ als Theorie eines distributiven Verbandes „brauchbar", d. h. anwendbar ist auf die Gegenstände im Zimmer als Teil des Grundbereichs dieser Theorie. Die in § 5 betrachtete Verschärfung von $\mathcal{MT}$ durch das Axiom, daß v total geordnet ist, ist *keine* Begriffspräzisierung von „Teilsein", sondern ein Versuch, ob nicht die Empirie dieses „Zusatzaxiom" rechtfertigt, was aber augenscheinlich nicht der Fall ist; d. h. das Zusatzaxiom wird empirisch widerlegt. Auf dieses Problem werden wir weiter unten noch einmal zurückkommen.

Außer den begrifflichen Normen gibt es aber noch andere normative Axiome, d. h. solche, die nicht durch die Erfahrung widerlegt werden sollen, sondern

vielmehr den Grundbereich mitbestimmen: Zum Grundbereich dürfen eben nur
diejenigen Fakten gezählt werden, die diesen normativen Axiomen nicht widersprechen. Es kann also in bezug auf solche normativen Axiome durchaus eine
große Fülle von Fakten geben, die ihnen widersprechen; aber solche Fakten
darf man eben per Definitionem nicht zum Grundbereich der Theorie rechnen. Oft sagt man kurz: Die normativen Axiome legen fest, wie man „richtig"
zu experimentieren hat. Wir nennen deshalb diese normativen Axiome *Handlungsnormen*, wobei die Handlung manchmal auch nur in der Auswahl von in
der Natur vorgegebenen Fakten bestehen kann.

Beispiele solcher normativen Axiome werden wir in §§ 11 und 12 kennenlernen. Auch in der Quantenmechanik nach [20] werden solche Axiome eingeführt,
wie z. B. das in [20] III § 3 eingeführte Axiom APSZ 9 der gerichteten Wech-
selwirkung. Zur Entwicklung einer der Grundtheorien der Physik, nämlich der
Theorie der räumlichen Bezugssysteme und ihrer Geometrie, sind normative
Axiome unerläßlich; z. B. kann man durch solche Axiome festlegen, wie man
Gegenstände unverzerrt und unverformt zu transportieren hat (siehe [1] IV und
[27]). Hier erkennt man auch deutlich, daß diese normativen Axiome sehr eng
mit den von der Protophysik eingeführten Normen zusammenhängen.

Eine genauere Analyse dieses Zusammenhangs würde aber eine getrennte,
umfangreichere Abhandlung erfordern (siehe zu diesem Problem auch [31]).

Das „Physikalische" an solchen, den Grundbereich einengenden normativen
Axiomen ist, daß es einen Grundbereich „gibt", d. h. daß es möglich ist, so zu
experimentieren, wie es die normativen Axiome vorschreiben. (Solche Aussagen
der Form, „daß es möglich ist", werden wir in § 10 noch genauer analysieren
müssen.)

Wir sagen, daß der Grundbereich $\mathcal{G}$ einer $\mathcal{PT}$ *intern* von $\mathcal{PT}$ definiert ist,
wenn die Abbildungsprinzipien und die normativen Axiome den Grundbereich
festlegen. In § 9 werden wir sehen, daß es auch die Möglichkeit gibt, *externe*
Begrenzungsvorschriften für den Grundbereich einer $\mathcal{PT}$ zu benutzen.

Bei allen bekannten physikalischen Theorien kommt man nicht ohne normative Axiome aus; aber bei der Entwicklung einer Theorie reichen die zunächst
eingeführten normativen Axiome nicht aus, um den Grundbereich genügend
einzuschränken. Erst im Umgang mit der Theorie lernt man, zusätzliche Grenzen für den Grundbereich zu finden. Solche Grenzen werden oft nur in normaler Sprache formuliert, obwohl man sie auch formal als normative Axiome
zur Theorie $\mathcal{MT}$ hinzufügen könnte. Für die *Newton*sche Mechanik könnte z. B.
ein solches zusätzliches „normatives Axiom" darin bestehen, daß alle vorkommenden Geschwindigkeiten der Massenpunkte kleiner als $10^{-3}c$ (mit c als Lichtgeschwindigkeit) sind. Man erkennt an diesem Beispiel sofort, daß ein solches
normatives Axiom eng mit den Unschärfemengen einer unscharfen Abbildung
nach § 6 zusammenhängt. Daher vermeidet man oft eine „genaue" Formulierung solcher den Grundbereich abgrenzenden normativen Axiome, um sich die
Möglichkeit offenzuhalten, verschiedene Unschärfemengen mit verschiedenen
normativen Zusatzforderungen zu verknüpfen.

Natürlich hat der Test einer Theorie an der Erfahrung erst dann einen Sinn, wenn der Grundbereich wohl abgegrenzt ist. Soweit diese Abgrenzung intern von $\mathcal{PT}$ erfolgt, erfolgt sie eben durch die normativen Axiome aus $\mathcal{MT}_\Sigma$.

Warum führt man überhaupt normative Axiome ein? Warum nimmt man nicht die *Natur* wie sie ist? Warum die „Künstlichkeit" der Physik? Sehr oft kann man tatsächlich die normativen Axiome nur *künstlich* erfüllen, durch *technische* Anstrengungen, d. h. durch Handlungen des Menschen.

Hierfür gibt es zwei Gründe. Wie wir schon am Anfang dieses Buches erwähnten, ist es ganz aussichtslos, eine Theorie der ganzen Welt und damit der Natur, wie sie ohne uns da ist, zu entwickeln. Außerdem ist die Physik von Anfang an keine Veranstaltung zum Erkenntnisgewinn über etwas, was vorgegeben da ist, sondern vielmehr eine Form der Auseinandersetzung des Menschen mit der Welt. Physik ist untrennbar auch immer Technik, d. h. Umformung der Natur durch den Menschen. Ohne diese Umformung ist aber menschliche Existenz in dieser Welt nicht möglich. Da ein Leben des Menschen in der Natur als „Nur"glied der Natur nicht möglich ist, bleibt allein die Aufgabe, die Umformung „sinnvoll" und nicht „zerstörend" durchzuführen.

Nach der grundsätzlichen Feststellung, daß in der axiomatischen Relation $P(\ldots)$ normative Anteile enthalten sind, müssen wir diese Überlegungen noch durch die Betrachtung einiger speziellerer Strukturen dieser normativen Axiome ergänzen.

Da ist zunächst das Phänomen der Idealisierung, das in derselben Weise auch bei nicht normativen Axiomen auftritt (siehe unten). Im Beispiel des distributiven Verbandes v als Bild des „Teil"begriffs könnte man als Idealisierung hinzufügen, daß es zu jedem $a \in v$ ein $c \in v$ mit $c \overset{<}{\neq} a$ gibt. Beim Wahrscheinlichkeitsbegriff in § 11 ist die funktionale Zuordnung zu reellen Zahlen eine Idealisierung. Im Beispiel der Geometrie von Bezugssystemen gibt es viele Idealisierungen, von denen die „unendliche" Ausdehnung eine der markantesten ist. Ein Beispiel für ein nicht normatives, idealisiertes Axiom ist in der *Newton*schen Punktmechanik die Voraussetzung, daß alle Bahnen zweimal differenzierbar sind. Obwohl wir uns diesem Phänomen noch einmal ausführlich in § 8 zuwenden werden, seien hier noch einige kurze klärende Bemerkungen angefügt.

Die Idealisierungen werden bei der Anwendung einer Theorie durch Verschmierungen „rückgängig" gemacht, wie dies in § 6 beschrieben wurde. Diese Verschmierung bereitet oft große Schwierigkeiten, wenn die betrachtete Relation und die zugehörigen normativen Axiome einen Begriff präzisieren. Man meint dann, daß der Begriff verschmiert würde. Es wird aber nicht der Begriff verschmiert, sondern nur seine Anwendung auf den Realtext, d. h. seine Anwendung zur Formulierung der Axiome $(-)_r$. Anders ausgedrückt: Der im mathematischen Bild präzisierte Begriff ist exakt eigentlich nie anwendbar. Wenn man ihn aber mit einer durch eine Unschärfemenge (wie in § 6 dargelegt) bestimmten Unexaktheit anwendet, ist der Begriff brauchbar.

Ganz ähnlich ist es bei anderen durch normative Axiome festgelegten Relationen: Die „idealisierten" Normen können experimentell nur approximativ erfüllt werden, d. h. nur bei „Verschmierung" verbleibt ein Grundbereich, auf den die Theorie anwendbar ist.

Ein weiterer Hinweis ist zur Vermeidung von Mißverständnissen notwendig. In eine $\mathcal{MT}_\Sigma$ (aus einer $\mathcal{PT}$) werden oft Strukturen aus Vortheorien übernommen. Solche übernommenen Strukturen und zugehörigen Axiome haben innerhalb der betrachteten $\mathcal{PT}$ meistens normativen Charakter, da ihre Nachprüfung durch Experimente in $\mathcal{PT}$ nicht mehr zur Disposition steht, sondern der Grundbereich der $\mathcal{PT}$ mit dadurch bestimmt wird, daß die aus den Vortheorien benutzten Strukturen „anwendbar" sind.

Für aus Vortheorien übernommene Strukturen wird man deshalb oft damit zufrieden sein, die zugehörigen Axiome in einer Form (7.2.1), ja sogar in analytischer Form (d. h. nur die Axiome der Strukturart Σ'), zu benutzen, da in der betrachteten $\mathcal{PT}$ die physikalische Bedeutung dieser aus Vortheorien übernommenen Strukturen nicht mehr zur Diskussion steht.

Fassen wir zusammen: Es besteht also der Wunsch, die Form der physikalisch interpretierbaren Gesetze $P(\ldots)$ so zu gestalten, daß man die normativen Gesetze (natürlich meist auch mit Idealisierungen behaftet) abspalten kann. Übrig bleiben dann Gesetze, die entweder *reine* Idealisierungen beschreiben oder aber als „empirisch" bezeichnet werden.

Reine Idealisierungen sind nicht so häufig. Als Beispiele siehe das Axiom AVid, das in einer axiomatischen Basis für die Quantenmechanik benutzt wird (siehe [3] III § 3 oder [20] VI § 3), oder das oben schon erwähnte Axiom der zweimaligen Differenzierbarkeit der Bahnen von Massenpunkten in der *Newtonschen* Mechanik. Solche Axiome, die reine Idealisierungen beschreiben, sind experimentell unwiderlegbar.

Aber wie steht es mit der Widerlegbarkeit der sogenannten empirischen Gesetze? Dieses Problem läßt sich im Rahmen einer einfachen axiomatischen Basis, bei der $P(\ldots)$ in einen normativen Anteil $P_{norm}(\ldots)$ und einen empirischen Anteil $P_{emp}(\ldots)$ aufgespalten sei, sogar einfach formulieren; es ist aber damit noch nicht gelöst.

Wir wollen mit Σ_{norm} die gegenüber Σ ärmere Strukturart bezeichnen, die aus Σ hervorgeht, wenn man $P(\ldots)$ durch $P_{norm}(\ldots)$ ersetzt. Die Axiome aus $(—)_r(1)$ haben nach § 7.4 die Form $a_i \in y_i$; die Axiome aus $(—)_r(2)$ setzen sich zusammen aus Axiomen der Form $(a_{i_1}, a_{i_2}, \ldots, w) \in \tilde{t}_\mu$ oder $(a_{k_1}, a_{k_2}, \ldots, w) \in \tilde{t}'_\rho$. Statt der aus Realtexten abgelesenen Axiome $(—)_r(1)$, $(—)_r(2)$ könnte man hypothetische Relationen $(—)_h(1)$, $(—)_h(2)$ derselben Form betrachten. Als hypothetische Relationen $(—)_h(1)$, $(—)_h(2)$ wollen wir aber in $(—)_h(2)$ auch solche Relationen mit t_μ statt $\tilde{t}_\mu$, d. h. mit den „idealen" Bildrelationen statt der „verschmierten" Bildrelationen, zulassen. Eine solche Gruppe hypothetischer Relationen sei mit $\mathcal{H}$ bezeichnet. ($\mathcal{H}$ ist dann im Sinne von § 10.1 eine Hypothese erster Art.)

$\mathcal{MT}_{\Sigma_{norm}}\mathcal{H}$ bzw. $\mathcal{MT}_\Sigma\mathcal{H}$ seien die Theorien, die man aus $\mathcal{MT}_{\Sigma_{norm}}$ bzw. $\mathcal{MT}_\Sigma$ gewinnt, wenn man die hypothetischen Relationen $\mathcal{H}$ hinzufügt. Die dabei in $\mathcal{H}$ auftretenden Buchstaben a_i werden zu Konstanten der Theorien $\mathcal{MT}_{\Sigma_{norm}}\mathcal{H}$ bzw. $\mathcal{MT}_\Sigma\mathcal{H}$.

Außer Σ_{norm} und Σ wollen wir noch folgende Strukturen betrachten: R_1 und R_2 seien zwei Relationen, so daß „P_{norm} und R_1 und R_2" ein Satz in $\mathcal{MT}_\Sigma$ sei, d. h. so daß „P_{norm} und R_1 und R_2" schwächer als P sei. Σ_{R_1} sei die Struktur, die aus Σ mit „P_{norm} und R_1" (statt P) als axiomatischer Relation hervorgeht. Sei $\Sigma_{R_1 R_2}$ die entsprechende Struktur mit „P_{norm} und R_1 und R_2" als axiomatischer Relation.

Eine Relation R_2 heißt *falsifizierbar* relativ zu R_1, wenn es eine Hypothese $\mathcal{H}$ so gibt, daß $\mathcal{MT}_{\Sigma_{R_1}}\mathcal{H}$ widerspruchsfrei ist und $\mathcal{MT}_{\Sigma_{R_1 R_2}}\mathcal{H}$ zu einem Widerspruch führt. Äquivalent dazu ist, daß „nicht R_2" ein Satz in $\mathcal{MT}_{\Sigma_{R_1}}\mathcal{H}$ ist.

Der Aufbau einer $\mathcal{PT}$ erfolgt sehr oft durch Verschärfen der axiomatischen Relation, d. h. durch Übergang von P_{norm} zu „P_{norm} und R_1" und weiter zu „P_{norm} und R_1 und R_2" (siehe auch § 9). Daher wäre die Klassifizierung von R_2 relativ zu R_1 von großer physikalischer Bedeutung. Ist z. B. R_2 falsifizierbar relativ zu R_1, so bedeutet dies, daß $\mathcal{MT}_{\Sigma_{R_1 R_2}}$ die möglichen empirischen Ergebnisse echt einschränkt gegenüber $\mathcal{MT}_{\Sigma_{R_1}}$.

Kommt R_1 nicht vor, d. h. ist „P_{norm} und R_1" gleich P_{norm}, so schreiben wir statt $\Sigma_{R_1 R_2}$: $\Sigma_{0 R_2} = \Sigma_{R_2}$. R_2 ist also falsifizierbar relativ zu 0 (oder kurz falsifizierbar), wenn es eine Hypothese $\mathcal{H}$ gibt, so daß $\mathcal{MT}_{\Sigma_{norm}}\mathcal{H}$ widerspruchsfrei ist, aber $\mathcal{MT}_{\Sigma_{0 R_2}}\mathcal{H} = \mathcal{MT}_{\Sigma_{R_2}}\mathcal{H}$ zu einem Widerspruch führt.

Oben haben wir gesagt, daß eine Handlungsnorm den Grundbereich einschränkt. Wir können dies auch so ausdrücken: Die Handlungsnormen sind falsifizierbar (wenn man als R_2 eine weitere zu P_{norm} noch hinzugefügte Handlungsnorm nimmt). Denn wäre R_2 nicht falsifizierbar, so würde R_2 eben den Charakter einer Handlungsnorm verlieren, da man gar nicht so handeln kann, daß man zu R_2 in Widerspruch gerät.

Es war die Auffassung von *Popper*, daß der physikalische Inhalt einer $\mathcal{PT}$ genau darin besteht, daß die empirischen Gesetze R_2 falsifizierbar sind. Aber das ist nur die eine Hälfte des physikalischen Inhalts. Es gibt nämlich in physikalischen Theorien viele empirische Gesetze, die *nicht* falsifizierbar sind.

Vor *Popper* wurde auch manchmal eine andere Meinung vertreten: Die physikalischen Gesetze kann man aus der Erfahrung herleiten. In unserer formalen Beschreibungsweise hieße das: Es gibt eine Hypothese $\mathcal{H}$, so daß ein empirisches Gesetz R_2 in $\mathcal{MT}_{\Sigma_{norm}}\mathcal{H}$ herleitbar ist. Oder noch etwas strenger: Es gibt einen Realtext $\mathcal{A}$, so daß R_2 in $\mathcal{MT}_{\Sigma_{norm}}\mathcal{A}$ herleitbar ist.

Damit, daß R_2 ein Theorem in $\mathcal{MT}_{\Sigma_{R_1}}\mathcal{H}$ ist, ist äquivalent, daß $\mathcal{MT}_{\Sigma_{R_1(nicht R_2)}}\mathcal{H}$ widerspruchsvoll ist, d. h. daß „nicht R_2" falsifizierbar ist.

Wir definieren (auch dann, wenn $\mathcal{H}$ nicht gleich einem $\mathcal{A}$ ist): R_2 heißt empirisch herleitbar, wenn „nicht R_2" relativ zu R_1 falsifizierbar ist.

Aus R_2 empirisch herleitbar (relativ zu R_1) folgt noch lange nicht, daß R_2 auch falsifizierbar (relativ zu R_1) ist. Es *kann* sein, daß R_2 sowohl empirisch herleitbar (relativ zu R_1) wie falsifizierbar (relativ zu R_1) ist. Es kann aber auch sein, daß R_2 weder falsifizierbar (relativ zu R_1) noch empirisch herleitbar (relativ zu R_1) ist.

Die naheliegende Forderung, daß die physikalischen Gesetze $P(\ldots)$ so aufzubauen seien, daß man ausgehend von P_{norm} immer nur solche Relationen hinzufügt, die relativ zu den vorhergehenden falsifizierbar seien, ist in den vorhandenen Theorien der Physik unerfüllbar; ebenso ist auch die schwächere Forderung unerfüllbar, daß die hinzugefügten Relationen relativ zu den vorgehenden falsifizierbar oder empirisch herleitbar sein sollen.

Ja es gibt (außer in sehr primitiven physikalischen Theorien) überhaupt keine empirisch herleitbaren Gesetze. Daher war die Auffassung von *Popper* ein großer Fortschritt.

Aber was bedeuten die in physikalischen Theorien oft auftretenden empirischen Gesetze R_2, die relativ zu R_1 weder falsifizierbar noch empirisch herleitbar sind? Dies kann nur beantwortet werden, wenn wir im nächsten § 8 zum Problem der Unschärfen und Idealisierungen zurückkehren.

Außer des oben diskutierten Wunsches, in P die normativen von den empirischen Anteilen zu trennen, hegen die Physiker noch weitere ästhetische Wünsche. Die Gesetze $P(\ldots)$ sollen in „einfacher" und „durchsichtiger" Weise formuliert werden, sie sollen „schön" sein. Es scheint mir kaum möglich, solchen wertenden Begriffen in irgendeiner Weise ein formales Analogon innerhalb $P(\ldots)$ zuzuordnen. Diese wertenden Begriffe drücken vielmehr den Glauben der Physiker aus, daß eine Harmonie zwischen dem Denken der Menschen auch gerade über solche Wirklichkeitsbereiche der Welt, die nicht zu dem Erfahrungsbereich früherer Menschheitsgeschlechter gehörten, und der Ordnung in der Welt besteht.

7.7 Beispiele für axiomatische Basen

Zum Schluß dieses § 7 wollen wir noch ein paar Beispiele diskutieren, damit die allgemeinen Überlegungen etwas verständlicher werden. Wir werden uns bei der Formulierung möglichst nahe an die „so übliche" Form der Theorien halten, da dies für die Illustration besser ist, als wenn wir bekannte Theorien in neuer, ganz ungewohnter Form bringen würden, wie wir dies ausführlich für die Quantenmechanik in [3] und [20] durchgeführt haben.

Beginnen wir mit der „klassischen Punktmechanik", die eigentlich keine $\mathcal{PT}$, sondern ein Theoriennetz von $\mathcal{PT}$s ist (siehe § 9.3). Wir wollen diese klassische Punktmechanik wiederum nicht ganz allgemein formulieren, um nicht durch große Allgemeinheit das Wesentliche aus den Augen zu verlieren. Wir werden daher z. B. nicht von verschiedenen (Fast-)Inertialsystemen reden, sondern der Einfachheit halber nur von einem.

Außerdem wollen wir von einer oben gemachten Bemerkung Gebrauch machen, aus Vortheorien stammende Strukturen in analytischer Form zu benutzen: Wir wollen das betrachtete Inertialsystem geometrisch mit der üblichen Vektorrechnung und zeitlich durch einen Zeitparameter t beschreiben. Als Hauptbasisterme der Strukturart Σ führen wir ein J, M, X, Θ. Dabei ist J die Bildmenge für die „Massenpunkte", M die Bildmenge für die Systeme, X die Bildmenge für die Raumstellen in dem zugrundegelegten Inertialsystem und Θ die Bildmenge für die Zeitpunkte. Die Mengen X, Θ sind versehen mit einer Struktur: X ein euklidischer dreidimensionaler Raum, Θ versehen mit einer zeitlichen Abstandsstruktur; beide Strukturen kann man durch spezielle Koordinaten beschreiben: In X durch „rechtwinklige" Koordinatensysteme, in Θ durch eine Zeitskala. (Die nur durch Worte kurz angedeutete Strukturart mit den beiden *Hauptbasistermen* X und Θ darf nicht dazu verleiten, X mit $\mathbb{R}^3$ und Θ mit $\mathbb{R}$ zu verwechseln; mögliche injektive Abbildungen von X auf $\mathbb{R}^3$ und Θ auf $\mathbb{R}$, definierbar aufgrund der über X, Θ eingeführten Strukturart, geben die analytische Darstellung.) Die physikalische Bedeutung dieser Strukturen ist durch die „Vortheorie" der *Newton*schen Raum-Zeit-Theorie gegeben (siehe z. B. [1] II, IV und VII). J ist eine abzählbare, diskrete Menge (diskret im Sinne von „scharfer Abbildung" nach M$_\mathrm{S}$ aus § 8).

Die Menge M dient zur Beschreibung der Situation, daß endlich viele Massenpunkte zusammengenommen ein *System* bilden. Die Elemente von M sollen die einzelnen Systeme charakterisieren. Zur Beschreibung dieses Zusammenfassens von Massenpunkten zu Systemen führen wir einen Strukturterm s_1 mit der Typisierung

$$s_1 \subset M \times \mathcal{P}(J) \tag{7.7.1 a}$$

ein. Als Axiom fordern wir, daß s_1 eine Abbildung

$$s_1 : M \to \mathcal{P}(J) \tag{7.7.1 b}$$

ist. Die Interpretation lautet dann:

M ist Bildmenge und zwar die „Menge aller Systeme"; dies ist eine Kurzbezeichnung für ein Abbildungsprinzip, wie in § 5 erläutert. $x \in M$ ist also die in $(-)_r(1)$ aufzuschreibende Relation für „x ist ein System von Massenpunkten". $i \in s_1(x)$ ist die Bildrelation für „i ist ein Massenpunkt des Systems x".

Der Begriff des Systems spielt in der Physik eine wichtige Rolle, nicht nur in der Punktmechanik. In § 12 werden wir eine allgemeine Struktur „Systeme" für den Fall einer statistischen Beschreibung einführen. Der Begriff der Systeme erfaßt Situationen, wo es möglich ist, einen Teilausschnitt von Vorgängen für sich, ohne Bezug auf die „weitere" Umgebung des Systems, zu beschreiben. Dies bedeutet nicht, daß die Umbegung überhaupt keinen Einfluß auf das System hat, sondern nur, daß man diesen Einfluß in folgendem Sinne als „festen" Einfluß beschreiben kann: Der Einfluß der Umgebung kann durch unabhängig (!) von dem Verhalten des Systems vorgegebene Größen beschrieben werden; solche vorgegebenen Größen sind z. B. sogenannte „äußere Felder" oder „Randbedingungen" usw.

Als weiteres Axiom für s_1 fordern wir: Für alle $x \in M$ haben die $s_1(x)$ eine endliche Mächtigkeit und $\cup_{x \in M} s_1(x) = J$. Ist $n(x)$ die Mächtigkeit von $s_1(x)$, so nennt man $n(x)$ die Zahl der Massenpunkte des Systems x. Ein System x ist immer einmalig in dem Sinn, daß es einmal hergestellt und dann sein Verhalten in Raum und Zeit vermessen wird. „Wiederholung" von Experimenten bedeutet „Herstellung" verschiedener Systeme. Massenpunkte werden nicht als einmalig angesehen, sondern als wiedererkennbar, da sie im Makroskopischen durch Zeichen gekennzeichnet werden können. (Ganz anders als Massenpunkte verhalten sich z. B. Elektronen, bei denen man nicht ein bestimmtes Elektron als dasselbe kennzeichnen kann! Die Menge M der Systeme steht dagegen in vollkommener Analogie auch zu der Menge der Mikrosysteme in der Quantenmechanik; siehe [1] XIII, [3], [20] und [23].) Ein Massenpunkt i kann daher verschiedenen Systemen x angehören. Es wird also von den x nicht vorausgesetzt, daß aus $x_1 \neq x_2$ auch $s_1(x_1) \cap s_1(x_2) = \emptyset$ folgt!

Für den zweiten Strukturterm s_2 legen wir die Typisierung durch

$$s_2 \subset \mathcal{P}(M) \tag{7.7.2}$$

fest.

Als Axiom fordern wir, daß s_2 eine Klasseneinteilung von M bestimmt, d. h.

$$M = \bigcup_{a \in s_2} a \quad \text{und} \quad a_1 \neq a_2 \Rightarrow a_1 \cap a_2 = \emptyset.$$

s_2 bezeichnen wir als die Menge der Sorten. Es ist der große Vorteil (und Nachteil) der Mechanik der Massenpunkte, daß man Systeme der verschiedensten Sorten untersuchen kann (und muß). Aber was soll hier das Wort Sorte bedeuten? Das werden wir weiter unten genauer sagen. Für $a \in s_2$ bedeutet $x \in a$, daß das System x zur „Sorte" a gehört. Die $a \in s_2$ sind also eigentlich nichts anderes als eine Art „Index" für die verschiedenen Sorten.

Der zentral wichtige Strukturterm der Struktur Σ der Punktmechanik ist ein Term s_3 der Typisierung

$$s_3 \subset J \times M \times \Theta \times X. \tag{7.7.3}$$

Als Axiome fordern wir:

$$s_3 \subset K \times \Theta \times X \quad \text{mit} \quad K = \{(i,x) \mid i \in s_1(x), x \in M\}. \tag{7.7.4}$$

Weiterhin: s_3 bestimmt als Teilmenge von $K \times \Theta \times X$ eine Abbildung von $K \times \Theta$ in X:

$$\Phi : K \times \Theta \to X. \tag{7.7.5}$$

Die Abbildung Φ schreibt man üblicherweise in der Form (mit $i \in s_1(x)$, $\underline{r} \in X$, $t \in \Theta$):

$$\Phi(i, x, t) = \underline{r}_x^i(t), \tag{7.7.6}$$

wobei man (unerlaubterweise) auf der rechten Seite den Index x zu vergessen pflegt und (wenn notwendig) nur durch „beschreibende Worte" ersetzt. Man fordert üblicherweise, daß $\underline{r}_x^i(t)$ zweimal nach t differenzierbar ist (eine mathematische Idealisierung).

$(i, x, t, \underline{r}) \in s_3$ ist das Bild folgender Realrelation: Der Massenpunkt i hat als ein Massenpunkt aus dem System x den Ort $\underline{r}$ zur Zeit t. Das „Ablesen" dieser Relation am Realtext ist also nur auf der Basis einer Vortheorie der Raum-Zeit-Vermessung möglich.

Die *Newton*sche Mechanik ist nun gekennzeichnet durch das weitere, bekannte *Newton*sche Grundaxiom:

Es gibt eine Abbildung $m : J \rightarrow \mathbb{R}_+$ (wobei man statt $m(i)$ meist m_i schreibt), so daß für alle $x \in a$ und alle $a \in s_2$ die durch

$$m_i \underline{\ddot{r}}^i_{\underline{x}}(t) = \underline{k}^i_{\underline{x}} \quad \text{(für alle } i \in x) \tag{7.7.7}$$

definierten Vektoren $\underline{k}^i_{\underline{x}}$ die Relation

$$P(m, a, n(x), \underline{k}^i_{\underline{x}}) \tag{7.7.8}$$

erfüllen.

m nennt man eine Massenfunktion, $\underline{k}^i_{\underline{x}}$ nennt man die Kräfte, (7.7.8) nennt man die Kraftgesetze. Das eben skizzierte *Newton*sche Axiom ist inhaltlos, solange nicht die Kraftgesetze (7.7.8) konkretisiert werden. Man kann durch (7.7.8) die „verschiedensten" Kraftgesetze einführen, da in die Relation $P(\ldots)$ der „Sortenindex" a mit eingeht.

Das Problem der Wahl der Kraftgesetze (7.7.8) wird durch die *Newton*sche Mechanik nicht allgemein gelöst. Darin liegt ein Nachteil, aber auch ein Vorteil, da man immer neue Kraftgesetze für neue „Sorten" hinzufügen kann. Damit haben wir aber auch gesagt, wozu der Sortenindex a gebraucht wird: a indiziert die verschiedenen Kraftgesetze.

Da wir zugelassen haben, daß $P(\ldots)$ von der Massenfunktion m abhängen kann, könnte (7.7.8) bedeutungslos werden; nämlich dann wenn man $P(\ldots)$ gleich der Relation (7.7.7) setzt. Gemeint sind natürlich mit (7.7.8) Gesetze, die eben in anderer Form etwas über die $\underline{k}^i_{\underline{x}}$ Aussagen als (7.7.7). Die entscheidende *Newton*sche Aussage in Ergänzung zu (7.7.8) ist die, daß $P(\ldots)$ die folgende Form hat:

$$P(m, a, n(x), \underline{k}^i_{\underline{x}}) : \qquad \underline{k}^i_{\underline{x}} = \sum_{j \in x} \frac{\underline{r}^j - \underline{r}^i}{|\underline{r}^j - \underline{r}^i|^3} \gamma m_i m_j + \underline{f}^i_{\underline{x}} \tag{7.7.9}$$
$$\text{und } \widetilde{P}(a, n(x), \underline{f}^i_{\underline{x}}).$$

Die Relation $\widetilde{P}(\ldots)$ soll *nicht* mehr von der Massenfunktion m abhängen.

Genau genommen ist (7.7.9) nicht exakt formuliert. Eigentlich muß es heißen: Es gibt ein Fast-Inertialsystem (wir nehmen an, daß dies das obige X ist), und es gibt eine reelle Zahl γ, so daß (7.7.9) gilt.

Weiterhin wird in der klassischen Punktmechanik immer vorausgesetzt, daß $\widetilde{P}$ nur die Kräfte $\underline{f}^i_{\underline{x}}$ zur Zeit t mit den $\underline{r}^i_{\underline{x}}$ und $\underline{\dot{r}}^i_{\underline{x}}$ zur *selben* Zeit t in Relation setzt. Wir wollen hier keine spezielleren Kraftansätze diskutieren, da wir hier kein Lehrbuch der Mechanik schreiben wollen. Es sei nur darauf hingewiesen, daß die hier gegebene Formulierung der *Newton*schen Mechanik nur in formal etwas korrekterer Form diejenige ist, die wir in [1] V zugrunde gelegt haben; siehe in [1] V §2.1 insbesondere die „Axiome" $\widehat{\text{I}}$, $\widehat{\text{II}}$.

Um Irrtümern vorzubeugen, sei betont, daß man am Realtext nicht immer ablesen können *muß*, zu welchem $a \in s_2$ ein System x gehört, d. h. welches der durch a indizierten Kraftgesetze benutzt werden muß. Es kann eben auch sein, daß man mit Hilfe des Realtextes in $\mathcal{MT}_\Sigma\mathcal{A}$ erst ableitet, für welches a die Relation $x \in a$ gilt.

Steht in $P(\ldots)$, daß die Kräfte (für gewisse $a \in s_2$) konservativ sind, d. h. daß es ein $U_x(\underline{r}^1, \ldots)$ mit

$$\underline{k}_x^i = \mathrm{grad}_{\underline{r}^i}\, U_x \qquad (7.7.10)$$

gibt bzw. folgt dies mit Hilfe von $P(\ldots)$ als Satz, so gibt es bekanntlich eine äquivalente Strukturart Σ', die sich von Σ nur in bezug auf das oben angegebene Axiom „Es gibt eine Abbildung $m : J \to \mathbb{R}_+$, so daß $\ldots$," unterscheidet. Man ersetzt nach *Lagrange* dieses Axiom durch:

Es gibt eine Abbildung $m : J \to \mathbb{R}_+$ und eine reelle Funktion $U_x(\underline{r}^1, \ldots)$, so daß

$$\delta \int (T_x - U_x)\,dt = 0 \qquad (7.7.11)$$

mit $T_x = \frac{1}{2} \sum_{i \in x} m_i(\underline{\dot{r}}_x^i)^2$ gilt und für U_x die Relation $P'(m, a, n(x), U_x)$ erfüllt ist.

Noch etwas kürzer als die Punktmechanik wollen wir die „Elektrodynamik" skizzieren. Basismengen sind X, Θ (als Bilder von Raum und Zeit) und ein Vektorraum K (der Raum der Kräfte, wobei Kräfte als nach der Vortheorie Mechanik meßbar vorausgesetzt werden). Ein Kraftdichtefeld $\underline{\kappa}(\underline{r}, t)$ ist das, worauf sich die Abbildungsprinzipien beziehen. Als Axiom wird angesetzt:

Es gibt eine Ladungsdichte $\rho(\underline{r}, t)$, eine Stromdichte $\underline{j}(\underline{r}, t)$ und zwei Felder $\varphi(\underline{r}, t)$, $\underline{A}(\underline{r}, t)$, so daß für die Kraftdichte $\underline{\kappa}(\underline{r}, t)$ gilt:

$$\int\limits_{t_1}^{t_2} dt \int \left[-\underline{\kappa}(\underline{r}, t) \cdot \delta\underline{\eta}(\underline{r}, t) \right] dV \qquad (7.7.12)$$

$$+ \,\delta \int\limits_{t_1}^{t_2} dt \int \left[\varphi(\underline{r}, t)\rho(\underline{r}, t) + \frac{1}{c}\underline{j}(\underline{r}, t) \cdot \underline{A}(\underline{r}, t) + \frac{1}{8\pi}(|\underline{E}|^2 - |\underline{B}|^2) \right] dV = 0,$$

wobei $\underline{E} = -\frac{1}{c}\underline{\dot{A}} - \mathrm{grad}\varphi$, $\underline{B} = \mathrm{rot}\underline{A}$ ist und $\partial\underline{\eta}$ die Verschiebung der Materialelemente ist, an denen $\underline{\kappa}(\underline{r}, t)$ angreift.

(7.7.12) ist das in [1] VIII (3.2.4) angegebene Variationsprinzip, nur daß dort $\underline{\kappa}$ noch etwas anschaulicher an die „Mechanik" über die kinetische Energie angekoppelt ist.

In der üblichen Art der Darstellung (im Sinne von $\mathcal{PT}'$ nach § 7.4) erscheinen die Felder $\rho, \underline{j}, \underline{E}, \underline{B}$, als „vorgegeben" oder als „Grundgrößen". Wir haben aber oben das Axiom für eine axiomatische Basis angegeben, weil es zentral wichtig ist, daß es mit „Es gibt $\ldots$" beginnt und daß die $\rho, \underline{j}, \underline{E}, \underline{B}$ nicht zu den Bildgrößen (sondern nur $\underline{\kappa}$) gehören. Ob über das direkt gemessene $\underline{\kappa}$ dann die $\rho, \underline{j}, \underline{E}, \underline{B}$ indirekt meßbar werden, ist erst eine Konsequenz der Theorie im Sinne von § 10.

Axiomatische Basen für die Quantenmechanik findet man in [20]. Es war gerade die Absicht des Buches [20], eine „einfache" axiomatische Basis für die Quantenmechanik zu entwickeln, um die physikalische Interpretation der Quantenmechanik auf eine feste Basis zu stellen. In [20] findet man auch axiomatische Basen höherer Stufe und eine Einstufung der Axiome nach Begriffsnormen, Handlungsnormen, Idealisierungen und empirischen Gesetzen. Letztere werden dort weiterhin analysiert nach falsifizierbaren oder empirisch herleitbaren Gesetzen (mit empirisch herleitbar im Sinne der Überlegungen aus dem nächsten § 8).

7.8 Rahmentheorien

Wir wollen hier noch auf eine in der theoretischen Physik häufig benutzte Methode hinweisen, deren Einordnung in unsere Betrachtungen zu Schwierigkeiten und Mißverständnissen führen könnte. Es handelt sich um die Methode, Rahmentheorien zu entwickeln, deren physikalischer Inhalt durch verschiedene Abbildungsprinzipien konkretisiert werden kann und muß.

Man zeichnet in $\mathcal{MT}_\Sigma$ Bildmengen und Bildrelationen aus, *ohne* aber für *alle* diese Mengen und Relationen Abbildungsprinzipien anzugeben. Die Idee dabei ist, daß eine solche Rahmentheorie auf verschiedene Grundbereiche durch Konkretisierung der Abbildungsprinzipien angewandt werden kann.

Eines der bekanntesten Beispiele hierfür ist die Thermodynamik, in der man Zustandsräume betrachtet, ohne sie jeweils zu konkretisieren. Die so mit „allgemeinen" Zustandsparametern entwickelte Theorie kann auf verschiedene Bereiche angewandt werden, z. B. indem man die Parameter für den Bereich von Gasen durch Druck und Volumen konkretisiert.

Wir haben in [20] bei der Beschreibung makroskopischer Systeme dieselbe Methode benutzt. Wir haben dort einen Zustandsraum Z eingeführt, ohne die Abbildungsprinzipien für die Zustände aus Z zu konkretisieren.

Wir werden im folgenden nicht immer auf die Möglichkeit der Formulierung von Rahmentheorien eingehen, obwohl viele der Strukturuntersuchungen nur von der *Form* der Axiome $(-)_r(1)$ und $(-)_r(2)$ abhängen, ohne daß die Abbildungsprinzipien konkretisiert sein müssen, mit Hilfe derer man aus dem Realtext die Axiome $(-)_r(1)$ und $(-)_r(2)$ abliest.

8. Die Endlichkeit der Physik

Wir haben im vorigen Paragraphen mehrfach darauf hingewiesen, daß ein Test einer Theorie nur mit je endlich vielen Realtextstücken erfolgt. Als mathematische Theorien innerhalb $\mathcal{PT}$ betrachten wir andererseits solche von der Form $\mathcal{MT}_\Sigma$ mit $\mathcal{MT}$ als Mengenlehre. Die Mächtigkeit der Mengen in von der Physik benutzten Theorien ist aber meistens unendlich. Ist dies notwendig? Ist überhaupt die Mengenlehre eine notwendige Basis für alle mathematischen Theorien, die in einer $\mathcal{PT}$ benutzt werden?

Zunächst scheint tatsächlich die Mengenlehre unnötig zu sein. Man könnte nämlich allein von der logischen Theorie $\mathcal{MT}_l$ als Ausgangspunkt starten. Man füge dann endlich viele relationelle Zeichen ein, die wir kurz $r_1, \ldots, r_s$ durchnumerieren wollen. Diese relationellen Zeichen sollen die Bilder von Realrelationen, d. h. die Bildrelationen darstellen. Jedes dieser Zeichen hat ein Gewicht (§ 4.1), mit der entsprechenden Anzahl von Buchstaben ist dann $r_\mu(x_1, x_2, \ldots)$ eine Relation. Dann gebe man eine Reihe von Axiomen vor, die keine Konstanten enthalten. Ohne daß wir irgendwie eine Beschreibung der Art einführen, daß die in den $r_\mu(x_1, x_2, \ldots)$ auftretenden Terme $x_1, x_2, \ldots$ Elemente von Mengen werden, erhalten wir eine mathematische Theorie $\mathcal{MT}$, die in $\mathcal{PT}$ angewandt werden kann: Man schreibe dazu nach den Abbildungsvorschriften endlich viele Abbildungsaxiome der Form $r_\mu(a_{i_1}, a_{i_2}, \ldots)$ auf mit den Zeichen $a_1, a_2, \ldots$ für Realtextstücke, wobei die den Relationen $(—)_r(1)$ aus § 5 entsprechende Relationen einfach die Form $r_\mu(a)$ mit Relationen r_μ vom Gewicht 1 haben. Die so gegenüber $\mathcal{MT}$ erweiterte Theorie, wieder kurz $\mathcal{MTA}$ genannt, ist auf Widerspruchsfreiheit zu untersuchen.

Relationen der Form $a \in b$ sind bei dieser Methode nicht aufgetreten. Die Bildrelationen r_μ allein genügen im Prinzip. Wir werden aber sehen, daß auf jeden Fall die mathematische Ergänzung von $\mathcal{MT}$ durch die mengentheoretischen Axiome sehr praktisch ist.

8.1 Die endliche Struktur der Bildterme

Es ist keine physikalische Anwendung bekannt, bei der man auf das Hinzufügen der mengentheoretischen Axiome verzichten müßte, weil sie mit den Axiomen über die Bildrelationen r_μ in Widerspruch geraten würden.

Die Axiome M1 bis M5 aus § 4.4 sind auch von der Physik her fast trivial, wenn man als „Bedeutung" einer Menge die Zusammenfassung endlich vieler Realtextstücke versteht; genau auf diese „Bedeutung" aufbauend fängt man ja auch an, Kindern die „Mengenlehre" beizubringen. Wir wollen daher nicht erst lange diskutierten, daß die Axiome M1 bis M5 von der physikalischen Anwendung her nahegelegt werden (siehe den Weg „intuitives Raten" im Schema gegen Ende von § 5); dabei wird das allgemein für alle $\mathcal{PT}$s zu benutzende „Abbildungsprinzip" zugrunde gelegt, daß $x \in y$ bedeutet, „daß x eines der Realtextstücke bezeichnet, die zu einer konkret physikalisch gegebenen und mit y bezeichneten Menge von Realtextstücken zusammengefaßt wurden", z. B. y durch die Menge aller x, die einer Relation $r_\mu(x)$ vom Gewicht 1 genügen. Für endlich viele Realtextstücke scheint das Axiom $\mathrm{Coll}_x r(x)$ aus § 4.4 kein Problem zu sein. Die Formulierung des Axioms M6 aus § 4.4 bleibt aber auf jeden Fall (wenigstens zunächst) „physikalisch unmotiviert".

In § 5 hatten wir Relationen $r(x)$ vom Gewicht 1 als Typisierungen bezeichnet und unter der stillschweigenden Voraussetzung $\mathrm{Coll}_x r(x)$ gleich in der Form $x \in y$ mit $y = \{x \mid r(x)\}$ eingeführt. Es sei aber in bezug auf $\mathrm{Coll}_x r(x)$ nochmals bemerkt, daß es keinen Sinn hat, von „allen" Realtextstücken (des Grundbereiches $\mathcal{G}$ von $\mathcal{W}$) eines gewissen Typs zu sprechen und so etwa den Begriff der „Menge aller Realtextstücke eines gewissen Typs" zu prägen; denn „alle Realtextstücke eines gewissen Typs" ist etwas nicht real Gegebenes und damit nicht Gegenstand einer $\mathcal{PT}$: „alle" Realtextstücke eines Typs ist eben kein Realtextstück, die Bildmengen Q_ν aus § 5 sind daher auch keine Zeichen von Realtextstücken! Ein Q_ν ist vielmehr eine *Idealisierung* davon, daß man in jedem Realtextstück die *endlich* vielen Zeichen a_i mit $a_i \in Q_\nu$ (Q_ν fest) „zusammenfassen" kann.

Die Anwendung der mengentheoretischen Axiome für die Q_ν entspringt also einem für die theoretische Physik grundlegend wichtigen Vorgehen, dem wir schon in bezug auf die Sachlage der unscharfen Abbildungen begegnet sind: der Idealisierung. Das soll heißen: Ohne daß durch die benutzten Realtexte eine physikalische Frage entschieden werden kann, werden Axiome der Art aufgenommen, daß diese weder den Realtextstücken zu widersprechen scheinen, noch von ihnen kontrolliert werden können. Diese Axiome malen sozusagen $\mathcal{MT}$, das mathematische Bild, feiner aus an Stellen, wo man eigentlich vom Realtext her nicht weiß, „wie es dort weitergeht". So z. B. kann man realiter Gegenstände (Raumgebiete) teilen, z. B. einen Stuhl in Stuhlbeine, Sitz, Lehne. Dieses Teilen von Raumgebieten kann man realiter weiter und weiter durchführen, aber wie weit? Eine Antwort ist unbekannt. In dieser Situation wird man aber im mathematischen Bild die Frage nicht offenlassen, d. h. *kein* Axiom über das Teilen von Raumgebieten aufnehmen, sondern idealisierend durch ein Axiom der Form beschreiben, daß es zu *jedem* Raumgebiet ein echtes Teilgebiet gibt. Dies kann durch die zugelassenen Erfahrungen nicht widerlegt werden, aber geht über sie hinaus. Das bedeutet natürlich nicht, daß eine umfangreichere $\mathcal{PT}$ später einmal die Sachlage genauer beschreibt und die durch „Idealisierung verdrängte" Frage löst.

Die Einführung der mengentheoretischen Axiome für Bildterme, insbesondere von M5, stellt ebenfalls eine solche Idealisierung dar, es sei denn, daß tatsächlich nur Bildterme endlicher Mächtigkeit benutzt werden. Daher wollen wir zwei Fälle unterscheiden:

1) Die r_μ und die benutzten Axiome legen fest, daß es für einige Typen nur endlich viele Realtextstücke gibt. Die mengentheoretischen Axiome sind dann für diese endlichen Mengen „aller Elemente eines Types" eigentlich begriffliche Normen, denen kein Test widersprechen kann. Die endliche Mächtigkeit ist dagegen das empirische Bild einer Realstruktur.

2) Der häufigere Fall ist, daß unbekannt viele und immer neue Erfahrungen gesammelt werden können; von einer Menge „aller Realtextstücke eines Types" kann nur idealisiert und *nicht* als Realtextstück die Rede sein. *Jeder* Realtext gibt immer nur *endlich* viele Realtextstücke des betrachteten Typs an, auch wenn die Zahl mit den gemachten Erfahrungen steigt. *Idealisierend* postulieren wir deshalb in $\mathcal{MT}$ solche Axiome, die für endliche Mengen mit der Erfahrung übereinstimmen, andererseits aber die endliche Mächtigkeit *nicht* fordern, sonst aber „so stark als möglich" sind. Uns scheinen die in § 4.4 angegebenen Axiome einschließlich M5 eine geeignete Möglichkeit hierfür darzustellen, wenn man noch in die einzelnen $\mathcal{MT}$s Axiome nach den folgenden „Prinzipien" M_S bzw. M_U hinzufügt:

M_S) Jeder Bildterm (für scharfe Abbildung) hat eine endliche oder höchstens abzählbar unendliche Mächtigkeit.

Dieses „abzählbar unendlich" ist die passende Idealisierung für die sich in unbekannter Weise mehr und mehr durch die Erfahrungen vermehrenden Realtextstücke. Ein Bildterm größerer als abzählbarer Mächtigkeit enthält eine über jede Erfahrung hinausgehende „überflüssige" Struktur. Die Frage der Mächtigkeit der Bildterme aber offenzulassen, läßt $\mathcal{MT}$ unnötig unbestimmt.

Wir müssen jetzt noch die Diskussion der Frage der Mächtigkeit für den Fall unscharfer Abbildungen durchführen. Auch hier liegen immer bei jedem konkreten Realtext nur endlich viele Realtextstücke vor.

Anschaulich gesprochen, bleibt aber die Zuordnung der Realtextstücke zu den einzelnen mathematischen Elementen eines Typs in gewissen Grenzen unbestimmt. Läge nur eine Unbestimmtheit zwischen einer *endlichen bekannten* Zahl von mathematischen Elementen für jedes Realtextstück vor, so läge es nahe, durch eine „endliche" Anstrengung zu einer neuen Theorie ohne diese Unbestimmtheiten überzugehen. So kommt es, daß dieser Fall für die Physik uninteressant ist. Er soll deshalb hier nicht näher behandelt werden.

Wir nehmen also an, daß die unscharfe Zuordnung „unbekannt viele" Elemente umfaßt. Wir erweitern daher das Prinzip M_S) für unscharfe Abbildungen zu:

M_U) Jeder Bildterm für unscharfe Abbildung ist abzählbar unendlich und ein uniformer Raum. Die uniforme Struktur ist nicht willkürlich, sondern das idealisierte Bild der unscharfen Abbildung (siehe § 6).

Auf der Basis dieser uniformen Struktur kann der betreffende Bildterm (er sei kurz mit X bezeichnet) zu einem uniformen Raum $\widehat{X}$ vervollständigt werden, wobei eventuell Klassen auch „ideal" ununterscheidbarer Elemente zusammenfallen können (siehe [10]). Dieser Raum $\widehat{X}$ hat dann im allgemeinen eine höhere Mächtigkeit als der ursprüngliche Bildterm X.

Dieser vollständige Raum $\widehat{X}$ kann ebensogut als Bildterm wie X benutzt werden; ja, sollten bei der kanonischen Injektion i von X in $\widehat{X}$ (siehe [10]) mehrere Elemente dasselbe Bild in $\widehat{X}$ haben, so ist es sogar vernünftiger, statt X als Bildterm $i(X) \subset \widehat{X}$ bzw. gleich $\widehat{X}$ zu benutzen; denn sind zwei Elemente von X nicht auf der Basis der uniformen Struktur unterscheidbar (d. h. werden sie durch i auf dasselbe Bild abgebildet), so sind sie erst recht nicht durch jede denkbare „endliche" Unschärfemenge unterscheidbar, so daß es also sinnvoll ist, sie als „dasselbe" Bildelement zu bezeichnen, was eben in $i(X)$ der Fall ist. $i(X)$ ist eine abzählbare, in $\widehat{X}$ dichte Teilmenge, so daß also jedes Element von $\widehat{X}$ beliebig gut durch ein Element von $i(X)$ approximiert werden kann. Daher kann man eben auch ganz $\widehat{X}$ als Bildterm benutzen, da für jede endliche Unschärfemenge ein Punkt von $\widehat{X}$ „ununterscheidbar" von einem passenden Punkt aus $i(X)$ ist. Da $i(X)$ abzählbar ist, ist $\widehat{X}$ ein vollständiger, separabler, separierter, uniformer Raum.

Oft wird auch gleich von Anfang an als Bildterm ein vollständiger uniformer Raum benutzt, ohne die abzählbare Teilmenge einzuführen, durch deren Vervollständigung dieser Raum konstruiert werden kann.

Statt nach dem Prinzip $\mathrm{M_U}$ ist dann für den vollständigen Bildterm ein Axiom nach dem folgenden Prinzip $\mathrm{M'_U}$ im Bild $\mathcal{MT}$ aufzustellen:

$\mathrm{M'_U}$) Jeder Bildterm, der in bezug auf die uniforme Struktur der unscharfen Abbildung vollständig ist, ist ein separabler, separierter, uniformer Raum.

$\mathrm{M_S}$ und $\mathrm{M_U}$ bzw. $\mathrm{M'_U}$ nennen wir die „Endlichkeitsprinzipien", nicht weil etwa nur Mengen endlicher Mächtigkeit erlaubt wären, sondern weil sie idealisierend zum Ausdruck bringen, daß jede Physik nur mit endlich vielen Realtextstücken nachprüfbar ist. Nach den Endlichkeitsprinzipien müssen in jeder $\mathcal{MT}$ noch explizit Axiome formuliert werden, denn die Formulierungen $\mathrm{M_S}$ und $\mathrm{M_U}$ bzw. $\mathrm{M'_U}$ sind selbst keine Axiome, sondern nur Anweisungen für das Hinschreiben von Axiomen in einer bestimmten $\mathcal{MT}$.

Daß wir idealisierend unendliche Mengen nun wirklich in einer $\mathcal{MT}$ für eine $\mathcal{PT}$ benutzen, zieht natürlich die Vorsichtsmaßregel nach sich, daß man diese Idealisierung nicht mit der Wirklichkeit der Welt verwechselt und so etwa aus $\mathcal{MT}$ folgert, daß „die Welt unendlich ist". Solche Aussagen sind nicht nur unerlaubte Schlußfolgerungen, sondern physikalisch sinnlos. Jede Unendlichkeit in $\mathcal{MT}$ ist nur idealisierend ein Ausweg aus einer Unkenntnis über die Welt: Wo man nicht weiß, wie es wirklich weitergeht, setzt man als Ausweg ein: „und *ebenso* immer weiter". Zur Veranschaulichung seien hierfür einige physikalische Beispiele angegeben:

Nur endliche Raumgebiete sind physikalisch sinnvoll. Wenn man nicht weiß, wie die räumliche Gegenstandsverteilung im Kosmos weitergeht, ersetzen wir dieses Unwissen mathematisch durch einen unendlich ausgedehnten euklidischen Raum. Es muß daher geradezu amüsieren, wenn man dann wieder aus $\mathcal{MT}$ schließen will, daß der reale Kosmos unendlich ist; ein Gedankentrick, um sich selber zu belügen, nämlich Unwissenheit in Wissen umzufälschen. Genau entsprechend unseren obigen allgemeinen Überlegungen ist es vielmehr so: Entweder können wir aufgrund der Realtexte *feststellen, daß der reale Raum endlich ist*, oder wir können über diese Frage gar nichts Aussagen (siehe auch [1] X § 6.6).

Ebenso ist es mit der schon oben erwähnten Teilung von realen Raumgebieten in immer kleinere Teile. Unser Unwissen, wie weit so etwas realiter geht, ersetzen wir idealisierend durch „unendlich oft" und kommen in $\mathcal{MT}$ zu einem kontinuierlichen Raum als topologisch vollständigem Bildterm. Zu behaupten, daß der reale Raum ein Kontinuum ist, ist ebenfalls wieder ein solcher unerlaubter Schluß. Vielmehr ist es so: Entweder kann man aufgrund von Realtexten eine endliche Struktur des realen Raumes im kleinen nachweisen, oder man kann über die Frage der realen Raumstruktur im kleinen gar nichts Aussagen.

Als Warnung sei nochmals zusammengefaßt: Jede unendliche Menge in $\mathcal{MT}$ ist eine Idealisierung, um unbekannte Realstrukturen zu umgehen. Eine Schlußfolgerung aus diesen Idealisierungen über eine Struktur der Wirklichkeit ist unerlaubt.

Das Endlichkeitsprinzip M_U bzw. M'_U bedeutet natürlich nicht, daß im Bild $\mathcal{MT}$ einer $\mathcal{PT}$ nur abzählbare Mächtigkeiten oder die daraus durch Vervollständigung entstehende Mächtigkeit von $\widehat{X}$ vorkommen, denn man kann in $\mathcal{MT}$ noch Leitermengen konstruieren. Ebenso können, was sogar sehr häufig vorkommt, in $\mathcal{MT}$ noch andere Topologien und uniforme Strukturen definiert sein, als diejenigen, auf die in M_U bzw. M'_U Bezug genommen ist. Die in M_U bzw. M'_U auftretende uniforme Struktur ist die, die idealisierend die unscharfen Abbildungen im Sinne von § 6 charakterisiert. Nicht jede in $\mathcal{MT}$ vorkommende Topologie bzw. uniforme Struktur muß etwas mit unscharfen Abbildungen zu tun haben. Im Gegenteil zeigen fast alle physikalischen Theorien in ihren Bildern $\mathcal{MT}$ noch weitere mit den uniformen Strukturen der unscharfen Abbildungen verknüpfte Strukturen, so daß es sinnvoll erscheint, diese hier allgemein (als nur in jedem Spezialfall extra) darzustellen.

8.2 Die endliche Struktur der Unschärfen

Die Endlichkeit der Physik äußert sich im Zusammenhang mit den unscharfen Abbildungen noch in weiteren speziellen Eigenschaften der Bildterme X bzw. $\widehat{X}$. Wir hatten schon eben gesehen, daß die Abzählbarkeit von X äquivalent dazu ist, daß $\widehat{X}$ separabel ist. Dieselbe Argumentation, die uns zu der Folgerung der Abzählbarkeit von X geführt hat, kann man auf die in § 6 beschriebenen Unschärfemengen anwenden, d. h. aber nichts anderes, als daß das Nachbarschaftsfilter der uniformen Struktur der unscharfen Abbildung eine *abzählbare* Basis haben sollte (zum Begriff der Basis siehe [10]). Damit äquivalent (siehe [17]) ist aber, daß der uniforme Raum X (und auch $\widehat{X}$) metrisierbar ist. Wir erwarten daher in $\mathcal{MT}$ als Satz, daß jede derjenigen uniformen Strukturen, die unscharfe Abbildungen beschreiben, metrisierbar ist. Sollte ein solcher Satz nicht gelten, so liegt der Verdacht nahe, daß die uniforme Struktur der unscharfen Abbildung entweder (von der Physik her gesehen; siehe die in der Abbildung am Ende von § 5 dargestellte Richtung des intuitiven Erratens) falsch eingeführt oder noch unzureichend (d. h. noch nicht durch ausreichend viele Axiome) definiert wurde.

Die „Metrisierbarkeit" bedeutet natürlich *nicht*, daß dadurch eine bestimmte Metrik aus der Klasse äquivalenter Metriken (siehe [17] X § 1 n. 2) ausgezeichnet ist und somit eine der äquivalenten Metriken eine physikalische Struktur beschreibt. Natürlich kann es umgekehrt sein, daß es von der Physik her nahegelegt wird, eine physikalische Struktur der Unterscheidbarkeit durch ein Maß, d. h. eine Metrik $d(x_1, x_2)$ zu beschreiben, so daß dann tatsächlich die Metrik eine physikalische Struktur abbildet *und* die uniforme Struktur der unscharfen Abbildung bestimmt. Eine Unschärfemenge wäre durch die Metrik dann in folgender Weise zu bestimmen: alle Paare (x_1, x_2), für die $d(x_1, x_2) < \epsilon$ ist. Falls eine Metrik in diesem Sinne physikalisch ausgezeichnet ist, heißt das, daß die Unschärfe der Abbildung durch eine einzige reelle Zahl ϵ (den sogenannten „Meßfehler" ϵ) charakterisierbar ist. Allerdings ist auch dann die Metrik noch nicht eindeutig bestimmt: Zwei Metriken $d_1(x_1, x_2)$, $d_2(x_1, x_2)$, für die mit zwei Konstanten a und b die Relationen $d_1(x_1, x_2) \leq ad_2(x_1, x_2)$ und $d_2(x_1, x_2) \leq bd_1(x_1, x_2)$ gelten, wären im Sinne der Meßfehler „gleichwertig", da die zu benutzenden Meßfehler ϵ_1 bzw. ϵ_2 unabhängig von der Größe der Meßfehler immer von der gleichen „Größenordnung" sind. Natürlich erzeugen d_1 und d_2 dieselbe uniforme Struktur (siehe [17] IX § 1 n. 2) und sind daher äquivalent. Aber zwei äquivalente Metriken brauchen nicht in dem eben angegebenen Sinn „gleichwertig" zu sein. Zum Beispiel sind $d_1(x_1, x_2)$ und $d_2 = \sqrt{d_1}$ zwei äquivalente Metriken (siehe [17] IX § 1 n. 2); es gibt aber keine zwei Konstanten a, b mit $d_1 \leq ad_2$ und $d_2 \leq bd_1$, speziell würde der Meßfehler in bezug auf d_2 in einer anderen Größenordnung gegen Null gehen als für d_1, d. h. nur eine der beiden Metriken könnte daher die „physikalische Größenordnung" der Meßfehler „richtig" abbilden. Daher muß man sich vor dem Fehlschluß hüten, daß durch die Metrisierbarkeit *allein* schon *eine* Metrik (bzw. *eine* Klasse „gleichwertiger" Metriken) als Bild einer physikalischen Struktur ausgezeichnet sei. Die uniforme Struktur legt nur die Klasse äquivalenter, aber nicht eine Klasse gleichwertiger Metriken fest.

Die Endlichkeit der Physik sollte sich aber in der Bildmenge X sogar so „deutlich" zeigen, daß es bei vorgegebener endlicher Unschärfemenge, d. h. daß es bei Vorgabe irgendeines Elementes N des Nachbarschaftsfilters immer *endlich* viele Elemente x_ν aus X gibt, so daß alle anderen Elemente von X zu irgendeinem dieser x_ν „N-benachbart" sind; d. h. daß es zu jedem $x \in X$ ein x_ν gibt mit $(x_\nu, x) \in N$. Dies ist aber damit äquivalent, daß X präkompakt und damit $\widehat{X}$ kompakt ist (siehe [10]).

Sollte für eine aufzustellende $\mathcal{PT}$ im Bild $\mathcal{MT}$ nicht der Satz gelten, daß $\widehat{X}$ kompakt ist, so müßte man wie oben die Vermutung hegen, daß man entweder die uniforme Struktur der unscharfen Abbildung physikalisch falsch, wenigstens noch unzureichend eingeführt hat. Sehr oft geschieht die Einführung der uniformen Struktur der physikalischen Unschärfe auf X auf folgende Weise: Aufgrund der physikalischen Bedeutung von X ist in $\mathcal{MT}$ eine Menge von Abbildungen $f_\lambda : X \to \mathbb{R}$ ausgezeichnet, wobei wir uns die Abbildungen einfach mit Hilfe einer Indexmenge Λ indiziert denken. Die Bilder $f_\lambda(X)$ von X in $\mathbb{R}$ seien alle beschränkt (nur Meßwerte aus beschränkten Meßbereichen sind physikalisch möglich) und damit präkompakte Mengen in $\mathbb{R}$ (mit der üblichen uniformen Struktur von $\mathbb{R}$). Durch die physikalische Bedeutung der f_λ ist in natürlicher Weise eine Unterscheidbarkeit der Elemente von X durch Vergleich der $f_\lambda(x)$ für *endlich* viele λ (nur immer *endlich* viele Messungen sind möglich) gegeben, so daß man als uniforme Struktur der unscharfen Abbildung auf X die initiale uniforme Struktur (siehe [10]) zu den Abbildungen f_λ einführen wird. Da alle $f_\lambda(X)$ als beschränkt vorausgesetzt wurden, ist dann auch X in bezug auf diese initiale uniforme Struktur präkompakt (siehe [10]). Ist es möglich, aus den f_λ eine abzählbare Teilmenge f_{λ_k} so auszuwählen, daß die durch diese f_{λ_k} auf X bestimmte initiale uniforme Struktur dieselbe ist wie die durch alle f_λ bestimmte initiale Struktur, so ist X auch metrisierbar (siehe [17]). Eine solche abzählbare Teilmenge f_{λ_k} reicht in diesem Sinne zur Bestimmung der uniformen Struktur aus, wenn es zu jedem f_λ und jedem $\epsilon > 0$ ein f_{λ_k} gibt mit $|f_\lambda(x) - f_{\lambda_k}(x)| < \epsilon$ auf ganz X, da dann $f_\lambda(x)$ gleichmäßig stetig ist in bezug auf die durch die f_{λ_k} bestimmte initiale Struktur, wie sofort aus

$$
\begin{aligned}
|f_\lambda(x_1) - f_\lambda(x_2)| &\leq |f_\lambda(x_1) - f_{\lambda_k}(x_1)| + |f_{\lambda_k}(x_1) - f_{\lambda_k}(x_2)| \\
&+ |f_{\lambda_k}(x_2) - f_\lambda(x_2)| \leq 2\epsilon + |f_{\lambda_k}(x_1) - f_{\lambda_k}(x_2)|
\end{aligned}
$$

folgt.

Liegt der kompakte Raum $\widehat{X}$ schon vor, so ist (siehe [10]) die uniforme Struktur von $\widehat{X}$ schon eindeutig durch die Topologie von $\widehat{X}$ bestimmt, so daß man dann auch oft (in vereinfachter Sprechweise) von der Topologie der unscharfen Abbildung auf $\widehat{X}$ spricht. Nur von der Topologie der unscharfen Abbildung kann man auch dann in bezug auf X sprechen, wenn aufgrund anderer Strukturen (z. B. der Einbettung von X in einen linearen Vektorraum) aus dem Zusammenhang heraus klar ist, welche uniforme Struktur mit der Topologie von X verknüpft ist.

Unseren allgemeinen Überlegungen, daß man bei unscharfen Abbildungen als Bildmenge immer einen kompakten Raum $\widehat{X}$ benutzen kann, *scheinen* viele physikalische Theorien zu widersprechen. Denken wir z. B. nur an den normalen dreidimensionalen euklidischen Raum X als Bild des physikalischen Raumes; X ist vollständig, aber nicht kompakt. Wenn unsere obigen Überlegungen aber doch richtig sein sollten, so müßten wir umgekehrt schließen: Die durch die euklidische Metrik bestimmte uniforme Struktur ist *nicht* die uniforme Struktur der unscharfen Abbildung der physikalischen Raumstellen auf X. Dieses „Infragestellen" der euklidischen Metrik als Grundlage für die uniforme Struktur der physikalischen Unschärfe wird gar nicht mehr so unplausibel, wenn man sich die physikalische (!) Frage nach der *meßbaren* Unterscheidung von Raumstellen stellt, die weit weg von dem ja doch immer endlichen physikalischen Bereich sind, auf den wir das Bild des euklidischen Raumes X anwenden; die Idealisierung des „unendlich" ausgedehnten X erfordert zusätzlich eine Abänderung der uniformen Struktur der unscharfen Abbildung für „ins Unendliche" gehende Raumstellen. So betrachtet erscheint jetzt geradezu die ursprüngliche uniforme Struktur der euklidischen Metrik als „physikalisch falsch" in bezug auf die unscharfe Abbildung. Da aber in *endlichen* Bereichen die euklidische Metrik sicherlich auch die unscharfen Abbildungen physikalisch vernünftig beschreibt, sollte man nach einer solchen uniformen Struktur auf X suchen, die zur selben Topologie auf X und damit auf jeder kompakten (d. h. ja physikalisch endlichen) Teilmenge von X mit der uniformen Struktur der euklidischen Metrik übereinstimmt, aber X zu einem präkompakten Raum macht. Eine solche uniforme Struktur läßt sich aber leicht angeben: Man projiziere X auf eine dreidimensionale Kugeloberfläche K nach beistehender Fig. 1, wobei jedem $x \in X$ injektiv ein Punkt $y \in K$ zugeordnet wird; dann nehme man als neue Metrik auf X die Abstände der zugeordneten y auf K.

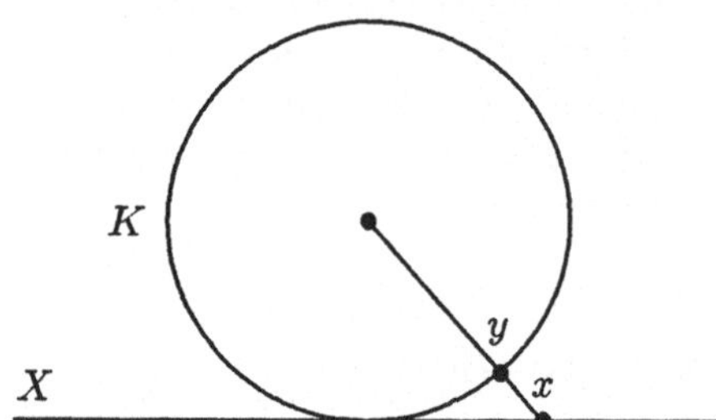

Figure 1

Man erkennt sofort, daß diese neue Metrik X zu einem präkompakten Raum macht, aber mit derselben uniformen Struktur wie die euklidische Metrik innerhalb jeder kompakten Teilmenge von X. Durch diese neue Metrik wird auch die Idealisierung des unendlich ausgedehnten Raumes wieder aufgehoben, da bei jeder (!) endlichen Unschärfe endlich viele Raumpunkte zur Approximation aller Raumpunkte genügen. Man mache sich klar, daß die eingeführte uniforme Struktur der unscharfen Abbildung bedeutet, daß man bei weit entfernten Raumstellen noch gut die Richtung aber immer schlechter die Entfernung feststellen kann, ja daß man schließlich (bei vorgegebener endlicher Unschärfe) ab einer gewissen Entfernung überhaupt nicht mehr die Entfernung messen kann. Die „Unendlichkeit" von X war dadurch entstanden, daß man die euklidische Abstandsmetrik (weil man *nicht wußte* wie sie sich *tatsächlich* für große Entfernungen verhält) als invariant gegenüber *beliebig oft* wiederholbaren Translationen voraussetzte.

Wir sind in diesem Beispiel auf ein sehr verbreitetes Phänomen innerhalb physikalischer Theorien gestoßen, so daß es sich lohnt, dieses hier allgemein (und nicht nur in jedem Einzelfall speziell) zu diskutieren.

Auf einer Bildmenge X sind *zwei* uniforme Strukturen mit physikalischer Bedeutung gegeben, die kurz mit p und g bezeichnet seien: X_p sei X mit der uniformen Struktur p und X_g entsprechend mit der uniformen Struktur g. p sei die uniforme Struktur der unscharfen Abbildung. g sei feiner als p, erzeuge aber dieselbe Topologie auf X wie p. g „entsteht" im Bild $\mathcal{MT}$ von $\mathcal{PT}$ meistens dadurch, daß auf X gewisse physikalisch bedeutungsvolle mathematische Operationen gegeben sind, denen gegenüber g (aber nicht p) „invariant" ist, so daß g in gewisser Weise „physikalische Homogenitäten" mit zum

Ausdruck bringt. Wir wollen hier aber über diese Andeutungen hinaus nicht versuchen, allgemein zu schildern, auf welchen physikalischen Strukturen die Einführung von g beruht, sondern nur einige Konsequenzen aus einer Situation eines Bildtermes X mit zwei solchen uniformen Strukturen p und g ziehen:

Wir können X sowohl in bezug auf p wie g vervollständigen zu $\widehat{X}_p$ und $\widehat{X}_g$. Da g feiner als p ist, ist die kanonische Abbildung i als Abbildung von X_g in $\widehat{X}_p$ auch gleichmäßig stetig, so daß i als Abbildung auf $\widehat{X}_g$ forgesetzt werden $i : \widehat{X}_g \to \widehat{X}_p$ (siehe [10]). Durch i ist dann als initiale uniforme Struktur auf $\widehat{X}_g$ eine gegenüber g schwächere uniforme Struktur bestimmt, die auf der Teilmenge $j(X)$ von $\widehat{X}_g$ (mit j als kanonischer Abbildung von X in $\widehat{X}_g$) mit der uniformen Struktur p übereinstimmt; und $\widehat{X}_p$ kann auch als Vervollständigung von $\widehat{X}_g$ in bezug auf diese uniforme Struktur p aufgefaßt werden. Um in einem solchen Fall nun nicht immer zwischen X, $\widehat{X}_p$, $\widehat{X}_g$ unterscheiden zu müssen, benutzt man als Bildterm nicht X, sondern gleich $\widehat{X}_g$ oder anders ausgedrückt, man setzt der Einfachheit halber immer gleich voraus, daß X_g *vollständig und separiert ist*. Dann braucht man nur noch neben X die Vervollständigung $\widehat{X}_p$ zu betrachten und kann X (durch $i : X \to \widehat{X}_p$) mit einer Teilmenge von $\widehat{X}_p$ identifizieren. Die Elemente von $\widehat{X}_p \setminus X$ pflegt man dann als „virtuelle" Bilder zu bezeichnen.

Da wir X_p nach M_U, M'_U als separabel voraussetzen und die Topologien von X_p und X_g übereinstimmen, ist auch X_g separabel.

Auf jeder kompakten Teilmenge von X_g stimmen die Topologien *und damit* auch die uniformen Strukturen p und g überein, d. h. jede kompakte Teilmenge von X_g ist auch als Teilmenge von X_p abgeschlossen.

Zum Schluß dieses Paragraphen wollen wir noch zeigen: Ist X_g metrisierbar (was aus physikalischen Gründen zu erwarten ist), so *gibt es* auch immer eine uniforme Struktur p, in der X präkompakt, metrisierbar und separiert ist.

Sei $|x, x'|$ eine Metrik für X_g. Aus der Menge aller beschränkten reellen Funktionen $\varphi(\alpha)$ mit kompaktem Träger kann man eine abzählbare Teilmenge $\varphi_\mu(\alpha)$ so auswählen, daß diese $\varphi_\mu(\alpha)$ in bezug auf die Norm $\|\varphi(\alpha)\| = \sup_\alpha |\varphi(\alpha)|$ dicht in dieser Menge liegen (siehe [19] X § 3 n. 3).

Mit einer abzählbaren in X dichten Teilmenge von Punkten x_ν definiere man die Funktionen

$$f_{\nu\mu}(x) = \varphi_\mu(|x, x_\nu|).$$

Durch die Abbildungen $f_{\nu\mu} : X \to \mathbb{R}$ ist dann (wie oben schon gezeigt) eine initiale uniforme Struktur p bestimmt, die mit der initialen uniformen Struktur übereinstimmt, die durch *alle* Abbildungen der Form

$$f_\nu(x) = \varphi(|x, x_\nu|)$$

erzeugt wird; p ist metrisierbar und X_p präkompakt. Es bleibt also nur zu zeigen, daß g feiner als p, aber die Topologien von X_p und X_g gleich sind.

Da alle Abbildungen $f_\nu : X_g \to \mathbb{R}$ gleichmäßig stetig sind, ist g feiner als p. Da g feiner als p ist, ist auch die Topologie von X_g feiner als die von X_p.

Die Topologien stimmen also überein, wenn die identische Abbildung $X_p \to X_g$ stetig ist. Sei durch $|z, z_0| < \epsilon$ eine Umgebung U von z_0 in X_g bestimmt; wir suchen eine Umgebung V von X_p, die in U liegt. Es gibt ein $\varphi(\alpha)$ und δ, so daß aus $|\varphi(\alpha) - \varphi(0)| < \delta |\alpha| < \epsilon$ folgt. Durch $|\varphi(|z, z_0|) - \varphi(0)| < \delta$ ist dann in X_p eine Umgebung V von z_0 bestimmt, für die $V \subset U$ gilt.

8.3 Empirisch herleitbare Gesetze

Die obigen Überlegungen zur Endlichkeit der Physik machen es möglich, auch dem Begriff des empirisch herleitbaren Gesetzes einen (gegenüber den Darlegungen aus § 7.6) neuen Sinn zu geben.

Da wir gefordert haben, daß $\widehat{X}_p$ kompakt ist, gibt es zu jeder Nachbarschaft (Unschärfemenge) $u \in p$ eine endliche Teilmenge $\widetilde{X}$ von X, so daß es zu jedem $x \in \widehat{X}_p$ ein $\widetilde{x} \in \widetilde{X}$ mit $(x, \widetilde{x}) \in u$ gibt. Mit Hilfe von u kann man die Bildrelationen verschmieren, wie dies in §§ 6 und 7.4 geschildert wurde.

In $\mathcal{MT}_{\Sigma_{R_1 R_2}}$ (nach § 7.6) führen wir zu jeder Menge M eine entsprechende (von u abhängige) endliche Menge $\widetilde{M}$ ein und verschmieren die Bildrelationen zu $\widetilde{r}_\mu$. Mit Hilfe von R_2 formuliert man dann eine Relation $\widetilde{R}_2$, die dieselbe Form wie R_2 hat, nur daß überall die Mengen M durch $\widetilde{M}$ und die Strukturterme r_μ durch $\widetilde{r}_\mu$ ersetzt sind. Man stimme die Menge $\widetilde{M}$ relativ zu den $\widetilde{r}_\mu$ so ab, daß $\widetilde{R}_2$ ein Satz in $\mathcal{MT}_{\Sigma_{R_1 R_2}}$ ist (notfalls muß man zur Wahl von $\widetilde{M}$ Unschärfemengen v wählen, die eine endliche Zahl von Malen in u hineinpassen). $\widetilde{R}_2$ nennt man dann einen *endlichen Kern* von R_2.

$\Sigma_{R_1 \widetilde{R}_2}$ ist dann eine ärmere Strukturart als $\Sigma_{R_1 R_2}$. Der endliche Kern $\widetilde{R}_2$ hängt von der Unschärfemenge $u \in p$ ab. Wenn $(\forall u)(u \in p$ und $\widetilde{R}_2) \Leftrightarrow R_2$ ein Satz in $\mathcal{MT}_{\Sigma_{R_1}}$ ist, so sagen wir, daß R_2 eine *normale* Idealisierung ihrer endlichen Kerne ist. Ist dies nicht der Fall, so suche man nach einem reinen Idealisierungsaxiom R_{2id}, so daß $[(\forall u)(u \in p$ und $\widetilde{R}_2)$ und $R_{2id}] \Leftrightarrow R_2$ ein Satz in $\mathcal{MT}_{\Sigma_{R_1}}$ ist.

Es ist meistens sehr mühsam, $\widetilde{R}_2$ zu formulieren. Dazu kommt, daß die Wahl der endlichen Mengen $\widetilde{M}$ und Unschärfemengen u recht willkürlich bleibt, solange physikalisch ungeklärt bleibt, welche Struktur der Wirklichkeit hinter den Unschärfemengen verborgen ist. Dann ist es eben wesentlich einfacher, unendliche Mengen und die Idealisierungen enthaltende Relation R_2 zu benutzen.

Wenn wir aber nach dem „physikalischen" Inhalt eines empirischen Gesetzes R_2 fragen, so hat es eben nur einen Sinn, wenn wir die endlichen Kerne $\widetilde{R}_2$ betrachten, d. h. von den in R_2 enthaltenen Idealisierungen absehen.

Was ist der physikalische Inhalt von $\widetilde{R}_2$, wenn R_2 weder falsifizierbar noch empirisch herleitbar ist? Der Inhalt ist, daß $\widetilde{R}_2$ empirisch herleitbar ist, wie wir es für physikalisch sinnvolle Axiome zu fordern haben. (Da $\widetilde{R}_2$ schwächer als R_2 ist, folgt aus R_2 nicht falsifizierbar erst recht $\widetilde{R}_2$ nicht falsifizierbar. Der Fall R_2 falsifizierbar wurde in § 7.6 ausführlich behandelt.)

Die bekannten Fälle, wo R_2 weder falsifizierbar noch empirisch herleitbar ist, haben die Form

$$R_2 : (\forall z)(\exists w)[A(z, w)],$$

wobei A eine Relation ist. Die Negation von R_2 ist

$$\text{nicht } R_2 : (\exists z)(\forall w)[\text{nicht } A(z, w)].$$

Wenn z und w Elemente unendlicher Mengen sind, ist weder R_2 noch [nicht R_2] falsifizierbar durch endliche Relationen der Form einer Hypothese $\mathcal{H}$, wie wir sie in § 7.6 betrachtet haben. Aber die Negation des endlichen Kerns $\widetilde{R}_2$ kann möglicherweise falsifizierbar, d. h. $\widetilde{R}_2$ empirisch herleitbar sein.

Daß $\widetilde{R}_2$ empirisch herleitbar ist, bedeutet nicht, daß wir jemals einen Realtext haben werden, aus dem $\widetilde{R}_2$ deduziert werden kann. Im Gegenteil haben in den meisten physikalischen Theorien die endlichen Mengen, deren Elemente in $\widetilde{R}_2$ auftreten, so viele Elemente, daß es nicht genug Menschen und nicht genug Zeit für Experimente gibt, um einen Realtext zu erhalten, der ausreicht, um $\widetilde{R}_2$ zu deduzieren. Wir können immer nur sagen, daß wir „auf dem Weg" zu einer empirischen Herleitung von $\widetilde{R}_2$ sind. Solange wir „auf diesem Weg" keinen Hinweis dafür finden, daß wir ein z gemacht haben, für das sich unüberwindliche Hindernisse „in den Weg" stellen, um ein w mit $A(z, w)$ zu machen, nehmen wir $\widetilde{R}_2$ und dessen Idealisierung R_2 als Axiom an. Aber wir können eben niemals ausschließen, daß wir „auf dem Weg" eine Begrenzung der Gültigkeit von $\widetilde{R}_2$ finden und so auf ein neues Naturgesetz stoßen (siehe dazu die weiteren Überlegungen in § 9).

Die beste Form der physikalischen Gesetze $P(\dots)$ in einer axiomatischen Basis wäre die, daß wir Normen, falsifizierbare Gesetze, empirisch herleitbare endliche Kerne und „reine" Idealisierungen trennen könnten. Bisher ist dieses Ideal praktisch noch nicht verwirklicht worden, da es schwer ist, die reinen Idealisierungen abzutrennen. Aber wir können jetzt genauer definieren, was wir unter einer reinen Idealisierung verstehen: R_2 ist eine reine Idealisierung, wenn der endliche Kern $\widetilde{R}_2$ ein Satz in $\mathcal{MT}_{\Sigma}$ (für jede Unschärfemenge) ist.

Beispiele für die Überlegungen dieses § 8 lassen sich nicht so einfach anfügen, da es bisher nicht üblich war, sich genauer Gedanken über diese hier dargestellten Probleme zu machen. Daher war es notwendig, eine Theorie wie z. B. die Quantenmechanik in neuer Form darzustellen. So findet man in [20] eine Fülle von Beispielen zu diesem § 8.

9. Beziehungen zwischen physikalischen Theorien

Die theoretische Physik ist dadurch gekennzeichnet, daß es nicht nur eine $\mathcal{PT}$ gibt; und auch in diesem Buch werden wir eine Fülle von verschiedenen $\mathcal{PT}$s kennenlernen. Wie wir schon in §2 kurz erwähnten, wurde seit den ersten umfangreichen Erfolgen der theoretischen Physik immer wieder das Ziel *einer einheitlichen* Theorie für alle Erscheinungen angestrebt; ja, historisch gesehen, fehlte es sogar nicht an Überzeugungen, daß es „im Prinzip" schon gelungen sei, eine solche Theorie zu begründen, auch wenn es – wie man meinte – wegen „rein mathematischer" Schwierigkeiten nicht möglich sei, die ganze Welt zu „berechnen" (siehe auch z. B. [1] VI §4). Heutzutage aber sieht man mehr und mehr ein, daß eine sogenannte *Theorie der ganzen Welt* eine Utopie ist (wie schon in §2 betont), wenn man meint, eine solche Theorie jemals haben zu können; keine Utopie, wenn man darunter das nie erreichbare Ziel der Entwicklung der theoretischen Physik versteht. Der Charakter der theoretischen Physik als einer *sich entwickelnden* Wissenschaft ist aber entscheidend dadurch geprägt, daß es viele $\mathcal{PT}$s gibt.

Wenn dies so ist, stellt sich von selbst das Problem des Zusammenhangs der verschiedenen $\mathcal{PT}$s. In diesem Paragraphen wollen wir versuchen, einige Beziehungen zwischen $\mathcal{PT}$s zu charakterisieren. Die aber damit angeschnittenen Probleme können in keiner Weise alle gelöst werden; ja, oft müssen wir uns damit begnügen, die Probleme nur aufzuzeigen. Insbesondere bedürfen alle Fragen, die sich durch die Benutzung *endlicher* Unschärfemengen ergeben, einer viel ausführlicheren Erläuterung, als dies im Augenblick überhaupt und in dem engen Rahmen dieses Paragraphen möglich ist.

Trotz der Schwierigkeit der angeschnittenen Probleme dürfen wir diesen nicht ausweichen, weil nicht nur die theoretische Physik als ganze, sondern auch die tatsächlichen Theorien, wie eben gerade auch die Quantenmechanik, in einer *Entwicklung* begriffen sind, bei der man von einer Theorie zu einer „besseren" voranschreitet. Ja sogar eine vorgegebene $\mathcal{PT}$ kann gar nicht sinnvoll und verständlich dargestellt werden, wenn man gleich mit dem Aufschreiben *aller* Axiome, d. h. aller physikalischen Gesetze dieser $\mathcal{PT}$ beginnt; vielmehr wird man die Theorie „entwickeln", indem man immer neue Gesetze hinzufügt.

Ist man von einer Theorie $\mathcal{PT}_1$ zu einer „besseren" $\mathcal{PT}_2$ vorangeschritten, so ist nicht etwa die vorhergehende Theorie $\mathcal{PT}_1$ abgetan, im Gegenteil kommt diese oft erst recht *in ihrem Bereich* zur vollen Wirkung, wenn man ihre Grenzen durch die bessere Theorie $\mathcal{PT}_2$ abzuschätzen gelernt hat; ja, man geht manchmal sogar umgekehrt von einer „guten" zu einer „schlechteren" Theorie über, weil nur die schlechtere Theorie wirklich zu *handhabende Lösungsmethoden* für einen bestimmten Erfahrungsbereich liefert und so eine bessere Verfügbarkeit über Naturvorgänge ermöglicht (siehe Problemkreis 4 aus §1 und Ende von §7.5). So ist z. B. die klassische Punktmechanik weiterhin genauso gültig wie eh und je, trotz der Entdeckung der Relativitätstheorie und Quantenmechanik. Wer von einem Umsturz im Weltbild der Physik spricht *und* dies als einen Umsturz *innerhalb* der theoretischen Physik versteht, hat das Wesen der theoretischen Physik nicht verstanden. Wenn ein Umsturz stattgefunden hat, so durch die Vernichtung von philosophischen Weltbildern, die man vermeintlich durch die Physik begründbar glaubte (siehe auch [1] besonders XIX, X).

Wir werden im folgenden nicht von einer „besseren" und einer „schlechteren" Theorie sprechen, weil mit diesen Worten Wertungen ausgedrückt werden, die der wirklichen Sachlage nicht gerecht werden. Wir werden daher von *umfangreicheren* und weniger umfangreichen Theorien sprechen. Um nun aber die einleitend angeschnittenen Fragen präziser fassen zu können, müssen wir sagen, was wir unter einer gegenüber $\mathcal{PT}_1$ umfangreicheren Theorie $\mathcal{PT}_2$ verstehen. Genau dieser Frage sind die Ausführungen dieses Paragraphen gewidmet; denn ist diese Frage geklärt, so lassen sich auch kompliziertere Verhältnisse zwischen zwei Theorien $\mathcal{PT}_1$ und $\mathcal{PT}_2$ diskutieren, wie z. B. das Verhältnis von Wellenbild und Korpuskelbild, wie diese beiden Bilder z. B. in [1] XI §1 kurz skizziert sind.

Das hier angeschnittene Problem des Verhältnisses der umfangreicheren Theorie $\mathcal{PT}_2$ zur weniger umfangreichen Theorie $\mathcal{PT}_1$ ist in der Literatur auch unter der Begriffsbildung „Reduktion" bekannt. Man sagt, daß $\mathcal{PT}_2$ die Theorie $\mathcal{PT}_1$ reduziert. In dem benutzten Begriff der Reduktion geht dabei eine „Reduktionsrelation" ein. Bei dem von uns gebrachten Bild einer $\mathcal{PT}$ als $\mathcal{MT}_\Sigma(-)\mathcal{W}$ ist die Benutzung einer „Reduktionsrelation" schlecht möglich; man hat vielmehr andere „Verfahren" zu benutzen, die wir weiter unten als „Einschränkung" und „Einbettung" bezeichnen. Deshalb soll hier eben auch ein anderer Ausdruck als „Reduktion" benutzt werden. Statt „$\mathcal{PT}_2$ reduziert $\mathcal{PT}_1$" sagen wir hier: $\mathcal{PT}_2$ ist umfangreicher als $\mathcal{PT}_1$.

9.1 Einschränkung

Wir setzen voraus, daß wir die umfangreichere Theorie $\mathcal{PT}_1$ kennen, und wollen durch einen gleich zu beschreibenden „Prozeß" von $\mathcal{PT}_1$ zu einer Theorie $\mathcal{PT}$ übergehen, die „weniger über die Wirklichkeit aussagt" als $\mathcal{PT}_1$; d. h. wir wollen aus einer $\mathcal{PT}_1$ eine $\mathcal{PT}$ konstruktiv gewinnen.

Die Theorie $\mathcal{PT}_1$ sei durch $\mathcal{MT}_{\Sigma_1}(-)^1\mathcal{W}$ gegeben, wobei $\mathcal{MT}_{\Sigma_1}$ eine axiomatische Basis erster Stufe von $\mathcal{PT}_1$ sei. Die Strukturart Σ_1 sei durch die Hauptbasis $x_1,\ldots,x_n$ und einen Strukturterm s definiert; s ist also nach §7.4 eine Struktur, die als Komponente die Bildrelationen enthält und die zugehörigen uniformen Strukturen in $\mathcal{MT}_{\Sigma_1}$ bestimmt. Die $x_1, \ldots, x_n$ sind also mit den Bildtermen identisch.

Daß wir von einer axiomatischen Basis erster Stufe (nicht notwendig einfach) ausgehen, ist keine wesentliche Voraussetzung, da man leicht alle folgenden Überlegungen mit Hilfe der Darlegungen aus § 7.4 auch auf axiomatische Basen höherer Stufe übertragen kann.

Nach § 7.2 ist ein innerer Term $V(x_1, \ldots, x_n, s)$ in $\mathcal{MT}_{\Sigma_1}$ ein Element einer Leitermenge über $x_1, \ldots, x_n, \mathbb{R}$. Es seien nun in $\mathcal{MT}_{\Sigma_1}$ q innere Terme $E_1, \ldots, E_q$ definiert, für die noch spezieller gilt: Jedes E_ν gehört zu einer der zwei „Arten" (α) oder (β):

(α) E_ν ist eine Teilmenge einer Produktmenge $x_{\nu_1} \times \ldots \times x_{\nu_p}$, wobei ein x im Produkt mehrmals auftreten kann, auch der Fall $p = 1$ ist mit inbegriffen.

Etwas komplizierter ist der Fall (β) zu schildern: Wir gehen aus von einem inneren Term F, der zu der oben gekennzeichneten Klasse (α) gehöre. S sei eine Leitermenge über den x_ν. Weiter sei eine Abbildung f von F in S als innerer Term gegeben. Das Bild E von F in S bei der Abbildung f nennen wir dann einen Term der Art (β). Kurz können wir also schreiben:

(β) E_ν ist das Bild einer Menge F der „Art" (α) bei einer Abbildung f von F in eine Leitermenge über den x_ν.

Falls durch den Strukturterm s uniforme Strukturen der Mengen $x_1, \ldots, x_m$ gegeben sind, so lassen sich diese leicht auf die Mengen E_ν übertragen: Da die E_ν Teilmengen von Leitermengen über den x_ν sind, genügt es, uniforme Strukturen auf den Leitermengen zu definieren, denn dann ist auch auf E_ν eine uniforme Struktur als initiale Struktur ([10] II § 2 n. 4) zur kanonischen Injektion von E_ν in die Leitermenge, von der E_ν Teilmenge ist, definiert.

Uniforme Strukturen auf den Leitermengen über den x_ν sind definiert, wenn man für Produktmengen und Potenzmengen uniforme Strukturen definiert. Für eine Produktmenge $M_1 \times M_2$ sei in üblicher Weise ([10] II § 2 n. 6) die uniforme Struktur durch die uniformen Strukturen von M_1 und M_2 definiert. Auf einer Potenzmenge $\mathcal{P}(M)$ sei die uniforme Struktur durch die von M in der in [10] exercice 5 zu II § 1 näher erläuterten Weise definiert.

In bezug auf (β) ist noch zu ergänzen, daß gefordert wird: f ist in bezug auf die eben definierten uniformen Strukturen gleichmäßig stetig.

Nur dann ist f „physikalisch sinnvoll", da dann durch die Abbildung f die Elemente von F nicht besser „unterscheidbar" werden, als sie es schon in F aufgrund der in F gegebenen uniformen Struktur waren; anders ausgedrückt: Die durch f bestimmte initiale uniforme Struktur auf F ist gröber als die in F vorgegebene uniforme Struktur.

Als ersten Schritt für die Definition einer neuen Theorie $\mathcal{PT}$ nehmen wir als mathematische Theorie von $\mathcal{PT}$ dieselbe Theorie $\mathcal{MT}_{\Sigma_1}$ (die natürlich nicht mehr eine axiomatische Basis von $\mathcal{PT}$ zu sein braucht). Als Bildterme für $\mathcal{PT}$ definieren wir die $E_1, \ldots, E_q$.

Um Bildrelationen für $\mathcal{PT}$ einzuführen, suchen wir nach inneren Termen $u_\mu(x_1, \ldots, x_n, s)$, für die gilt:

$$u_\mu(x_1, \ldots, x_n, s) \subset E_{\mu_1} \times E_{\mu_2} \times \ldots \times \mathbb{R}. \tag{9.1.1}$$

Durch $R_\mu(y_1 \ldots)$ äquivalent zu $(y_1 \ldots) \in u_\mu$ sind dann Relationen bestimmt, die man als Bildrelationen benutzen kann. Zur Definition von $\mathcal{PT}$ wähle man einige solche Relationen als Bildrelationen. Die den u_μ zugeordneten Bildrelationen seien kurz mit $R_\mu(\ldots)$ bezeichnet. Die Terme u_μ für die Bildrelationen und die auf den E_ν definierten uniformen Strukturen legen nach § 7.4 den Strukturterm U für $\mathcal{PT}$ fest. U ist also ein innerer Term $U(x_1, \ldots, x_n, s)$ in bezug auf die Strukturart Σ_1, und U ist Element einer Leitermenge über $E_1, \ldots, E_q, \mathbb{R}$. Um $\mathcal{PT}$ festzulegen, brauchen wir erst einmal die Abbildungsprinzipien (—) von $\mathcal{PT}$. Wir legen diese auf folgende Weise fest:

Dazu betrachten wir statt eines bestimmten Realtextes eine Hypothese $\mathcal{H}$ im Sinne von § 7.6. Um genauer zu bezeichnen, daß wir eine Hypothese in bezug auf die Theorie $\mathcal{PT}_1$ betrachten, schreiben wir $\mathcal{H}_1$; also $\mathcal{MT}_{\Sigma_1}\mathcal{H}_1$ für die durch die Axiome $\mathcal{H}_1$ erweiterte Theorie $\mathcal{MT}_{\Sigma_1}$. Die hypothetischen Zeichen seien mit a_i bezeichnet. Die Axiome $\mathcal{H}_1$ lauten also

$$a_1 \in x_{\nu_1}, \ a_2 \in x_{\nu_2}, \ldots \tag{9.1.2}$$

und

$$(a_{i_1}, a_{i_2}, \ldots) \in s_{\mu_1} \quad \text{usw.} \tag{9.1.3}$$

Wir wollen hier also speziell eine solche Form von $\mathcal{H}_1$ betrachten, in der nur die idealen Bildrelationen vorkommen, eine schon in § 7.6 betonte Möglichkeit.

Ist E_ν ein Term der Art (α) und läßt sich in $\mathcal{MT}_{\Sigma_1}\mathcal{H}_1$ der Satz

$$(a_{i_1}, a_{i_2}, \ldots, a_{i_p}) \in E_\nu, \tag{9.1.4}$$

d. h. in $\mathcal{MT}_{\Sigma_1}$ der Satz $\mathcal{H}_1 \Rightarrow (a_{i_1}, \ldots, a_{i_p}) \in E_\nu$, beweisen, so führen wir als Abkürzung für das p-Tupel $(a_{i_1}, \ldots, a_{i_p})$ den Buchstaben b_l ein:

$$(a_{i_1}, \ldots, a_{i_p}) = b_l. \tag{9.1.5}$$

Aus (9.1.4), (9.1.5) folgt

$$b_l \in E_\nu. \tag{9.1.6}$$

Wir nennen dann b_l ein aus $\mathcal{H}_1$ deduzierbares Bildelement aus dem „neuen" Bildterm E_ν.

Ist E_ν ein Term der Art (β) und $F \subset x_{\nu_1} \times \ldots \times x_{\nu_p}$ mit $f(F) = E_\nu$, so betrachte man zunächst solche p-Tupel, für die sich

$$(a_{i_1}, \ldots, a_{i_p}) \in F \tag{9.1.7}$$

beweisen läßt. In F ist durch f eine Klasseneinteilung definiert: Eine Klasse ist durch $f^{-1}(b)$ mit $b \in E_\nu$ gegeben. Man betrachte alle solche p-Tupel $(a_{i_1}, \ldots, a_{i_p})$, $(a_{j_1}, \ldots, a{j_p})$, $\ldots$, die zur selben Klasse gehören und führe dann zur Abkürzung folgenden neuen Buchstaben b_k ein:

$$f(a_{i_1}, \ldots, a_{i_p}) = f(a_{j_i}, \ldots, a_{j_p}) = \ldots = b_k. \tag{9.1.8}$$

Es folgt dann

$$b_k \in E_\nu. \tag{9.1.9}$$

Auch im Falle (9.1.9) nennen wir dann b_k ein aus $\mathcal{H}_1$ deduzierbares Bildelement für den „neuen" Bildterm E_ν.

Läßt sich dann mit den u_μ nach (9.1.1) in $\mathcal{MT}_{\Sigma_1}\mathcal{H}_1$ eine Relation

$$(b_{i_1}, b_{i_2}, \ldots) \in u_\mu \quad \text{bzw.} \quad (b_{k_1}, b_{k_2}, \ldots) \notin u_\mu \tag{9.1.10}$$

herleiten, so definiert man eine Hypothese $\mathcal{H}$ durch die Relationen (9.1.6), (9.1.9), (9.1.10). Man erhält so die Theorie $\mathcal{MT}_{\Sigma_1}\mathcal{H}$.

Im Falle einer unscharfen Abbildung, wo (9.1.3) die Form

$$(a_{i_1}, a_{i_2}, \ldots) \in \tilde{s}_{\mu_1} \quad \text{usw.} \tag{9.1.11}$$

annimmt, begnügt man sich mit weicheren Forderungen als (9.1.6), (9.1.8), (9.1.9) und (9.1.10).

Im Falle (α) ersetzen wir in (9.1.4) E_ν durch eine Umgebung $\tilde{E}_\nu$ von E_ν (entsprechend der Verschmierung von s_μ) und suchen nach Sätzen der Form

$$b_l \in \tilde{E}_\nu. \tag{9.1.12}$$

Im Falle (β) ersetzen wir $E_\nu = f(F)$ durch eine Umgebung $\tilde{E}_\nu$ von E_ν in der entsprechenden Leitermenge. Statt (9.1.7) suchen wir nach Relationen

$$(a_{i_1}, \ldots, a_{i_p}) \in \tilde{F} \tag{9.1.13}$$

mit $\tilde{F}$ als Umgebung von F. Dann wählen wir eine Zerlegung $\{\sigma_k\}$ von $\tilde{E}_\nu$ in disjunkte Mengen, so daß die Elemente eines σ_k benachbart im Sinne der benutzten Unschärfemenge sind. Wir benutzen dasselbe Zeichen b_k als Abkürzung für alle p-Tupel mit

$$f(a_{i_1}, \ldots, a_{i_p}) \in \sigma_k, \; f(a_{j_i}, \ldots, a_{j_p}) \in \sigma_k \tag{9.1.14}$$

und erhalten so (9.1.12).

Mit $\tilde{u}_\mu$ als Verschmierung von u_μ und $\tilde{u}'_\mu$ als Verschmierung von u'_μ sucht man nach Sätzen der Form

$$(b_{i_1}, b_{i_2}, \ldots) \in \tilde{u}_\mu, \ldots; \; (b_{k_1}, b_{k_2}, \ldots) \in \tilde{u}'_\lambda, \ldots, \tag{9.1.15}$$

wodurch (9.1.10) zu ersetzen ist.

Damit ist $\mathcal{MT}_{\Sigma_1}\mathcal{H}$ erklärt. Damit sind aber auch die Abbildungsprinzipien (—) von $\mathcal{PT}$ auf der Basis der Abbildungsprinzipien von $\mathcal{PT}_1$ auf folgende Weise erklärt:

Der Realtext bleibt derselbe wie von $\mathcal{PT}_1$; aber der Realtext wird umnormiert mit Hilfe der „Abkürzungen" b_l. Man nennt die b_l auch oft Sammelzeichen. Als Relationen $(\text{—})_r(1)$ schreibt man die Relation (9.1.12) auf und als Relationen $(\text{—})_r(2)$ die Relationen (9.1.15). Manchmal verschärft man (9.1.12) durch (9.1.6), obwohl dies allein durch die Herleitung von PT aus PT_1 nicht gerechtfertigt ist.

Man bezeichnet die aus PT_1 hergeleitete Theorie PT als eine Einschränkung von PT_1. Zur übersichtlichen Darstellung komplizierter Relationen zwischen Theorien führen wir als Abkürzung für eine Einschränkung das Symbol

$$PT_1 \rightarrow PT \tag{9.1.16}$$

ein.

Benutzt man nicht die Verschärfung von (9.1.12) durch (9.1.6), d. h. benutzt man in MT_{Σ_1} die $\widetilde{E}_\nu$ als Bildmengen, so folgt: Wenn $MT_{\Sigma_1}\mathcal{H}_1$ widerspruchsfrei ist, so ist die Theorie $MT_{\Sigma_1}\mathcal{H}_1\mathcal{H}$, die aus $MT_{\Sigma_1}\mathcal{H}_1$ durch Einführung der neuen Konstanten b_l und der Relationen (9.1.5),(9.1.8) bzw. entsprechend (9.1.14) als Axiome entsteht, ebenfalls widerspruchsfrei. Da $MT_{\Sigma_1}\mathcal{H}$ weicher als $MT_{\Sigma_1}\mathcal{H}_1\mathcal{H}$ ist, ist also auch $MT_{\Sigma_1}\mathcal{H}$ widerspruchsfrei. In diesem Sinne ist PT_1 umfangreicher als PT.

Die idealisierende Verschärfung von (9.1.12) durch (9.1.6) kann natürlich im Prinzip zu Widersprüchen in $MT_{\Sigma_1}\mathcal{H}_1\mathcal{H}$ und damit eventuell auch in $MT_{\Sigma_1}\mathcal{H}$ führen. Es ist aber zu vermuten, daß Widersprüche in $MT_{\Sigma_1}\mathcal{H}$ nicht auftreten, wenn die Verschmierung von u_μ grob genug ist; natürlich immer vorausgesetzt, daß $MT_{\Sigma_1}\mathcal{H}_1$ widerspruchsfrei ist.

Daß wir für PT dieselben Realtexte wie für PT_1 benutzen, kann den Eindruck erwecken, daß der Grundbereich $\mathcal{G}$ von PT derselbe wie $\mathcal{G}_1$ von PT_1 ist. Aber wir haben die Realtexte durch Einführung neuer Sammelzeichen b_l umnormiert. Nach Umnormierung „vergißt" man in bezug auf PT die alten Zeichen a_i. Dieses „Vergessen" kann den Grundbereich $\mathcal{G}$ gegenüber $\mathcal{G}_1$ einschränken:

Bei der Umnormierung des Realtextes von den a_i zu den b_l kann viel vom Realtext wegfallen, da nicht für alle vorkommenden p-Tupel (9.1.9) bzw. (9.1.12) zu gelten brauchen. Alle solche nicht (9.1.9) bzw. (9.1.12) erfüllenden p-Tupel gehören nicht mehr zum Grundbereich $\mathcal{G}$ von PT. Wie $\mathcal{G}$ gegenüber $\mathcal{G}_1$ eingeschränkt ist, ist durch die neuen Bildmengen E_ν und die zugehörigen Abbildungsprinzipien (—) von PT festgelegt. Diese Abbildungsprinzipien (—) lassen sich aber zunächst nicht ohne Kenntnis von PT_1 formulieren. Die Einschränkung von $\mathcal{G}$ gegenüber $\mathcal{G}_1$ ist also zunächst nur mit Hilfe von PT_1, insbesondere mit Hilfe von MT_{Σ_1}, formulierbar. Wie eine einfache axiomatische Basis (siehe § 7.5) so formuliert werden könnte, daß der Grundbereich $\mathcal{G}$ durch normative Axiome (siehe § 7.6) eingegrenzt werden kann, d. h. „intern" von PT definierbar wird, ist durch den Prozeß der Einschränkung nicht geklärt.

Um Mißverständnissen vorzubeugen, sei noch betont, daß die Definition der E_ν und u_μ nicht unscharf ist. Nur das Ableseergebnis des Realtextes ist unscharf. Allerdings wird in (9.1.12) $\widetilde{E}_\nu$ statt E_ν als Bildmenge benutzt. Um keine von Unschärfemengen abhängigen Bildmengen zu haben (denn Unschärfemengen möchte man *verschieden* wählen können), ersetzt man eben, wie schon oben erwähnt, die Relationen (9.1.12) durch die schärferen (9.1.9); in der Hoffnung, durch geeignete Unschärfemengen für die u_μ die idealisierenden Verschärfungen (9.1.9) widerspruchsfrei einführen zu können.

Sehr häufig tritt in der Physik ein einfacher Spezialfall von Einschränkungen auf: Die E_ν sind einige der x_ν und die u_μ einige der s_μ. Nehmen wir der Einfachheit halber die Numerierung der x_ν so an, daß $E_1 = x_1$, $E_2 = x_2$, ..., $E_q = x_q$ ist. Wegen (9.1.1) dürfen diejenigen s_μ, die man als u_μ beibehält, nur die x_1 bis x_q enthalten!

Für eine solche Einschränkung bestehen die aus dem Realtext abgelesenen Axiome $(-)_r$ von $\mathcal{PT}$ einfach aus einem Teil der Axiome $(-)_{1r}$ von $\mathcal{PT}_1$. Wir sagen, daß wir alle $x_{q+1}, \ldots, x_n$ und alle s_μ, die keine u_μ sind, „vergessen". Eine solche Einschränkung nennen wir eine Standardeinschränkung, in Zeichen kurz $\mathcal{PT}_1 \overset{S}{\to} \mathcal{PT}$.

Manchmal ist es notwendig, den Begriff der Einschränkung in folgender Weise zu erweitern. Wir betrachten eine spezielle Hypothese $\mathcal{H}_r$ in $\mathcal{PT}_1$, für die $\mathcal{MT}_{\Sigma_1}\mathcal{H}_r$ widerspruchsfrei ist. Statt von $\mathcal{MT}_{\Sigma_1}$ gehen wir von $\mathcal{MT}_{\Sigma_1}\mathcal{H}_r$ aus, um neue Bildterme E_ν und Bildrelation u_μ zu konstruieren.

Nach § 7.4 können wir $\mathcal{MT}_{\Sigma_1}\mathcal{H}_r$ auch als $\mathcal{MT}_{\langle\Sigma_1,\mathcal{H}_r\rangle}$ mit der Strukturart $\langle\Sigma_1, \mathcal{H}_r\rangle$ schreiben. Die E_ν, u_μ sind also innere Terme der Strukturart $\langle\Sigma_1, \mathcal{H}_r\rangle$. Als solche können sie auch von $\mathcal{H}_r$ abhängen.

Bei der Konstruktion der E_ν und u_μ ist zu beachten, daß die Bildterme x_ν von Σ_1 und $\langle\Sigma_1,\mathcal{H}_r\rangle$ dieselben sind; in $\langle\Sigma_1,\mathcal{H}_r\rangle$ treten gegenüber Σ_1 nur zusätzliche Terme und Axiome auf. Daraus folgt, daß die Art und Weise der Übersetzung des Textes $(-)_{1r}$ in $(-)_r$ genauso erfolgt wie ohne Hypothese $\mathcal{H}_r$.

Die so konstruierte Einschränkung $\mathcal{PT}$ kann also von $\mathcal{H}_r$ abhängen. Um diese Theorie $\mathcal{PT}$ wirklich anwenden zu können, müssen wir voraussetzen, daß ein Realtext vorliegt, durch den $\mathcal{H}_r$ „realisiert" wird (siehe § 10.7), d. h. in dem als Teil von $(-)_{1r}$ (bei geeigneter Wahl der Buchstaben) die Hypothese $\mathcal{H}_r$ auftaucht. Dieser Teil sei mit $\mathcal{A}_r$ bezeichnet, um deutlich zu machen, daß er aus einem Realtext abgelesen wurde. $\mathcal{A}_r$ beschreibt also ein Stück aus dem Grundbereich $\mathcal{G}_1$ von $\mathcal{PT}_1$. Es kann aber viele verschiedene Realisationen $\mathcal{A}_r$ von $\mathcal{H}_r$ aus dem Grundbereich $\mathcal{G}_1$ geben.

Der Grundbereich $\mathcal{G}$ von $\mathcal{PT}$ kann so von der gewählten Realisation $\mathcal{A}_r$ der Hypothese $\mathcal{H}_r$ abhängen. Obwohl die Struktur der Theorie $\mathcal{PT}$ (bei fester Hypothese $\mathcal{H}_r$) nicht von den $\mathcal{A}_r$ abhängt, erhält man für verschiedene $\mathcal{A}_r$ verschiedene Anwendungsbereiche. Da die Anwendungsbereiche von $\mathcal{A}_r$ abhängen können und $\mathcal{A}_r$ zunächst in $\mathcal{PT}_1$ definiert ist, sind die verschiedenen Anwendungsbereiche zunächst extern durch $\mathcal{PT}_1$, $\mathcal{A}_r$ und die Einschränkung festgelegt. Ob und wie man dann nachträglich diese Anwendungsbereiche auch intern auszeichnen kann, ist natürlich nicht beantwortet.

Den Fall einer Einschränkung $\mathcal{PT}$ von $\mathcal{PT}_1$ relativ zu einer Hypothese $\mathcal{H}_r$ schreiben wir symbolisch kurz in der Form $\mathcal{PT}_1 \overset{\mathcal{H}_r}{\to} \mathcal{PT}$.

Einschränkungen relativ zu einer Hypothese $\mathcal{H}_r$ sind in der Physik weit verbreitet. Oft beschreibt $\mathcal{H}_r$ eine Situation in einem Labor, relativ zu der die Theorie $\mathcal{PT}_1$ eingeschränkt wird. Ein festes $\mathcal{H}_r$ kann durch eine Reihe von möglichen Tatsachen in $\mathcal{G}_1$ realisiert werden, z. B. durch verschiedene Situationen „derselben Art" in verschiedenen Laboratorien. Als Beispiel denke man an $\mathcal{PT}_1$ als die spezielle Relativitätstheorie und an $\mathcal{H}_r$ als die experimentellen Charakteristika eines Inertialsystems. Dann können wir die Menge aller Inertialsysteme (in $\mathcal{PT}_1$) zu der Teilmenge aller derjenigen Systeme „einschränken", deren Geschwindigkeit relativ zum System $\mathcal{H}_r$ weniger als 10^{-6} der Lichtgeschwindigkeit beträgt. Die so erhaltene Einschränkung ist aber noch nicht die *Galilei*sche Relativitätstheorie; siehe § 9.2.

9.2 Einbettung

Neben der Methode der Einschränkung gibt es noch einen zweiten wichtigen Prozeß, um aus einer $\mathcal{PT}$ eine weniger umfangreiche $\mathcal{PT}_2$ zu konstruieren, den wir „Einbettung" nennen.

Um diesen Prozeß der Einbettung zu beschreiben, gehen wir von einer Theorie $\mathcal{PT}$ der Form $\mathcal{MT}_\Sigma(-)\mathcal{W}$ aus, wobei $\mathcal{MT}_\Sigma$ nicht unbedingt eine axiomatische Basis von $\mathcal{PT}$ zu sein braucht. Neben $\mathcal{PT}$ betrachten wir zunächst nur eine Strukturart Σ_2 (und keine schon definierte $\mathcal{PT}_2$).

Wie am Anfang von § 7.4 seien für $\mathcal{PT}$ die Bildterme $E_1, \ldots, E_r$ als innere Terme in $\mathcal{MT}_\Sigma$ und die Bildrelationen u_μ als Komponenten des Strukturterms U definiert. Für ein u_μ gilt also speziell

$$u_\mu \subset E_{i_1} \times E_{i_2} \times \ldots \times \mathbb{R} = T'_\mu(E_1, \ldots, E_r, \mathbb{R}), \tag{9.2.1}$$

wobei $\mathbb{R}$ auch fehlen kann.

Die Strukturart Σ_2 sei in folgender Form gegeben: Hauptbasisterme $y_1, \ldots,$ y_p (mit $p \leq r$), Typisierung $t \in T(y_1, \ldots, y_p, \mathbb{R})$ und die axiomatische Relation $P_2(y_1, \ldots, y_p, t)$. Wir wollen für die Typisierung speziell voraussetzen:

$$\begin{aligned} T(y_1, \ldots) &= \mathcal{PT}_1(\ldots) \times \mathcal{PT}_2(\ldots) \times \ldots, \\ T_\mu(y_1, \ldots, y_r, \mathbb{R}) &= y_{\mu_1} \times y_{\mu_2} \times \ldots \times \mathbb{R} \end{aligned} \tag{9.2.2}$$

(wobei $\mathbb{R}$ auch fehlen kann), so daß gilt: $t = (t_1, t_2, \ldots)$ mit

$$t_\mu \subset T_\mu(y_1, \ldots, y_p, \mathbb{R}) = y_{\mu_1} \times y_{\mu_2} \times \ldots \times \mathbb{R} \,. \tag{9.2.3}$$

Mit u'_μ sei kurz die Komplementärmenge von u_μ in $T'_\mu(E_1, \ldots, E_r, \mathbb{R})$ bezeichnet. Die Verneinung $x \notin u_\mu$ der Bildrelation $x \in u_\mu$ können wir dann auch $x \in u'_\mu$ schreiben. Entsprechend sei t'_μ das Komplement von t_μ in $T_\mu(y_1, \ldots, y_p, \mathbb{R})$.

Die Strukturart Σ_2 sei so gewählt, daß in $\mathcal{MT}_\Sigma$ der folgende Satz gelte, auf den wir später kurz immer als „Einbettungssatz" verweisen werden: Eine bestimmte Zuordnung der Indizes $i \to \nu_i$ sei vorgegeben. Bei passender Numerierung der t_μ gelte dann:

$$\begin{aligned} &(\exists y_1)(\exists y_2) \ldots (\exists t_1)(\exists t_2) \ldots (\exists f_1)(\exists f_2) \ldots \\ &[t_\mu \subset T_\mu(y_1, \ldots, y_p, \mathbb{R}) \text{ für alle } \mu \text{ und } P_2(y_1, \ldots, y_p, t) \\ &\text{und } f_i : E_i \to y_{\nu_i} \text{ für alle } i \\ &\text{und } [\langle f_1, \ldots, f_r, Id \rangle^{T'_\mu}]^{-1} t_\mu = u_\mu]. \end{aligned} \tag{9.2.4}$$

Hier bedeutet $[\langle f_1, \ldots\rangle^{T'_\mu}]^{-1} t_\mu$ die Menge aller z mit $\langle f_1, \ldots\rangle^{T'_\mu} z \in t_\mu$. Es kann sein, daß $[\langle f_1, \ldots\rangle^{T'_\mu}] u_\mu \neq t_\mu$ ist, da das Bild von $T'_\mu(\ldots)$ bei der Abbildung $\langle f_1, \ldots\rangle^{T'_\mu}$ nicht notwendig die ganze Menge $T_\mu(\ldots)$ nach (9.2.2) ist. Aus $[\langle f_1, \ldots\rangle^{T'_\mu}]^{-1} t_\mu = u_\mu$ folgt $[\langle f_1, \ldots, f_r\rangle^{T'_\mu}] u_\mu \subset t_\mu$ und $[\langle f_1, \ldots, f_r\rangle^{T'_\mu}] u'_\mu \subset t'_\mu$.

Mit $\mathcal{M T}_{\Sigma_2}$ als mathematischem Bild konstruieren wir nun auf folgende Weise eine Theorie $\mathcal{P T}_2$: Die genormten Realtexte (und damit den genormten Grundbereich $\mathcal{G}_n$) übernehmen wir von $\mathcal{P T}$; $\mathcal{P T}$ *und* $\mathcal{P T}_2$ *unterscheiden sich also weder durch den Grundbereich noch durch die Zeichensetzung!*

Um die Abbildungsprinzipien von $\mathcal{P T}_2$ zu definieren, gehen wir von einer Hypothese $\mathcal{H}$ in $\mathcal{P T}$ von der Form

$$a_i \in E_{i_1}, \; a_2 \in E_{i_2}, \ldots \tag{9.2.5}$$

und

$$(a_{k_1}, a_{k_2}, \ldots) \in u_{\mu_1}, \; \ldots (a_{l_1}, a_{l_2}, \ldots) \notin u_{\mu_2}, \ldots \tag{9.2.6}$$

aus. Wir konstruieren daraus $\mathcal{H}_2$ für $\mathcal{P T}_2$, indem wir (9.2.5) durch

$$a_1 \in y_{\nu i_1}, \; a_2 \in y_{\nu i_2}, \ldots \tag{9.2.7}$$

und (9.2.6) durch

$$(a_{k_1}, a_{k_2}, \ldots) \in t_{\mu_1}, \; \ldots (a_{l_1}, a_{l_2}, \ldots) \notin t_{\mu_2} \tag{9.2.8}$$

ersetzen.

Mit der so konstruierten Theorie $\mathcal{P T}_2$ nennen wir den oben angegebenen Zusammenhang von $\mathcal{P T}$ mit $\mathcal{P T}_2$ eine *Einbettung* von $\mathcal{P T}$ in $\mathcal{P T}_2$, symbolisch kurz mit

$$\mathcal{P T} \hookrightarrow \mathcal{P T}_2 \tag{9.2.9}$$

bezeichnet. Augenscheinlich ist $\mathcal{M T}_{\Sigma_2}$ eine axiomatische Basis erster Stufe von $\mathcal{P T}_2$.

Für $\mathcal{P T}_2$ haben wir als genormten Grundbereich $\mathcal{G}_2$ denselben $\mathcal{G}$ wie von $\mathcal{P T}$ benutzt. Das hat eine sehr wichtige Konsequenz für die Formulierung von Hypothesen in $\mathcal{P T}_2$: Man darf als Hypothesen $\mathcal{H}_2$ von $\mathcal{P T}_2$ *nicht* irgendwelche Relationen der Form (9.2.7), (9.2.8) benutzen. Wir müssen vielmehr prüfen, ob es zu diesen Relationen eine entsprechende Hypothese $\mathcal{H}$ in $\mathcal{P T}$ gibt, aus der $\mathcal{H}_2$ nach dem oben geschilderten Verfahren gewonnen werden kann. Diese „Bedingung" ist nichts anderes als eine Einschränkung des Grundbereiches von $\mathcal{P T}_2$: Wir dürfen nicht den Grundbereich $\mathcal{G}_2$ von $\mathcal{P T}_2$ über den Bereich $\mathcal{G}$ von $\mathcal{P T}$ hinaus erweitern! Diese Einschränkung von $\mathcal{G}_2$ erfolgt also zunächst *extern* durch die Theorie $\mathcal{P T}$. Um eine interne Einschränkung von $\mathcal{G}_2$ zu erhalten, müßte man versuchen, die axiomatische Relation $P_2(\ldots)$ durch weitere Axiome so zu ergänzen, daß die Existenz eines $\mathcal{H}$ zu $\mathcal{H}_2$ dann gesichert ist, wenn $\mathcal{H}_2$ nicht diesen weiteren Axiomen widerspricht.

Wenn wir die eben geschilderte (zunächst nur extern gegebene) Einschränkung von $\mathcal{G}_2$ berücksichtigen, ist tatsächlich $\mathcal{P T}$ umfangreicher als $\mathcal{P T}_2$:

Sei $\mathcal{H}_2$ eine Hypothese in $\mathcal{PT}_2$ und $\mathcal{H}$ eine in $\mathcal{PT}$ korrespondierende Hypothese. Wenn $\mathcal{MT}_{\Sigma_2}\mathcal{H}_2$ widerspruchsvoll ist, dann ist [nicht $\mathcal{H}_2$] ein Satz in $\mathcal{MT}_{\Sigma_2}$ und daher

$$(\forall y_1)\dots(\forall t_1)\dots$$
$$[t_\mu \subset T_\mu(y_1,\dots)\text{ für alle }\mu \tag{9.2.10}$$
$$\text{und }P_2(y_1,\dots) \Rightarrow (\forall a_1)(\forall a_2)\dots[\text{nicht }\mathcal{H}_2(y_1,\dots;a_1,a_2,\dots)]]$$

ein Satz in $\mathcal{MT}_\Sigma$. Andererseits hat der Einbettungssatz zur Folge, daß in $\mathcal{MT}_\Sigma$ der Satz gilt:

$$(\exists y_1)\dots(\exists t_1)\dots(f_1)\dots$$
$$[t_\mu \subset T_\mu(\dots)\text{ für alle }\mu\text{ und }P_2(\dots) \tag{9.2.11}$$
$$\text{und }f_i : E_i \to y_{\nu_i}\text{ für alle }i\text{ und }\mathcal{H}_2(y_1,\dots;f(a_1),\dots)].$$

Da dies (9.2.10) widerspricht, ist also auch $\mathcal{MT}_\Sigma\mathcal{H}$ widerspruchsvoll und damit also $\mathcal{PT}$ umfangreicher als $\mathcal{PT}_2$.

Weit häufiger als die durch den Einbettungssatz (9.2.4) charakterisierten Einbettungen treten unscharfe Einbettungen auf. Dazu führt man statt der t_μ die verschmierten Relationen $\widetilde{t}_\mu$, $\widetilde{t}'_\mu$ auf die in § 6 geschilderte Art und Weise ein. Dann versucht man folgende weichere Form eines Einbettungssatzes zu beweisen:

$$(\exists y_1)\dots(\exists t_1)\dots(\exists f_1)\dots$$
$$[t_\mu \subset T_\mu(\dots)\text{ für alle }\mu\text{ und }P_2(\dots)$$
$$\text{und }f_i : E_i \to y_{\nu_i}\text{ für alle }i \tag{9.2.12}$$
$$\text{und }u_\mu \subset [\langle f_1,\dots\rangle^{T'_\mu}]^{-1}\widetilde{t}_\mu\text{ und }u'_\mu \subset [\langle f_1,\dots\rangle^{T'_\mu}]^{-1}\widetilde{t}'_\mu].$$

In (9.2.12) ist genau genommen zu ergänzen, daß die f_i gleichmäßig stetig sein müssen relativ zu den uniformen Strukturen der physikalischen Unschärfe. Dann ist

$$\widetilde{u}_\mu = [\langle f_1,\dots\rangle^{T'_\mu}]^{-1}\widetilde{t}_\mu,\ \widetilde{u}'_\mu = [\langle f_1,\dots\rangle^{T'_\mu}]^{-1}\widetilde{t}'_\mu \tag{9.2.13}$$

eine mögliche Verschmierung der u_μ, u'_μ.

Die (9.2.12) betreffende Fragestellung lautet in der Physik meistens so: (9.2.4) (d.h. (9.2.12) mit $\widetilde{t}_\mu = t_\mu$) läßt sich nicht beweisen. Dann sucht man die kleinstmögliche Unschärfe, für die (9.2.12) ein Satz ist. Ein solches Problem wurde in [20] X §§ 3.1 bis 3.3 diskutiert.

Ähnlich wie oben kann man im Falle der Gültigkeit von (9.2.12) beweisen, daß $\mathcal{PT}$ umfangreicher als $\mathcal{PT}_2$ ist, wenn man in $\mathcal{PT}$ die in (9.2.13) gegebenen Verschmierungen von u_μ und u'_μ benutzt.

Für eine unscharfe Einbettung benutzen wir dasselbe kurze Symbol: $\mathcal{PT} \hookrightarrow \mathcal{PT}_2$. Wir werden im folgenden immer nur den Fall diskutieren, daß $p = r$ und die Zuordnung $i \to \mu_i$ eine Bijektion ist. Dann kann man die Indizes so wählen, daß $f_i : E_i \to y_i$ gilt.

Wenn außerdem die f_i Bijektionen sind, so folgt aus (9.2.4) und aus dem Transport von Strukturen (siehe [2] IV § 1.5), daß U in MT_Σ eine Struktur der Art Σ_2 über den Bildmengen $E_1, \ldots, E_r$ ist, d. h. $P_2(E_1, \ldots, U)$ ist ein Satz in MT_Σ. Aber auch umgekehrt: Wenn U eine Struktur der Art Σ_2 in MT_Σ über den Termen $E_1, \ldots, E_r$ ist, so gilt der Satz (9.2.4) (mit $p = r$ und Bijektionen f_i). Diesen eben beschriebenen Fall nennen wir eine Standardeinbettung, kurz durch $PT \overset{S}{\hookrightarrow} PT_2$ symbolisiert. Dieses Symbol benutzen wir auch, wenn der Satz (9.2.12) mit $p = r$ und Bijektionen f_i gilt. Im letzten Fall sagen wir auch oft, daß Σ_2 eine *Approximation* an U ist, da $P_2(E_1, \ldots, U)$ nicht zu gelten braucht.

Aber was bedeutet es, wenn die f_i nicht bijektiv sind? Wenn ein f_i nicht injektiv ist, kann man die Menge E_i in Klassen aller derjenigen Elemente einteilen, die dasselbe Bild haben. Dann können wir durch eine vorhergehende Einschränkung der Art (β) (indem wir eine Abbildung der Elemente von E_i auf ihre Klassen einführen, siehe § 9.1) erreichen, daß die anschließende Einbettungsabbildung injektiv ist. Wir können also bei einer Kette der Art (9.3.1) für die Einbettung voraussetzen, daß die f_i injektiv sind. Daher wollen wir nur den Fall weiter diskutieren, daß die f_i injektiv, aber *nicht* surjektiv sind.

Aus (9.2.4) folgt dann noch nicht, daß $P_2(E_1, \ldots, U)$ ein Satz in MT_Σ ist! Natürlich folgt dies erst recht nicht aus (9.2.12). Setzen wir für unsere weitere Diskussion nicht surjektiver f_i sogar (9.2.4) voraus! Wie kann es sein, daß $P_2(E_1, \ldots, U)$ kein Satz in MT_Σ ist, obwohl PT *umfangreicher* als PT_2 ist. Unüberlegt würde man meinen, daß in der umfangreicheren Theorie PT alle Naturgesetze $P_2(E_1, \ldots, U)$ aus der weniger umfangreichen Theorie gelten müßten. Daß aber $P_2(E_1, \ldots, U)$ nicht zu gelten braucht, beruht eben gerade darauf, daß einige der Mengen $y_i \setminus f_i(E_i)$ nicht leer sind.

Dies eröffnet eine für die Entwicklung der Physik sehr entscheidende Möglichkeit: $P_2(E_1, \ldots, U)$ ist nur in folgendem Sinne ein weniger einschränkendes Naturgesetz als die Gesetze aus PT: Die in $P_2(\ldots)$ auftretenden falsifizierbaren Axiome (falsifizierbar im Sinne von § 7.6) müssen auch als Sätze in MT_Σ gelten, sonst wäre eben PT keine umfangreichere Theorie als PT_2, wie oben bewiesen. Aber für einige der empirisch ableitbaren (im Sinne von §§ 7.6 und 8.3) Gesetze $R(\ldots)$ aus $P_2(\ldots)$ kann sogar gelten, daß [nicht $R(\ldots)$] ein Satz in MT_Σ ist und damit R in PT falsifizierbar ist. Das heißt aber nichts anderes, als daß in $P_2(\ldots)$ Axiome $R(\ldots)$ auftreten können, die etwas als „physikalisch möglich" (im Sinne von § 10) fordern, was in der Natur nicht möglich ist; denn sonst könnte man bei geeignetem Realtext zu einer widerspruchsvollen Theorie $MT_\Sigma A$ gelangen. Das heißt also, daß die tatsächlichen Möglichkeiten in der Natur beschränkter sind im Vergleich zu den in $P_2(\ldots)$ geforderten Möglichkeiten. Genau einen solchen Fall einer Einschränkung der physikalischen Möglichkeiten von PT_2 durch Einbettung von PT haben wir in [20] X § 2.2 ausführlich diskutiert: Die Präparier- und Registriermöglichkeiten, die in PT_{qexp} gefordert werden, sind teilweise unrealistisch.

Die Einschränkung des Grundbereichs $\mathcal{G}_2$ gegenüber „allen" zu MT_{Σ_2} formal passenden Hypothesen $\mathcal{H}_2$ (siehe oben) wird anschaulich beschrieben durch die Teilmengen $f_i(E_i)$ von y_i. Diese $f_i(E_i)$ sind aber keine inneren Terme von MT_{Σ_2}. Um also die oben durch Einbettung erhaltene, weniger umfangreiche Theorie PT_2 in sich selbst zu benutzen, muß man die Strukturart Σ_2 durch Einführung neuer Strukturterme z_i (als Teilmenge $z_i \subset y_i$) und zu $P_2(\ldots)$ hinzutretender Axiome so erweitern, daß die $f_i(E_i)$ mit den z_i übereinstimmen. So erhält man zwar keine axiomatische Basis erster Stufe (da die z_i Bildterme sind), kann aber eine solche Basis erster Stufe immer nach der allgemeinen durch (§ 7.4) charakterisierten Methode gewinnen. Für diese neue Theorie gilt dann der Einbettungssatz mit bijektiven Abbildungen.

Als Beispiel einer Einbettung wollen wir die Theorie PT betrachten, die wir am Ende von § 9.1 als Einschränkung der speziellen Relativitätstheorie erhalten haben. Diese Theorie kann unscharf in die Theorie PT_2 der *Galilei*schen Relativitätstheorie eingebettet werden. *Nicht alle* Inertialsysteme erscheinen dabei als Einbettungsbilder, sondern nur diejenigen, deren Geschwindigkeit kleiner als 10^{-6} der Lichtgeschwindigkeit relativ zu dem „gegebenen", durch die Hypothese $\mathcal{H}_r$ symbolisierten Inertialsystem ist. Diese Zusatzbedingung, die den Grundbereich $\mathcal{G}_2$ einschränkt, blieb unbekannt bis zur Entdeckung der speziellen Relativitätstheorie. Das ist typisch für die historische Entwicklung physikalischer Theorien. Man beginnt mit einer Theorie PT_2, in der zunächst ein „zu großer" Grundbereich angenommen wird. Dann lernt man durch Erfahrungen, daß nur unter gewissen Einschränkungen des Grundbereichs die Theorie PT_2 brauchbar ist. Später versteht man PT_2 besser aufgrund einer Theorie PT_1 und deren Einschränkung $PT_1 \to PT$ mit nachfolgender Einbettung $PT \hookrightarrow PT_2$. Das Einbettungsverfahren erlaubt dabei eine systematische Herleitung der in PT_2 zu benutzenden Einschränkungen des Grundbereichs.

9.3 Theoriennetze

Der Begriff des Theoriennetzes wurde in [28] eingeführt. Dort wurde betont, daß eine physikalische Theorie (im intuitiven Sinn), wie z. B. die klassische Mechanik, tatsächlich ein Netzwerk von Theorien PT (in dem hier definierten Sinn) darstellt. Wir haben in [20] XIII § 3.3 Teile dieses Netzwerkes für die Quantenmechanik beschrieben.

In der Physik treten meistens Kombinationen der beiden in §§ 9.1 und 9.2 beschriebenen Prozesse auf, am häufigsten die Relation

$$PT_1 \to PT \hookrightarrow PT_2. \tag{9.3.1}$$

Diese stellt einen Übergang von der axiomatischen Basis PT_1 zur axiomatischen Basis PT_2 dar, wobei die Theorie PT_2 weniger umfangreich als PT_1 ist. In §§ 9.1 und 9.2 haben wir ein Beispiel hierfür erwähnt, mit PT_1 als spezieller Relativitätstheorie und PT_2 als *Galilei*scher Relativitätstheorie.

Statt (9.3.1) ist in diesem Falle genauer zu schreiben

$$\mathcal{PT}_1 \overset{\mathcal{H}_r}{\to} \mathcal{PT} \hookrightarrow \mathcal{PT}_2, \tag{9.3.2}$$

wobei $\mathcal{H}_r$ ein spezielles Inertialsystem charakterisiert.

Da (9.3.1) sehr häufig auftritt, wobei die Theorie $\mathcal{PT}$ nur als „Hilfstheorie" dient, um den Übergang von $\mathcal{PT}_1$ zu $\mathcal{PT}_2$ exakt formulieren zu können, kürzen wir (9.3.1) symbolisch ab in der Form

$$\mathcal{PT}_1 \to\hookrightarrow \mathcal{PT}_2. \tag{9.3.3}$$

Hierbei ist der Grundbereich $\mathcal{G}_2$ von $\mathcal{PT}_2$ durch die Einschränkung von $\mathcal{G}_1$ zu $\mathcal{G}$ (wie in §9.1 beschrieben) und die folgende Einbettung bestimmt, wobei $\mathcal{G}_2$ mit $\mathcal{G}$ übereinstimmt. So ist $\mathcal{G}_2$ durch äußere Bedingungen bestimmt, wie dies in §9.2 beschrieben wurde.

Da der Grundbereich von $\mathcal{PT}_2$ durch den Bereich $\mathcal{G}$ bestimmt ist, ergibt sich oft folgende Möglichkeit, bei der Einbettung mit kleineren Unschärfemengen auszukommen: Man schränkt $\mathcal{PT}_1$ weiter ein als das zunächst gegebene $\mathcal{PT}$. Dies schränkt auch den Grundbereich $\mathcal{G}$ weiter ein, was dann eben kleinere Unschärfemengen bei der Einbettung erlaubt. So kann man von der umfangreicheren Theorie $\mathcal{PT}_1$ genauer abschätzen, für welchen eingeschränkten Grundbereich die Theorie $\mathcal{PT}_2$ mit nicht zu unsinnig großen Unschärfen brauchbar ist. Ist $\mathcal{PT}_1$ noch nicht bekannt, so versucht man aus der Erfahrung eine Beschreibung des Grundbereiches $\mathcal{G}_2$ zu finden, in dem $\mathcal{PT}_2$ sinnvoll anwendbar ist.

Wie in §9.2 erwähnt, kann man versuchen, die Einschränkung so zu ändern, daß die nachträgliche Einbettung mit injektiven Abbildungen f_i möglich ist. Wenn es dann (wie ebenfalls in §9.2 beschrieben) möglich ist, die Teilmenge $f_i(E_i)$ von y_i durch einen zu Σ_2 hinzuzufügenden Strukturterm und weitere Axiome zu charakterisieren, so kann man $\mathcal{PT}_2$ so abändern, daß die Einbettungsabbildungen schließlich bijektiv werden, d. h. daß die Einbettung zu einer Standardeinbettung wird. Wir schreiben dann statt (9.3.3):

$$\mathcal{PT}_1 \to\overset{S}{\hookrightarrow} \mathcal{PT}_2. \tag{9.3.4}$$

In $\mathcal{PT}_2$ ist der Grundbereich $\mathcal{G}_2$ dann intern definiert, auch wenn dies sehr undurchsichtig sein kann, da man für $\mathcal{PT}_2$ meistens noch keine einfache axiomatische Basis gefunden hat, deren Axiome nach Normen und empirischen Gesetzen getrennt werden können.

In (9.3.4) haben wir die häufigste Grundrelation zwischen zwei Theorien.

Wir behaupten, daß alle physikalischen Theorien in einem Netzwerk von Beziehungen der Form (9.3.3) (welche, wenn möglich, in (9.3.4) verwandelt werden sollten) angeordnet werden können. Als Netzwerk bezeichnen wir dabei eine Menge von Theorien $\mathcal{PT}_i$ und Beziehungen der Form (9.3.3), so daß man jede Theorie $\mathcal{PT}_k$ von jeder anderen $\mathcal{PT}_i$ erreichen kann, indem man in Richtung oder entgegen der Richtung der Pfeile $\to\hookrightarrow$ läuft. Wenn man $\mathcal{PT}_k$ von $\mathcal{PT}_i$ aus allein dadurch erreichen kann, daß man *in* Richtung der Pfeile läuft, so sagen wir, daß $\mathcal{PT}_i$ umfangreicher als $\mathcal{PT}_k$ ist.

Die Analyse der Struktur dieses Netzes ist eine typische fundamental-physikalische Aufgabe (siehe § 1). Für einen Ausschnitt dieses Netzwerkes, nämlich für die Quantenmechanik, haben wir versucht, keinen vollständigen Überblick, aber einige Verbindungen in [20] XIII § 3.3 darzustellen.

Bei der historischen Entwicklung der Physik gab es oft mehrere „fast" voneinander getrennte Netzwerke, wie z. B. Mechanik, Akustik, Optik, Chemie. Diese einzelnen Netzwerke waren nur sehr lose verbunden durch so fundamentale Theorien wie Geometrie (als physikalische Theorie), so fundamentale Begriffe wie Zeit und Masse. Heutzutage ist das Theoriennetz viel dichter geworden. Die Dichte und Struktur (siehe auch weiter unten) des Theoriennetzes „Physik" ist das realistische Analogon zu der utopischen Idee, eine einzige umfangreichste Theorie zu haben, die alle anderen umfaßt, d. h. von der aus man *alle* anderen Theorien auf Wegen *in* Richtung der Pfeile erreichen kann. Wir werden weiter unten sehen, wie dieses utopische Ziel immer wieder zur Entdeckung umfangreicherer Theorien anregen kann, indem man versucht, (9.3.7) durch eine $\mathcal{PT}$ zu (9.3.8) zu ergänzen.

Zunächst aber wollen wir einen besonders einfachen Sonderfall der Verbindung (9.3.4) betrachten:

$$\mathcal{PT}_2 \xrightarrow{S} \xleftrightarrow{S} \mathcal{PT}_1, \tag{9.3.5}$$

wo sowohl die Einschränkung wie die Einbettung Standard sind. Die Einbettung und Einschränkung möge scharf sein. Der Übergang von $\mathcal{PT}_2$ zu $\mathcal{PT}_1$ besteht dann darin, daß man einige der Bildmengen wie einige der Bildrelationen und einige Axiome „vergißt". Der umgekehrte Übergang von $\mathcal{PT}_1$ zu $\mathcal{PT}_2$ besteht darin, daß man zu Σ_1 neue Basisterme (und damit Bildterme), neue Bildrelationen und neue Axiome hinzufügt. In der zuletzt erwähnten Richtung vollzieht sich die grundlegende Entwicklung einer Theorie von $\mathcal{PT}_1$ nach $\mathcal{PT}_n$:

$$\mathcal{PT}_1 \xleftrightarrow{S} \xleftarrow{S} \mathcal{PT}_2 \xleftrightarrow{S} \xleftarrow{S} \mathcal{PT}_3 \ldots \xleftrightarrow{S} \xleftarrow{S} \mathcal{PT}_n. \tag{9.3.6}$$

Man kann leicht sehen, daß wir eine Entwicklung der Quantenmechanik auf diesem Wege in [3] und [20] durchgeführt haben.

Wir müssen aber betonen, daß der Weg (9.3.6) von $\mathcal{PT}_1$ zu $\mathcal{PT}_n$ zur Entwicklung einer axiomatischen Basis nicht etwa auch eine Vorschrift zum Auffinden physikalischer Theorien darstellt. Es ist erlaubt, Theorien auf den merkwürdigsten, ja geradezu verrückten Wegen zu finden, ja sogar Widersprüche nimmt man beim Finden hin. Aber wenn eine Theorie aufgestellt und als brauchbar erkannt ist, dann sollte man nach einer einfachen axiomatischen Basis mit möglichst nach Normen falsifizierbaren und „empirisch herleitbaren" (im Sinne von § 7.6) Gesetzen trennbaren Axiomen suchen. Dafür ist der Weg (9.3.6) sehr brauchbar.

Das Verhältnis zweier physikalischer Theorien kann natürlich viel komplizierter sein, als daß die eine Theorie umfangreicher als die andere ist. So kann es also sein, daß es zu $\mathcal{PT}_1$, $\mathcal{PT}_2$ eine $\mathcal{PT}_3$ gibt, so daß folgendes Schema gilt

$$\mathcal{PT}_1 \xrightarrow{} \xhookrightarrow{} \mathcal{PT}_3 \xhookleftarrow{} \xleftarrow{} \mathcal{PT}_2, \tag{9.3.7}$$

ohne daß $\mathcal{PT}_1$ umfangreicher als $\mathcal{PT}_2$ noch $\mathcal{PT}_2$ umfangreicher als $\mathcal{PT}_1$ ist. Natürlich wäre man bestrebt, eine sowohl zu $\mathcal{PT}_1$ wie $\mathcal{PT}_2$ umfangreichere $\mathcal{PT}$ zu finden, so daß z. B. folgendes Schema gelten könnte

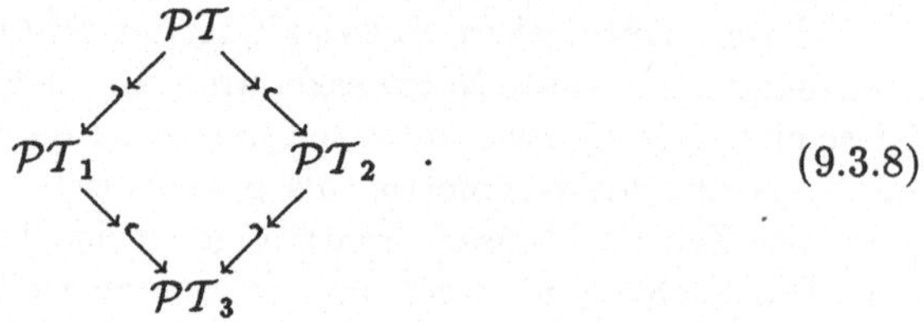

$$\tag{9.3.8}$$

Bei der Beurteilung des Verhältnisses zweier Theorien $\mathcal{PT}_1$ und $\mathcal{PT}_2$ kann man leicht Fehler machen, wenn man zwar einen Einbettungssatz von $\mathcal{PT}_1$ in $\mathcal{PT}_2$ der Form (9.2.4) gezeigt hat, aber dabei übersieht, daß die Menge der Hypothesen $\mathcal{H}_2$ für eine echte Einbettung nicht alle formal möglichen Hypothesen enthält (siehe § 9.2), d. h. daß in Wirklichkeit eine Situation

$$\mathcal{PT}_1 \to\hookrightarrow \mathcal{PT}_3 \leftarrow \mathcal{PT}_2$$

vorliegt. $\mathcal{PT}_1$ ist dann nicht unbedingt umfangreicher als $\mathcal{PT}_2$; vielmehr hat man nur gezeigt, daß $\mathcal{PT}_1$ und $\mathcal{PT}_2$ einen gemeinsam beschreibbaren Teil von Erfahrungen besitzen, für den eben $\mathcal{PT}_3$ eine brauchbare Theorie ist. Die Bezeichnungsweise (9.2.9) beinhaltet also immer auch, daß $\mathcal{PT}_2$ wirklich nicht „mehr Physik" beschreibt, als es dem Einbettungssatz entspricht!

Zur Illustration der eingeführten Diagramme seien noch ein paar Beispiele angefügt, ohne diese aber in Einzelheiten ausführlich darzustellen. Zunächst einige Beispiele zu (9.3.1).

Im ersten Beispiel gehen wir von der *Boltzmann*schen Stoßgleichung als $\mathcal{PT}_1$ aus und wollen diese Theorie mit der Hydrodynamik $\mathcal{PT}_2$ der *Navier-Stokes*-Gleichungen vergleichen. Dazu führen wir zunächst eine Einschränkung von $\mathcal{PT}_1$ zu $\mathcal{PT}$ ein, die darauf beruht, daß man nur die Teilmenge aller derjenigen *Boltzmann*-Verteilungen $f(\underline{r},\underline{v},t)$ betrachtet, die nur „wenig" von lokalen *Maxwell*-Verteilungen

$$f_0(\underline{r},\underline{v},t) = a(\underline{r},t)\exp(-\frac{m(\underline{v}-\underline{u}(\underline{r},t))^2}{2\Theta(\underline{r},t)})$$

abweichen. Durch das Wort „wenig" haben wir angedeutet, daß die Einschränkung erst durch eine Angabe über die Größe der zugelassenen Abweichungen genauer bestimmt ist. Von dieser so erhaltenen Einschränkung $\mathcal{PT}$ geht man zu einer Einbettung in $\mathcal{PT}_2$ über, indem man direkt folgende Abbildungen einführt:

$$\rho(\underline{r},t) = m \int f(\underline{r},\underline{v},t)\,dv_1\,dv_2\,dv_3,$$

$$\underline{u}(\underline{r},t) = \frac{m}{\rho(\underline{r},t)} \int \underline{v}f(\underline{r},\underline{v},t)\,dv_1\,dv_2\,dv_3, \tag{9.3.9}$$

$$3\Theta(\underline{r},t) = \frac{m}{\rho} \int m(\underline{v}-\underline{u}(\underline{r},t))^2 f(\underline{r},\underline{v},t)\,dv_1\,dv_2\,dv_3;$$

dabei sind die Gleichungen (9.3.9) aufzufassen als Abbildung der Menge X der $f(\underline{r},\underline{v},t)$ auf die Menge Y der Tripel $(\rho(\underline{r},t),\ \underline{u}(\underline{r},t),\ \Theta(\underline{r},t))$. (9.3.9) gibt also direkt die Einbettungsabbildungen an. Daß dann tatsächlich „näherungsweise" der Einbettungssatz gilt, ist eben genau das, was man üblicherweise als „Ableitung" der *Navier-Stokes*-Gleichungen aus der *Boltzmann*schen Stoßgleichung bezeichnet (siehe z. B. auch [1] XV § 10.6).

Als weitere Beispiele betrachten wir solche, wo die Einbettung in (9.3.1) eine unscharfe Standardeinbettung ist. Das „Gesetz" $P_2(\ldots)$ gilt dann nicht in $\mathcal{MT}_{\Sigma_1}$ (siehe § 9.2). Die „guten" Gesetze $P_1(\ldots)$ aus $\mathcal{PT}_1$ werden durch „schlechtere" $P_2(\ldots)$ ersetzt, was sich meist darin äußert, daß man als Unschärfemengen für den Einbettungssatz (9.2.12) gröbere braucht als für die Anwendung der Theorie $\mathcal{PT}_1$ notwendig sind (siehe § 9.2).

Der Grund, warum man in der Physik so häufig davon Gebrauch macht, ein „besseres" Naturgesetz $P_1(\ldots)$ durch ein „schlechteres" $P_2(\ldots)$ zu ersetzen, beruht natürlich in „Vereinfachungen", die $P_2(\ldots)$ bringen soll. Erst in $\mathcal{PT}_2$ werden bestimmte physikalische Probleme behandelbar, auch wenn die Ungenauigkeiten viel größer als für $\mathcal{PT}_1$ sind.

Zu diesem Ersetzen eines Naturgesetzes $P_1(\ldots)$ durch ein approximativ vereinfachtes $P_2(\ldots)$ gehören alle Fälle, wo z. B. in der Mechanik bekannte Kraftgesetze durch vereinfachte Approximationen ersetzt werden. Ähnlich werden in der Quantenmechanik oft *Hamilton*-Operatoren aus der Relation $P_1(\ldots)$ von Σ_1 durch einfachere in $P_2(\ldots)$ von Σ_2 approximiert (siehe z. B. [1] XI und [3]).

Das z. B. in [3] behandelte Schalenmodell der Atome wie die vielen Näherungstheorien für die chemische Bindung und die vielen „Modelle" in der Kernphysik gehören ebenfalls zu der eben geschilderten Art.

Es ist allgemein üblich geworden, solche vergröberten Approximationstheorien kurz als „Modelle" eines gewissen Teilausschnittes der Erfahrungen zu bezeichnen. Genauer wäre eine Theorie $\mathcal{PT}_2$ als eine zwar schlechtere aber einfachere Modelltheorie *relativ* zur Theorie $\mathcal{PT}_1$ zu bezeichnen. Mit gröberen Unschärfemengen kann man $\mathcal{PT}_2$ benutzen, mit feineren Unschärfemengen kommt die Theorie $\mathcal{PT}_1$ aus, um Übereinstimmung mit der Erfahrung zu erzielen.

Bei unscharfer (nicht nur Standard-)Einbettung in (9.3.1) gilt allgemein das Gesetz $P_2(\ldots)$ nicht in $\mathcal{MT}_{\Sigma_1}$; ja, oft läßt sich sogar der Satz [nicht $P_2(\ldots)$] in $\mathcal{MT}_{\Sigma_1}$ ableiten. Diese Tatsache hat fälschlicherweise zu der Ausdrucksweise geführt, daß man durch den „Forschritt" der Physik von der Theorie $\mathcal{PT}_2$ zur Theorie $\mathcal{PT}_1$ die Theorie $\mathcal{PT}_2$ als *falsch* erkannt habe, daß die bisherige Physik (nämlich $\mathcal{PT}_2$) „zusammengebrochen" sei, daß sich ein „Umsturz im Weltbild der Physik" vollzogen habe. Von alledem kann aber keine Rede sein, wie aus unserer Darstellung hervorgeht. Die falschen Behauptungen kommen nur zustande, weil man vergessen hatte, daß $\mathcal{MT}_{\Sigma_2}$ nur als unscharfes Bild in $\mathcal{PT}_2$ benutzt werden durfte.

Eines der bekanntesten und neben der Quantenmechanik das wohl meistdiskutierte Beispiel für einen solchen angeblichen „Umsturz" war der Übergang von der *Newton*schen Raum-Zeit-Theorie als $\mathcal{PT}_2$ zur *Einstein*schen speziellen Relativitätstheorie als der zu $\mathcal{PT}_2$ umfangreicheren Theorie $\mathcal{PT}_1$.

Wir haben in [1] VII und [1] IX mit möglichst einfachen Mitteln diesen Übergang von der *Newton*schen zur *Einstein*schen Raum-Zeit-Theorie als einen Übergang von einer weniger umfangreichen zu einer umfangreicheren Theorie zu schildern versucht und dargelegt, daß es sich hierbei in *keiner Weise* um einen „Umsturz" handelt. Die falsche Meinung über den Umsturz der *Newton*schen Raum-Zeit-Theorie durch *Einstein* kam dadurch zustande, daß in der *Newton*schen Theorie (als $\mathcal{PT}_2 = \mathcal{MT}_{\Sigma_2}(—)^2\mathcal{W}_2$) ein Axiom der Existenz einer Gleichzeitigkeitsebene (zur Formulierung und Diskussion dieses „Gleichzeitigkeitsaxioms", siehe [1] VII § 2) als Teil der axiomatischen Relation $P_2(\ldots)$ von Σ_2 eingeführt wird und daß andererseits in der speziellen Relativitätstheorie (als $\mathcal{PT}_1 = \mathcal{MT}_{\Sigma_1}(—)^1\mathcal{W}_1$), d. h. in $\mathcal{MT}_{\Sigma_1}$ gerade die Verneinung dieses Gleichzeitigkeitsaxioms als Satz gilt (siehe [1] IX § 5.2). Aber wegen der notwendigerweise immer endlichen Unschärfemengen ist tatsächlich $\mathcal{PT}_2$ nicht falsch, sondern nur $\mathcal{PT}_1$ umfangreicher als $\mathcal{PT}_2$, ein Sachverhalt, den wir in [1] IX § 8 mit einfachen Mitteln skizziert haben. Dieses Beispiel des Übergangs von der *Newton*schen zur *Einstein*schen Raum-Zeit-Theorie zeigt noch einmal deutlich, daß man ein Verständnis der theoretischen Physik verfehlt, wenn man an „Umstürze" glaubt und nicht den oben allgemein geschilderten Entwicklungsvorgang von weniger umfangreichen zu immer umfangreicheren $\mathcal{PT}$s als ein immer weiter und weiter verbessertes Aufdecken der Struktur der Welt durch Abbildung in immer besseren mathematischen Bildern $\mathcal{MT}_\Sigma$ erkennt.

Ein weiterer solcher Entwicklungsprozeß von Theorien ist in [1] XI § 1 geschildert, wo wir von dem Wellenbild und dem Korpuskelbild zur umfangreicheren Quantentheorie intuitiv ratend (siehe Abbildung gegen Ende von § 5) vorangeschritten sind. Jeder vermeintliche „Widerspruch", jeder vermeintliche „Umsturz" beruht nur auf einem Mißverständnis von dem, was eine $\mathcal{PT}$ ist und wie verschiedene $\mathcal{PT}$s miteinander zusammenhängen. Das Wellenbild wie das Korpuskelbild sind zwei – wenn auch verschiedene – Approximationstheorien zur Quantenmechanik. Ein Widerspruch entsteht nur durch eine grundlegend falsche (!) Verwendung physikalischer Theorien (siehe auch [1] IX § 8 und [1] XI § 1.5).

Das letzte Beispiel ist besonders illustrativ für das Diagramm (9.3.8), das genau auf das in [1] XI § 1 diskutierte Verhältnis von Korpuskelbild $\mathcal{PT}_1$ und Wellenbild $\mathcal{PT}_2$ paßt.

$\mathcal{PT}_3$ wäre dann die Theorie, die nur die „Ablenkungsbahnen" in langsam veränderlichen Feldern beschreibt, ohne von Wellen noch von Korpuskeln bestimmter Masse und Ladung zu sprechen. Wir haben in [1] XI §§ 1.1 und 1.2 versucht, diesen „gemeinsamen" Teil von $\mathcal{PT}_1$ und $\mathcal{PT}_2$ möglichst anschaulich herauszuarbeiten. $\mathcal{PT}$ wäre dann die in [1] XI § 1.7 (wenigstens in vorläufiger Form) dargestellte Quantenmechanik, die wir durch einen in [1] XI §§ 1.5 und 1.6 angedeuteten „Rateprozeß" gewonnen haben.

Aus der Untersuchung des Verhältnisses zweier physikalischer Theorien zueinander ergibt sich auch die Beantwortung der Frage nach der Äquivalenz von Theorien. Dieser Situation sind wir in speziellen Fällen schon mehrmals begegnet. Wir können jetzt definieren: Zwei Theorien $\mathcal{PT}_1$ und $\mathcal{PT}_2$ werden äquivalent genannt, wenn sie sich auf *denselben* genormten Grundbereich beziehen und wenn sowohl PT_1 umfangreicher als PT_2 wie PT_2 umfangreicher als PT_1 ist.

Äquivalente Theorien kommen in der Physik sehr häufig vor. Am häufigsten tritt der Fall auf, daß nur äquivalente mathematische Bilder benutzt werden; es sei nur beispielhaft hingewiesen auf die *Newton*sche, *Lagrange*sche und *Hamilton*sche Mechanik; oder auf die Darstellung der speziellen Relativitätstheorie im Bild der *Lorentz*-Systeme oder im Bild der vierdimensionalen Metrik (siehe z. B. [1] IX).

Im Laufe der Entwicklung der Physik traten aber auch öfter äquivalente Theorien auf, die „mathematisch widerspruchsvoll" erschienen. Vom heutigen Standpunkt des Wissens um unscharfe Abbildungen empfindet man dies aber nicht mehr als so aufregend. Die geschichtliche Entwicklung der Theorien des Lichtes begann mit zwei „mathematischen Bildern", einer Wellentheorie von *Huygens* und einer Korpuskeltheorie von *Newton*. Legt man einen bestimmten eingeschränkten Grundbereich fest, so stellen beide äquivalente Theorien dar (siehe auch [1] XI § 1.5). Bei der historisch zunächst erfolgten Erweiterung des Grundbereiches (Beugungsexperimente) zeigte sich dann die „Wellentheorie" als brauchbar, so daß vom damaligen Standpunkt die Korpuskeltheorie „widerlegt" erschien. Aber bald war gegen Ende des vorigen Jahrhunderts eine noch größere Erweiterung des Erfahrungsbereiches möglich, den auch das Wellenbild nicht mehr beschreiben konnte; ja, es gab Erfahrungen, die wieder das Teilchenbild besser erfassen konnte. So entstand die Entwicklung der Quantenmechanik (zu dem Verhältnis dieser Bilder zueinander siehe z. B. [1] XI § 1.5).

In bezug auf die „Theorie der Elektronen" verlief die Entwicklung genau umgekehrt; erst entstand das Teilchenbild, dann das Wellenbild und mit dem Wellenbild fast gleichzeitig die Quantenmechanik (siehe z. B. [1] XI § 1.5).

Hier kann man noch deutlicher die Äquivalenz zweier scheinbar ganz verschiedener Theorien klarmachen: Dazu schränke man sowohl für das Teilchenbild PT_1 wie für das Wellenbild PT_2 den Grundbereich auf einen gemeinsamen Teil G' ein, den man kurz durch das Wort „Ablenkungsversuche" charakterisieren kann. Die beiden Theorien mit den eingeschränkten Grundbereichen $G_1' = G_2' = G'$ mögen mit PT_1' bzw. PT_2' bezeichnet werden. Es gilt also $PT_1 \rightarrow PT_1'$ und $PT_2 \rightarrow PT_2'$. PT_1' und PT_2' sind dann äquivalent. Daß dies so ist, ist z. B. in [1] XI § 1.2 gezeigt, indem man eine Theorie PT_3 allein für „Ablenkungsversuche" konstruiert und zeigt, daß PT_1' und PT_2' äquivalent zu PT_3 sind. PT_3 ist eine Art „geometrische Optik" für Elektronen, d. h. eine Beschreibung von „Bahnen", wie sie in [1] XI § 1.2 durch $\widetilde{H}$ gegeben ist, wobei $\widetilde{H}$ gegenüber der *Hamilton*-Funktion H des Korpuskelbildes um einen Faktor α willkürlich (!) ist.

9.4 Vortheorien

Wir haben gleich von Anfang an (siehe § 1) betont, daß zum Lesen eines Realtextes innerhalb einer $\mathcal{PT}$ auch „Vortheorien" relativ zu dieser $\mathcal{PT}$ verwendet werden. In dem in § 9.3 definierten Theoriennetz der Physik kommt eine Relation „Vortheorie" nicht vor. Vielmehr sind bei den Relationen $\rightarrow$ und $\hookrightarrow$ immer die Abbildungsaxiome (—) der weniger umfangreichen Theorie durch die umfangreichere bestimmt. Es ist aber gerade der Sinn der Vortheorien zu $\mathcal{PT}$, daß man keine zu $\mathcal{PT}$ umfangreichere Theorie braucht, um die Abbildunsprinzipien von $\mathcal{PT}$ zu definieren.

Die beiden Relationen $\rightarrow$ und $\hookrightarrow$ besagen aber nicht, daß man die Abbildungsprinzipien der weniger umfangreichen Theorie durch die umfangreichere definieren *muß*. Es kann durchaus sein, daß die Abbildungsprinzipien der weniger umfangreichen Theorie schon vorher definiert sind. Das in §§ 9.1 und 9.2 definierte Umschreiben von Hypothesen aus der umfangreicheren in die weniger umfangreiche Theorie dient dann nur zur *Kontrolle*, ob die schon vorher definierten Abbildungsprinzipien der weniger umfangreichen Theorie gerade die sind, die man nach den Verfahren $\rightarrow$ und $\hookrightarrow$ erhält.

Zusammenfassend können wir also sagen, daß die Richtung der Pfeile $\rightarrow$ und $\hookrightarrow$ als Richtung der Definition von Abbildungsprinzipien benutzt werden *kann*, aber *nicht muß*.

Schon in § 9.3 haben wir die Vorstellung benutzt, daß Abbildungsprinzipien auch gegen die Richtung der Pfeile $\rightarrow$ und $\hookrightarrow$ definiert sein können. Die Kette (9.3.6) haben wir gedeutet als eine Entwicklung von $\mathcal{PT}_1$ zu immer umfangreicheren Theorien $\mathcal{PT}_2$, ... bis $\mathcal{PT}_n$. Dabei haben wir stillschweigend vorausgesetzt, daß die Abbildungsprinzipien von $\mathcal{PT}_1$ auch ohne Kenntnis von $\mathcal{PT}_2$ wohl definiert sind und daß die so gegebene Bedeutung der Bildterme und Bildrelationen beim Voranschreiten zu $\mathcal{PT}_2$, ... erhalten bleibt.

Da bei der Relation (9.3.5) von den Bildmengen, Bildrelationen und Axiomen aus $\mathcal{PT}_2$ beim Übergang zu $\mathcal{PT}_1$ nur einige „vergessen" werden, kann man also (9.3.5) immer auch dazu benutzen, einige Abbildungsprinzipien von $\mathcal{PT}_2$ (nämlich für die nicht „vergessenen" Bildterme und Bildrelationen) von $\mathcal{PT}_1$ her zu definieren. Allerdings erhält man so nicht alle Abbildungsprinzipien von $\mathcal{PT}_2$ (nämlich nicht für die „vergessenen" Terme). Eine vollständige Definition aller Abbildungsprinzipien von $\mathcal{PT}_2$ kann man aber erhalten, wenn genügend viele Theorien $\mathcal{PT}_1'$, $\mathcal{PT}_1''$, $\mathcal{PT}_1'''$, ... einschließlich ihrer Abbildungsprinzipien bekannt sind und folgendes Schema gilt:

$$\mathcal{PT}'_1$$

$$\nwarrow^{s}$$
$$\nwarrow^{s}$$

$$\mathcal{PT}''_1 \xleftarrow{s} \xleftarrow{s} \mathcal{PT}_2 \quad . \tag{9.4.1}$$

$$\swarrow^{s} \nwarrow^{s}$$

$$\mathcal{PT}'''_1$$
$$\vdots$$

„Genügend viele" heißt in diesem Zusammenhang, daß es keine Bildterme und Bildrelationen aus $\mathcal{PT}_2$ gibt, die bei allen $\mathcal{PT}'_1$, $\mathcal{PT}''_1$, ... vergessen werden.

Zu jeder der Theorien $\mathcal{PT}'_1$, $\mathcal{PT}''_1$ kann es eine umfangreichere Theorie $\mathcal{PT}'_p$, $\mathcal{PT}''_p$, ... geben, so daß (9.4.1) zu

$$\mathcal{PT}'_p \to \hookrightarrow \mathcal{PT}'_1$$

$$\nwarrow^{s} \nwarrow^{s}$$

$$\mathcal{PT}''_p \to \hookrightarrow \mathcal{PT}''_1 \xleftarrow{s} \xleftarrow{s} \mathcal{PT}_2 \tag{9.4.2}$$

$$\swarrow^{s} \nwarrow^{s}$$

$$\mathcal{PT}'''_p \to \hookrightarrow \mathcal{PT}'''_1$$
$$\vdots \qquad \vdots$$

ergänzt werden kann. Die Theorien $\mathcal{PT}'_p$, $\mathcal{PT}''_p$, ... sind dabei die „bekannteren" Theorien, während die $\mathcal{PT}'_1$, $\mathcal{PT}''_1$, ... nur zur Konstruktion des Schemas (9.4.2) eingeführt werden. (9.4.2) nennen wir ein Interpretationsschema, da von den $\mathcal{PT}'_p$, $\mathcal{PT}''_p$, ... aus die Abbildungsprinzipien von $\mathcal{PT}_2$ definiert werden können. Die $\mathcal{PT}'_p$, $\mathcal{PT}''_p$, ... heißen Vortheorien von $\mathcal{PT}_2$. Interpretationsschemata sind also Teilstücke aus dem Theoriennetz der Physik.

Die Abbildungsprinzipien jeder der Theorien $\mathcal{PT}'_p$, $\mathcal{PT}''_p$, ... können wieder mit Hilfe eines Interpretationsschemas definiert sein. So könnte es scheinen, daß die Zahl der Vortheorien ohne Grenze anwächst, je weiter man die Interpretation zurückverfolgt. Unsere Vorstellung von der Interpretation physikalischer Theorien geht aber gerade davon aus, daß dies nicht der Fall ist, daß man im Gegenteil nach einigen Schritten des Zurückverfolgens an ein „einfaches" Ende gelangt, wo man alles durch die Ausgangssprache interpretieren kann.

Um diese unsere Vorstellungen von der Interpretation möglichst klarzustellen, wollen wir eine Theorie $\mathcal{PT}$, die ausschließlich mit Hilfe der in der „Ausgangssprache" (d. h. in der vor aller Physik bekannten Sprache) formulierbaren Sachverhalte interpretiert werden kann, mit $\mathcal{PTO}$ bezeichnen, wobei $\mathcal{O}$ auf einen Grundbereich von unmittelbar feststellbaren, *objektiven* Sachverhalten hinweisen soll. Ein Beispiel einer solche Theorie war die $\mathcal{PT}$ aus § 5 mit Σ als

Strukturart einer geordneten Menge. Diese Menge war der einzige Bildterm für den Grundbereich von Gegenständen im Zimmer. Die Ordnungsrelation $<$ wurde interpretiert als „Teilsein", was eben unmittelbar feststellbar ist und in normaler Sprache formuliert werden kann. In dieser Sprache ist „Teilsein" keine formale Relation wie $<$ in $\mathcal{MT}_\Sigma$, sondern hat eine Bedeutung, die wir gelernt haben und die wir an andere weitergeben können. Diese Bedeutung kennen wir, bevor wir von physikalischen Theorien und von Mathematik sprechen.

Wenn in dem Interpretationsschema (9.4.2) eine der Vortheorien $\mathcal{PT}'_p$, $\mathcal{PT}''_p$, ... von der Form $\mathcal{PTO}$ ist, so bricht an dieser Stelle das weitere Zurückschreiten ab. Unsere Behauptung ist, daß man eben nach einigen Schritten des Zurückverfolgens an das „einfache" Ende von einigen Theorien der Form $\mathcal{PTO}$ gelangt, oder besser gelangen kann. In der umgekehrten Richtung ausgedrückt: Von unmittelbar interpretierbaren $\mathcal{PTO}$s ausgehend, kann man schrittweise zur Interpretation jeder physikalischen Theorie $\mathcal{PT}$ gelangen.

Natürlich bleibt damit noch das fundamentalphysikalische Problem offen, die „Ausgangssprache" und die zu benutzenden $\mathcal{PTO}$s genauer zu beschreiben.

Im Theoriennetz der Physik gibt es nach dieser Vorstellung „Interpretationswege" von den $\mathcal{PTO}$s zu der betrachteten $\mathcal{PT}$, die sich aus Schemata der Form (9.4.2) zusammensetzen. Damit wird nicht behauptet, daß es für eine $\mathcal{PT}$ nur einen einzigen Interpretationsweg gibt. Gibt es mehrere, so müssen diese in folgendem Sinne kompatibel sein: Jeder Realtext kann unmittelbar in der Sprache der $\mathcal{PTO}$s beschrieben und dann mit Hilfe des Interpretationsweges in die Sprache von $\mathcal{PT}$ übersetzt werden. Das Ergebnis dieser Übersetzung muß dann unabhängig vom Interpretationsweg sein, wenigstens unabhängig im Bereich der bei den einzelnen Vortheorien zu benutzenden Unschärfemengen. Wir schließen also nicht aus, daß man bei Benutzung „besserer" Vortheorien zu „genaueren" Ergebnissen in der Formulierung der Axiome $(-)_r$ von $\mathcal{PT}$ gelangen kann.

In [20] XIII § 3.4 haben wir kurz für die Quantenmechanik einige Relationen der Form „Vortheorie" angegeben. physikalischen Theorien einen Interpretationsweg explizit aufgezeichnet hätte.

Obwohl das Netzwerk der Physik nur an wenigen Stellen explizit herausgearbeitet worden ist und obwohl keine explizit herausgearbeiteten Interpretationswege bekannt sind, finden sich die Physiker in diesem Netzwerk intuitiv zurecht wie Spinnen in ihrem Netz. Ähnlich ist es auch mit der Interpretationssprache, von der wir einige Strukturen in den nächsten drei Paragraphen untersuchen wollen.

10. Physikalische Möglichkeit, physikalische Wirklichkeit und Unentscheidbarkeit als Begriffe in einer $\mathcal{PT}$

In den nächsten drei Paragraphen wollen wir die Interpretation physikalischer Theorien weiter ausbauen. Bisher haben wir nur gezeigt, wie mit Hilfe der Ausgangssprache und mit Hilfe von Vortheorien die Abbildungsaxiome $(-)_r$ einer $\mathcal{PT}$ definiert sind. Wir haben immer intuitiv davon geredet, daß $(-)_r$ eine gegebene Wirklichkeit beschreibt. Es muß genauer herausgearbeitet werden, was wir damit meinen.

Die Physiker benutzen aber nicht nur die mathematische Sprache, um $(-)_r$ auszudrücken, sondern führen daneben eine Interpretationssprache ein, die, von der Ausgangssprache ausgehend, mit neuen Begriffen über $(-)_r$ ähnlich redet wie die Ausgangssprache über die unmittelbar feststellbaren Fakten.

Aber die Interpretationssprache geht über Aussagen über unmittelbar oder mittelbar (d. h. mit Hilfe physikalischer Theorien) festgestellte Fakten hinaus, und das nicht nur in der Formulierung, sondern auch in der Bedeutung. Beginnen wir in § 10 mit der Klärung solcher Begriffe wie „wirklich", „möglich", die augenscheinlich über die Sprache von $\mathcal{MT}_{\Sigma}$ hinausgehen, da solche Begriffe in der Mathematik nicht auftreten. In der Physik wird häufig von möglichen Dingen, möglichen Vorgängen, möglichen Apparaten, möglichen Maschinen gesprochen im Gegensatz zu den wirklichen Dingen, den wirklichen Vorgängen, den wirklichen Apparaten, den wirklichen Maschinen. Was meint man mit diesen Begriffen? Gleich zu Anfang führten wir den Wirklichkeitsbereich $\mathcal{W}$ als Teil einer $\mathcal{PT}$ ein; aber was ist $\mathcal{W}$? Wir haben bisher nur den Grundbereich $\mathcal{G}$ von $\mathcal{W}$ benutzt und definiert, dagegen aber $\mathcal{W}$ noch nicht näher umrissen.

Wenn wir jetzt versuchen, innerhalb einer $\mathcal{PT}$ den Begriffen „möglich" und „wirklich" einen Sinn zu geben, so darf man diese in einer $\mathcal{PT}$ definierten Begriffe nicht mit philosophischen Begriffen von möglich und wirklich verwechseln. Erst *nachdem* geklärt ist, was „möglich" und „wirklich" in einer $\mathcal{PT}$ bedeuten, kann man fragen, in welchem Zusammenhang diese physikalischen Begriffe mit den philosophischen stehen.

Ein vorliegender Realtext ist als solcher unveränderbar vorgegeben und wird deshalb in $\mathcal{PT}$ als ein Stück physikalische Wirklichkeit bezeichnet. Aber nicht *nur* Realtexte und ganz $\mathcal{G}$ werden als physikalisch wirklich bezeichnet, sondern ganz $\mathcal{W}$. Es ist also zu klären, inwieweit $\mathcal{W}$ über $\mathcal{G}$ hinausgeht, um dem Begriff „wirklich" in $\mathcal{PT}$ einen bestimmten Sinn zu geben.

Der Grundbereich $\mathcal{G}$ liegt aber bei allen bekannten $\mathcal{PT}$s nicht fertig und abgeschlossen vor, vielmehr kann der Realtext immer weiter und weiter ergänzt werden; $\mathcal{G}$ ist nur eine *begriffliche* Zusammenfassung aller Realtexte. Der Mensch selber kann sogar durch seinen freien Willen mit und ohne Hilfe der Technik durch sein Wirken wenigstens teilweise über den Realtext verfügen (siehe [1] VI § 3.4 und besonders [1] XVII bis XIX). $\mathcal{G}$ ist also nicht fest vorgegeben, sondern teilweise gestaltbar, auch wenn jeder „fertige" Realtext unveränderbar ist. Dies ist eine der Situationen, die wir mit dem Begriff des physikalisch „Möglichen" zu erfassen versuchen, wobei wir (zunächst ganz grob anschaulich) etwas als möglich bezeichnen, was (wenn man nur will) in einem Realtext auftreten kann. Diese intuitive Vorstellung von „Möglichem" als etwas „Machbarem" ist aber für unsere Zwecke (wenigstens als Ausgangspunkt) zu *eng*. Dieses „Machbare" beinhaltet mit das Eingeordnetsein des Menschen in seine Umwelt, ein Eingeordnetsein, das dem Menschen nur Möglichkeiten zum Machen in seiner persönlichen Zukunft eröffnet (siehe z. B. [1] XVII bis XIX). Dieses Ausgerichtetsein des Menschen auf seine Zukunft hin läßt sich aber nicht oder zumindest nur sehr gekünstelt zu den bekannten $\mathcal{PT}$s hinzufügen. Daher ist es wesentlich geschickter (wenigstens zunächst), den Begriff des physikalisch Möglichen *weiter* zu fassen und auch solche intuitiven Aussagen mit hineinzunehmen wie die, daß etwas *vor* 1000 Jahren *möglicher*weise so und so *war*.

Alle diese intuitiven Vorstellungen von „möglich" wollen wir nun im „formalen" Aufbau einer $\mathcal{PT}$ durch einen möglichst präzisen, aber weiten Begriff von „physikalisch möglich" ersetzen. Daran *anschließend* können wir versuchen, begrifflich engere Unterteilungen in verschiedene Arten des physikalisch Möglichen vorzunehmen (siehe auch § 11).

Als ersten Schritt zur Lösung der beiden gestellten Aufgaben, den Begriffen „wirklich" und „möglich" einen bestimmten Sinn innerhalb einer $\mathcal{PT}$ zu geben, betrachten wir die Tatsache, daß sich der Mensch zu einem vorliegenden Realtext noch etwas vorstellen kann, sich eine „Wirklichkeit" ausdenken kann, d. h. eine Hypothese über die Wirklichkeit machen kann. Wird dann der Realtext weiter ergänzt, so kann eventuell die tatsächliche Wirklichkeit des neuen Realtextes darüber entscheiden, ob die Hypothese richtig oder falsch war; aber manchmal läßt sich sogar innerhalb einer $\mathcal{PT}$ schon im voraus, d. h. ohne direkte Kontrolle an der Wirklichkeit eines Realtextes, etwas über eine Hypothese Aussagen.

10.1 Hypothesen in einer $\mathcal{PT}$

Zunächst aber müssen wir innerhalb $\mathcal{PT}$ formalisierend genauer beschreiben, was wir mit diesem „Sichetwasdenken" meinen, d. h. was eigentlich eine „Hypothese" ist. Ein Verweis auf vorliegende Tatsachen ist dabei nicht möglich. „Sich etwas denken" kann also innerhalb $\mathcal{PT}$ nur im Rahmen der „gedachten Dinge", d. h. in bezug auf den mathematischen Text erfaßbar sein.

Wir werden hier das Wort „Hypothese" in einem sehr speziellen, weiter unten noch sehr genau zu präzisierenden Sinn benutzen. Damit aber trotzdem nicht eventuell doch durch das Wort Hypothese falsche Vorstellungen geweckt werden, seien noch folgende Bemerkungen vorausgeschickt.

Es werden im Entwicklungsprozeß der Physik mit großem Erfolg sehr oft Hypothesen im Sinne von angenommenen (d. h. noch nicht näher begründbaren) *Vorstellungen* über noch nicht aufgeklärte Strukturen der Wirklichkeit eingeführt. Solche Vorstellungen waren im Laufe der Entwicklung der Physik z. B. der Aufbau eines Gases als Schwarm durcheinanderfliegender Atome, ja die Atomvorstellung überhaupt. Solche Vorstellungen sind selbst noch keine $\mathcal{PT}$, so wie wir eine $\mathcal{PT}$ definiert haben; solche Vorstellungen sind aber oft sehr geeignet, um zu einer Formulierung einer $\mathcal{PT}$ zu gelangen, z. B. aufgrund der oben angeführten Vorstellung eines Gases zu der *Boltzmann*schen Stoßgleichung als einer echten $\mathcal{PT}$. In diesem Sinne sind Vorstellungen mit ein Hilfsmittel, um von den Erfahrungen ausgehend, den intuitiven Rateweg zu den speziellen Axiomen aus $\mathcal{MT}$ (siehe Abbildung am Ende von § 5) zurückzulegen.

Eine andere solche „Vorstellung" ist die von „Kräften" und „Massen", die dann (aber eben nur intuitiv) zu der Aufstellung der *Newton*schen Grundgleichungen führen (siehe z. B. § 7.7 und [1] V § 2), d. h. zur Aufstellung der speziellen Axiome in $\mathcal{MT}$.

Die Frage des Entstehens solcher Hilfsvorstellungen fällt unter Punkt 4 aus § 1. Gerade aber diese Art von Hilfsvorstellungen, d. h. zur Hilfe, um zur *Aufstellung* der speziellen Axiome in $\mathcal{MT}$ zu gelangen, meinen wir hier *nicht*, wenn wir von Hypothesen sprechen. Wir setzen bei dem von uns zu benutzenden Begriff der Hypothese schon das Bild $\mathcal{MT}$, die Abbildungsprinzipien (—) und den Grundbereich $\mathcal{G}$ *voraus*. Natürlich kann sich eventuell *nachträglich* eine Vorstellung, die zu einem Bild $\mathcal{MT}_\Sigma$ geführt hat, wieder innerhalb von $\mathcal{PT}$ als Hypothese in unserem Sinne neu formulieren und dann unter gewissen Umständen sogar als physikalisch wirklich bezeichnen lassen, was man dann in kurzer Redeweise als „physikalischen Beweis" der ursprünglichen „Vorstellung" ansieht. Um aber auch gerade diese Möglichkeit klar und deutlich zu sehen, ist es dringend erforderlich, sauber zwischen den intuitiven Vorstellungen auf dem Rateweg zu einem Bild $\mathcal{MT}_\Sigma$ und den „physikalisch wirklichen" Hypothesen im Rahmen von $\mathcal{PT}$ zu unterscheiden. Irgendeine intuitive Vorstellung, die zu einer brauchbaren $\mathcal{PT}$ geführt hat, ist durch die Brauchbarkeit der $\mathcal{PT}$ *noch lange nicht* als „physikalisch wirklich" erkannt! Und in diesem Sinne hat die positivistische Kritik eine positive Wirkung gehabt: nicht vorschnell eine „Vorstellung" als physikalisch bewiesen anzusehen, sondern präziser nach der „physikalischen Wirklichkeit" einer Hypothese zu fragen.

In durchsichtiger Weise lassen sich Hypothesen in dem von uns nun genauer zu beschreibenden Sinn *nur* definierten, wenn wir das Bild $\mathcal{MT}_\Sigma$ als axiomatische Basis voraussetzen.

Dabei ist es gleichgültig, wie die axiomatische Relation von $\mathcal{MT}_\Sigma$ formuliert ist; auch die Form (7.2.1) ist brauchbar. Auch die Strukturart $\Sigma^{(1)}$ aus § 7.4 kann statt Σ in den folgenden Überlegungen benutzt werden. Um aber nicht dauernd alle verschiedenen Möglichkeiten durch verschiedene Bezeichnungen zu charakterisieren, benutzen wir die Bezeichnungsweise von Σ aus § 7.4. Die Hauptbasisterme von Σ seien $y_1, \ldots, y_r$, die also auch Bildterme sind. Da bei Benutzung von $MT_{\Sigma^{(1)}}$ statt MT_Σ auch Leitermengen über $y_1, \ldots, y_r$ als Bildterme auftreten können, seien formal alle Bildterme als Leitermengen $T_i(y_1, \ldots, y_r)$ geschrieben. Der Strukturterm von Σ sei t. t enthält also auch als Komponenten t_μ die Terme für die (idealen) Bildrelationen der Form $x \in t_\mu$.

Eine *Hypothese* (*erster Art*) definieren wir nun durch die Elemente $a_1, \ldots, a_n$ eines gegebenen genormten Realtextes (der auch fehlen kann!), durch eine Reihe weiterer Buchstaben $x_1, \ldots, x_n$ (den „gedachten Sachverhalten", die eventuell auch fehlen können) und schließlich durch Axiome $(—)_{rh}$, die erstens alle Axiome $(—)_r$ für den vorgegebenen Realtext, wobei wir $(—)_r$ wie in § 7.4 zu $A \in \tilde{T}(y_1, \ldots, y_r)$ und $\tilde{P}(y_1, \ldots, y_r, t, A)$ zusammenfassen, enthalten und zusätzlich Axiome der Form

$$x_1 \in T_{i_1}(y_1, \ldots), \quad x_2 \in T_{i_2}(y_1, \ldots), \quad \ldots, \quad \tilde{R}_{\rho_1}(\ldots) \text{ und } \ldots, \qquad (10.1.1)$$

wobei in den verschmierten Bildrelationen $\tilde{R}_\rho(\ldots)$ sowohl einige a_i wie x_i auftreten können.

Als Bildrelationen für Hypothesen erlauben wir *auch* nicht verschmierte (d. h. die „idealen") Bildrelationen. Um unnötige Fallunterscheidungen zu vermeiden, schreiben wir immer $\tilde{R}_\rho$ für die Bildrelationen.

Mit $X = (x_1, \ldots, x_n)$ und $\tilde{T}(y_1, \ldots, y_r) = T_{i_1}(\ldots) \times T_{i_2}(\ldots) \times \ldots$ und mit $\tilde{P}_h(y_1, \ldots, y_r, t, A, X)$ als „$\tilde{R}_{\rho_1}(\ldots)$ und $\ldots$" fassen wir (10.1.1) zusammen zu:

$$X \in \tilde{T}_h(\ldots) \text{ und } \tilde{P}_h(\ldots). \qquad (10.1.2)$$

Mit $(—)_{rh}$ bezeichnen wir dann das Axiom

$$A \in \tilde{T}(y_1, \ldots, y_r) \text{ und } \tilde{P}(y_1, \ldots, y_r, t, A) \text{ und } X \in \tilde{T}_h(y_1, \ldots, y_r)$$
$$\text{und } \tilde{P}_h(y_1, \ldots, y_r, t, A, X) \qquad (10.1.3)$$

und nennen dieses Axiom eine Hypothese (erster Art). Mit $(—)_h$ bezeichnen wir das Axiom (10.1.2). (10.1.3) kann also auch als „$(—)_r$ und $(—)_h$" geschrieben werden, d. h. $(—)_{rh}$ ist die Relation „$(—)_r$ und $(—)_h$".

Wir hatten mit $MT_\Sigma A$ diejenige Theorie bezeichnet, die aus MT_Σ durch Hinzufügen des Axioms $(—)_r$ entsteht. MT_Σ mit den zusätzlichen Axiomen $(—)_{rh}$ sei mit $MT_\Sigma AH$ bezeichnet. Fehlt der Realtext, so nimmt (10.1.3) die spezielle Form

$$X \in \tilde{T}(y_1, \ldots, y_r) \text{ und } \tilde{P}_h(y_1, \ldots, y_r, t, X) \qquad (10.1.3\,\text{a})$$

an; enthält die Hypothese keine „gedachten Sachverhalte", so lautet (10.1.3) speziell

$$A \in \tilde{T}(y_1, \ldots, y_r) \text{ und } \tilde{P}(y_1, \ldots, y_r, t, A) \text{ und } \tilde{P}_h(y_1, \ldots, y_r, t, A). \quad (10.1.3\,\text{b})$$

$\tilde{P}_h(\ldots)$ enthält also hypothetische Relationen (zwischen den Realtextelementen a_i), die man nicht abgelesen hat (weil man es „vergessen" hat oder weil man es erst in der Zukunft tun könnte).

Die in § 7.6 betrachteten Hypothesen $\mathcal{H}$ sind in der eingeführten Bezeichnungsweise Hypothesen erster Art ohne Realtext.

Die Aufteilung der Elemente in einer Hypothese nach den a_i aus dem Realtext und den „gedachten" x_i ist teilweise willkürlich, denn man kann ohne weiteres ein Element a_i mit zu den x_i hinübernehmen (aber nicht umgekehrt) und damit so tun, als ob der Umfang des Realtextes kleiner ist. Wir sagen dann kurz, daß wir einen Teil des Realtextes als Hypothese auffassen.

Die in die Hypothese eingehenden Axiome $(-)_r$ für den „vorgegebenen" Realtext bedeuten nicht, daß der „vorgegebene" Realtext „alle bekannten" Experimente aus dem Grundbereich enthalten soll; man schreibt vielmehr in $(-)_r$ nur den „Teil der gemachten Experimente" auf, der für die aufzustellende Hypothese interessant ist. Dies läßt sich nur in jedem Einzelfall darstellen; daher kann hier im allgemeinen nicht angegeben werden, was alles in $(-)_r$ aufgenommen ist.

In bezug auf einfache Beispiele für Hypothesen erster Art sei auf die in [1] II dargestellte Raumtheorie sowie auf [1] III § 9 und [1] VI, § 4.4 verwiesen.

Es ist nun in der Physik üblich, nicht nur die eben definierten Hypothesen (erster Art) einzuführen. Dazu betrachten wir außer den Bildtermen noch andere innere Terme $E(y_1, \ldots y_r, t)$ (innere, siehe § 7.2), die speziell Teilmengen von Leitermengen über $y_1, \ldots, y_r$ und $\mathbb{R}$ sind:

$$E(y_1, \ldots, y_r, t) \subset T'(y_1, \ldots, y_r, \mathbb{R}).$$

Viele neue Begriffe in der Physik werden durch innere Terme E in der axiomatischen Basis $\mathcal{MT}_\Sigma$ definiert, insbesondere viele allgemeine „Artbegriffe" durch innere Terme E, die eine Struktur einer bestimmen Strukturart sind (zu einem Term als Struktur einer Strukturart siehe §§ 7.1 und 7.2). Ohne diese in § 10.9 näher erläuterte Methode würde der ganze begriffliche Apparat der Physik dürftig und armselig sein, ja auf dem Niveau eines allereinfachsten Positivismus verbleiben.

Auf Beispiele sei nur hingewiesen; eine kurze Andeutung, wie diese Begriffe im Rahmen der Definition durch innere Terme gewonnen werden können, findet man an der hinter jedem Begriff angegebenen Stelle.

Durch innere Terme definierte Begriffe sind z. B.: Masse und Kraft in der Mechanik ([1] V §§ 2.1, 2.2, 2.5); elektrische Ladung und elektrisches Feld ([1] VIII § 1.1 und Ende von § 1.6); Orts- und Impulsobservable in der Quantenmechanik ([3] VII § 4 und [1] XI § 10.4).

Die Methode der Definition neuer physikalischer Begriffe mit Hilfe innerer Terme in $\mathcal{MT}_\Sigma$ ist entscheidend wichtig für die Entwicklung der Quantenmechanik in [20] und [3] (siehe auch [1] XIII, XVI und [23], [21], [16]); insbesondere werden bei diesem Aufbau der Quantenmechanik so wichtige Begriffe wie Mikrosystem, Gesamtheit, Effekt, Entscheidungseffekt, Observable usw. erst auf dieser Basis von inneren Termen in $\mathcal{MT}_\Sigma$ eingeführt und nicht etwa nur im Bereich vager intuitiver Vorstellungen vor und zur Aufstellung der Quantenmechanik belassen.

Um innere Terme für Hypothesen nutzbar zu machen, führen wir folgende Definitionen ein:

Irgendeine Leitermenge $T'(y_1, \ldots, y_r, \mathbb{R})$ nennen wir einen *erweiterten Bildterm*. Für einen inneren Term $S(y_1, \ldots, y_r, t)$ bezeichnen wir $z \in S(\ldots)$ als *erweiterte Bildrelation $R(\ldots)$*.

Natürlich lassen sich auch erweiterte Bildrelationen mit Hilfe von Unschärfemengen verschmieren.

Diese erweiterten Bildterme und erweiterten Bildrelationen lassen sich aber sofort in eine Hypothese einführen. Wir brauchen in (10.1.1) statt der Bildterme $T_i(y_1, \ldots)$ nur *beliebige* Leitermengen $T'(y_1, \ldots)$ und statt der Bildrelationen $R_\rho(\ldots)$ auch erweiterte Bildrelationen zuzulassen. Als *Hypothese zweiter Art* wird dann der Fall charakterisiert, wo in (10.1.1) auch erweiterte Bildterme und erweiterte Bildrelationen auftreten können.

Hierbei ist zu beachten, daß für die erweiterten Bildrelationen solche Terme $S_\eta(\ldots)$ auszuwählen sind, daß mit Elementen $x_i \in T_i'(\ldots)$ und Realtextelementen a_i die Relationen

$$R_\eta(x_{i_1}, \ldots, a_{k_1}, \ldots, \alpha) : (x_{i_1}, \ldots, a_{k_1}, \alpha) \in S_\eta(y_1, \ldots, y_r, t)$$

sinnvoll sind.

Für den Realtextteil einer Hypothese bleibt natürlich alles so wie oben beschrieben. Die „Form" (10.1.3) der Hypothese bleibt (*nur mit* erweiterten *Möglichkeiten für $\widetilde{T}_h$ und $\widetilde{P}_h$*, d.h. für den Teil $(—)_h$) erhalten; $\widetilde{P}_h$ kann im Prinzip beliebig sein, da man $\widetilde{P}_h(y_1, \ldots, y_r, t, A, X)$ selbst als verallgemeinerte Bildrelation zwischen den x_i und a_k auffassen kann.

Fehlt der Realtext, so nimmt wieder (10.1.3) die Form (10.1.3 a) nur mit erweiterten Möglichkeiten für die Form von $\widetilde{P}_h$ an; ebenso folgt für den Fall ohne gedachte Elemente die Relation (10.1.3 b); und enthält die Hypothese weder gedachte Elemente noch einen Realtextteil, so geht (10.1.3) in

$$\widetilde{P}_h(y_1, \ldots, y_r, t) \tag{10.1.3 c}$$

über. Diese letzte Form einer Hypothese entspricht exakt dem in § 7.5 untersuchten Fall, wenn man noch $\mathcal{MT}_\Sigma$ durch $\mathcal{MT}_{\Sigma_{R_1}}$ und $\widetilde{P}_h(y_1, \ldots, y_r, t)$ durch $R_2(y_1, \ldots, y_r, t)$ ersetzt. $R_2(\ldots)$ war in § 7.5 ein weiteres Axiom, das man beim Übergang von $\mathcal{MT}_{\Sigma_{R_1}}$ zu $\mathcal{MT}_{\Sigma_{R_1 R_2}}$ hinzufügt. Für $R_2(\ldots)$ war in § 7.5 eine Forderung über die auftretenden Quantoren $\forall$ und $\exists$ gestellt worden. R_2 als Axiom hinzuzufügen hat nur einen Sinn, wenn nicht schon $R_2(\ldots)$ ein Satz in $\mathcal{MT}_{\Sigma_{R_1}}$ ist. Wenn wir im folgenden an einigen Stellen $\widetilde{P}_h$ durch R_2 ersetzen, so ist immer gleichzeitig $\mathcal{MT}_\Sigma$ durch $\mathcal{MT}_{\Sigma_{R_1}}$ zu ersetzen und an die speziellen Forderungen an R_2 zu denken.

Die Hypothesen zweiter Art sind für die Physik entscheidend wichtig und machen überhaupt erst Physik möglich. Ohne sie ist eine echte Erweiterung des Grundbereiches $\mathcal{G}$ zu einem Wirklichkeitsbereich und damit das Sprechen über wirkliche, aber nicht notwendig „unmittelbar beobachtete" Dinge gar nicht möglich.

Wenn wir im folgenden von Hypothesen (ohne Zusatz) sprechen, so gilt alles sowohl für Hypothesen erster wie zweiter Art; andernfalls wird der Zusatz erster oder zweiter Art immer hinzugefügt werden.

Besonders kurz und durchsichtig läßt sich eine Hypothese (10.1.3) schreiben, wenn man den durch die Relation (10.1.2), d. h. durch die Relation $(-)_h$, in $\mathcal{MT}_\Sigma\mathcal{A}$ definierten inneren Term (siehe § 4.4)

$$\widetilde{E}_h(A) = \{X \mid X \in \widetilde{T}_h \text{ und } \widetilde{P}_h\} \tag{10.1.4}$$

einführt. Die Hypothese (10.1.3) nimmt damit die Form

$$A \in \widetilde{T} \text{ und } \widetilde{P} \text{ und } X \in \widetilde{E}_h(A)$$

an, d. h. zu $\mathcal{MT}_\Sigma\mathcal{A}$ ist das Axiom

$$X \in \widetilde{E}_h(A) \quad \text{bzw. ohne gedachte Elemente} \quad \widetilde{P}_h(y_1, \ldots y_r, t, A) \tag{10.1.5}$$

hinzuzufügen. Oft werden wir auch die zu (10.1.2) äquivalente Relation (10.1.5) mit $(-)_h$ bezeichnen. Wenn es klar ist, daß die Hypothese den Realtext von $\mathcal{MT}_\Sigma\mathcal{A}$, d. h. die Axiome $(-)_r$ aus $\mathcal{MT}_\Sigma\mathcal{A}$ enthält, so bezeichnet man oft auch (10.1.5) als „die Hypothese". Von dieser abgekürzten Redeweise werden wir oft Gebrauch machen.

Nachdem wir allgemein definiert haben, was wir unter Hypothesen verstehen wollen, sei kurz auf den Zusammenhang mit dem hingewiesen, was man üblicherweise als Prognosen bezeichnet.

Eine Prognose will Aussagen machen über das, was in der Zukunft stattfinden wird (oder stattfinden könnte). Keine $\mathcal{MT}_\Sigma$ einer bekannten physikalischen Theorie enthält Strukturen, die Bilder von dem sind, was wir als den Moment „jetzt" zu bezeichnen pflegen. Das muß so sein, da Physik allein auf Tatsachen und Vorgängen basiert, die entweder in der Natur gegeben sind oder an gebauten Apparaten auftreten. Aber weder die Natur noch irgendein Apparat kann uns sagen, wie der Moment „jetzt" von Momenten aus der Vergangenheit oder Zukunft unterschieden ist. Nur wir als Menschen erfahren in unserem Bewußtsein dieses „jetzt". Nur relativ zu diesem „jetzt" können wir davon sprechen, daß etwas in der Vergangenheit stattgefunden hat oder in der Zukunft stattfinden wird. In $\mathcal{MT}_\Sigma$ kann nur eine Struktur enthalten sein, die eine „Zeitrichtung" auszeichnet, aber keine Struktur in $\mathcal{MT}_\Sigma$ sagt uns, was stattgefunden hat und was stattfinden wird, weil es eben in $\mathcal{MT}_\Sigma$ kein Bild von „jetzt" gibt.

Nichtsdestoweniger wissen wir, daß die Unterscheidung der Zukunft (was noch nicht stattgefunden hat) von der Vergangenheit (was stattgefunden hat und *nicht mehr geändert* werden kann) eine entscheidende Struktur unseres Arbeitens ist. Wo tritt diese Struktur in der Physik auf?

Sie kommt herein durch den in den Abbildungsaxiomen $(-)_r$ aufgeschriebenen Realtext. Nichts in $\mathcal{PT}$ selber gibt an, *was* wir in $(-)_r$ aufzuschreiben haben. $\mathcal{PT}$ gibt nur an, *wie* wir $(-)_r$ aufzuschreiben haben. Das, was *wir* in $(-)_r$ aufschreiben können, bezieht sich nur auf die Vergangenheit, nicht etwa deswegen, weil $\mathcal{PT}$ selbst uns verbietet, etwas aus der Zukunft aufzuschreiben, sondern deswegen, weil *wir* als Menschen unfähig sind, Tatsachen aus der Zukunft festzustellen. Deswegen enthält also $(-)_r$ immer nur die Beschreibung von Tatsachen aus der Vergangenheit; oder besser ausgedrückt: Vergangenheit in einer physikalischen Theorie ist das, was in $(-)_r$ aufgeschrieben ist.

Der Begriff der Hypothese ist weiter als der der Prognose, da eine Hypothese sich auch auf die Vergangenheit beziehen kann. Dies muß man im Gedächtnis behalten für die Diskussionen in § 10.7.

10.2 Klassifikation von Hypothesen

Wir kommen nun zu einer Reihe sehr diffiziler Unterscheidungen, die zunächst als sehr spitzfindig erscheinen mögen. Aber nur so wird es möglich sein, in der Quantenmechanik bestimmte Fragen sauber zu stellen und zu beantworten. Ohne diese feinen Unterscheidungen verliert man sich später leicht in einem Wust von unklaren Vorstellungen und Aussagen und kann sich leicht in Widersprüche verwickeln. Natürlich sind die folgenden Überlegungen nicht geeignet für einen Leser, dem noch nicht die ganze Problematik physikalischer Aussagen in der Quantenmechanik geläufig ist. Für einen solchen Leser wird es sich als günstiger erweisen, zunächst eine Einführung in die Quantenmechanik (z. B. [1] XI bis XIII) zu studieren.

Wir hatten oben die Theorie, die aus $MT_{\Sigma}A$ durch Hinzufügen des Axioms $(-)_h$ entsteht, mit $MT_{\Sigma}AH$ bezeichnet. $MT_{\Sigma}A$ setzen wir als widerspruchsfrei voraus. Ist $MT_{\Sigma}AH$ widerspruchsvoll, so nennen wir die Hypothese „falsch", sonst „erlaubt". Statt „falsch" sagen wir auch oft „nicht erlaubt".

Schreiben wir, wie schon oben angegeben, für die Relation (10.1.5) kurz $(-)_h$, so bedeutet also, daß $MT_{\Sigma}AH$ widerspruchsvoll ist, daß nach dem Prinzip des Beweises durch Widerspruch (Regel b aus § 4.3) die Relation „nicht $(-)_h$" ein Satz in $MT_{\Sigma}A$ ist. Diese Relation „nicht $(-)_h$" lautet $X \notin \widetilde{E}_h(A)$ oder ausführlicher:

$$[X \notin T(y_1, \ldots, y_r) \text{ oder nicht } \widetilde{P}_h(y_1, \ldots, y_r, t, A, X)]$$

bzw.   nicht $\widetilde{P}_h(y_1, \ldots, y_r, t, A)$,

wozu äquivalent die Relation

$$[X \in \widetilde{T}_h(y_1, \ldots, y_r) \Rightarrow \text{ nicht } \widetilde{P}_h(y_1, \ldots, y_r, t, A, X)]$$

bzw.   nicht $\widetilde{P}_h(y_1, \ldots, y_r, t, A)$

ist, die also dann ein Satz in $MT_{\Sigma}A$ ist. Daraus folgt, nach Regel α), aus § 4.3, daß auch

$$(\forall X)[X \in \widetilde{T}_h(y_1, \ldots, y_r) \Rightarrow \text{ nicht } \widetilde{P}_h(y_1, \ldots, t, A, X)]$$

bzw.   nicht $\widetilde{P}_h(y_1, \ldots, y_r, t, A)$

$$(10.2.1)$$

ein Satz in $MT_{\Sigma}A$ ist. Und ist umgekehrt (10.2.1) ein Satz in $MT_{\Sigma}A$, so folgt sofort, daß die Hypothese $(-)_h$ nicht erlaubt ist. Daß $(-)_h$ nicht erlaubt ist, ist also äquivalent dazu, daß (10.2.1) ein Satz in $MT_\Sigma A$ ist. Äquivalent zu (10.2.1) ist nach (10.1.4):

$$\widetilde{E}_h(A) = \emptyset \quad \text{bzw.} \quad \text{nicht } \widetilde{P}_h(y_1, \ldots, y_r, t, A). \tag{10.2.2}$$

Ist die Hypothese $(-)_h$ nicht erlaubt, so erhält man also durch Hinzufügen einer der drei äquivalenten Relationen

1) $(\exists X)[X \in \widetilde{T}_h(y_1, \ldots, y_r) \text{ und } \widetilde{P}_h(y_1, \ldots, y_r, t, A, X)]$

2) $(\exists X)[X \in \widetilde{E}_h(A)]$ $\hspace{3cm}$ (10.2.3 a)

3) $\widetilde{E}_h(A) \neq \emptyset$

bzw. der Relation

$$\widetilde{P}_h(y_1, \ldots, y_r, t, A) \tag{10.2.3 b}$$

zu $MT_\Sigma A$ ebenfalls eine widerspruchsvolle Theorie, da (10.2.3) gerade die Verneinung von (10.2.1) bzw. (10.2.2) ist. Ist umgekehrt die durch Hinzufügen der Relation (10.2.3) als Axiom zu $MT_\Sigma A$ entstehende Theorie nicht widerspruchsvoll, so kann (10.2.1) bzw. (10.2.2) kein Satz in $MT_\Sigma A$ sein und muß somit $(-)_h$ erlaubt sein. Ist $(-)_h$ erlaubt, so kann trivialerweise das Hinzufügen von (10.1.5) bzw. (10.2.1) zu $MT_\Sigma A$ zu keinem Widerspruch führen, da (10.2.3) nach Axiom 5) aus § 4.3 ein Satz in $MT_\Sigma A\mathcal{H}$ ist.

Damit daß $(-)_h$ *erlaubt ist, ist also äquivalent, daß* (10.2.3) *als Axiom ohne Widerspruch zu* $MT_\Sigma A$ *hinzugefügt werden darf.*

Eine erlaubte Hypothese könnte man (was manchmal auch gemacht wird) physikalisch möglich (im *weitesten* Sinn) nennen. Wir wollen aber den Begriff „physikalisch möglich" doch nicht ganz so weit fassen, sondern werden weiterhin von nur „erlaubten" Hypothesen sprechen, solange keine weiteren Bedingungen erfüllt sind.

Eine *falsche* Hypothese (natürlich unter der Voraussetzung einer brauchbaren PT) könnte man „physikalisch unmöglich" nennen. Wir werden aber auch diese Formulierung nicht benutzen, um nicht die falsche Vorstellung zu nähren, daß eine falsche Hypothese in einer brauchbaren PT prinzipiell in der Natur nicht verwirklicht sein könnte. Aber, was es heißt, daß eine Hypothese durch einen Realtext verwirklicht sei, darüber müssen wir erst weiter unten in § 10.7 genauer sprechen. Deshalb bleiben wir also bei den obigen Bezeichnungen von falsch und erlaubt.

Es kann sein, daß (10.2.3) nicht nur als Axiom hinzugefügt werden „darf", sondern daß (10.2.3) schon ein Satz in $MT_\Sigma A$ ist. In diesem Falle wollen wir die Hypothese $(-)_h$ nicht nur erlaubt, sondern *theoretisch existent* nennen.

Ist in der Theorie, die aus $MT_\Sigma A$ durch Hinzufügen von (10.2.3) als Axiom entsteht, die Relation

$$X \in \widetilde{T}_h(y_1, \ldots, y_r) \text{ und } \widetilde{P}_h(y_1, \ldots, y_r, t, A, X), \quad \text{d. h.} \quad X \in \widetilde{E}_h(A) \tag{10.2.4}$$

funktional (siehe § 4.3), so nennen wir die Hypothese $(-)_h$ *erlaubt und determiniert*. Ist schon in $MT_\Sigma A$ die Relation (10.2.4) funktional, so nennen wir die

Hypothese $(-)_h$ *theoretisch existent und determiniert*. (10.2.4) ist funktional, wenn „$\widetilde{E}(A) \neq \emptyset$ und $\widetilde{E}(A)$ einelementig" ein Satz in $\mathcal{MT}_\Sigma A$ ist.

Eine Hypothese ohne „gedachte Sachverhalte" heißt *immer determiniert*, erlaubt und determiniert, falls man

$$\widetilde{P}_h(y_1, \ldots, y_r, t, A) \tag{10.2.5}$$

ohne Widerspruch zu $\mathcal{MT}_\Sigma A$ als Axiom hinzufügen kann, und theoretisch existent und determiniert, falls (10.2.5) ein Satz in $\mathcal{MT}_\Sigma A$ ist.

Für eine Hypothese ohne Realtext braucht man in (10.2.1) bis (10.2.4) nur den Buchstaben A wegzulassen.

Damit können wir auch den oben erwähnten Spezialfall $\widetilde{P}_h: R_2(y_1, \ldots, y_r, t)$ betrachten. R_2 falsch besagt also, daß man R_2 nicht zu $\mathcal{MT}_{\Sigma R_1}$ als Axiom hinzufügen darf. R_2 theoretisch existent besagt, daß es unnötig ist, R_2 als Axiom hinzuzufügen, da R_2 schon als Satz von $\mathcal{MT}_{\Sigma R_1}$ folgt. R_2 erlaubt, aber nicht theoretisch existent ist also der einzig interessante Fall.

Eine Hypothese $(-)_h$ kann nur dann erlaubt, aber nicht theoretisch existent sein, wenn auch die Verneinung von (10.2.3) als Axiom zu $\mathcal{MT}_\Sigma A$ hinzugefügt werden darf, ohne eine widerspruchsvolle Theorie zu erhalten; denn würde die Verneinung zu (10.2.3) zu einem Widerspruch führen, so wäre nach § 4.3 (10.2.3) ein Satz in $\mathcal{MT}_\Sigma A$.

Die Verneinung von (10.2.3) ist aber gerade (10.2.1) bzw. (10.2.2).

Ist also die Hypothese $(-)_h$ nur erlaubt (aber nicht theoretisch existent), so kann also (10.2.1) bzw. (10.2.2) als *Axiom* zu $\mathcal{MT}_\Sigma A$ hinzugefügt werden, ohne zu einem Widerspruch zu kommen; andererseits aber kann (10.2.1) bzw. (10.2.2) kein Satz in $\mathcal{MT}_\Sigma A$ sein, da sonst $(-)_h$ nicht erlaubt wäre.

Die Relation (10.2.1) bzw. (10.2.2) bezeichnen wir als die Negation der Hypothese $(-)_h$ und schreiben dafür $[\mathrm{neg}(-)_h]$. $[\mathrm{neg}(-)_h]$ hat die Form einer Hypothese ohne gedachte Sachverhalte: Man braucht dazu in (10.1.3 b) nur $\widetilde{P}_h$ durch die ganze (!) Relation (10.2.1) zu ersetzen, denn die Relation (10.2.1) enthält ja wegen des Zeichens $\forall$ den Buchstaben X eigentlich nicht (siehe §§ 4.1 und 4.3). Dies folgt am deutlichsten nochmals aus der Form (10.2.2) für die Hypothese $[\mathrm{neg}(-)_h]$.

$(-)_h$ kann nur dann erlaubt, aber nicht theoretisch existent sein, wenn auch $[\mathrm{neg}(-)_h]$ zwar erlaubt, aber *kein Satz* in $\mathcal{MT}_\Sigma A$ ist. (Man beachte, daß $(-)_h$ die Form (10.1.5) hat und nicht $[\widetilde{E}_h(A) \neq \emptyset]$ lautet, denn $[\widetilde{E}_h(A) \neq \emptyset]$ ist eine Hypothese ohne gedachte Elemente! Die Relation (10.2.3) ist also nicht selbst die Hypothese $(-)_h$! Die Relation (10.2.3) ist aber gerade äquivalent zu der Relation „nicht $[\mathrm{neg}(-)_h]$"; ebenso darf nicht die Relation „nicht $(-)_h$", d.h. die Relation $X \notin \widetilde{E}_h$ mit $[\mathrm{neg}(-)_h]$, d.h. mit $\widetilde{E}_h = \emptyset$, verwechselt werden. Nicht $(-)_h$ und $[\mathrm{neg}(-)_h]$ stimmen nur im Falle von Hypothesen ohne gedachte Elemente überein.)

Es kann vorkommen, daß man sich nur für einen Teil der in $X = (x_1, x_2, \ldots)$ vorkommenden hypothetischen Zeichen $x_1, x_2 \ldots$ näher interessiert und entsprechende Fragen zu diesem Teil stellt. Seien also einige Komponenten hervorgehoben:

$$X' = (x_{i_1}, x_{i_2}, \ldots)$$

und die restlichen $X'' = (x_{k_1}, \ldots)$ zusammengefaßt. Entsprechend sei $\tilde{T}_h$ in $\tilde{T}'_h$ und $\tilde{T}''_h$ aufgespalten. Die erste Relation (10.2.3 a) kann man dann auch in folgender Form schreiben

$$(\exists X')[X' \in \tilde{T}'_h(y_1, \ldots, y_r) \text{ und } (\exists X'')[X'' \in \tilde{T}''_h(y_1, \ldots, y_r)$$
$$\text{und} \tilde{P}_h(y_1, \ldots, y_r, t, A, X', X'')]]. \tag{10.2.6}$$

Da in $(\exists X'')[X'' \in \tilde{T}''_h(y_1, \ldots, y_r)$ und $\tilde{P}_h(\ldots)]$ der Buchstabe X'' nicht explizit auftritt (siehe §§ 4.1 und 4.3), kann man diese Relation durch $\tilde{P}'_h(y_1, \ldots, y_r, t, A, X')$ abkürzen. Dann nimmt (10.2.6) die Form

$$(\exists X')[X' \in \tilde{T}'_h(y_1, \ldots, y_r) \text{ und } \tilde{P}'_h(y_1, \ldots, y_r, t, A, X')] \tag{10.2.7}$$

an, die formal dieselbe Gestalt wie (10.2.3) hat.

Die Hypothese $(—)_h$ ist also genau dann erlaubt, wenn (10.2.7) als Axiom zu $\mathcal{MT}_\Sigma \mathcal{A}$ hinzugefügt werden kann, ohne zu einem Widerspruch zu kommen. $(—)_h$ ist theoretisch existent, wenn (10.2.7) ein Satz in $\mathcal{MT}_\Sigma \mathcal{A}$.

Ist

$$X' \in \tilde{T}'_h(y_1, \ldots, y_r) \text{ und } \tilde{P}'_h(y_1, \ldots, y_r, t, A, X') \tag{10.2.8}$$

in der Theorie, die durch Hinzufügen von (10.2.7) als Axiom zu $\mathcal{MT}_\Sigma \mathcal{A}$ entsteht, funktional, so heißt X' ein *determinierter Teil der erlaubten* Hypothese $(—)_h$.

Ist (10.2.8) schon in $\mathcal{MT}_\Sigma \mathcal{A}$ funktional, so heißt X' ein *determinierter Teil der theoretisch existenten* Hypothese $(—)_h$.

Als nächsten Schritt wollen wir untersuchen, wie wir die verschiedenen Charakterisierungen von Hypothesen schon in $\mathcal{MT}_\Sigma$ ausdrücken können. Dies ist natürlich nur interessant für Hypothesen mit Realtextteil. Beginnen wir mit der Charakterisierung „theoretisch existent".

Eine Hypothese hieß theoretisch existent, wenn (10.2.3) ein Satz in $\mathcal{MT}_\Sigma \mathcal{A}$ ist. Daß (10.2.3) ein Satz in $\mathcal{MT}_\Sigma \mathcal{A}$ ist, heißt nichts anderes, als daß (10.2.3) ein Satz in derjenigen Theorie ist, die aus $\mathcal{MT}_\Sigma$ durch Hinzufügen von $(—)_r$, d. h. durch Hinzufügen der Relation

$$A \in \tilde{T}(y_1, \ldots, y_r) \text{ und } \tilde{P}(y_1, \ldots, y_r, t, A)$$

als Axiom entsteht. Nach der Regel f) aus § 4.3 ist dann

$$[A \in \tilde{T}(\ldots) \text{ und } \tilde{P}(\ldots)] \Rightarrow (10.2.3)$$

ein Satz in $\mathcal{MT}_\Sigma$. Nach der Regel α) aus § 4.3 folgt dann schließlich, daß mit $\tilde{E}_h(Z)$ nach (10.1.4)

$$(\forall Z)[Z \in \tilde{T}(y_1, \ldots, y_r) \text{ und } \tilde{P}(y_1, \ldots, y_r, t, Z)) \Rightarrow \tilde{E}_h(Z) \neq \emptyset] \tag{10.2.9}$$

ein Satz in $\mathcal{MT}_\Sigma$ ist. Ist (10.2.9) ein Satz in $\mathcal{MT}_\Sigma$, so folgt natürlich sofort auch umgekehrt (nach Axiom 5 aus § 4.3), daß (10.2.3) ein Satz in $\mathcal{MT}_\Sigma\mathcal{A}$ ist.

Die Hypothese $(—)_h$ ist also dann und nur dann theoretisch existent, wenn (10.2.9) ein Satz in $\mathcal{MT}_\Sigma$ ist.

Wir können (10.2.9) noch etwas kürzer schreiben, indem wir die Menge

$$\widetilde{E} = \{Z \mid Z \in \widetilde{T}(y_1, \ldots, y_r) \text{ und } \widetilde{P}(y_1, \ldots, y_r, t, Z)\} \tag{10.2.10}$$

einführen. (10.2.9) nimmt dann die kurze Form an:

$$(\forall Z)[Z \in \widetilde{E} \Rightarrow \widetilde{E}_h(Z) \neq \emptyset]. \tag{10.2.11}$$

Die Hypothese $(—)_h$ ist also dann und nur dann theoretisch existent, wenn (10.2.11) ein Satz in $\mathcal{MT}_\Sigma$ ist.

Für den Sonderfall, daß in $(—)_h$ überhaupt keine hypothetischen Elemente X auftreten, lautet (10.2.9) einfach

$$\begin{aligned} (\forall Z)[(Z \in \widetilde{T}(y_1, \ldots, y_r) \text{ und } \widetilde{P}(y_1, \ldots, y_r, t, Z)) \\ \Rightarrow \widetilde{P}_h(y_1, \ldots, y_r, t, Z)] \end{aligned} \tag{10.2.12}$$

oder kürzer

$$(\forall Z)[Z \in \widetilde{E} \Rightarrow \widetilde{P}_h(y_1, \ldots, y_r, t, Z)]. \tag{10.2.13}$$

Ist (10.2.12) bzw. (10.2.13) ein Satz in $\mathcal{MT}_\Sigma$, so ist also die Hypothese (10.2.12) *theoretisch existent und determiniert*. Ist (10.2.12) kein Satz in $\mathcal{MT}_\Sigma$, so kann aber eventuell (10.2.12) zu $\mathcal{MT}_\Sigma$ als Axiom hinzufügbar sein, ohne zu einem Widerspruch zu kommen; (10.2.12) ist dann also *erlaubt und determiniert*.

Wir hatten festgestellt, daß eine Hypothese $(—)_h$ genau dann falsch ist, wenn (10.2.2) ein Satz in $\mathcal{MT}_\Sigma\mathcal{A}$ ist. Genau wie oben folgt, daß dies damit äquivalent ist, daß in $\mathcal{MT}_\Sigma$ der Satz

$$(\forall Z)[(Z \in \widetilde{T}(y_1, \ldots, y_r) \text{ und } \widetilde{P}(y_1, \ldots, y_r, t, Z)) \Rightarrow \widetilde{E}_h(Z) = \emptyset] \tag{10.2.14}$$

gilt. Mit den beiden Mengen $\widetilde{E}$ und $\widetilde{E}_h(Z)$ kann man für (10.2.14) kurz schreiben:

$$(\forall Z)[Z \in \widetilde{E} \Rightarrow \widetilde{E}_h(Z) = \emptyset]. \tag{10.2.15}$$

Kommen keine hypothetischen Elemente X vor, so ist (10.2.15) durch die Relation

$$(\forall Z)[Z \in \widetilde{E} \Rightarrow \text{nicht } \widetilde{P}_h(y_1, \ldots, y_r, t, Z)] \tag{10.2.16}$$

zu ersetzen.

Eine Hypothese $(—)_h$ ist also dann und nur dann falsch, wenn (10.2.15) bzw. (10.2.16) ein Satz in $\mathcal{MT}_\Sigma$ ist.

Auch der Fall, daß eine Hypothese nur erlaubt, aber nicht theoretisch existent ist, läßt sich schon in $\mathcal{MT}_\Sigma$ formulieren. Eine Hypothese war gerade dann nur erlaubt, wenn man (10.2.3) als Axiom zu $\mathcal{MT}_\Sigma A$ ohne Widerspruch hinzufügen darf, aber (10.2.9) kein Satz in $\mathcal{MT}_\Sigma$ ist.

Damit, daß man (10.2.3) ohne Widerspruch als Axiom zu $\mathcal{MT}_\Sigma A$ hinzufügen darf, ist äquivalent damit, daß man

$$(\exists Z)[Z \in \widetilde{E} \text{ und } \widetilde{E}_h(Z) \neq \emptyset] \tag{10.2.17}$$

bzw. für den Fall ohne hypothetische Elemente

$$(\exists Z)[Z \in \widetilde{E} \text{ und } \widetilde{P}_h(y_1, \ldots, y_r, t, Z)] \tag{10.2.18}$$

als Axiom zu $\mathcal{MT}_\Sigma$ ohne Widerspruch hinzufügen darf, was wir aber nicht mehr in Einzelschritten nachweisen wollen, da es sich durch Anwendung der oben mehrfach gezeigten Methode mit Hilfe von § 4.3 ableiten läßt. Daß (10.2.9) kein Satz in $\mathcal{MT}_\Sigma$ ist, ist äquivalent damit, daß man die Verneinung von (10.2.9), d. h.

$$(\exists Z)[Z \in \widetilde{E} \text{ und } \widetilde{E}_h(Z) = \emptyset] \tag{10.2.19 a}$$

bzw. für den Fall ohne hypothetische Elemente die Verneinung von (10.2.13), d. h.

$$(\exists Z)[Z \in \widetilde{E} \text{ und nicht } \widetilde{P}_h(y_1, \ldots, y_r, t, Z)] \tag{10.2.19 b}$$

als Axiom zu $\mathcal{MT}_\Sigma$ ohne Widerspruch hinzufügen darf.

$(-)_h$ ist also genau dann nur erlaubt, wenn man sowohl (10.2.17) wie (10.2.19 a) (aber nicht notwendig beide Relationen zusammen) als Axiom zu $\mathcal{MT}_\Sigma$ ohne Widerspruch hinzufügen darf. Daß (10.2.19 a) ohne Widerspruch als Axiom zu $\mathcal{MT}_\Sigma$ hinzugefügt werden kann, ist gleichbedeutend damit, daß die Hypothese $[\mathrm{neg}(-)_h]$ erlaubt ist.

In $\mathcal{MT}_\Sigma$ sind zur Beurteilung von Hypothesen also die vier Relationen (10.2.11), (10.2.15), (10.2.17) und (10.2.19 a) zu betrachten. Am übersichtlichsten lassen sich diese vier Relationen schreiben, wenn wir noch folgende Teilmenge von $\widetilde{E}$ definieren ($\widetilde{E} = \emptyset$ kann kein Satz in $\mathcal{MT}_\Sigma$ sein, da in $\mathcal{MT}_\Sigma A$ der Satz $\widetilde{E} \neq \emptyset$ gilt und wir immer voraussetzen, daß $\mathcal{MT}_\Sigma A$ nicht widerspruchsvoll ist):

$$\widetilde{E}_+ = \{ Z \mid Z \in \widetilde{E} \text{ und } \widetilde{E}_h(Z) \neq \emptyset \}. \tag{10.2.20}$$

Es gelten dann folgende Äquivalenzen:

$$\begin{aligned}
\widetilde{E}_+ &= \widetilde{E} \Leftrightarrow (10.2.11), \\
\widetilde{E}_+ &\neq \widetilde{E} \Leftrightarrow (10.2.19a), \\
\widetilde{E}_+ &\neq \emptyset \;\Leftrightarrow (10.2.17), \\
\widetilde{E}_+ &= \emptyset \;\Leftrightarrow (10.2.15).
\end{aligned} \tag{10.2.21}$$

Damit erkennt man leicht, daß folgende sechs Fälle denkbar sind (dabei bedeutet iS: „ist Satz in $\mathcal{MT}_\Sigma$"; und Az: „kann als Axiom zu $\mathcal{MT}_\Sigma$ ohne Widerspruch hinzugefügt werden"):

$$[+1] \quad \widetilde{E}_+ = \widetilde{E} \quad \text{iS},$$

$$[+] \quad \begin{cases} \widetilde{E} \neq \emptyset \Rightarrow \widetilde{E}_+ \neq \emptyset \quad \text{iS}, \\ \widetilde{E}_+ = \widetilde{E} \quad \text{Az} \quad , \widetilde{E} \neq \emptyset \Rightarrow \widetilde{E}_+ \neq \widetilde{E} \quad \text{Az}; \end{cases}$$

$$[0] \quad \begin{cases} \widetilde{E} \neq \emptyset \Rightarrow \widetilde{E}_+ \neq \emptyset \quad \text{iS}, \\ \widetilde{E} \neq \emptyset \Rightarrow \widetilde{E}_+ \neq \widetilde{E} \quad \text{iS}; \end{cases}$$

$$[?] \quad \begin{cases} \widetilde{E}_+ = \widetilde{E} \quad \text{Az}, \quad \widetilde{E} \neq \emptyset \Rightarrow \widetilde{E}_+ \neq \widetilde{E}_+ \quad \text{Az}, \\ \widetilde{E} \neq \emptyset \Rightarrow \widetilde{E}_+ \neq \emptyset \quad \text{Az}, \quad \widetilde{E}_+ = \emptyset \quad \text{Az}; \end{cases} \qquad (10.2.22)$$

$$[-] \quad \begin{cases} \widetilde{E} \neq \emptyset \Rightarrow \widetilde{E}_+ \neq \widetilde{E} \quad \text{iS}, \\ \widetilde{E} \neq \emptyset \Rightarrow \widetilde{E}_+ \neq \emptyset \quad \text{Az}, \quad \widetilde{E}_+ = \emptyset \quad \text{Az}; \end{cases}$$

$$[-1] \quad \widetilde{E}_+ = \emptyset \quad \text{iS}.$$

Wie man sofort sieht, vereinfachen sich die Bedingungen für die sechs Fälle, wenn $\widetilde{E} \neq \emptyset$ ein Satz in $\mathcal{MT}_\Sigma$ ist. Es kann auch sein, daß einige dieser sechs Fälle im konkreten Einzelfall ausfallen, z. B. wenn in $\mathcal{MT}_\Sigma$ der Satz gilt: $\widetilde{E}_+ \neq \emptyset \Rightarrow \widetilde{E}_+ = \widetilde{E}$.

Aus den Äquivalenzen (10.2.21) und den obigen Überlegungen ergibt sich sofort: Der Fall [+1] ist der Fall einer theoretisch existenten Hypothese $(—)_h$. Der Fall [−1] ist der Fall einer falschen Hypothese $(—)_h$. In den übrigen Fällen ist die Hypothese $(—)_h$ erlaubt.

In den Fällen [+] und [0] ist $\widetilde{E} \neq \emptyset \Rightarrow \widetilde{E}_+ \neq \emptyset$ ein Satz in $\mathcal{MT}_\Sigma$; in den Fällen [?] und [−] entscheidet $\mathcal{MT}_\Sigma$ nicht darüber, ob $\widetilde{E}_+ = \emptyset$ ist oder nicht. Wir wollen daher diese beiden Fälle dadurch unterscheiden, daß wir $(—)_h$ im Falle [+] und [0] *stark erlaubt* und im Falle [?] und [−] *schwach erlaubt* nennen. Im Falle [0] und [−] ist $\widetilde{E} \neq \emptyset \Rightarrow \widetilde{E}_+ \neq \widetilde{E}$ ein Satz in $\mathcal{MT}_\Sigma$; mathematisch gibt es also Elemente Z von $\widetilde{E}$, für die $\widetilde{E}_h(Z) = \emptyset$ ist, d. h. die durch $(—)_r$ charakterisierte Realtextsituation kann „zumindest mathematisch" ein Element $Z \in \widetilde{E}$ mit $\widetilde{E}_h(Z) = \emptyset$ sein; wir wollen dies kurz so ausdrücken, daß $(—)_h$ *eingeschränkt erlaubt* ist. Für die obigen sechs Fälle kann man die Hypothese dann folgendermaßen charakterisieren:

Klassifikationsschema

	grob	normal	fein
[+1]			theoretisch existent
[+]		stark erlaubt	uneingeschränkt stark erlaubt
[0]	erlaubt		eingeschränkt stark erlaubt
[?]		schwach erlaubt	uneingeschränkt schwach erlaubt
[−]			eingeschränkt schwach erlaubt
[−1]	falsch	falsch	falsch

Für den Fall einer Hypothese ohne gedachte Elemente X gibt es im allgemeinen dieselben sechs Fälle, man hat nur einfacher

$$\widetilde{E}_+ = \{Z \mid Z \in \widetilde{E} \text{ und } \widetilde{P}_h(\ldots)\}$$

zu definieren und in (10.2.21) die Relation (10.2.11) durch (10.2.13), (10.2.15) durch (10.2.16), (10.2.17) durch (10.2.18) und (10.2.19 a) durch (10.2.19 b) zu ersetzen. Die Tabelle (10.2.22) bleibt dann gültig. Kommt aber in $\widetilde{P}_h(y_1, \ldots, y_r, t)$ der Term Z nicht vor, so gilt also der Satz „$\widetilde{E}_+ = \widetilde{E}$ oder $\widetilde{E}_+ = \emptyset$". Daher gibt es dann nur die drei Fälle:

[+1] $\widetilde{E} = \widetilde{E}_+$ iS, d. h. $\widetilde{E} \neq \emptyset \Rightarrow \widetilde{P}_h(\ldots)$ iS.

[?] $\widetilde{E} = \widetilde{E}_+$ Az, $\widetilde{E}_+ = \emptyset$ Az; d. h.

     „$\widetilde{E} \neq \emptyset \Rightarrow \widetilde{P}_h(\ldots)$"   oder   „$\widetilde{E} \neq \emptyset \Rightarrow$ nicht $\widetilde{P}_h(\ldots)$"

     können als Axiome zu $\mathcal{MT}_\Sigma$ hinzugefügt werden.

[−1] $\widetilde{E}_+ = \emptyset$ iS, d. h. $\widetilde{E} \neq \emptyset \Rightarrow$ nicht $\widetilde{P}_h(\ldots)$ iS.

$\widetilde{P}_h(\ldots)$ kann man in diesem Falle als ein „hypothetisches Axiom" bezeichnen, das man zu $\mathcal{MT}_\Sigma$ „probeweise" hinzufügt. Ist $\widetilde{P}_h(\ldots)$ schon in $\mathcal{MT}_\Sigma$ ein Satz, so liegt also der Fall [+1] vor. Ist $\widetilde{P}_h(\ldots)$ noch kein Satz in $\mathcal{MT}_\Sigma$ und liegt der Fall [+1] vor, so wird durch den Realtext $A \in \widetilde{E}$ die Relation $\widetilde{P}_h(\ldots)$ praktisch zum Axiom, d. h. aus der Erfahrung $A \in \widetilde{E}$ zusammen mit $\mathcal{MT}_\Sigma$ kann man das „weitere" physikalische Gesetz $\widetilde{P}_h(\ldots)$ deduzieren. Man hätte also gleich von vornherein zu der durch das Axiom $\widetilde{P}_h(\ldots)$ reicheren Strukturart übergehen können; die „Erfahrung" $A \in \widetilde{E}$ hätte dann dieses Hinzufügen nachträglich gerechtfertigt.

Ist „nicht $\widetilde{P}_h(\ldots)$" Satz in $\mathcal{MT}_\Sigma$, so liegt trivialerweise der Fall [−1] vor; genau wie eben kann man aber allgemein „nicht $\widetilde{P}_h(\ldots)$" als Axiom hinzufügen, wenn der Fall [−1] vorliegt und die Erfahrung $A \in \widetilde{E}$ gemacht wurde.

Ob man im Falle [?] $\widetilde{P}_h(\ldots)$ oder „nicht $\widetilde{P}_h(\ldots)$" als Axiom zu $\mathcal{MT}_\Sigma$ hinzufügen darf, ohne eine unbrauchbare $\mathcal{PT}$ zu erhalten, bleibt offen, da es noch andere Erfahrungen als $A \in \widetilde{E}$ geben kann.

Für den Spezialfall einer Hypothese ohne Realtextteil können wir auf (10.1.8) zurückgreifen, wenn wir dort einfach den Buchstaben A streichen. $\mathcal{MT}_\Sigma A$ ist dann mit $\mathcal{MT}_\Sigma$ identisch. Nach den Überlegungen im Anschluß an (10.2.3) folgt dann, daß es drei Fälle gibt (mit $\widetilde{E}_h$ von Z unabhängig):

[+1] $\widetilde{E}_h \neq \emptyset$ ist Satz in $\mathcal{MT}_\Sigma$;

[?]   Jede der beiden Relationen $\widetilde{E}_h \neq \emptyset$ und $\widetilde{E}_h = \emptyset$

     kann ohne Widerspruch als Axiom zu $\mathcal{MT}_\Sigma$ hinzugefügt werden;

[−1] $\widetilde{E}_h = \emptyset$ ist Satz in $\mathcal{MT}_\Sigma$.

Im Fall [+1] ist $(-)_h$ theoretisch existent, im Fall [?] erlaubt und im Fall [−1] falsch.

Kommen weder Realtextteil noch hypothetische Elemente vor, so erhalten wir spezieller die drei schon oben diskutierten Fälle zurück

[+1] $\widetilde{P}_h(y_1, \ldots, y_r, t)$ ist Satz in $\mathcal{MT}_\Sigma$;

[?] $\widetilde{P}_h$ wie „nicht $\widetilde{P}_h$" können ohne Widerspruch als Axiome zu $\mathcal{MT}_\Sigma$ hinzugefügt werden;

[−1] „nicht $\widetilde{P}_h$" ist Satz in $\mathcal{MT}_\Sigma$.

Man kann hier wiederum R_2 für $\widetilde{P}_h$ einsetzen und sieht, daß nur der Fall [?] interessant ist für die Frage, ob man R_2 oder „nicht R_2" als „weiteres" Axiom zu $\mathcal{MT}_{\Sigma_{R_1}}$ hinzufügt. Für eine Hypothese der Form

$$A \in \widetilde{E} \text{ und } X \in \widetilde{E}_h \tag{10.2.23}$$

mit einem nicht von A abhängigen $\widetilde{E}_h$ erhält man ebenfalls nur drei Fälle. Denn aus

$$\widetilde{E}_+ = \{Z \mid Z \in \widetilde{E} \text{ und } \widetilde{E}_h \neq \emptyset\}$$

folgt, da $\widetilde{E}_h$ nicht von Z abhängt, der Satz

$$\widetilde{E}_+ = \widetilde{E} \text{ oder } \widetilde{E}_+ = \emptyset.$$

Die drei Fälle sind

[+1] $\widetilde{E} = \widetilde{E}_+$ iS, d. h. $\widetilde{E} \neq \emptyset \Rightarrow \widetilde{E}_h \neq \emptyset$ iS.

[?] $\widetilde{E} = \widetilde{E}_+$ Az, $\widetilde{E}_+ = \emptyset$ Az; d. h.

   $\widetilde{E} \neq \emptyset \Rightarrow \widetilde{E}_h \neq \emptyset$ Az, $\widetilde{E} \neq \emptyset \Rightarrow \widetilde{E}_h = \emptyset$ Az.

[−1] $\widetilde{E}_+ = \emptyset$ iS, d. h. $\widetilde{E} \neq \emptyset \Rightarrow \widetilde{E}_h = \emptyset$ iS.

Ebenfalls in $\mathcal{MT}_\Sigma$ läßt sich leicht ausdrücken, ob die Hypothese $(-)_h$ determiniert ist. Die Hypothese $(-)_h$ ist determiniert, wenn es nur ein X gibt mit $X \in \widetilde{E}_h(A)$, mit $\widetilde{E}_h(A)$ nach (10.1.4), d. h. wenn $\widetilde{E}_h(Z)$ einelementig ist, genau formuliert heißt das: $(-)_h$ ist genau dann determiniert, wenn in $\mathcal{MT}_\Sigma$ der Satz gilt:

$$\widetilde{E}_+ \neq \emptyset \Rightarrow (\forall Z)[Z \in \widetilde{E}_+ \Rightarrow \widetilde{E}_h(Z) \text{ einelementig}]. \tag{10.2.24}$$

Durch die Zuordnung $Z \to X \in \widetilde{E}_h(Z)$ ist also eine Abbildung f von $\widetilde{E}_+$ in $\widetilde{T}(\ldots)$ definiert. Ist $(-)_h$ theoretisch existent, so ist f auf ganz $\widetilde{E}$ definiert.

Solchen Abbildungen f (die als innere Terme definierbar sind) einer Menge $\widetilde{E}_+$ in eine Leitermenge $\widetilde{T}(\ldots)$ sind wir schon in § 9.1 begegnet: $\widetilde{E}_+$ ist von der „Art" (α) aus § 9.1, so daß f genau die unter (β) in § 9.1 aufgestellten Bedingungen erfüllt. Solche Abbildungen f spielen, wie wir in § 10.9 noch genauer darstellen wollen, für die Physik eine wichtige Rolle (nicht *nur* beim Übergang zu einer „Einschränkung" nach § 9.1).

Gilt in $\mathcal{MT}_\Sigma$ nicht der Satz (10.2.24), so kann man durch eine leichte Abänderung der Hypothese $(—)_h$ eine determinierte Hypothese gewinnen: Die Mengen $\widetilde{E}_h(Z)$ sind für $Z \in \widetilde{E}_+$ nicht leer und Elemente von $\mathcal{P}\widetilde{T}_h(y_1,\ldots,y_r)$. Eine Hypothese $(—)_{h_1}$ definieren wir dann durch

$$\widetilde{T}_{h_1}(y_1,\ldots,y_r) = \mathcal{P}\widetilde{T}_h(y_1,\ldots,y_r) \tag{10.2.25}$$

und

$$\widetilde{P}_{h_1}(\ldots,Z,X_1) : X_1 = \widetilde{E}_h(Z). \tag{10.2.26}$$

Durch diese *neue* Hypothese $(—)_{h_1}$ ist dann trivialerweise eine Abbildung $f_1 : Z \to \widetilde{E}_h(Z)$ von $\widetilde{E}_+$ in $\widetilde{T}_{h_1}(\ldots) = \mathcal{P}\widetilde{T}_h(\ldots)$ definiert. Die Hypothese $(—)_{h1}$ ist also determiniert.

Die nach (10.2.25), (10.2.26) aus $(—)_h$ gebildete Hypothese nennen wir zur genaueren Kennzeichnung die Potenzhypothese $(—)_{Ph}$ (statt $(—)_{h_1}$) von $(—)_h$. Für die Potenzhypothese ist

$$\widetilde{E}_{Ph}(Z) = \{\widetilde{E}_h(Z)\},$$

d. h. gleich der einelementigen Menge mit dem Element $\widetilde{E}_h(Z)$.

Für die Potenzhypothese ist daher

$$\widetilde{E}_+^{Ph} = \{Z \mid Z \in \widetilde{E} \text{ und } \widetilde{E}_{Ph}(Z) \neq \emptyset\} = \{Z \mid Z \in \widetilde{E} \text{ und } \widetilde{E}_h(Z) \neq \emptyset\} = \widetilde{E}_+.$$

Die Charakterisierung der Potenzhypothese nach den sechs Fällen [+1] bis [−1] ist also mit derjenigen der ursprünglichen Hypothese identisch. Nur $(—)_{Ph}$ ist auf jeden Fall determiniert. Man sieht leicht, daß $(—)_{Ph}$ gegenüber $(—)_h$ „nichts Neues bringt", wenn schon $(—)_h$ determiniert ist.

Die Möglichkeit des Übergangs von $(—)_h$ zu $(—)_{Ph}$ kann für manche physikalische Begriffsbildungen sehr wichtig werden, was wir noch genauer in § 10.9 sehen werden.

Wie man mit einem „determinierten Teil" einer Hypothese zu verfahren hat, ergibt sich aus der Umformulierung (10.2.6) bis (10.2.8), die diesen Fall auf den einer determinierten Hypothese zurückführt.

10.3 Beziehungen zwischen verschiedenen Hypothesen

Als nächstes wollen wir das Verhältnis mehrerer Hypothesen zueinander betrachten. Dabei sei für alle Hypothesen *derselbe* Realtext, d. h. dieselben Relationen $(—)_r$ vorausgesetzt. Wir benutzen deshalb die Kurzschreibweise (10.1.5) für alle Hypothesen.

Eine Hypothese $(—)_{h1}$ nennen wir „schärfer" als $(—)_{h2}$, wenn

$$\widetilde{E}_h^{(1)}(Z) \subset \widetilde{E}_h^{(2)}(Z) \text{ für alle } Z \in \widetilde{E} \tag{10.3.1 a}$$

ein Satz in $\mathcal{MT}_\Sigma$ ist. $(—)_{h1}$ und $(—)_{h2}$ haben also dieselben hypothetischen Elemente

$$X \in \widetilde{T}_{h1}(\ldots) = \widetilde{T}_{h2}(\ldots),$$

nur die von der Hypothese $(—)_{h1}$ geforderte Relation $X \in \widetilde{E}_h^{(1)}(A)$ ist schärfer als die für $(—)_{h2}$ geforderte Relation $X \in \widetilde{E}_h^{(2)}(A)$.

Sind keine Realtextelemente vorhanden, so ist (10.3.1 a) durch

$$\widetilde{E}_h^{(1)} \subset \widetilde{E}_h^{(2)} \tag{10.3.1 b}$$

zu ersetzen. Wenn keine hypothetischen Elemente vorkommen, so ist (10.3.1 a) durch

$$\widetilde{P}_h^{(1)}(y_1, \ldots, y_r, t, Z) \Rightarrow \widetilde{P}_h^{(2)}(y_1, \ldots, y_r, t, Z) \text{ für alle } Z \in \widetilde{E} \tag{10.3.1 c}$$

und schließlich für den Fall, daß weder Realtextteile noch hypothetische Elemente vorhanden sind, durch

$$\widetilde{P}_h^{(1)}(y_1, \ldots, y_r, t) \Rightarrow \widetilde{P}_h^{(2)}(y_1, \ldots, y_r, t) \tag{10.3.1 d}$$

zu ersetzen.

$(—)_{h1}$ heißt eine „Erweiterung bei festem Realtext" von $(—)_{h2}$, wenn $(—)_{h1}$ in der Form

$$X \in \widetilde{E}_h^{(\widetilde{1})}(A) \text{ und } X' \in \widetilde{E}_h^{(z)}(A, X)$$
$$(\text{mit } \widetilde{E}_h^{(\widetilde{1})}(Z) \subset \widetilde{E}_h^{(2)}(Z) \text{ für alle } Z \in \widetilde{E}) \tag{10.3.2 a}$$

geschrieben werden kann. $(—)_{h1}$ umfaßt also mehr hypothetische Elemente (nämlich die Komponenten von X') als die Hypothese $(—)_{h2}$ mit den Komponenten von X als hypothetischen Elementen. X erfüllt dabei auf jeden Fall die Hypothese $(—)_{h2}$. $(—)_{h1}$ schärfer als $(—)_{h2}$ kann also als „Sonderfall" von (10.3.2 a) angesehen werden, bei dem keine neuen hypothetischen Elemente X' auftreten, sondern nur X zusätzlichen Bedingungen unterworfen wird.

Für $(—)_{h1}$ nach (10.3.2 a) folgt

$$\widetilde{E}_h^{(1)}(Z) = \{(X, X') \mid X \in \widetilde{E}_h^{(\widetilde{1})}(Z) \text{ und } X' \in \widetilde{E}_h^{(z)}(Z, X)\}.$$

Mit

$$\widetilde{E}_h^{(1,r)}(Z) = \{X \mid X \in \widetilde{E}_h^{(\widetilde{1})}(Z) \text{ und } \widetilde{E}_h^{(z)}(Z, X) \neq \emptyset\}$$
$$\subset \{X \mid X \in \widetilde{E}_h^{(2)}(Z)\} = \widetilde{E}_h^{(2)}(Z)$$

wird

$$\widetilde{E}_+^{(1)} = \{Z \mid Z \in \widetilde{E} \text{ und } \widetilde{E}_h^{(1)}(Z) \neq \emptyset\}$$
$$= \{Z \mid Z \in \widetilde{E} \text{ und } \widetilde{E}_h^{(1,r)}(Z) \neq \emptyset\};$$

somit folgt der Satz:

$$\widetilde{E}_{+}^{(1)} \subset \widetilde{E}_{+}^{(2)}. \tag{10.3.3a}$$

Aus (10.3.3a) braucht nicht (10.3.2a) zu folgen. Gilt für zwei Hypothesen $(—)_{h1}$ und $(—)_{h2}$ der Satz (10.3.3a), so nennen wir $(—)_{h1}$ „einschränkender" als $(—)_{h2}$. „Einschränkender" ist also etwas weniger als „Erweiterung bei festem Realtext".

Wenn $(—)_{h2}$ keine hypothetischen Elemente X enthält, so ist (10.3.2a) zu ersetzen durch

$$\widetilde{P}_{h}^{(\widetilde{1})}(y_1, \ldots, y_r, t, A) \text{ und } X' \in \widetilde{E}_{h}^{(z)}(A)$$
$$(\text{mit } \widetilde{P}_{h}^{(\widetilde{1})} \Rightarrow \widetilde{P}_{h}^{(2)}(Z) \text{ für alle } Z \in \widetilde{E}). \tag{10.3.2b}$$

Für die Hypothese $(—)_{h1}$ ist dann

$$\widetilde{T}_{h}^{(1)}(\ldots) = \widetilde{T}_{h}^{(z)}(\ldots)$$

und $\widetilde{P}_{h}^{(1)}(\ldots) : \widetilde{P}_{h}^{(\widetilde{1})}(\ldots)$ und $\widetilde{P}_{h}^{(z)}(\ldots)$.

Daraus folgt

$$\widetilde{E}_{h}^{(1)}(Z) = \{X' \mid X' \in \widetilde{E}_{h}^{(z)}(Z) \text{ und } \widetilde{P}_{h}^{(\widetilde{1})}(y_1, \ldots, y_r, t, Z)\}.$$

Somit wird

$$\widetilde{E}_{+}^{(1)} = \{Z \mid Z \in \widetilde{E} \text{ und } \widetilde{E}_{h}^{(1)}(Z) \neq \emptyset\}$$
$$\subset \{Z \mid Z \in \widetilde{E} \text{ und } \widetilde{P}_{h}^{(\widetilde{1})}(y_1, \ldots, y_r, t, Z)\}$$
$$\subset \{Z \mid Z \in \widetilde{E} \text{ und } \widetilde{P}_{h}^{(2)}(y_1, \ldots, y_r, t, Z)\} = \widetilde{E}_{+}^{(2)},$$

womit ebenfalls (10.3.3a) gezeigt ist. Ist kein Realtextteil vorhanden, so ist (10.3.2a) durch

$$X \in E_{h}^{(\widetilde{1})} \text{ und } X' \in \widetilde{E}_{h}^{(z)}(X) \quad (\text{mit } \widetilde{E}_{h}^{(\widetilde{1})} \subset \widetilde{E}_{h}^{(2)}) \tag{10.3.2c}$$

zu ersetzen. Damit wird

$$\widetilde{E}_{h}^{(1)} = \{(X, X') \mid X \in \widetilde{E}_{h}^{(\widetilde{1})} \text{ und } X' \in \widetilde{E}_{h}^{(z)}(X)\}$$
$$\subset \{(X, X') \mid X \in \widetilde{E}_{h}^{(2)} \text{ und } X' \in \widetilde{E}_{h}^{(z)}(X)\},$$

woraus

$$\widetilde{E}_{h}^{(1)} \neq \emptyset \Rightarrow \widetilde{E}_{h}^{(2)} \neq \emptyset \tag{10.3.3b}$$

folgt. Enthält außerdem $(—)_{h2}$ keine hypothetischen Elemente X, so geht (10.3.2c) in

$$\widetilde{P}_{h}^{(\widetilde{1})}(y_1, \ldots, y_r, t) \text{ und } X' \in \widetilde{E}_{h}^{(z)} \quad (\text{mit } \widetilde{P}_{h}^{(\widetilde{1})} \Rightarrow \widetilde{P}_{h}^{(2)}) \tag{10.3.2d}$$

über. Damit wird

$$\widetilde{E}_h^{(1)} = \{X' \mid X' \in \widetilde{E}_h^{(z)} \text{ und } \widetilde{P}_h^{(\widetilde{1})}(y_1, \ldots, y_r, t)\}$$
$$\subset \{X' \mid X' \in \widetilde{E}_h^{(z)} \text{ und } \widetilde{P}_h^{(2)}\},$$

woraus

$$\widetilde{E}_h^{(1)} \neq \emptyset \Rightarrow \widetilde{P}_h^{(2)} \qquad (10.3.3\,\text{c})$$

folgt. Ebenso wie im Falle (10.3.3 a) nennen wir auch in den Fällen (10.3.3 b) bzw. (10.3.3 c) die Hypothese $(-)_{h1}$ einschränkender als $(-)_{h2}$. Als „Zusammenfassung" zweier Hypothesen (was man sofort auf mehr als zwei Hypothesen ausdehnen kann) $(-)_{h1}$ und $(-)_{h2}$ definieren wir die Hypothese $(-)_h$ durch

$$\text{„}X_1 \in \widetilde{E}_h^{(1)}(A) \text{ und } X_2 \in \widetilde{E}_h^{(2)}(A)\text{“}, \qquad (10.3.4\,\text{a})$$

d. h. für die zusammengefaßte Hypothese $(-)_h$ ist

$$\widetilde{E}_h(A) = \widetilde{E}_h^{(1)}(A) \times \widetilde{E}_h^{(2)}(A) \qquad (10.3.5\,\text{a})$$

und

$$X = (X_1, X_2),$$

so daß man auch

$$X = (X_1, X_2) \in \widetilde{E}_h(A) = \widetilde{E}_h^{(1)}(A) \times \widetilde{E}_h^{(2)}(A)$$

schreiben kann. Daraus folgt für die zusammengesetzte Hypothese mit (10.3.5 a):

$$\widetilde{E}_+ = \{Z \mid Z \in \widetilde{E} \text{ und } \widetilde{E}_h(Z) \neq \emptyset\}$$
$$= \{Z \mid Z \in \widetilde{E} \text{ und } \widetilde{E}_h^{(1)}(Z) \times \widetilde{E}_h^{(2)}(Z) \neq \emptyset\}$$
$$= \{Z \mid Z \in \widetilde{E} \text{ und } \widetilde{E}_h^{(1)}(Z) \neq \emptyset \text{ und } \widetilde{E}_h^{(2)}(Z) \neq \emptyset\}$$

und somit

$$\widetilde{E}_+ = \widetilde{E}_+^{(1)} \cap \widetilde{E}_+^{(2)}. \qquad (10.3.6)$$

Falls in $(-)_{h1}$ keine hypothetischen Elemente auftreten, geht (10.3.4 a) über in

$$\widetilde{P}_h^{(1)}(y_1, \ldots, y_r, t, A) \text{ und } X_2 \in \widetilde{E}_h^{(2)}(A). \qquad (10.3.4\,\text{b})$$

Daraus folgt

$$\widetilde{E}_h(A) = \{X_2 \mid X_2 \in \widetilde{E}_h^{(2)}(A) \text{ und } \widetilde{P}_h^{(1)}(y_1, \ldots, , A)\} \qquad (10.3.5\,\text{b})$$

und weiterhin mit $\widetilde{E}_+^{(1)} = \{Z \mid Z \in \widetilde{E} \text{ und } \widetilde{P}_h^{(1)}(y_1, \ldots, , Z)\}$

$$\widetilde{E}_{+} = \{Z \mid \in \widetilde{E} \text{ und } \widetilde{E}_{h}(Z) \neq \emptyset\}$$
$$= \{Z \mid Z \in \widetilde{E} \text{ und } \widetilde{E}_{h}^{(2)}(Z) \neq \emptyset \text{ und } Z \in \widetilde{E}_{+}^{(1)}\}$$
$$= \widetilde{E}_{+}^{(1)} \cap \widetilde{E}_{+}^{(2)},$$

d. h. (10.3.6). Hat sowohl $(—)_{h1}$ wie $(—)_{h2}$ keine hypothetischen Elemente, so folgt ebenfalls (10.3.6). Sind keine Realtextteile vorhanden, so ist in (10.3.4 a) der Buchstabe A zu streichen. Ein Übergang zu (10.3.6) ist dann nicht möglich. Fehlt außerdem der hypothetische Teil X_1, so ist (10.3.5 a) zu ersetzen durch (10.3.5 b) ohne den Buchstaben A. Fehlen sowohl X_1 wie X_2, so ist (10.3.5 a) zu ersetzen durch

$$\widetilde{P}_{h}(y_1, \ldots, y_r, t) : \widetilde{P}_{h}^{(1)}(\ldots) \text{ und } \widetilde{P}_{h}^{(2)}(\ldots). \tag{10.3.5 c}$$

Wir führen folgende wichtige Definitionen ein. Zwei mindestens erlaubte Hypothesen $(—)_{h1}$ und $(—)_{h2}$ heißen „kompatibel", wenn die „Zusammenfassung" von $(—)_{h1}$ und $(—)_{h2}$ mindestens erlaubt ist, d. h. wenn

$$\widetilde{E}_{+}^{(1)} \cap \widetilde{E}_{+}^{(2)} = \emptyset \tag{10.3.7 a}$$

kein Satz in $\mathcal{MT}_{\Sigma}$ ist.

Für den Fall ohne Realtextteil ist (10.3.7 a) zu ersetzen durch

$$\widetilde{E}_{h}^{(1)} = \emptyset \quad \text{oder} \quad \widetilde{E}_{h}^{(2)} = \emptyset$$

bzw.   „nicht $\widetilde{P}_{h}^{(1)}(\ldots)$"   oder $\widetilde{E}_{h}^{(2)} = \emptyset$ $\qquad$ (10.3.7 b)

bzw.   „nicht $\widetilde{P}_{h}^{(1)}(\ldots)$"   oder   „nicht $\widetilde{P}^{(2)}(\ldots)$".

Hat man für den Fall ohne Realtextteil zwei Hypothesen erster Art, so können in keiner der beiden Hypothesen die hypothetischen Elemente fehlen, weil es sonst keine Hypothesen erster Art wären. Sind beide Hypothesen erlaubt, so ist weder $\widetilde{E}_{h}^{(1)} = \emptyset$ noch $\widetilde{E}_{h}^{(2)} = \emptyset$ ein Satz in $\mathcal{MT}_{\Sigma}$. Es könnte aber „$\widetilde{E}_{h}^{(1)} = \emptyset$ oder $\widetilde{E}_{h}^{(2)} = \emptyset$" ein Satz sein, d. h. $(—)_{h1}$ und $(—)_{h2}$ könnten nicht kompatibel sein.

Eine axiomatische Basis $\mathcal{MT}_{\Sigma}$ nennen wir „schwach abgeschlossen", wenn je zwei erlaubte Hypothesen erster Art *ohne* Realtextteil kompatibel sind. Die schwache Abgeschlossenheit einer $\mathcal{MT}_{\Sigma}$ ist also ohne Rückgriff auf Erfahrungen feststellbar. Wir werden in § 10.7 auf die physikalische Bedeutung der schwachen Abgeschlossenheit einer $\mathcal{MT}_{\Sigma}$ zurückkommen.

Beispiele für nicht schwach abgeschlossene Theorien sind solche mit „unbestimmten" Konstanten, die man erst durch Experimente, d. h. durch Realtexte festlegt.

Es sei betont, daß auch für eine schwach abgeschlossene Theorie zwei Hypothesen erster Art *mit* Realtextteil nicht kompatibel zu sein brauchen.

Eine Hypothese heißt „experimentell sicher", wenn sie mit jeder erlaubten Hypothese *erster* Art kompatibel ist. Für jede erlaubte Hypothese erster Art $(—)_{h}$ ist also [neg$(—)_{h}$] experimentell unsicher, da [neg$(—)_{h}$] mit $(—)_{h}$ nicht kompatibel ist.

Eine Hypothese $(-)_h$ ist also genau dann experimentell sicher, wenn für *jede* mindestens erlaubte Hypothese $(-)_{h1}$ *erster* Art (10.3.7 a) bzw. (10.3.7 b), d. h.

$$\widetilde{E}_+ \cap \widetilde{E}_+^{(1)} = \emptyset \tag{10.3.8 a}$$

bzw. für den Fall ohne Realtext

$$\widetilde{E}_h = \emptyset \quad \text{oder} \quad \widetilde{E}_h^{(1)} = \emptyset,$$
$$\text{bzw.} \quad \text{„nicht } \widetilde{P}_h(\ldots)\text{“} \quad \text{oder} \quad \widetilde{E}_h^{(1)} = \emptyset \tag{10.3.8 b}$$

kein Satz in $\mathcal{MT}_\Sigma$ ist. Die dritte Möglichkeit aus (10.3.7 b) kann nicht auftreten, da eine Hypothese erster Art ohne Realtext immer hypothetische Elemente haben muß. $(-)_h$ ist somit genau dann nicht experimentell sicher, wenn es wenigstens eine mindestens erlaubte Hypothese $(-)_{h1}$ *erster* Art gibt, für die (10.3.8 a) bzw. (10.3.8 b) ein Satz in $\mathcal{MT}_\Sigma$ ist. Wegen $\widetilde{E}_+^{(1)} \subset \widetilde{E}$ ist mit (10.3.8 a) die Relation

$$\widetilde{E}_+^{(1)} \subset \widetilde{E} \setminus \widetilde{E}_+$$

äquivalent und damit die Bedingung, daß $(-)_{h1}$ einschränkender als $[\mathrm{neg}(-)_h]$ ist, denn zu der Hypothese $[\mathrm{neg}(-)_h]$ gehört nach (10.2.2) die Menge

$$\widetilde{E}_+' = \{Z \mid Z \in \widetilde{E} \text{ und } \widetilde{E}_h(Z) = \emptyset\} = \widetilde{E} \setminus \widetilde{E}_+.$$

Für den Fall ohne Realtextteil ist (10.3.8 b) äquivalent dazu, daß

$$\widetilde{E}_h^{(1)} \neq \emptyset \Rightarrow \widetilde{E}_h = \emptyset$$
$$\text{bzw.} \quad \widetilde{E}_h^{(1)} \neq \emptyset \Rightarrow \text{nicht } \widetilde{P}_h(y_1, \ldots);$$

d. h. wieder, daß $(-)_{h1}$ einschränkender als $[\mathrm{neg}(-)_h]$ ist, da $[\mathrm{neg}(-)_h]$ als Hypothese ohne hypothetische Elemente durch die Relation $\widetilde{E}_h = \emptyset$ bzw. „nicht $\widetilde{P}_h(\ldots)$“ gegeben ist (siehe 10.2.2). $[\mathrm{neg}(-)_h]$ ist experimentell sicher, wenn es keine mindestens erlaubte Hypothese erster Art $(-)_{h1}$ gibt, für die

$$(\widetilde{E} \setminus \widetilde{E}_+) \cap \widetilde{E}_+^{(1)} = \emptyset \tag{10.3.9 a}$$

bzw. im Fall ohne Realtextteil

$$\widetilde{E}_h^{(1)} \neq \emptyset \Rightarrow \text{nicht } \widetilde{E}_h = \emptyset \tag{10.3.9 b}$$
$$\text{bzw.} \quad \widetilde{E}_h^{(1)} \neq \emptyset \Rightarrow \text{nicht } [\text{nicht } \widetilde{P}_h(\ldots)] \tag{10.3.9 c}$$

ein Satz in $\mathcal{MT}_\Sigma$ ist. $[\mathrm{neg}(-)_h]$ ist experimentell unsicher, wenn es wenigstens eine erlaubte Hypothese erster Art $(-)_{h1}$ gibt, für die (10.3.9) und damit

$$\widetilde{E}_+^{(1)} \subset \widetilde{E}_+ \tag{10.3.10 a}$$
$$\widetilde{E}_h^{(1)} \neq \emptyset \Rightarrow \widetilde{E}_h \neq \emptyset \tag{10.3.10 b}$$
$$\text{bzw.} \quad \widetilde{E}_h^{(1)} \neq \emptyset \Rightarrow \widetilde{P}_h(\ldots) \tag{10.3.10 c}$$

ein Satz in $\mathcal{MT}_\Sigma$ ist, d. h. für die $(-)_{h1}$ einschränkender als $(-)_h$ ist.

Ist [neg(—)$_h$] experimentell unsicher, so ist also (—)$_h$ erlaubt. Wir wollen eine Hypothese (—)$_h$, für die [neg(—)$_h$] experimentell unsicher ist, kurz ec-erlaubt nennen. Jede erlaubte Hypothese erster Art (—)$_h$ ist auch ec-erlaubt, da man in (10.3.10) nur (—)$_{h1}$ gleich (—)$_h$ zu setzen braucht. Aber allgemein braucht jede erlaubte Hypothese nicht auch ec-erlaubt zu sein, da sowohl (—)$_h$ erlaubt wie [neg(—)$_h$] experimentell sicher sein kann.

Ist (—)$_h$ mit allen experimentell sicheren Hypothesen kompatibel, so muß [neg(—)$_h$] experimentell unsicher sein, da (—)$_h$ nicht mit [neg(—)$_h$] kompatibel ist. Also ist (—)$_h$ ec-erlaubt. Aber auch jede experimentell sichere Hypothese ist mit allen ec-erlaubten Hypothesen kompatibel: Ist (—)$_{h2}$ ec-erlaubt, so gibt es eine Hypothese erster Art (—)$_{h1}$, die einschränkender als (—)$_{h2}$ ist. Wäre (—)$_{h2}$ nicht kompatibel mit (—)$_h$, so wäre (—)$_{h2}$ und damit erst recht (—)$_{h1}$ einschränkender als [neg(—)$_h$] und damit (—)$_h$ nicht experimentell sicher. Die ec-erlaubten Hypothesen sind also gerade alle Hypothesen, die mit allen experimentell sicheren Hypothesen kompatibel sind. Ist umgekehrt (—)$_h$ mit allen ec-erlaubten Hypothesen kompatibel, so ist (—)$_h$ erst recht mit allen erlaubten Hypothesen erster Art kompatibel, d. h. experimentell sicher.

Es gilt also eine gewisse Dualität zwischen experimentell sicher und ec-erlaubt: Eine Hypothese ist genau dann ec-erlaubt, wenn sie mit allen experimentell sicheren Hypothesen kompatibel ist; eine Hypothese ist genau dann experimentell sicher, wenn sie mit allen ec-erlaubten Hypothesen kompatibel ist.

Der Begriff der experimentell sicheren Hypothese scheint uns zu schwach, da sowohl (—)$_h$ wie [neg(—)$_h$] experimentell sicher sein kann. Wir wollen deshalb nach denjenigen erlaubten Hypothesen (—)$_h$ fragen, die nicht mit allen experimentell sicheren Hypothesen kompatibel sind. (—)$_h$ kann also nicht ec-erlaubt sein, d. h. [neg(—)$_h$] muß experimentell sicher sein. (—)$_h$ ist also genau dann nicht mit allen experimentell sicheren Hypothesen kompatibel, wenn [neg(—)$_h$] experimentell sicher ist. Eine experimentell sichere Hypothese (—)$_h$ ist also mit einer anderen experimentell sicheren Hypothese genau dann nicht kompatibel, wenn auch [neg(—)$_h$] experimentell sicher ist.

Wir suchen nun den Begriff einer sicheren Hypothese gegenüber dem einer experimentell sicheren Hypothese so einzuschränken, daß sichere Hypothesen unter sich kompatibel sind. Eine erste naheliegende Forderung ist:

Eine Hypothese (—)$_h$ heiße *fast sicher*, wenn (—)$_h$ experimentell sicher *und* ec-erlaubt ist. Eine Hypothese (—)$_h$ heiße ac-erlaubt, wenn [neg(—)$_h$] nicht fast sicher ist. Es folgt unmittelbar, daß eine ec-erlaubte Hypothese auch ac-erlaubt ist und damit daß jede erlaubte Hypothese erster Art auch ac-erlaubt ist.

Eine Hypothese erster Art (—)$_h$, die experimentell sicher ist, ist auch fast sicher, da jede erlaubte Hypothese erster Art auch ec-erlaubt ist, wie wir oben sahen.

Ist (—)$_h$ eine Hypothese, die mit allen fast sicheren Hypothesen kompatibel ist, so kann [neg(—)$_h$] nicht fast sicher sein, da (—)$_h$ nicht mit [neg(—)$_h$] kompatibel ist, d. h. (—)$_h$ ist ac-erlaubt. Ist umgekehrt (—)$_h$ ac-erlaubt, d. h. [neg(—)$_h$] nicht fast sicher, so ist [neg(—)$_h$] nicht experimentell sicher (d. h. $(—)_h$ ec-erlaubt) oder $[\mathrm{neg}(—)_h]$ nicht ec-erlaubt, d. h. $[\mathrm{neg}[\mathrm{neg}(—)_h]]$ experimentell sicher und damit $(—)_h$ experimentell sicher. In beiden Fällen, $(—)_h$ ec-erlaubt oder $(—)_h$ experimentell sicher, ist $(—)_h$ mit allen fast sicheren Hypothesen kompatibel, da diese experimentell sicher *und* ec-erlaubt sind.

Ist $(—)_h$ eine Hypothese, die mit einer ac-erlaubten Hypothese $(—)_{h1}$ nicht kompatibel ist, so ist $(—)_{h1}$ einschränkender als $[\mathrm{neg}(—)_h]$. $(—)_{h1}$ ist experimentell sicher oder ec-erlaubt und damit $[\mathrm{neg}(—)_h]$ experimentell sicher oder es gibt eine Hypothese erster Art $(—)_{h2}$ einschränkender als $(—)_{h1}$ und damit einschränkender als $[\mathrm{neg}(—)_h]$, d. h. $(—)_h$ experimentell unsicher. $(—)_h$ ist also nicht fast sicher.

Es gilt also wieder eine gewisse Dualität zwischen fast sicher und ac-erlaubt: Eine Hypothese ist genau dann ac-erlaubt, wenn sie mit allen fast sicheren Hypothesen kompatibel ist; eine Hypothese ist genau dann fast sicher, wenn sie mit allen ac-erlaubten Hypothesen kompatibel ist.

Experimentell sichere Hypothesen erster Art sind auch fast sicher; erlaubte Hypothesen erster Art sind auch ac-erlaubt.

Eine Hypothese $(—)_h$ ist fast sicher dann, wenn sie experimentell sicher ist und es eine erlaubte Hypothese erster Art $(—)_{h1}$ gibt, die einschränkender als $(—)_h$ ist. Dies legt es nahe, eine noch schärfere Bedingung zu formulieren:

Eine Hypothese $(—)_h$ heiße sicher, wenn es zu jeder erlaubten Hypothese erster Art $(—)_{h2}$ eine dazu kompatible erlaubte Hypothese erster Art $(—)_{h1}$ gibt, die einschränkender als $(—)_h$ ist. Eine Hypothese $(—)_h$ heiße c-erlaubt, wenn $[\mathrm{neg}(—)_h]$ nicht sicher ist.

Ist $(—)_h$ eine sichere Hypothese und $(—)_{h2}$ eine erlaubte Hypothese erster Art, so ist $(—)_{h2}$ kompatibel mit einer Hypothese erster Art $(—)_{h1}$, die einschränkender als $(—)_h$ ist; also ist $(—)_{h2}$ erst recht kompatibel mit $(—)_h$, d. h. $(—)_h$ ist experimentell sicher. Sicher ist also eine einschränkendere Bedingung als fast sicher. Jede experimentell sichere Hypothese erster Art ist auch immer sicher, da man in der Definition von „sicher" nur $(—)_{h1}$ durch $(—)_h$ zu ersetzen braucht.

Es folgt unmittelbar, daß jede ac-erlaubte Hypothese auch c-erlaubt ist und damit daß jede ec-erlaubte Hypothese auch c-erlaubt, insbesondere daß jede erlaubte Hypothese erster Art auch c-erlaubt ist. Ist $(—)_h$ mit allen sicheren Hypothesen kompatibel, so muß also $[\mathrm{neg}(—)_h]$ nicht sicher und damit $(—)_h$ c-erlaubt sein. Gibt es umgekehrt zu $(—)_h$ eine sichere Hypothese $(—)_{h3}$, mit der $(—)_h$ nicht kompatibel ist, so folgt, daß $(—)_{h3}$ einschränkender als $[\mathrm{neg}(—)_h]$ ist. Da $(—)_{h3}$ sicher ist, gibt es zu jeder Hypothese erster Art $(—)_{h2}$ eine Hypothese erster Art $(—)_{h1}$, die kompatibel zu $(—)_{h2}$ und einschränkender als $(—)_{h3}$ und damit auch einschränkender als $[\mathrm{neg}(—)_h]$ ist, d. h. $[\mathrm{neg}(—)_h]$ ist sicher. „$(—)_h$ mit allen sicheren Hypothesen kompatibel" ist also äquivalent zu: $[\mathrm{neg}(—)_h]$ ist nicht sicher.

Sei $(—)_h$ eine Hypothese, die mit allen c-erlaubten Hypothesen kompatibel ist, so ist $[\mathrm{neg}(—)_h]$ nicht c-erlaubt, d. h. $[\mathrm{neg}[\mathrm{neg}(—)_h]]$ muß sicher sein, woraus $(—)_h$ sicher folgt.

Es gilt also wieder die folgende Dualität: Eine Hypothese ist genau dann c-erlaubt, wenn sie mit allen sicheren Hypothesen kompatibel ist; eine Hypothese ist genau dann sicher, wenn sie mit allen c-erlaubten Hypothesen kompatibel ist.

Man kann die Anforderung an die Sicherheit noch weiter verschärfen: Eine Hypothese $(-)_h$ heiße absolut sicher, wenn es eine experimentell sichere Hypothese erster Art $(-)_{h1}$ gibt, die einschränkender als $(-)_h$ ist.

Daß diese Bedingung tatsächlich schärfer als die an eine sichere Hypothese ist, folgt unmittelbar daraus, daß man in der Definition von sicher die Hypothese $(-)_{h1}$ unabhängig von $(-)_{h2}$ als die experimentell sichere Hypothese $(-)_{h1}$ aus der Definition für absolut sicher wählen kann.

Eine Hypothese $(-)_h$ heiße pc-erlaubt, wenn $[\mathrm{neg}(-)_h]$ nicht absolut sicher ist. Es folgt wieder leicht, daß jede experimentell sichere Hypothese erster Art auch absolut sicher ist und daß jede erlaubte Hypothese erster Art auch pc-erlaubt ist.

Ebenso folgt wieder, daß eine Hypothese genau dann mit allen absolut sicheren Hypothesen kompatibel ist, wenn sie pc-erlaubt ist, und daß eine Hypothese genau dann mit allen pc-erlaubten Hypothesen kompatibel ist, wenn sie absolut sicher ist.

Ist eine Hypothese theoretisch existent, so ist sie mit allen erlaubten Hypothesen kompatibel und daher sowohl absolut sicher, sicher, fast sicher, experimentell sicher.

Für Hypothesen erster Art sind erlaubt, ec-erlaubt, ac-erlaubt und pc-erlaubt äquivalent, ebenso experimentell sicher, fast sicher, sicher, absolut sicher.

Die Klassifikation vereinfacht sich, wenn $\mathcal{MT}_\Sigma$ schwach abgeschlossen ist und wenn die betrachteten Hypothesen nicht mit dem Realtext $(-)_r$ „zusammenhängen". Wir sagen, daß $(-)_h$ nicht mit $(-)_r$ zusammenhängt, wenn A in $\widetilde{P}(y_1,\ldots,y_r,t,X)$ (siehe (10.1.3)) nicht auftritt und somit $\widetilde{E}_h$ in (10.1.4) nicht von A abhängt.

Da $\mathcal{MT}_\Sigma$ schwach abgeschlossen ist, ist jede erlaubte Hypothese erster Art, die nicht mit dem Realtext zusammenhängt, experimentell sicher und damit fast sicher, sicher und absolut sicher.

Sei $(-)_h$ nicht mit dem Realtext zusammenhängend und fast sicher. Dann gibt es eine Hypothese $(-)_{h1}$ erster Art, die einschränkender als $(-)_h$ ist. $(-)_{h1}$ kann mit dem Realtext zusammenhängen. Wenn wir dann die Buchstaben a_i des Realtextes durch hypothetische Elemente x_i' ersetzen, erhalten wir eine Hypothese $(-)_{ho}'$ derselben Form wie der Realtext. Wir definieren $(-)_{h1}'$ als die Erweiterung von $(-)_{ho}'$, die wir dadurch erhalten, daß wir in $(-)_{h1}$ alle a_i durch x_i' ersetzen. Dann hängt $(-)_{h1}'$ nicht mehr mit dem Realtext zusammen. Da $(-)_{h1}$ (zusammen mit $(-)_r$) einschränkender als $(-)_h$ war und $(-)_h$ nicht mit dem Realtext zusammenhängt, muß auch $(-)_{h1}'$ einschränkender als $(-)_h$ sein. $(-)_{h1}'$ ist aber experimentell sicher, da es nicht mit dem Realtext zusammenhängt. Daher ist $(-)_h$ absolut sicher (und um so mehr sicher).

Wenn MT_Σ schwach abgeschlossen ist, so sind die Begriffe „fast sicher", „sicher" und „absolut sicher" äquivalent für Hypothesen, die nicht mit dem Realtext zusammenhängen. Deshalb ist es üblich, für schwach abgeschlossene Theorien den Realtext zu „vergessen", wenn man Hypothesen untersucht, die nicht mit dem Realtext $(-)_r$ zusammenhängen.

In derselben Weise erkennt man, daß man für schwach abgeschlossene Theorien alle diejenigen Teile des Realtextes vergessen kann, die mit ihren Buchstaben a_i von dem Teil des Realtextes getrennt sind, der mit der zu untersuchenden Hypothese zusammenhängt. Eine schwach abgeschlossene Theorie ist „so gut", daß man nicht an *alle* experimentellen Ergebnisse denken muß, wenn man „mit der Theorie arbeitet".

Sei MT_Σ schwach abgeschlossen und $(-)_h$ eine Hypothese ohne hypothetische Elemente X und nicht zusammenhängend mit dem Realtext $(-)_r$, d. h. eine Relation $\widetilde{P}_h(y_1, \ldots, y_r, t)$. Wenn [nicht $\widetilde{P}_h$] experimentell unsicher ist, d. h. falsifizierbar im Sinne von § 7.6 (und somit $\widetilde{P}_h$ experimentell herleitbar), dann ist $\widetilde{P}_h$ absolut sicher. Wenn man dann $\widetilde{P}_h$ als Axiom zu MT_Σ hinzufügt, findet keine Änderung des physikalischen Inhalts der Theorie statt. Man verschärft die Hypothese $\widetilde{P}_h$ von absolut sicher zu theoretisch existent. Daher führen wir in solchen Fällen ein Axiom ein, das $\widetilde{P}_h$ theoretisch existent werden läßt, wenn dadurch MT_Σ durchsichtiger wird.

Eine solche Hinzufügung eines Axioms ist nur ein Spezialfall eines schon in § 7.6 diskutierten Problems. Deshalb wollen wir hier ein paar neue Gesichtspunkte zu diesem Problem hinzufügen mit Hilfe der neu eingeführten Begriffsbildungen. Zu diesem Zweck setzen wir nicht mehr voraus, daß MT_Σ schwach abgeschlossen ist. Im Sinne von § 7.6 schreiben wir R_2 statt $\widetilde{P}_h$. Wenn R_2 experimentell unsicher ist, d. h. falsifizierbar, aber [nicht R_2] kein Satz in MT_Σ ist, dann würde das Hinzufügen von R_2 als Axiom die Klasse der erlaubten Hypothesen erster Art einschränken und in diesem Sinne PT verschärfen. Wenn R_2 experimentell sicher ist und [nicht R_2] experimentell unsicher, kann man R_2 als Axiom hinzufügen, ohne die Klasse der erlaubten Hypothesen erster Art einzuschränken. Wenn sowohl R_2 wie [nicht R_2] experimentell sicher sind, könnte man den Eindruck haben, daß man sowohl R_2 wie [nicht R_2] als Axiom (natürlich nicht beide zusammen) hinzufügen könnte. Dies wäre aber voreilig. Wenn z. B. R_2 die Form $\forall x(A(x))$ und so [nicht R_2] die Form $\exists x(B(x))$ (mit $B = $ nicht A) hat, so ist es zunächst aus mathematischen Gründen wichtig, welche der beiden Relationen als Axiom hinzugefügt wird. Daß $\forall x(A(x))$ experimentell sicher ist, besagt, daß es keine erlaubte Hypothese erster Art gibt, aus der $\exists x(B(x))$ folgt. Ein Axiom der Form $\forall x(A(x))$ ist dann nicht nur die bessere physikalische Formulierung, um die experimentelle Sicherheit von $\forall x(A(x))$ explizit zum Ausdruck zu bringen, sondern auch die mathematisch einschränkendere Formulierung.

Wenn R_2 experimentell sicher und von der Form $\forall x(A(x))$ ist, so wird R_2 theoretisch existent wenn wir R_2 als Axiom hinzufügen. Deshalb betrachten wir ein solches „nur" experimentell sicheres R_2 als fast äquivalent zu einem theoretisch existenten R_2.

Als Beispiel eines solchen R_2 betrachten wir die Relation (siehe (10.2.24)):

$$\forall Z[Z \in \widetilde{E}_+ \Rightarrow \widetilde{E}_h(Z) \text{ einelementig}]. \tag{10.3.11}$$

Wenn diese Relation experimentell sicher ist (auch wenn die Verneinung dieser Relation ebenfalls experimentell sicher sein sollte), nennen wir die zu $\widetilde{E}_h(Z)$ gehörige Hypothese $(—)_h$ „fast determiniert" und betrachten dieses „fast determiniert" als so gut wie „determiniert".

Im allgemeinen fallen die Klassen von fast sicheren, sicheren und absolut sicheren Hypothesen nicht zusammen. Wir bevorzugen den Fall der sicheren Hypothesen. Dieser Begriff scheint uns der am wenigsten einschränkende zu sein, für den die folgende Eigenschaft gilt.

Zwei sichere Hypothesen $(—)_h$ und $(—)_{h^*}$ sind nicht nur kompatibel, sondern die aus $(—)_h$ und $(—)_{h^*}$ zusammengesetzte Hypothese ist wieder sicher:

Die zu $(—)_h$ bzw. $(—)_{h^*}$ gehörigen Mengen seien $\widetilde{E}_+$ bzw. $\widetilde{E}_+^*$. Zur zusammengesetzten Hypothese gehört dann die Menge $\widetilde{E}_+ \cap \widetilde{E}_+^*$. Zu einer vorgegebenen Hypothese $(—)_{h2}$ erster Art gibt es, da die Hypothese $(—)_h$ sicher ist, ein zu $(—)_{h2}$ kompatibles $(—)_{h1}$ erster Art, für das $\widetilde{E}_+^{(1)} \subset \widetilde{E}_+$ ein Satz in $\mathcal{MT}_\Sigma$ ist. Da $(—)_{h2}$ und $(—)_{h1}$ kompatibel sind, ist die aus beiden zusammengesetzte Hypothese eine erlaubte Hypothese erster Art mit der zugeordneten Menge $\widetilde{E}_+^{(1)} \cap \widetilde{E}_+^{(2)}$, zu der es (da $(—)_{h^*}$ ebenfalls sicher ist) eine kompatible Hypothese erster Art $(—)_{h3}$ gibt, so daß $\widetilde{E}_h^{(3)} \subset \widetilde{E}_+^*$ ein Satz in $\mathcal{MT}_\Sigma$ ist. Da $(—)_{h3}$ zu der aus $(—)_{h1}$ und $(—)_{h2}$ zusammengesetzten Hypothese kompatibel ist, ist $(\widetilde{E}_+^{(1)} \cap \widetilde{E}_+^{(2)}) \cap \widetilde{E}_+^{(3)} = \emptyset$ kein Satz in $\mathcal{MT}_\Sigma$. Da $(\widetilde{E}_+^{(1)} \cap \widetilde{E}_+^{(2)}) \cap \widetilde{E}_+^{(3)} = (\widetilde{E}_+^{(2)} \cap \widetilde{E}_+^{(1)}) \cap \widetilde{E}_+^{(3)}$ ist, ist die aus $(—)_{h1}$ und $(—)_{h3}$ zusammengesetzte Hypothese mit $(—)_{h2}$ kompatibel, und es folgt der Satz

$$\widetilde{E}_h^{(1)} \cap \widetilde{E}_h^{(3)} \subset \widetilde{E}_+ \cap \widetilde{E}_+^*,$$

d. h. die Bedingung dafür, daß die aus $(—)_h$ und $(—)_{h^*}$ zusammengesetzte Hypothese sicher ist.

Für den Fall ohne Realtextteil sei der Beweis dem Leser überlassen. Für den Fall von zwei absolut sicheren Hypothesen kann man so schließen:

Da aus $\widetilde{E}_+^{(1)} \subset \widetilde{E}_+^*$ und $\widetilde{E}_+^{(3)} \subset \widetilde{E}_+$ auch $\widetilde{E}_+^{(1)} \cap \widetilde{E}_+^{(3)} \subset \widetilde{E}_+ \cap \widetilde{E}_+^*$ folgt und (wie oben gezeigt) die aus $(—)_{h1}$ und $(—)_{h3}$ zusammengesetzte Hypothese mit allen Hypothesen kompatibel ist, mit denen $(—)_{h1}$ und $(—)_{h3}$ kompatibel sind, ist also auch eine aus zwei absolut sicheren Hypothesen zusammengesetzte Hypothese wieder absolut sicher.

Gibt es sogar eine theoretisch existente Hypothese erster Art $(—)_{h1}$ mit $\widetilde{E}_+^{(1)} \subset \widetilde{E}_+$, so ist wegen $\widetilde{E}_+^{(1)} = \widetilde{E}$ auch $\widetilde{E}_+ = \widetilde{E}$ und damit $(—)_h$ ebenfalls theoretisch existent.

Da aus $\widetilde{E}_+ = \widetilde{E}$ und $\widetilde{E}_+^* = \widetilde{E}$ auch $\widetilde{E}_+ \cap \widetilde{E}_+^* = \widetilde{E}$ folgt, ist die aus zwei theoretisch existenten Hypothesen zusammengesetzte Hypothese ebenfalls theoretisch existent.

Wir wollen die vorhergehenden Überlegungen auf ein später noch wichtig werdendes Beispiel anwenden: Die Hypothese

$$A \in \widetilde{E} \text{ und } X \in \widetilde{E}_+ \qquad\qquad (10.3.12)$$

mit $\widetilde{E}_+$ nach (10.2.20). Wir nennen (10.3.12) die zur Hypothese $(-)_h$ „assoziierte" Hypothese.

Es gilt zwar wegen $\widetilde{E}_+ \subset \widetilde{E}$, daß die hypothetischen Elemente X der assoziierten Hypothese Elemente *normaler* Bildterme sind; aber die Relation $X \in \widetilde{E}_+$ braucht keine normale Bildrelation zu sein, d. h. keine Relation, die am Realtext ablesbar ist. Die assoziierte Hypothese braucht also keine Hypothese erster Art zu sein.

(10.3.12) ist eine Hypothese der Form (10.2.23), so daß für die Hypothese (10.3.12) nur die drei Fälle auftreten können:

$[+1]$ $\quad \widetilde{E} \neq \emptyset \Rightarrow \widetilde{E}_+ \neq \emptyset \quad$ iS.

$[?]$ $\quad \widetilde{E} \neq \emptyset \Rightarrow \widetilde{E}_+ \neq \emptyset \quad$ Az, $\quad \widetilde{E}_+ = \emptyset \quad$ Az.

$[-1]$ $\quad \widetilde{E}_+ = \emptyset \quad$ iS.

Der Fall $[+1]$ für die Hypothese (10.3.12), d. h. der Fall, daß die assoziierte Hypothese theoretisch existent ist, tritt genau dann auf, wenn einer der Fälle $[+1]$, $[+]$, $[0]$ für $(-)_h$ vorliegt.

Die assoziierte Hypothese ist genau dann falsch, wenn auch $(-)_h$ falsch ist. Interessant ist der Fall, daß die assoziierte Hypothese sicher, aber nicht theoretisch existent ist. Für (10.3.12) liegt also der Fall $[?]$ vor. Für $(-)_h$ muß also einer der Fälle $[?]$, $[-]$ vorliegen.

Definiert man die zu der Hypothese (10.3.12) gehörige Menge $\widehat{E}_+$ durch

$$\widehat{E}_+ = \{ Z \mid Z \in \widetilde{E} \text{ und } \widetilde{E}_+ \neq \emptyset \},$$

so ist also nach der obigen Definition von sicher die Hypothese (10.3.12) genau dann sicher, wenn es zu jeder Hypothese erster Art $(-)_{h2}$ eine passende erlaubte und zu $(-)_{h2}$ kompatible Hypothese erster Art $(-)_{h1}$ gibt, für die

$$\widetilde{E}_+^{(1)} \subset \widehat{E}_+$$

ein Satz in $\mathcal{MT}_\Sigma$ ist. Daraus folgt, daß (10.3.12) genau dann sicher ist, wenn es zu jeder erlaubten Hypothese erster Art $(-)_{h2}$ eine *passende* kompatible Hypothese erster Art $(-)_{h1}$ gibt, für die

$$\widetilde{E}_+^{(1)} \neq \emptyset \Rightarrow \widetilde{E}_+ \neq \emptyset \qquad\qquad (10.3.13)$$

ein Satz in $\mathcal{MT}_\Sigma$ ist.

Die assoziierte Hypothese ist absolut sicher, wenn es sogar eine sichere Hypothese erster Art $(-)_{h1}$ gibt, für die (10.3.13) erfüllt ist. Da aus (10.3.12) sofort (10.3.13) folgt, ist für eine sichere Hypothese $(-)_h$ auch die assoziierte Hypothese sicher und für eine absolut sichere Hypothese auch die assoziierte Hypothese absolut sicher.

10.4 Verhalten von Hypothesen bei Erweiterung des Realtextes

Bei einem erweiterten Realtext können neben den schon vorhandenen Zeichen a_i zusätzliche Zeichen b_k auftreten, die wir zu (A, B) mit $A = (a_1, a_2, \ldots)$ und $B = (b_1, b_2, \ldots)$ zusammenfassen können. Die Axiome $(—)_r$ für den erweiterten Realtext haben dann die Form

$$A \in \widetilde{E}, \ B \in \widetilde{E}_h^{(r)}(A), \tag{10.4.1}$$

wobei $\widetilde{E}_h^{(r)}(A)$ die in (10.1.4) definierte Menge ist, allein mit dem Unterschied, daß $\widetilde{P}_h$ nicht „hypothetisch" angenommen, sondern am erweiterten Realtext „abgelesen" ist. „Formal" ist aber $\widetilde{E}_h^{(r)}(Z)$ genau die zu einer Hypothese erster Art nach (10.1.4) gehörige Menge. Der Index (r) in (10.4.1) soll andeuten, daß es sich eben nicht um eine Hypothese, sondern um den erweiterten Realtext handelt.

Die zu dem erweiterten Realtext nach (10.2.10) zugehörige Menge $\widetilde{E}^{erw}$ hat also die Form:

$$\widetilde{E}^{erw} = \{(Z, Z') \mid Z \in \widetilde{E} \text{ und } Z' \in \widetilde{E}_h^{(r)}(Z)\}. \tag{10.4.2}$$

Mit der zu $\widetilde{E}_h^{(r)}$ gehörigen Menge

$$\widetilde{E}_+^{(r)} = \{Z \mid Z \in \widetilde{E} \text{ und } \widetilde{E}_h^{(r)}(Z) \neq \emptyset\} \tag{10.4.3}$$

kann man auch schreiben:

$$\widetilde{E}^{erw} = \{(Z, Z') \mid Z \in \widetilde{E}_+^{(r)} \text{ und } Z' \in \widetilde{E}_h^{(r)}(Z)\}. \tag{10.4.4}$$

Schon in der Theorie $\mathcal{MT}_\Sigma\mathcal{A}$ sei die Hypothese $(—)_h$ gebildet; zu ihr gehöre nach (10.1.4) die Menge $\widetilde{E}_h(A)$. In die Hypothese gehen also die Elemente b_k des erweiterten Realtextes nicht ein, so daß für den *erweiterten* Realtext die nach (10.1.4) für die Hypothese $(—)_h$ zu bildende Menge $\widetilde{E}_h^{erw}(A, B)$ gleich (!) der Menge $\widetilde{E}_h(A)$ ist. Damit wird für die Hypothese und den erweiterten Realtext:

$$\begin{aligned}
\widetilde{E}_+^{erw} &= \{(Z, Z') \mid (Z, Z') \in \widetilde{E}^{erw} \text{ und } \widetilde{E}_h(Z) \neq \emptyset\} \\
&= \{(Z, Z') \mid Z \in \widetilde{E} \text{ und } Z' \in \widetilde{E}_h^{(r)}(Z) \text{ und } \widetilde{E}_h(Z) \neq \emptyset\} \tag{10.4.5a} \\
&= \{(Z, Z') \mid Z \in \widetilde{E}_+ \text{ und } Z' \in \widetilde{E}_h^{(r)}(Z)\}
\end{aligned}$$

mit $\widetilde{E}_+$ nach (10.2.20). Mit (10.4.3) folgt:

$$\widetilde{E}_+^{erw} = \{(Z, Z') \mid Z \in \widetilde{E}_+ \cap \widetilde{E}_+^{(r)} \text{ und } Z' \in \widetilde{E}_h^{(r)}(Z)\}. \tag{10.4.5b}$$

Aus (10.4.4) und (10.4.5b) erhält man folgende Äquivalenzen:

$$\widetilde{E}_+^{erw} = \widetilde{E}^{erw} \Leftrightarrow \widetilde{E}_+^{(r)} = \widetilde{E}_+ \cap \widetilde{E}_+^{(r)} \Leftrightarrow \widetilde{E}_+^{(r)} \subset \widetilde{E}_+,$$
$$\widetilde{E}_+^{erw} = \emptyset \Leftrightarrow \widetilde{E}_+ \cap \widetilde{E}_+^{(r)} = \emptyset. \tag{10.4.6}$$

Mit Hilfe dieser Relationen (10.4.6) kann man leicht sehen, wie sich die Charakterisierungen [+1] bis [−1] einer Hypothese bei Erweiterung des Realtextes ändern können. Speziell folgt aus $\widetilde{E}_+ = \widetilde{E}$ auch $\widetilde{E}_+^{(r)} \subset \widetilde{E}_+$, so daß der Fall [+1] nur in den Fall [+1] übergehen kann; d. h. eine theoretisch existente Hypothese bleibt theoretisch existent. Da aus $\widetilde{E}_+ = \emptyset$ auch $\widetilde{E}_+ \cap \widetilde{E}_+^{(r)} = \emptyset$ folgt, bleibt eine falsche Hypothese falsch. Alle anderen Fälle [+], [?], [0], [−] können im Prinzip in [−1] übergehen, d. h. eine nicht theoretisch existente Hypothese kann im Prinzip bei Erweiterung des Realtextes falsch werden. Dies ist aber nicht der Fall, wenn die Hypothese experimentell sicher ist, da dann $\widetilde{E}_+ \cap \widetilde{E}_+^{(r)} = \emptyset$ kein Satz in $\mathcal{MT}_\Sigma$ sein kann. Wir wollen aber sogar zeigen, daß jede experimentell sichere Hypothese experimentell sicher, jede sichere Hypothese sicher, und jede absolut sichere Hypothese absolut sicher bleibt.

Wir denken uns für den erweiterten Realtext eine Hypothese $(-)_{h1}$ erster Art gegeben. Diese kann dann in der Form

$$A \in \widetilde{E} \text{ und } B \in \widetilde{E}_h^{(r)}(A) \text{ und } X' \in \widetilde{E}_h^{(r,1)}(A, B) \tag{10.4.7a}$$

geschrieben werden. Für diese Hypothese ist dann in bezug auf den erweiterten Realtext

$$\widetilde{E}_+^{(1)erw} = \{(Z, Z') \mid Z \in \widetilde{E},\ Z' \in \widetilde{E}_h^{(r)}(Z),\ \widetilde{E}_h^{(r,1)}(Z, Z') \neq \emptyset\}. \tag{10.4.8}$$

Daneben können wir den erweiterten Realtext mit als Hypothese auffassen, d. h. für den nicht erweiterten Realtext formulieren wir als Hypothese erster Art $(-)_{h10}$:

$$A \in \widetilde{E} \text{ und } [X \in \widetilde{E}_h^{(r)}(A) \text{ und } X' \in \widetilde{E}_h^{(r,1)}(A, X)]. \tag{10.4.7b}$$

Diese Hypothese können wir in der üblichen Form (außer daß X durch (X, X') ersetzt ist)

$$A \in \widetilde{E} \text{ und } (X, X') \in \widetilde{E}_h^{(10)}(A)$$

schreiben mit

$$\widetilde{E}_h^{(10)}(Z) = \{(X, X') \mid X \in \widetilde{E}_h^{(r)}(Z) \text{ und } X' \in \widetilde{E}_h^{(r,1)}(Z, X)\}$$

und

$$\widetilde{E}_+^{(10)} = \{Z \mid Z \in \widetilde{E} \text{ und } \widetilde{E}_h^{(10)}(Z) \neq \emptyset\}.$$

Mit

$$F(Z) = \{X \mid X \in \widetilde{E}_h^{(r)}(Z) \text{ und } \widetilde{E}_h^{(r,1)}(Z, X) \neq \emptyset\} \tag{10.4.9}$$

ist die Bedingung $\widetilde{E}_h^{(10)}(Z) \neq \emptyset$ äquivalent zu $F(Z) \neq \emptyset$, so daß man also erhält:

$$\widetilde{E}_+^{(10)} = \{Z \mid Z \in \widetilde{E} \text{ und } F(Z) \neq \emptyset\}. \tag{10.4.10}$$

Aus (10.4.8) folgt:

$$\widetilde{E}_+^{(1)erw} = \{(Z, Z') \mid Z \in \widetilde{E} \text{ und } Z' \in F(Z)\}$$

woraus mit (10.4.10)

$$\widetilde{E}_+^{(1)erw} = \{(Z, Z') \mid Z \in \widetilde{E}_+^{(10)} \text{ und } Z' \in F(Z)\} \tag{10.4.11}$$

folgt.

Wäre $\widetilde{E}_+^{(1)erw} \cap \widetilde{E}_+^{erw} = \emptyset$ ein Satz in $\mathcal{MT}_\Sigma$, so folgt mit (10.4.5), (10.4.11), daß $\widetilde{E}_+^{(10)} \cap (\widetilde{E}_+ \cap \widetilde{E}_+^{(r)}) = \emptyset$ ein Satz in $\mathcal{MT}_\Sigma$ ist. Aus (10.4.3) und (10.4.10) folgt mit der Definition (10.4.9) von $F(Z)$:

$$\widetilde{E}_+^{(10)} \subset \widetilde{E}_+^{(r)}, \tag{10.4.12}$$

so daß $\widetilde{E}_+^{(10)} \cap \widetilde{E}_+ = \emptyset$ ein Satz in $\mathcal{MT}_\Sigma$ sein müßte, im Widerspruch dazu, daß die Hypothese in bezug auf den nicht erweiterten Realtext experimentell sicher war.

Wir wollen nun zeigen, daß auch die Bedingung für eine sichere Hypothese bei Erweiterung des Realtextes erhalten bleibt.

Liege eine Hypothese $(-)_{h2}$ der Form (10.4.7 a) (nur mit dem Index 2 statt 1) vor. Wir suchen eine dazu kompatible Hypothese (10.4.7 a), für die in $\mathcal{MT}_\Sigma$ der Satz $\widetilde{E}_+^{(1)erw} \subset \widetilde{E}_+^{erw}$ gilt. $\widetilde{E}_+^{(1)erw} \subset \widetilde{E}_+^{erw}$ ist nach (10.4.11), (10.4.5 b) äquivalent zu $\widetilde{E}_+^{(1)} \subset \widetilde{E}_+ \cap \widetilde{E}_+^{(r)}$. Wegen (10.4.12) ist dies äquivalent zu $\widetilde{E}_+^{(1)} \subset \widetilde{E}_+$. Die Hypothese $(-)_{h2}$ der Form (10.4.7 a) können wir auch als Hypothese der Form (10.4.7 b) mit dem Index 2 statt 1 auffassen. Da die betrachtete Hypothese sicher ist, gibt es nach (10.3.10 a) eine dazu kompatible Hypothese

$$A \in \widetilde{E} \text{ und } X'' \in \widetilde{E}_h^{(1'')}(A) \tag{10.4.13 a}$$

(wobei X'' nicht von der Form der obigen Paare (X, X'), d. h. nicht Element derselben Leitermenge wie (X, X') zu sein braucht), für die $\widetilde{E}_+^{(1'')} \subset \widetilde{E}_+$ als Satz gilt. Da die Hypothese (10.4.13 a) mit der Hypothese (10.4.7 b) (Index 1 durch 2 ersetzt) kompatibel ist, ist (10.4.13 a) erst recht mit der Hypothese

$$A \in \widetilde{E} \text{ und } X \in \widetilde{E}_h^{(r)}(A) \tag{10.4.14}$$

kompatibel. Die aus beiden Hypothesen (10.4.13 a) und (10.4.14) zusammengesetzte Hypothese hat dann die geforderte Form (10.4.7 b) mit

$$\widetilde{E}_h^{(1'')}(A) \quad \text{statt} \quad \widetilde{E}_h^{(r,1)}(A, X).$$

Die Hypothese

$$A \in \widetilde{E} \text{ und } B \in \widetilde{E}_h^{(r)}(A) \text{ und } X' \in \widetilde{E}_h^{(1'')}(A) \tag{10.4.13 b}$$

ist dann die gesuchte Hypothese $(-)_{h1}$ der Form (10.4.7 a): Aus (10.4.13 b) folgt für $(-)_{h1}$

$$E_+^{(1)} = \{(Z, Z') \mid (Z, Z') \in \widetilde{E}^{erw} \text{ und } \widetilde{E}_h^{(1^{\prime\prime})}(Z) \neq \emptyset\}$$
$$= \{(Z, Z') \mid Z \in \widetilde{E} \text{ und } Z' \in \widetilde{E}_h^{(r)}(Z) \text{ und } \widetilde{E}_h^{(1^{\prime\prime})}(Z) \neq \emptyset\}$$
$$= \{(Z, Z') \mid Z \in \widetilde{E}_+^{(1^{\prime\prime})} \text{ und } Z' \in \widetilde{E}_h^{(r)}(Z)\}.$$

Daraus folgt $\widetilde{E}_+^{(1)} \subset \widetilde{E}_+^{erw}$. Ganz genauso folgt, wenn man die Hypothese $(-)_{h2}$ als beliebig ansieht, daß jede sichere Hypothese der Form (10.4.13 a) ebenfalls eine sichere Hypothese der Form (10.4.13 b) liefert. Eine absolut sichere Hypothese bleibt ebenfalls bei Erweiterung des Realtextes absolut sicher.

Die zu einer Hypothese $(-)_h$ assoziierte Hypothese ändert bei Erweiterung des Realtextes ihre Form: Für den nicht erweiterten Realtext lautet die zu $(-)_h$ assoziierte Hypothese

$$A \in \widetilde{E} \text{ und } X \in \widetilde{E}_+; \tag{10.4.15}$$

für den erweiterten Realtext lautet die zu $(-)_h$ assoziierte Hypothese

$$A \in \widetilde{E} \text{ und } B \in \widetilde{E}_h^{(r)}(A) \text{ und } (X, X') \in \widetilde{E}_h^{erw}. \tag{10.4.16}$$

Aus (10.4.5 b) folgt, daß man (10.4.16) auch

$$A \in \widetilde{E}, \ B \in \widetilde{E}_h^{(r)}(A), \ X \in \widetilde{E}_+ \cap \widetilde{E}_+^{(r)}, \ X' \in \widetilde{E}_h^{(r)}(X) \tag{10.4.17}$$

schreiben kann. (10.4.17) ist *nicht* die Hypothese (10.4.15) für den erweiterten Realtext, die

$$A \in \widetilde{E}, \ B \in \widetilde{E}_h^{(r)}(A), \ X \in \widetilde{E}_+$$

lauten würde.

Da eine sichere Hypothese $(-)_h$ bei Erweiterung des Realtextes sicher bleibt und da die zu einer sicheren Hypothese $(-)_h$ assoziierte Hypothese ebenfalls sicher ist, so folgt also für sicheres $(-)_h$, daß auch (10.4.17) sicher ist. Wenn aber z. B. die ursprüngliche Hypothese $(-)_h$ nicht experimentell sicher ist, läßt sich aus $\widetilde{E}_+ \neq \emptyset$ noch lange nicht auf $\widetilde{E}_+^{erw} \neq \emptyset$ schließen, auch wenn die Hypothese (10.4.15) sicher ist, d. h. (10.4.17) kann für den erweiterten Realtext falsch werden, während die Sicherheit der Hypothese (10.4.15) natürlich auch bei Erweiterung des Realtextes erhalten bleibt.

Für später benötigen wir noch folgende Definitionen:

1) Eine Hypothese $(-)_{h1}$ heißt eine „Erweiterung" der Hypothese $(-)_{h2}$, wenn der Realtext von $(-)_{h1}$ eine Erweiterung des Realtextes von $(-)_{h2}$ ist und wenn $(-)_{h1}$ mehr hypothetische Elemente als $(-)_{h2}$ enthält, die auch schärferen Bedingungen als bei $(-)_{h2}$ unterworfen sind; man kann sich also mit der Bezeichnungsweise aus (10.4.1) die Hypothesen so aufgeschrieben denken:

$$(-)_{h2}: \ A \in \widetilde{E} \text{ und } X \in \widetilde{E}_h^{(2)}(A); \tag{10.4.18}$$

$$(-)_{h1} : A \in \tilde{E} \text{ und } B \in \tilde{E}_h^{(r)}(A) \text{ und } X \in \tilde{E}_h^{(\tilde{1})}(A)$$
$$\text{und } X' \in \tilde{E}_h^{(1z)}(A, B, X) \tag{10.4.19}$$

(mit $\tilde{E}_h^{(\tilde{1})}(Z) \subset \tilde{E}_h^{(2)}(Z)$ für alle $Z \in \tilde{E}$). Die in (10.3.2 a) gegebene Definition einer „Erweiterung bei festem Realtext" ist also tatsächlich nur ein Sonderfall einer „Erweiterung", bei der „kein B vorhanden" ist.

2) Eine Hypothese $(-)_{h1}$ heißt „umfangreicher" als eine Hypothese $(-)_{h2}$, wenn ebenfalls (10.4.18) und (10.4.19) gelten, nur mit dem Unterschied, daß einige Komponenten von X in (10.4.19) durch einige Komponenten von B, die nicht Komponenten von A sind, ersetzt sein können. Das eben geschilderte Ersetzen einiger Komponenten von X durch einige Komponenten von B werden wir in § 10.7 als teilweise Realisierung bezeichnen.

Man sieht leicht, daß aus $(-)_h$ umfangreicher als $(-)_{h1}$ und $(-)_{h1}$ umfangreicher als $(-)_{h2}$ auch $(-)_h$ umfangreicher als $(-)_{h2}$ folgt. Durch „umfangreicher" wird also eine „Art Ordnung" im Bereich der Hypothesen definiert.

Wir wollen die wichtigsten Ergebnisse dieses Paragraphen kurz zusammenfassen. Dabei wollen wir eine erlaubte Hypothese erster Art auch als „denkbare" Erweiterung des Realtextes bezeichnen. Die Ergebnisse lauten dann:

Eine theoretisch existente Hypothese bleibt auch bei Erweiterung des Realtextes theoretisch existent.

Eine falsche Hypothese bleibt auch bei Erweiterung des Realtextes falsch.

Eine experimentell sichere Hypothese bleibt auch bei Erweiterung des Realtextes experimentell sicher.

Eine sichere Hypothese bleibt auch bei Erweiterung des Realtextes sicher, eine absolut sichere Hypothese bleibt absolut sicher.

Eine Hypothese ist genau dann experimentell sicher, wenn es keine denkbare Erweiterung des Realtextes gibt, für die sie falsch wird.

Eine Hypothese ist genau dann sicher, wenn es zu jeder denkbaren Erweiterung des Realtextes eine noch weitergehende denkbare Erweiterung des Realtextes gibt, für die sie theoretisch existent wird.

Die Hypothese $[\text{neg}(-)_h]$ ist genau dann sicher, wenn für jede denkbare Erweiterung des Realtextes die Hypothese $(-)_h$ experimentell unsicher ist.

Eine Hypothese ist genau dann sicher, wenn für jede denkbare Erweiterung des Realtextes die Hypothese $[\text{neg}(-)_h]$ experimentell unsicher ist. Die Hypothese $[\text{neg}(-)_h]$ ist genau dann unsicher, wenn es eine denkbare Erweiterung des Realtextes gibt, für die $(-)_h$ experimentell sicher ist.

Eine Hypothese ist genau dann absolut sicher, wenn es eine von allen denkbaren möglichen Erweiterungen des Realtextes *unabhängige, feste* (denkbare) Erweiterung gibt, für die die Hypothese theoretisch existent·wird.

Die assoziierte Hypothese ist genau dann sicher, wenn es zu jeder denkbaren Erweiterung des Realtextes eine noch weitergehende Erweiterung des Realtextes gibt, für die die Hypothese $(-)_h$ einem der Fälle [+1], [+], [0] angehört, d. h. für die die Hypothese stark erlaubt ist.

Ganz Entsprechendes gilt für den Fall einer absolut sicheren assoziierten Hypothese.

10.5 Das mathematische Spiel

Die in §§ 10.1 bis 10.4 beschriebenen Verfahren gehen über das hinaus, was man üblicherweise in der Mathematik tut, da solche Begriffe wie das Feld von Hypothesen von sicher, c-erlaubt usw. keine Definition im Rahmen einer $\mathcal{MT}_\Sigma$ sind. Auch die „Beweise" in dem in §§ 10.1 bis 10.4 geschilderten Bereich sind keine mathematischen Beweise. Um z. B. zu beweisen, daß eine Hypothese $(—)_h$ sicher ist, müssen wir eine Methode angeben, nach der zu einer vorgegebenen Hypothese $(—)_{h2}$ erster Art eine dazu kompatible Hypothese $(—)_{h1}$ erster Art konstruiert werden kann, die einschränkender als $(—)_h$ ist. Solche konstruktiven Beweise sind notwendig, da das Feld der Hypothesen keine Menge in einer mathematischen Theorie ist. Die Hypothesen „existieren" nicht, sie werden vielmehr „gemacht", gemacht von uns Menschen beim Anwenden einer physikalischen Theorie.

In diesem Sinne ist das mathematische „Werk" einer physikalischen Theorie keine abgeschlossene mathematische Theorie, vielmehr ein offenes mathematisches Feld, in dem wir ununterbrochen die mathematischen Theorien durch Realtexte $(—)_r$ und Hypothesen $(—)_h$ ändern. Nur ein Teil aller dieser Theorien bleibt unverändert (solange wir nicht zu einer anderen, z. B. umfangreicheren oder weniger umfangreichen Theorie übergehen): die axiomatische Basis $\mathcal{MT}_\Sigma$.

Dieses Umgehen mit den mathematischen Theorien innerhalb einer $\mathcal{PT}$ nennen wir das „mathematische Spiel" von $\mathcal{PT}$. In §§ 10.1 bis 10.4 haben wir einige „Regeln" dieses Spiels angegeben. Die eingeführten Begriffe waren dabei Beschreibungen von Situationen innerhalb dieses Spiels und nicht von Strukturen innerhalb $\mathcal{MT}_\Sigma$.

Eine physikalische Theorie beschreibt nicht nur mit Hilfe der Axiome aus $\mathcal{MT}_\Sigma$ „physikalische Gesetze", die „für immer" gelten und in diesem Sinne eine der Natur innewohnende Struktur beschreiben. Eine physikalische Theorie enthält auch einen veränderlichen Teil. Einige Aspekte dieses veränderlichen Teils werden durch das mathematische Spiel gegeben. Und die Entwicklung dieses Spiels hängt wesentlich von unserem Tun beim Spielen dieses Spiels ab.

Obwohl die Axiome von $\mathcal{MT}_\Sigma$ während des Spiels nicht verändert werden (und in diesem Sinne „für immer" gelten), sind viele dieser Axiome schon auf das Spiel ausgerichtet. Die begrifflichen Normen wie die Handlungsnormen sind ja schon feste Spielregeln und ihr bleibender „naturgesetzlicher" Inhalt besteht mehr darin, daß sie mit Erfolg beim Umgang mit der Natur anwendbar sind. Aber auch die sogenannten empirischen Gesetze bestimmen dieses Spiel mit, eben dadurch, daß sie für die Klassifizierung von Hypothesen mitverantwortlich sind.

Dieses mathematische Spiel, dessen Spielregeln wir in §§ 10.1 bis 10.4 geschildert haben, wird aber nicht seiner selbst willen gespielt. Dieses Spiel ist eben von höchster Bedeutung für Physik und Technik, wie wir das in den nächsten Paragraphen sehen werden.

10.6 Verhalten von Hypothesen beim Übergang zu umfangreicheren Theorien

Zunächst mag es mysteriös erscheinen, wie wir als Physiker dazu kommen, von „möglichen" Fakten, „möglichen" Vorgängen zu sprechen, obwohl es keine einer modalen Logik entsprechende Zeichen in $\mathcal{MT}_\Sigma$ gibt. Dies ist aber gänzlich anders in bezug auf das mathematische Spiel. Eine erlaubte Hypothese könnte man auch als „mögliche" Hypothese bezeichnen, eben als eine Hypothese, die man ohne Widerspruch zu $\mathcal{MT}_\Sigma\mathcal{A}$ hinzufügen *kann*. Aber wir sind nicht an „möglichen" Zügen des rein mathematischen Spiels interessiert. Wir sind an einer *physikalischen Interpretation* dieses Spiels interessiert.

Genauso wie eine physikalische Interpretation einer $\mathcal{MT}_\Sigma$ nicht durch $\mathcal{MT}_\Sigma$ selbst gegeben wird, genauso wird die Interpretation des mathematischen Spiels nicht durch das Spiel selbst gegeben. Die physikalische Interpretation von $\mathcal{MT}_\Sigma$ wurde durch die Abbildungsprinzipien gegeben, die es erlauben, den Realtext in der Sprache von $\mathcal{MT}_\Sigma$ niederzuschreiben. Unsere Absicht ist es, diese Interpretation auf das mathematische Spiel auszudehnen, indem man die Klassifizierung von Hypothesen nach §§ 10.2 und 10.3 benutzt.

Aber da ergibt sich sofort eine Schwierigkeit: Wenn wir von einer $\mathcal{PT}_1$ zu einer umfangreichen $\mathcal{PT}_2$ übergehen, kann sich die Klassifizierung total ändern. Dies mahnt uns zur Vorsicht, nicht zu voreilig eine Interpretation anzugeben, die man dann bei einem Übergang zu umfangreicheren Theorien wieder verwerfen muß. Deshalb wollen wir zunächst sehen, wie sich die Klassifizierung von Hypothesen beim Übergang zu umfangreicheren Theorien ändern kann.

Als ersten Schritt in dieser Richtung wollen wir untersuchen, wie sich die Klassifizierung von Hypothesen ändern kann, wenn man von $\mathcal{PT}$ zu einer Standarderweiterung $\mathcal{PT}_1$ übergeht.

Von $\mathcal{PT}_1$ kann man also umgekehrt, wie in § 9.3 geschildert – durch irgendeine Kette von Standardeinschränkungen und Standardeinbettungen –, zu $\mathcal{PT}$ übergehen. Daher genügt es, nur den Fall

$$\mathcal{PT}_1 \xrightarrow{S}\xhookrightarrow{S} \mathcal{PT}$$

$$\text{oder expliziter } \quad \mathcal{PT}_1 \xrightarrow{S} \mathcal{PT}' \xhookrightarrow{S} \mathcal{PT} \tag{10.6.1}$$

zu diskutieren. Dabei betrachten wir hier zunächst nur Standarderweiterungen *ohne* Berücksichtigung von Unschärfemengen; zur Berücksichtigung von Unschärfemengen werden wir erst wieder am Ende von § 10.11 einige Bemerkungen machen.

Wir sahen in § 9, daß im Falle (10.6.1) jedem Satz aus $\mathcal{MT}_\Sigma$ auch ein Satz in $\mathcal{MT}'$ entspricht, der auch Satz in $\mathcal{MT}_{\Sigma_1}$ ist (da ja $\mathcal{MT}'$ mit $\mathcal{MT}_{\Sigma_1}$ identisch ist). Beim Übergang $\mathcal{PT}' \xrightarrow{S} \mathcal{PT}$ bleibt der genormte Realtext derselbe. Beim Übergang $\mathcal{PT}_1 \xrightarrow{S} \mathcal{PT}'$ können einige Bildrelationen „wegfallen". Wenn wir also die zunächst in $\mathcal{PT}$ formulierte Hypothese $(-)_h$ in $\mathcal{PT}_1$ formulieren wollen, so ist es zunächst nur sinnvoll, bei dem vorliegenden Realtext auch in $\mathcal{PT}_1$ nur die für $\mathcal{PT}$ notierten Axiome $(—)_r$ aufzuschreiben, auch wenn man vielleicht im Prinzip „mehr" auf der Basis des vorliegenden Realtextes in $\mathcal{PT}_1$ aufschreiben könnte. Die Hypothese $(—)_h$ enthält damit in $\mathcal{PT}_1$ genau dieselben Buchstaben A und X und „dieselben" Relationen $\tilde{P}$ und $\tilde{P}_h$; „dieselben" im Sinne der bijektiven Abbildungen, die die Standardeinbettung aus (10.6.1) vermittelt.

In dem durch (10.6.1) vermittelten Sinn können dann in $\mathcal{MT}\Sigma_1$ „dieselben" Mengen $\tilde{E}_h(Z)$, $\tilde{E}$, $\tilde{E}_+$ definiert werden wie in $\mathcal{MT}\Sigma$; und es müssen alle Sätze aus $\mathcal{MT}\Sigma$ auch in $\mathcal{MT}\Sigma_1$ Sätze bleiben (natürlich nicht umgekehrt). Auf dieser Basis können wir nun die Hypothese $(—)_h$ in $\mathcal{PT}_1$ diskutieren.

Gehen wir die sechs Fälle [+1] bis [−1] durch: Liegt in $\mathcal{MT}\Sigma$ der Fall [+1] vor, so auch in $\mathcal{MT}\Sigma_1$; eine theoretisch existente Hypothese bleibt auch bei Standarderweiterungen theoretisch existent. Der Fall [+] kann Fall [+] bleiben oder in Fall [+1] oder Fall [0] übergehen. Diese Überlegungen kann man leicht fortsetzen und erhält nachfolgendes Schema:

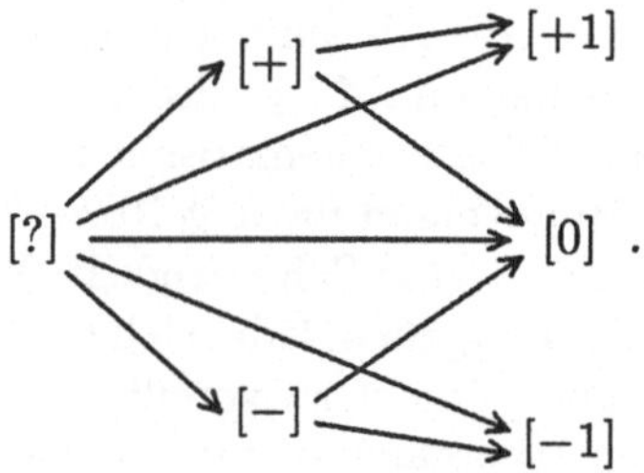

Hierbei entsprechen die Pfeile möglichen Übergängen der Charakterisierung einer Hypothese, wenn man von $\mathcal{PT}$ zu einer Standarderweiterung $\mathcal{PT}_1$ übergeht. Außerdem kann natürlich jeder der sechs Fälle erhalten bleiben, was im obigen Schema nicht „eingezeichnet" ist. Daß z. B. von [0] kein Pfeil ausgeht, besagt also, daß der Fall [0] auch bei Standarderweiterungen immer der Fall [0] bleibt.

Schreibt man nun noch in $\mathcal{PT}_1$ für denselben vorliegenden Realtext „mehr" auf, weil eventuell mehr Bildmengen und mehr Bildrelationen zur Verfügung stehen, so entspricht dies formal einem Übergang zu einem umfangreicheren Realtext, so wie dieser Übergang schon in § 10.4 untersucht wurde. Wir wollen daher diesen Schritt bei späteren Diskussionen nicht als einen Schritt des Übergangs zu einer Standarderweiterung, sondern immer als Schritt des Übergangs zu einem umfangreicheren Realtext betrachten.

Aus dem obigen Schema des möglichen Übergangs der verschiedenen Fälle [+1] bis [−1] folgt, daß bei Standarderweiterungen stark erlaubte Hypothesen stark erlaubt bleiben. Dies ist äquivalent damit, daß die assoziierte Hypothese theoretisch existent ist und damit theoretisch existent bleibt.

Wie sich aber die Charakterisierung einer sicheren oder c-erlaubten Hypothese beim Übergang zu Standarderweiterungen ändert, kann allgemein nicht gesagt werden. Warum geht man zu Standarderweiterungen über? Gerade weil man aufgrund der Erfahrungen den Eindruck hat, daß die Theorie den Bereich der Erfahrungen noch nicht einschränkend genug erfaßt, d. h. daß es in der Theorie noch viel mehr erlaubte Hypothesen erster Art gibt als es tatsächlich Erfahrungen geben kann. Eine Standarderweiterung soll eben gerade den Bereich der erlaubten Hypothesen einschränken und möglichst viele der nur erlaubten (d. h. nicht stark erlaubten) Hypothesen erster Art zu falschen Hypothesen machen. Erst dann wird man nicht mehr nach Standarderweiterungen suchen, wenn man das Gefühl hat, daß die Theorie genausoviel „erlaubt" wie die Natur. Dies ist etwa das, was wir weiter unten eine g.$\mathcal{G}$.-abgeschlossene $\mathcal{PT}$ nennen werden; aber man sieht sofort, daß es keine „Methode" gibt, nach der nachweisbar ist, ob eine $\mathcal{PT}$ g.$\mathcal{G}$.-abgeschlossen ist oder nicht.

Da beim Übergang zu Standarderweiterungen der Umfang der erlaubten Hypothesen erster Art eingeschränkt werden kann, können sich die Charakterisierungen wie „sicher", „c-erlaubt" entscheidend ändern; ja es ist sogar denkbar, daß aus einer sicheren eine falsche Hypothese wird.

Es ließe sich noch einiges sagen, wenn der Übergang von $\mathcal{PT}_1$ zu $\mathcal{PT}'$ nicht speziell eine Standardeinschränkung ist. Wir wollen aber darauf allgemein nicht näher eingehen. Ist aber die Einbettung von $\mathcal{PT}'$ in $\mathcal{PT}$ keine Standardeinbettung, so brauchen Sätzen in $\mathcal{MT}_\Sigma$ keine Sätze in $\mathcal{MT}'$ zu entsprechen; es kann also sein, daß z. B. eine in $\mathcal{PT}$ theoretisch existente Hypothese zu einer falschen Hypothese in $\mathcal{PT}'$ wird usw.

Im allgemeinen kann man also eigentlich gar nichts über die Änderung der Klassifizierung einer Hypothese sagen, wenn man zu einer umfangreicheren Theorie übergeht; solange man nicht weiß, was genau von der alten Theorie in der umfangreicheren „erhalten" bleibt, läßt sich also nichts „Bleibendes" über Hypothesen ausmachen. Und doch machen die Physiker bei ihrer alltäglichen Arbeit immer wieder „verbindliche" Aussagen über nicht mehr zu beobachtende Vorgänge oder noch nicht beobachtete Vorgänge. Woher nehmen die Physiker den Mut, solche Aussagen zu machen, obwohl doch zu jeder Theorie immer umfangreichere gefunden werden? Und woher nehmen andere sogar den Mut, sich so sehr „darauf zu verlassen", daß sie z. B. in einem Raumschiff eine Reise zum Mond wagen?

Wir haben in § 5 den Begriff der brauchbaren Theorie eingeführt. Es ließ sich zwar formulieren, ob ein Test zu einem Widerspruch führt. Ob und unter welchen Umständen man aber eine $\mathcal{PT}$ für einen „gewissen" Grundbereich $\mathcal{G}$ als „endgültig" brauchbar „anerkennt", läßt sich nicht nach „Kriterien" entscheiden; und doch sind die Physiker überzeugt, daß man solche Entscheidungen fällen kann (siehe zu diesem Problem z. B. [1] XIX). Aber nicht nur solche Entscheidungen werden gefällt; sondern man glaubt zu wissen, daß diese und jene $\mathcal{PT}$ für ihren genormten Grundbereich $\mathcal{G}_n$ (nicht nur endgültig brauchbar, sondern überhaupt) „endgültig" sei in dem Sinne, daß es eben ohne Veränderung von $\mathcal{G}_n$ oder Herabsetzung der Unschärfen keine umfangreichere Theorie mehr geben kann; man ist der Überzeugung, daß die betreffende $\mathcal{PT}$ ihren genormten Grundbereich $\mathcal{G}_n$ „vollständig" beschreibt.

Die „Urteile" der Physiker über die „Natur" beruhen also auf einer Synthese (wenn auch meist auf einer mehr oder weniger unbewußt vollzogenen Synthese) zweier Urteile: eines mathematischen Urteils über eine Hypothese im Rahmen von $\mathcal{MT}_\Sigma$ und eines Urteils über die benutzte $\mathcal{PT}$. Die Physiker meinen eben beurteilen zu können, ein *wie gutes* und *wie vollständiges* Bild eine $\mathcal{PT}$ von einer Teilstruktur der Welt liefert. Nochmals sei betont, daß eine solche „Beurteilung" einer $\mathcal{PT}$ noch weit (!) weniger „beweisbar" ist als etwa die Widerspruchsfreiheit der in $\mathcal{PT}$ benutzten $\mathcal{MT}_\Sigma$. Diese Tatsache der „Nichtbeweisbarkeit" von Urteilen über eine $\mathcal{PT}$ kommt am augenfälligsten dadurch zum Ausdruck, daß der „Streit" über die Beurteilung von $\mathcal{PT}$s unter Physikern nicht immer durch „Argumente" entschieden werden kann (außer wenn man durch Tests nachweist, daß eine $\mathcal{PT}$ unbrauchbar ist), sondern häufig im Laufe der geschichtlichen Entwicklung „einschläft", weil die Gegner einer bestimmten Beurteilung nicht genügend viele Nachfolger haben.

Eines der berühmtesten Beispiele eines Streits um die Beurteilung einer $\mathcal{PT}$ ist der zwischen *Einstein* und *Bohr* über die Beurteilung der Quantenmechanik; die „Brauchbarkeit" der Quantenmechanik wurde von beiden anerkannt, über die „Vollständigkeit" der Beschreibung der Atome durch die Quantenmechanik waren beide verschiedener Meinung. Und man kann auch heutzutage noch *nicht* sagen, daß die Auffasung der Vollständigkeit der Quantenmechanik wirklich einhellig vertreten wird.

Wenn wir nun darangehen wollen, über solche Urteile wie „endgültig brauchbar", „vollständig" usw. zu sprechen, so darf man also *nicht* erwarten, daß wir Kriterien für solche Urteile angeben werden. Wir können also nur versuchen, solche Urteile dem Leser näherzubringen und vielleicht etwas mehr als üblich zu präzisieren.

Am leichtesten „verständlich" ist, daß man die Überzeugung gewinnen kann, eine $\mathcal{PT}$ gebe ein „richtiges" Bild eines Teilausschnittes der Welt wieder. Da aber durch das Wort „richtig" leicht falsche Vorstellungen erweckt werden können (was auch in der Entwicklung der Physik geschehen ist), wollen wir lieber von „endgültig brauchbar" sprechen. So ist sowohl die *Newton*sche Raum-Zeit-Theorie (für einen kleineren Ausschnitt) wie die spezielle Relativitätstheorie (für einen größeren Ausschnitt) „endgültig brauchbar" (die Bezeichnung „richtig" könnte hier leicht zu Mißverständnissen führen, siehe [1] IX § 9).

Die „Grundlage", die „Motive" für eine solche Überzeugung, daß eine $\mathcal{PT}$ „endgültig brauchbar" sei, sind sehr komplex und können hier nicht analysiert werden (siehe dazu z. B. [1] XIX). Daher sei hier nur der „oberflächlichste" Grund angegeben: Die betrachtete Theorie hat sich „bewährt". Es sei aber ausdrücklich davor gewarnt, etwa das „Sichbewähren" einer $\mathcal{PT}$ zum Kriterium der Beurteilung einer $\mathcal{PT}$ als „endgültig brauchbar" zu machen. Von der allgemeinen Relativitätstheorie z. B. waren viele Physiker überzeugt, daß sie „richtig", d. h. „endgültig brauchbar", ist, bevor (!) sie sich bewährt hatte (siehe z. B. [1] X § 6.3).

Nun sind die Physiker sogar so kühn, von der „Vollständigkeit" und „Endgültigkeit" gewisser $\mathcal{PT}$s zu sprechen. Kann dies überhaupt sinnvoll sein?

Haben wir nicht gerade in diesem ganzen Buch hier und besonders in § 9 diese Vorstellung von der Endgültigkeit einer $\mathcal{PT}$ bekämpft? Haben nicht gerade die Erfahrungen mit der Entwicklung der theoretischen Physik gezeigt, daß es falsch ist, solche Endgültigkeit einer $\mathcal{PT}$ im Sinne einer nicht mehr vorhandenen Verbesserungswürdigkeit anzunehmen? Man denke dabei z. B. an die Schritte des Übergangs von der *Newton*schen Raum-Zeit-Theorie zur speziellen Relativitätstheorie und dann zur allgemeinen Relativitätstheorie (siehe z. B. [1] II, VII, IX, X).

Eine solche Endgültigkeit im Sinne einer nicht mehr vorhandenen Verbesserungswürdigkeit ist aber *nicht* gemeint, wenn von „vollständigen" Theorien die Rede ist. Ebensowenig ist gemeint, daß es zu der betreffenden $\mathcal{PT}$ überhaupt keine umfangreicheren $\mathcal{PT}$s gäbe. Nur eine gewisse Vollständigkeit der Beschreibung eines bestimmen genormten Grundbereiches $\mathcal{G}_n$ im Rahmen einer gewissen durch $\mathcal{PT}$ bestimmten Unschärfe wird behauptet. Was soll das heißen?

Führt jeder Versuch, bei gleichem genormten Grundbereich eine zu $\mathcal{PT}$ umfangreichere Theorie $\mathcal{PT}'$ zu entwerfen, zu einer (in bezug auf die zugrundegelegten Unschärfemengen) zu $\mathcal{PT}$ äquivalenten Theorie, so nennen wir die Theorie $\mathcal{PT}$ *g.$\mathcal{G}$.-abgeschlossen*. Es kann also in bezug auf die zugrundegelegten Unschärfemengen sowohl $\mathcal{PT}$ als g.$\mathcal{G}$.-umfangreicher als $\mathcal{PT}'$ wie $\mathcal{PT}'$ als g.$\mathcal{G}$.-umfangreicher als $\mathcal{PT}$ angesehen werden. Der Begriff, daß eine $\mathcal{PT}$ als g.$\mathcal{G}$.-abgeschlossen angesehen werden darf, ist also eventuell noch von benutzten Unschärfemengen abhängig. Zu einer g.$\mathcal{G}$.-abgeschlossenen Theorie gibt es also in diesem Sinne keine „echten" g.$\mathcal{G}$.-umfangreicheren Erweiterungen.

Was wir oben als eine gewisse Vollständigkeit der Beschreibung des genormten Grundbereiches $\mathcal{G}_n$ durch $\mathcal{PT}$ bezeichneten, formulieren wir jetzt in der Form: $\mathcal{PT}$ *ist g.$\mathcal{G}$.-abgeschlossen.*

Wir haben schon in § 10.3 den Begriff der schwach abgeschlossenen Theorie eingeführt. Dieser Begriff ist tatsächlich schwächer als der der g.$\mathcal{G}$.-abgeschlossenen Theorie, denn man kann zu einer nicht schwach abgeschlossenen Theorie sofort durch Hinzufügen von $\widetilde{E}_h^{(1)} \neq \emptyset$ oder von $\widetilde{E}_h^{(2)} \neq \emptyset$ als Axiom (siehe die Ausführungen nach (10.3.7 b)) zu einer umfangreicheren Theorie übergehen.

Noch viel weniger als die Aussage, daß kein Realtext mit $\mathcal{PT}$ in Widerspruch gerät, ist die Aussage, daß es zu $\mathcal{PT}$ keine echt g.$\mathcal{G}$.-umfangreichere Theorie gibt, „beweisbar". Die Vielzahl der Gründe aber, die einen Physiker schließlich zu der Überzeugung kommen lassen, eine vorliegende $\mathcal{PT}$ als g.$\mathcal{G}$.-abgeschlossen zu bezeichnen, kann an dieser Stelle ebensowenig aufgeführt werden wie im Falle einer „endgültig brauchbaren" Theorie.

Daß eine $\mathcal{PT}$ g.$\mathcal{G}$.-abgeschlossen ist, besagt *nicht*, daß es überhaupt keine zu $\mathcal{PT}$ umfangreicheren Theorien gäbe; aber es kann dann zu $\mathcal{PT}$ nur mit Erweiterung des genormten Grundbereiches oder zumindest *mit echter* Verkleinerung der Unschärfemengen echt umfangreichere Theorien $\mathcal{PT}'$ geben.

Was bringt nun eine g.$\mathcal{G}$.-abgeschlossene $\mathcal{PT}$ für Vorteile in bezug auf die Beurteilung von Hypothesen? Das ist an sich eine fundamentalphysikalische Frage, deren genauere Beantwortung aussteht. Die Physiker gehen allgemein davon aus, daß sich die Beurteilung einer Hypothese „nicht wesentlich" ändern kann, wenn man von der g.$\mathcal{G}$.-abgeschlossenen $\mathcal{PT}$ zu einer umfangreicheren $\mathcal{PT}'$ übergeht, *außer* daß die umfangreichere $\mathcal{PT}'$ im Bild $\mathcal{MT}_{\Sigma'}$ abbildbare „Bedingungen" dafür enthalten kann, wann die durch die betrachtete Hypothese beschriebene, gedachte Situation zum Grundbereich $\mathcal{G}$ von $\mathcal{PT}$ zu rechnen ist. Die Beurteilung der Hypothese in $\mathcal{PT}$ findet sich als „bedingungsweise" Beurteilung in $\mathcal{PT}'$ wieder. Wir müssen später (siehe § 10.7) näher auf den eigentümlichen „bedingungsweisen" Charakter aller Wirklichkeits- und Möglichkeitsaussagen physikalischer Theorien eingehen; deshalb möge dieser Hinweis hier zunächst genügen.

Man ist also der Meinung, daß alles darauf ankommt, Hypothesen in einer g.$\mathcal{G}$.-abgeschlossenen $\mathcal{PT}$ im Sinne von §§ 10.2 und 10.3 zu charakterisieren und ihr Verhalten bei Erweiterungen des Realtextes im Sinne von § 10.4 zu studieren. Man meint dann, auf diese Weise etwas über „den durch $\mathcal{PT}$ abgebildeten Bereich der Wirklichkeit" Aussagen zu können.

Tatsächlich aber hat man meist gar nicht die als g.$\mathcal{G}$.-abgeschlossen beurteilte $\mathcal{PT}$ voll vor sich, wenn man Urteile über Hypothesen fällt. Dies liegt daran, daß die Bilder $\mathcal{MT}_\Sigma$ für g.$\mathcal{G}$.-abgeschlossene Theorien meist sehr kompliziert sind (eine kaum noch übersehbare Fülle von Axiomen). Deshalb untersucht man häufig Hypothesen einer $\mathcal{PT}$, von der man überzeugt ist, daß sie eine g.$\mathcal{G}$.-abgeschlossene Standarderweiterung hat, *deren Struktur man meint so gut überblicken zu können, um die erhaltene Beurteilung von Hypothesen als richtig auch in bezug auf die g.$\mathcal{G}$.-abgeschlossene Standarderweiterung ansehen zu können.* Die Überlegungen im ersten Teil dieses § 10.6 sollten einmal die Kompliziertheit des zugrundeliegenden Problems aufzeigen und andererseits in dem obigen Schema einige „feste" Anhaltspunkte liefern.

Wir wollen deshalb die allgemeine weitere Untersuchung des Verhaltens von Hypothesen beim Übergang von einer $\mathcal{PT}$ zu einer umfangreicheren verlassen und uns im folgenden darauf beschränken, die zugrundegelegte $\mathcal{PT}$ als g.$\mathcal{G}$.-abgeschlossen vorauszusetzen.

10.7 Wirklich, möglich, unentscheidbar

Um Hypothesen als wirklich, möglich usw. zu bezeichnen, ist es wichtig, etwas genauer zu formulieren, was man unter *Vergleich einer Hypothese mit der Erfahrung* versteht.

In § 10.4 haben wir schon das Problem untersucht, wie sich die Beurteilung einer Hypothese bei Erweiterung des Realtextes ändern kann. Wenn bei einer Erweiterung des Realtextes eine vorher erlaubte Hypothese falsch wird (sie konnte also vor Erweiterung des Realtextes nicht experimentell sicher gewesen sein), so spricht man auch häufig davon, daß die Hypothese durch das Experiment „falsifiziert" wurde; das heißt aber nicht (!), daß bei einer sogenannten „Wiederholung" des Experiments die Hypothese wieder falsifiziert werden müßte. Aber auch eine experimentell sichere Hypothese braucht nicht etwa durch den erweiterten Realtext „verwirklicht" zu werden; aber was soll das eigentlich heißen, daß eine Hypothese verwirklicht wird?

Dazu betrachten wir neben der Erweiterung des Realtextes noch folgende weitere Veränderungsmöglichkeit einer vorgegebenen Hypothese: Die betrachtete Hypothese sei in bezug auf den erweiterten Realtext zumindest erlaubt.

Man kann dann versuchen, einige der hypothetischen Elemente x_i (die Elemente von normalen, d. h. nicht erweiterten Bildtermen sind) durch Zeichen a_k (aus dem ursprünglichen) und b_l (aus der Erweiterung des Realtextes) zu ersetzen. Ist eine solche Ersetzung gelungen, daß die so neu entstandene Hypothese zumindest erlaubt ist, so nennen wir die so entstandene neue Hypothese eine *teilweise Realisierung* der alten Hypothese.

Ist es in dieser Weise gelungen, in einer Hypothese *alle* die x_i, die Elemente von normalen Bildtermen sind, durch Zeichen a_k und b_l aus dem erweiterten Realtext zu ersetzen, so sprechen wir von einer *Realisierung* der alten Hypothese. Ist außerdem die so gewonnene Hypothese sicher oder sogar theoretisch existent und fast determiniert oder sogar determiniert (sie ist trivialerweise determiniert, wenn die ursprüngliche Hypothese *nur* x_i als Elemente von normalen Bildtermen enthielt, weil dann nach dem Ersetzen der x_i keine hypothetischen Zeichen mehr vorhanden sind), so sagen wir, daß die ursprüngliche Hypothese *voll realisiert* worden ist.

Eine ursprüngliche Hypothese ohne hypothetische Elemente kann also nur insofern durch Erweiterung des Realtextes voll realisiert werden, indem sie für den erweiterten Realtext sicher wird.

Bilden für die ursprüngliche Hypothese diejenigen x_i, die *keine* Elemente von normalen Bildtermen sind, einen *determinierten* Teil (siehe (10.2.6) bis (10.2.8)), so ist eine Realisierung dieser Hypothese immer determiniert. Eine volle Realisierung liegt also vor, wenn die Realisierung sicher ist.

Die eben geschilderte Situation (auch wenn man sie nicht immer voll in mathematischer Form durchüberlegt) ist die sich immer wiederholende Fragestellung der Physiker an ihre Experimente; denn man experimentiert ja eben nicht „ins Blaue" hinein und vergleicht nicht irgendwelche „zufällig" erhaltenen Ergebnisse mit der Theorie in der Form einer $\mathcal{MT}_\Sigma\mathcal{A}$, sondern schon die Experimente werden auf die „Realisierung" von Hypothesen hin „angelegt". So wird die Frage nach den „Realisierungsmöglichkeiten" von Hypothesen zur zentralen Frage nicht nur der Experimentalphysik, sondern auch gerade zur Frage des Urteilens über die Wirklichkeit mit Hilfe einer $\mathcal{PT}$. Auf die Bedeutung dieser Fragestellung für die Technik ist z. B. in [1] VI § 3.4, XVII und XX hingewiesen.

Beginnen wir die Untersuchung der Realisierungsmöglichkeiten von Hypothesen mit den einfachsten Fällen, den Hypothesen erster Art. In diesem Falle können also im Prinzip alle hypothetischen Elemente x_i durch Elemente des erweiterten Realtextes ersetzt werden, wenn es „möglich" ist; und genau danach wollen wir jetzt fragen. $(-)_h$ wird also zunächst immer als Hypothese erster Art vorausgesetzt, bis wir wieder *ausdrücklich* zu allgemeinen Hypothesen übergehen.

Der einfachste Fall ist der Fall $[-1]$, d. h. der, daß die Hypothese $(-)_h$ falsch ist. Gäbe es dann einen erweiterten Realtext, durch den die falsche Hypothese $(-)_h$ in folgendem Sinn realisiert sei, als in den Axiomen $(-)_r$ bei geeignetem Ersetzen der x_i durch Zeichen aus dem Realtext genau die Axiome der Hypothese enthalten sind, so heißt das nichts anderes, als daß die so erhaltene Theorie $\mathcal{MT}_\Sigma\mathcal{AB}$ widerspruchsvoll ist. Da wir aber die betrachtete $\mathcal{PT}$ als brauchbar voraussetzen, wird also (wenigstens im allgemeinen) kein solcher Realtext auftreten, durch den die falsche Hypothese realisiert wird. Dies drückt man auch oft so aus, daß eine falsche Hypothese in der Natur „nicht vorkommt" oder daß die Hypothese „physikalisch auszuschließen" sei. Wir werden meist die letzte Formulierung benutzen, aber auf keinen Fall die auch oft benutzte Aussage, daß eine falsche Hypothese „unmöglich" sei. Um zu verdeutlichen, warum wir die letzte Formulierung vermeiden, nehmen wir einmal an, daß eine falsche Hypothese realisiert sei, das heißt nichts anderes, als daß ohne jede Hypothese ein Realtext vorliegt, für den $\mathcal{MT}_\Sigma A$ widerspruchsvoll ist; es wäre also etwas Unmögliches wirklich geworden. Das Wort „unmöglich" entspringt aber einem (leider oft) gemachten *Fehlschluß*, aus einer $\mathcal{PT}$ zu folgern, daß in einem Realtext etwas nicht vorgekommen sein kann, was zu einem Widerspruch innerhalb $\mathcal{PT}$ führt (siehe die Diskussion dieses Punktes in §§ 5 und 11.4); natürlich dürfen solche dem Bild $\mathcal{MT}_\Sigma$ einer $\mathcal{PT}$ widersprechende Realtextteile in $\mathcal{G}$ nur *selten* sein, weil man sonst die $\mathcal{PT}$ als unbrauchbar verwerfen würde (siehe auch wieder [1] XIX). Tatsächlich aber können wir nicht mit „absoluter Sicherheit" einen zum Widerspruch führenden Realtext ausschließen und damit auch nicht, daß es doch etwas in der Natur geben könnte, was einer falschen Hypothese entspricht. Unsere tatsächliche (aber *nicht* absolute) Sicherheit, daß wir eine falsche Hypothese nicht in der Natur verwirklicht glauben, beruht also nicht auf der $\mathcal{PT}$ allein (siehe wieder [1] XIX, XX). Um alle die eben berührten Fragen aber nicht von vornherein abzuschneiden, haben wir die obige Formulierung „physikalisch auszuschließen" gewählt.

Betrachten wir als nächstes den Fall [+1], d. h. den Fall, daß $(-)_h$ theoretisch existent ist. Der Ausgangspunkt ist also die Hypothese

$$A \in \widetilde{E} \text{ und } X \in \widetilde{E}_h(A). \tag{10.7.1}$$

Die Frage lautet, ob für einen erweiterten Realtext die Axiome $(-)_r$ die Form

$$A \in \widetilde{E} \text{ und } B \in \widetilde{E}_h(A) \text{ und } \ldots \tag{10.7.2}$$

haben „können" oder „müssen", wobei hinter „und" in (10.7.2) noch weitere Zeichen und Relationen stehen können und B auch Komponenten von A enthalten kann. Liegt ein Realtext vor mit Axiomen $(-)_r$ der Form (10.7.2), so ist also die Hypothese $(-)_h$ voll realisiert.

Natürlich kann man aus $\mathcal{MT}_\Sigma A$ nicht folgern, ob *in der Natur* wirklich ein solcher Realtext vorliegen muß, für den $(-)_r$ die Form (10.7.2) hat, denn die Relationen $(-)_r$ werden ja nicht aus $\mathcal{MT}_\Sigma A$ „deduziert", sondern aus einem wirklich vorliegenden Realtext (mit Hilfe der Abbildungsprinzipien) „abgelesen".

Betrachten wir *mehrere* Realtexte, für die in $(-)_r$ Axiome der Form $A \in \widetilde{E}, A' \in \widetilde{E}, A'' \in \widetilde{E}, \ldots$ vorkommen; und sind darunter einige, die sich einer solchen Erweiterung, für die eine Realisierung der Hypothese $(-)_h$ denkbar ist, widersetzen, so sollte sich dies im Falle einer g.$\mathcal{G}$.-abgeschlossenen $\mathcal{PT}$ im Bild $\mathcal{MT}_\Sigma$ dadurch widerspiegeln, daß es eben Elemente Z aus $\widetilde{E} \backslash \widetilde{E}_+$ gibt. Der Satz $\widetilde{E}_+ = \widetilde{E}$ in $\mathcal{MT}_\Sigma$ sollte daher zur Konsequenz haben, daß jeder Realtext, der in $(-)_r$ Axiome der Form $A \in \widetilde{E}$ enthält, eine Erweiterung *mit* Realisierung der Hypothese $(-)_h$ „zuläßt". Umgekehrt: Sollten die Erfahrungen zeigen, daß sich prinzipielle Schwierigkeiten bei einigen Realtexten (mit $A \in \widetilde{E}$) einstellen, die Hypothese $(-)_h$ zu realisieren, so liegt der Verdacht nahe, daß $\mathcal{PT}$ ein Gesetz nicht enthält, nach dem es Realtexte mit $A \in \widetilde{E}$ aber $A \notin \widetilde{E}_+$ gibt, das heißt aber nichts anderes, als daß $\mathcal{PT}$ nicht g.$\mathcal{G}$.-abgeschlossen wäre.

Dies scheint ein zyklisches Spiel zu sein: Ist $\mathcal{PT}$ g.$\mathcal{G}$.-abgeschlossen, so folgern wir, daß sich die Hypothese $(-)_h$ realisieren lassen „muß"; läßt sie sich aber scheinbar doch nicht realisieren, so „folgern" wir, daß $\mathcal{PT}$ doch nicht g.$\mathcal{G}$.-abgeschlossen war. Eine solche Rückkopplung bei der Entwicklung physikalischer Theorien zu verbieten, hieße die Entwicklung der Physik überhaupt zu verbieten. Eine solche Rückkopplung ist allerdings dann bedenklich, wenn keine weiteren Gesichtspunkte zur „Beurteilung" physikalischer Theorien benutzt würden. Tatsächlich aber liegt ein unübersehbar komplexes Netzwerk von Gründen vor, das einen Physiker ein Urteil über eine $\mathcal{PT}$, z. B. als g.$\mathcal{G}$.-abgeschlossen, fällen läßt. Solche Urteile sind aber nicht unverrückbar, sondern können im Laufe der Entwicklung der Physik eventuell revidiert werden, wenn eben Gründe auftauchen, die das zuerst gefaßte Urteil in Frage stellen. Hier konnten wir nur diesen „Hintergrund" kurz skizzieren, der zu den jetzt zu formulierenden Aussagen führt.

Als erste Behauptung formulieren wir: „Liegt ein Realtext vor, für den in $(-)_r$ Axiome der Form $A \in \widetilde{E}$ vorkommen, so muß eine solche Erweiterung möglich sein (wenn sie nur umfangreich genug ist), die eine Realisierung der theoretisch existenten Hypothese erlaubt; d. h. jede Erweiterung kann so umfangreich gestaltet werden, daß die Axiome $(-)_r$ von der Form (10.7.2) sind; vorausgesetzt, die $\mathcal{PT}$ ist g.$\mathcal{G}$.-abgeschlossen."

Diese Behauptung geht über das Testen einer $\mathcal{PT}$ hinaus, denn testen kann man nur mit vorliegenden Realtexten; und nicht vorliegende oder sogar niemals vorliegende Realtexte führen noch lange zu keinem Widerspruch mit der Theorie. Die obige Behauptung sagt aber etwas über das „Vorliegen" von Realtexten aus, auch wenn man z. B. „vergessen" hat, die zugehörigen Axiome $(-)_r$ dafür aufzuschreiben!

Noch einmal etwas anders ausgedrückt: Sollte der erweiterte Realtext „noch nicht" von der Form (10.7.2) sein, so kann das nur daran liegen, daß entweder nicht alles in $(-)_r$ aufgeschrieben wurde, was „im Prinzip" hätte aufgeschrieben werden können, oder daß es uns als Menschen noch nicht möglich war, alles in $(-)_r$ aufzuschreiben, weil einiges vom Realtext noch in der Zukunft liegt. Wir würden es als Widerspruch mit der Theorie „empfinden" (obwohl kein widersprüchlicher Test vorliegt), wenn im Prinzip kein genügend erweiterter Realtext möglich wäre, aus dem solche Relationen $(-)_r$ der Form (10.7.2) abgelesen werden könnten.

Alle die eben geschilderten Motive sollen nicht die oben formulierte Behauptung „beweisen", sondern eben nur die Motive sichtbar machen, die zu dieser Behauptung führen. Die etwas längliche obige Behauptung pflegt man oft sehr kurz mit Worten wie „möglich" und „wirklich" zu charakterisieren. Der

Sprachgebrauch ist dabei nicht immer ganz einheitlich. Wir wollen uns daher hier festlegen:

Eine theoretisch existente Hypothese in einer g.$\mathcal{G}$.-abgeschlossenen Theorie nennen wir „physikalisch stark möglich". Warum wir hier das Wort „stark" hinzugefügt haben, werden wir gleich weiter unten sehen.

Ist die Hypothese nicht determiniert, so ist bei der Realisierung der Hypothese im erweiterten Realtext nicht notwendig festgelegt, welche Realtextelemente mit den vorher gedachten Elementen x_i identifiziert werden. Ist aber $(-)_h$ determiniert und liegt eine Erweiterung des Realtextes vor, so daß die Hypothese $(-)_h$ in dem erweiterten Realtext realisierbar ist, so gelten in der Theorie $\mathcal{MT}_\Sigma\mathcal{ABH}$ (d. h. $\mathcal{MT}_\Sigma$ mit den Axiomen $(-)_r$ für den erweiterten Realtext und den Axiomen von $(-)_h$) Sätze der Form ..., $x_i = a_{l_i}$, ...$x_j = b_{k_j}$,...; schon durch die Theorie $\mathcal{MT}_\Sigma\mathcal{ABH}$ ist eindeutig *festgelegt*, mit welchen Elementen des Realtextes die x_i identifiziert werden *müssen* (also nicht nur identifiziert werden *können*). Dadurch wird folgende Vorstellung „gerechtfertigt": Auch schon für den *noch nicht* (!) erweiterten Realtext mit den Axiomen $A \in \widetilde{E}$ sind die Elemente x_i der theoretisch existenten und determinierten Hypothese erster Art eigentlich schon als Elemente eines (vielleicht noch nicht abgelesenen) erweiterten Realtextes festgelegt; der erweiterte Realtext existiert eigentlich schon, soweit es die Elemente x_i und die in der Hypothese geforderten Relationen betrifft, auch wenn er überhaupt noch nicht abgelesen ist oder auch gar nicht abgelesen werden kann (weil das Ablesen in der Vergangenheit verpaßt wurde – man beachte hier das Eingehen menschlichen Handelns und damit der Situation Vergangenheit, Gegenwart, Zukunft) oder noch nicht abgelesen werden kann (weil das Ablesen erst in der Zukunft zu erfolgen hat). Genau das wollen wir durch folgende Terminologie ausdrücken:

Eine theoretisch existente und determinierte Hypothese erster Art in einer g.$\mathcal{G}$.-abgeschlossenen Theorie nennen wir „physikalisch stark wirklich".

Wie kommt es in den meisten $\mathcal{PT}$s zu solchen determinierten und theoretisch existenten Hypothesen erster Art? Eine Hypothese erster Art

$$A \in \widetilde{E} \text{ und } X \in \widetilde{E}_h,$$

bei der $\widetilde{E}_h$ *nicht* von A abhängt, ist in fast allen $\mathcal{PT}$s nicht determiniert; es ist ja eine geradezu für die meisten $\mathcal{PT}$s wichtige Möglichkeit, eine solche nicht von A abhängige hypothetische Relation mehrmals experimentell „herstellen" zu können, d. h. einen Realtext der Form

$$A \in \widetilde{E} \text{ und } B_1 \in \widetilde{E}_h \text{ und } B_2 \in \widetilde{E}_h \text{ und } B_3 \in \widetilde{E}_h \text{ und } ... \tag{10.7.3}$$

und seine Erweiterungen untersuchen zu können. Wäre die Hypothese determiniert, so müßte in (10.7.3) $B_1 = B_2 = B_3 = ...$ sein, d. h. es gäbe in der Natur nur eine einzige nicht wiederholbare Situation der Art $B \in \widetilde{E}_h$.

Ganz anders sieht es aus, wenn $\widetilde{E}_h$ von A abhängt:

$$A \in \widetilde{E} \text{ und } X \in \widetilde{E}_h(A). \tag{10.7.4}$$

Daß diese Hypothese theoretisch existent und determiniert ist, besagt dann eben, daß der Realtext der Form $A \in \widetilde{E}$ zu $\mathcal{MT}$ hinzugefügt die Komponenten x_i von X eindeutig als Zeichen von Realtextstücken bestimmt (d. h. determiniert), die in den durch $X \in \widetilde{E}_h(A)$ beschriebenen Relationen zueinander und zum vorliegenden Realtext (der Form $A \in \widetilde{E}$) stehen. Das bedeutet: Ein Teil des Realtextes (nämlich $A \in \widetilde{E}$) determiniert einen größeren weiteren Teil des Realtextes, nämlich den durch (10.7.4) beschriebenen, weil man eben die x_i aus X als Zeichen wirklicher Realtextelemente (und nicht nur als rein hypothetische Zeichen) auffassen kann. Ein solcher eindeutig durch $A \in \widetilde{E}$ determinierter und durch $X \in \widetilde{E}_h(A)$ beschreibbarer Realtextteil muß vorhanden sein, ob ein Mensch ihn „gelesen" hat oder nicht.

Diesen eben geschilderten Sachverhalt für theoretisch existente und determinierte Hypothesen nutzt man nun häufig in der Physik aus, um „Arbeit und Mühen" zu sparen: Statt von dem Realtext mit Hypothesen nach (10.7.1) in einem Schritt „mühevollen" Ablesens der Erweiterung des Realtextes zu (10.7.2) überzugehen, gibt man sich mit (10.7.1) zufrieden und sagt, daß man durch die „direkte Messung" $A \in \widetilde{E}$ schon das Realtextstück $X \in \widetilde{E}_h(A)$ „indirekt mitgemessen" hat, da ja X eindeutig durch A bestimmt ist, was am deutlichsten durch die Form $X = f(A)$ mit der in § 10.2 definierten Abbildung f (siehe nach (10.2.24)) zum Ausdruck kommt. Durch die „direkte Messung, daß $A \in \widetilde{E}$ gilt", wurde „indirekt gemessen, daß $f(A) \in f(\widetilde{E})$ gilt". Dieses „indirekte Messen" wird besonders wichtig für Hypothesen zweiter Art werden.

Daß wir überall das Wort „physikalisch" zu „möglich", „wirklich" hinzugefügt haben (wenn kein Zweifel über die Verwendung der Begriffe besteht, läßt man es auch oft fort), geschieht, um darauf hinzuweisen, daß es sich *zunächst* noch nicht um ontologische Aussagen handelt. Wenn wir alle weiteren Begriffe eingeführt haben, werden wir weiter unten noch einmal auf das mit diesen „physikalischen" Begriffsbildungen zusammenhängende metaphysische Problem zurückkommen.

Wir haben die $\mathcal{PT}$ als g.$\mathcal{G}$.-abgeschlossen vorausgesetzt, um zum Ausdruck zu bringen, daß nicht eine umfangreichere Theorie notwendig ist, um den genormten Grundbereich vollständig zu beschreiben. Die Klassifizierung von Hypothesen erfolgt aber oft schon im Rahmen einer „noch nicht voll entwickelten Theorie". Hierbei ist im Prinzip Vorsicht geboten; darum haben wir den § 10.6 eingefügt. Dort haben wir gesehen, daß aber eine theoretisch existente Hypothese bei Standarderweiterungen immer theoretisch existent bleibt, so daß man also mit Recht schon in einem früheren Stadium der Entwicklung einer Theorie Urteile über die physikalische Möglichkeit (bzw. Wirklichkeit) von Hypothesen fällen kann, wenn man überzeugt ist, daß die durch Standarderweiterungen zu entwickelnde Theorie g.$\mathcal{G}$.-abgeschlossen sein wird.

Gehen wir jetzt zu einer sicheren Hypothese erster Art über (bei einer Hypothese erster Art brauchen wir nicht zwischen absolut sicher, sicher und experimentell sicher zu unterscheiden). Man urteilt – wieder $\mathcal{PT}$ als g.$\mathcal{G}$.-

abgeschlossen vorausgesetzt – über eine sichere Hypothese erster Art fast genauso wie über eine theoretisch existente Hypothese erster Art. Warum?

Nehmen wir ähnlich wie oben an, daß es nach der Erfahrung unmöglich erscheint, den vorliegenden Realtext der Form $A \in \widetilde{E}$ so zu erweitern, daß eine Realisierung der Hypothese in der Art und Weise nach (10.7.2) möglich ist. Eine solche Unmöglichkeit würden wir – wie schon oben beschrieben – deuten als $A \in \widetilde{E} \setminus \widetilde{E}_+$. Da aber jetzt $\widetilde{E} = \widetilde{E}_+$ kein Satz in $\mathcal{MT}_\Sigma$ zu sein braucht, kommen wir nicht unmittelbar zu einem Widerspruch zwischen $A \in \widetilde{E} \setminus \widetilde{E}_+$ und $\mathcal{MT}_\Sigma$.

Trotzdem aber ist es unmöglich, durch Experimente nachzuweisen, daß bei irgendeiner vorliegenden Erweiterung des Realtextes nicht doch noch eine weitere solche Erweiterung vorliegen könnte, bei der sich dann $(—)_h$ realisieren lassen würde; denn eine „Nichtexistenz" von realen Sachverhalten, die mit solchen Zeichen x_i bezeichnet werden könnten, so daß $X \in \widetilde{E}_h$ gilt, ist *nicht* dadurch nachweisbar, daß man keine solchen Zeichen eingeführt hat; eine solche „Nichtexistenz" wäre nur so nachweisbar, als man eine Erweiterung vorliegen hätte, für die $(—)_h$ falsch wird. Nach § 10.2 gibt es aber für eine sichere Hypothese nicht einmal eine „denkbare", geschweige denn eine wirkliche Erweiterung, für die $(—)_h$ falsch wird. Also ist die Vorstellung unwiderlegbar, daß „im Prinzip bei geeigneter Erweiterung" eine Realisierung von $(—)_h$ möglich sein sollte, ja auch dann, wenn vielleicht aus irgendwelchen Gründen das „vollständige" Ablesen des Realtextes nicht erfolgt, aufgrund dessen man dann die Realisierung von $(—)_h$ explizit vorführen könnte.

Noch deutlicher wird die Bedeutung dieser Analyse, wenn $(—)_h$ auch noch fast determiniert ist. Die Komponenten x_i von $X \in \widetilde{E}_h$ können dann als eindeutig bestimmt angesehen werden; denn hätte man zwei verschiedene $a_i^{(1)}$ und $a_i^{(2)}$ (d. h. $a_i^{(1)} \neq a_i^{(2)}$) im erweiterten Realtext entdeckt, die mit demselben x_i identifiziert werden können, so würde das dagegen verstoßen, daß (10.3.11) experimentell sicher ist. Also sollte man im Falle einer sicheren und fast determinierten Hypothese „nachsehen" können, ob die x_i wirklich da sind. Hat man sie gefunden, so ist die Realisierung experimentell bestätigt; hat man sie nicht gefunden, so besagt das noch lange nicht, daß sie nicht „da sind". Würde man aber experimentell nachgewiesen haben, daß sie nicht da sind, so hieße das, daß man einen Realtext gewonnen hätte, für den $(—)_h$ falsch ist im Widerspruch dazu, daß $(—)_h$ sicher war.

Wenn wir uns also nochmals die beiden Fälle einer theoretisch existenten und einer nur sicheren Hypothese vor Augen halten, so sollten wir erwarten, daß sich im Falle einer theoretisch existenten Hypothese die Wirklichkeit oder Möglichkeit der Komponenten x_i von $X \in \widetilde{E}_h$ experimentell vorweisen lassen sollte, daß im Falle einer sicheren Hypothese zwar *immer* die Wirklichkeit oder Möglichkeit der x_i vorausgesetzt werden kann, aber vielleicht nicht immer experimentell vorweisbar ist. Um diesen Unterschied zum Ausdruck zu bringen, nennen wir: eine sichere Hypothese erster Art in einer g.$\mathcal{G}$.-abgeschlossenen Theorie „physikalisch schwach möglich"; und eine sichere und fast determinierte Hypothese erster Art in einer g.$\mathcal{G}$.-abgeschlossenen Theorie „physikalisch schwach wirklich".

In einem Fall schmilzt allerdings der Unterschied zwischen einer theoretisch existenten und einer sicheren Hypothese zusammen, dann nämlich, wenn es keine erlaubte Hypothese erster Art $(—)_{h1}$ gibt, für die $\widetilde{E}_+^{(1)} \neq \emptyset \Rightarrow \widetilde{E} \setminus \widetilde{E}_+ \neq \emptyset$ ein Satz in $\mathcal{MT}_\Sigma$ ist. Dann kann man nämlich die Relation $\widetilde{E}_+ = \widetilde{E}$ ohne Widerspruch zu $\mathcal{MT}_\Sigma$ hinzufügen, und für die so strukturreicher gemachte Theorie bleiben alle vorher erlaubten Hypothesen erster Art auch weiterhin erlaubt. Die so erhaltene strukturreichere Theorie ist dann *keine echt* umfangreichere Theorie, da jeder widerspruchsfreie Test der einen Theorie auch ein widerspruchsfreier Test der anderen Theorie ist. Es ist dann also Geschmacksache (eventuell eine Frage der mathematischen Eleganz), ob man $\widetilde{E}_+ = \widetilde{E}$ als Axiom hinzufügt oder nicht. Von solchen Möglichkeiten wird in der Physik häufig Gebrauch gemacht, da man gerne das Bild $\mathcal{MT}_\Sigma$ so weit als möglich „mathematisch ausbaut", d. h. die Strukturart Σ so reich als möglich wählt.

Hat man $\widetilde{E}_+ = \widetilde{E}$ als Axiom hinzugefügt, so wird aus der vorher sicheren eine theoretisch existente Hypothese. Diese Umwandlung ist z. B. nicht möglich, wenn in $\mathcal{MT}_\Sigma$ der Satz $\widetilde{E} \neq \emptyset \Rightarrow \widetilde{E} \setminus \widetilde{E}_+ \neq \emptyset$, d. h. für $(—)_h$ einer der Fälle [0], [—] vorliegt.

Neben den eben geschilderten Fällen, wo eine Hypothese erster Art ohne jede Bedingung für die Erweiterung des Realtextes realisierbar sein sollte, kommt in der Physik häufig der Fall vor, wo die Weiterentwicklung des Realtextes eine vorher als möglich angesehene Realisierung zunichte macht. Welche Situationen meint man damit?

Wir betrachten jetzt also den Fall einer erlaubten, aber nicht sicheren Hypothese erster Art

$$A \in \widetilde{E}, \ X \in \widetilde{E}_h(A). \tag{10.7.5}$$

Es gibt also eine erlaubte Hypothese erster Art $(—)_{h1}$, für die

$$\widetilde{E}_+^{(1)} \cap \widetilde{E}_+ = \emptyset$$

ein Satz in $\mathcal{MT}_\Sigma$ ist. Die obigen Überlegungen für eine sichere Hypothese werden hinfällig; denn läge z. B. ein erweiterter Realtext der Form

$$A \in \widetilde{E}, \ B \in \widetilde{E}_h^{(1)}(A) \tag{10.7.6}$$

vor, so würde für diesen erweiterten Realtext nach § 10.4 die Hypothese $(—)_h$ falsch werden; man hätte eine experimentelle Situation erhalten, für die eine Realisierung von $(—)_h$ physikalisch ausgeschlossen werden kann. Was aber meint man denn dann eigentlich damit, daß „vor der Erweiterung" des Realtextes die Hypothese $(—)_h$ doch möglicherweise realisierbar gewesen wäre. Dieser „intuitiven" Vorstellung wollen wir einen präziseren Sinn geben. Dazu führen wir folgende Hypothese ein:

$$A \in \widetilde{E} \text{ und } X' \in \widetilde{E} \text{ und } X \in \widetilde{E}_h(X'). \tag{10.7.7}$$

Die Hypothese (10.7.7) ist eine Hypothese erster Art, da (10.7.5) von erster Art sein sollte. (10.7.7) ist von der Form

$$A \in \widetilde{E}, \; X'' \in \widetilde{E}_h'' \tag{10.7.8}$$

mit $X`` = (X', X)$ und

$$\widetilde{E}_h'' = \{(X', X) \mid X' \in \widetilde{E} \text{ und } X \in \widetilde{E}_h(X')\}, \tag{10.7.9}$$

wobei also $\widetilde{E}_h''$ nicht von A abhängt!

Die Hypothese (10.7.7) unterscheidet sich von (10.7.5) darin, daß von den hypothetischen Elementen aus X die Relation $\widetilde{E}_h$ nicht zum *vorliegenden* Realtext (mit $A \in \widetilde{E}$) in der Form $X \in \widetilde{E}_h(A)$, sondern zu einem *hypothetischen* Realtext $X' \in \widetilde{E}$ in der Form $X \in \widetilde{E}_h(X')$ gefordert wird. Wenn man für eine nicht sichere Hypothese von „möglich" spricht, so meint man eben gerade, daß es Wiederholungen des Experiments in der Form $X' \in \widetilde{E}$ gibt mit $X \in \widetilde{E}_h(X')$. Man meint also eigentlich, daß (10.7.7) realisierbar sein muß.

Wir nennen deshalb die Hypothese $(-)_h$ aus (10.7.5) „*bedingt* stark (bzw. schwach) physikalisch möglich", wenn die Hypothese (10.7.7) stark (bzw. schwach) physikalisch möglich ist.

Setzen wir also die $\mathcal{PT}$ als g.$\mathcal{G}$.-abgeschlossen voraus, so ist also die Bedingung dafür, ob $(-)_h$ bedingt stark (bzw. schwach) physikalisch möglich ist, dadurch gegeben, ob die Hypothese (10.7.7) theoretisch existent (bzw. sicher) ist.

Als die der Hypothese (10.7.7) zugeordnete Menge $\widetilde{E}_+''$ ergibt sich nach (10.7.9):

$$\widetilde{E}_+'' = \{Z \mid Z \in \widetilde{E} \text{ und } \widetilde{E}_h'' \neq \emptyset\}.$$

Mit

$$\widetilde{E}_h'' = \{(X', X) \mid X' \in \widetilde{E}_+, \; X \in \widetilde{E}_h(X')\}$$

folgt $\widetilde{E}_h'' \neq \emptyset \Leftrightarrow \widetilde{E}_+ \neq \emptyset$ und damit

$$\widetilde{E}_h'' = \{Z \mid Z \in \widetilde{E} \text{ und } \widetilde{E}_+ \neq \emptyset\}. \tag{10.7.10}$$

$\widetilde{E}_+''$ ist also identisch mit dem $\widehat{E}_+$ für die zu $(-)_h$ assoziierte Hypothese (siehe Ende § 10.3). Die Hypothese (10.7.7) ist also genau dann theoretisch existent (bzw. sicher), wenn die zu $(-)_h$ assoziierte Hypothese (die selbst keine Hypothese erster Art zu sein braucht) theoretisch existent oder sicher ist. (10.7.7) ist also theoretisch existent, wenn

$$\widetilde{E} \neq \emptyset \Rightarrow \widetilde{E}_+ \neq \emptyset$$

ein Satz in $\mathcal{MT}_\Sigma$ ist, d. h. wenn für $(-)_h$ einer der Fälle [+1], [+], [0] vorliegt. Da (10.7.7) von erster Art ist (da $(-)_h$ von erster Art ist), ist (10.7.7) sicher, wenn es experimentell sicher ist, d. h. wenn es keine erlaubte Hypothese erster

Art $(-)_{h1}$ gibt, für die $\widetilde{E}_+^{(1)} \cap \widetilde{E}_+'' = \emptyset$ ein Satz in $\mathcal{MT}_\Sigma$ ist, d. h. nach (10.7.10), für die

$$\widetilde{E}_+^{(1)} \neq \emptyset \Rightarrow \widetilde{E}_+ = \emptyset \qquad\qquad (10.7.11)$$

ein Satz in $\mathcal{MT}_\Sigma$ ist.

Damit erhalten wir als Ergebnis für eine g.$\mathcal{G}$.-abgeschlossene $\mathcal{PT}$: Die Hypothese erster Art $(-)_h$ ist genau dann bedingt stark physikalisch möglich, wenn für $(-)_h$ einer der Fälle [+1], [+], [0] vorliegt. Die Hypothese erster Art $(-)_h$ ist genau dann bedingt schwach möglich, wenn es keine erlaubte Hypothese $(-)_{h1}$ erster Art gibt, für die (10.7.11) ein Satz in $\mathcal{MT}_\Sigma$ ist.

Es folgt sofort, daß „bedingt stark möglich" schwächer als „stark möglich" ist. Da für eine sichere Hypothese auch die assoziierte Hypothese immer sicher ist (siehe Ende von § 10.3), ist auch „bedingt schwach möglich" schwächer als „schwach möglich".

Welche Fälle für erlaubte Hypothesen erster Art bleiben jetzt noch übrig?

Da für eine erlaubte Hypothese erster Art $(-)_h$ die Hypothese $[\mathrm{neg}(-)_h]$ nicht sicher sein kann (siehe § 10.3), bleibt also nur der Fall, daß $(-)_h$ nicht bedingt schwach möglich ist. Das heißt aber, daß einerseits (weil $(-)_h$ erlaubt ist) $\widetilde{E}_+ = \emptyset$ kein Satz in $\mathcal{MT}_\Sigma$ ist, daß es aber andererseits eine erlaubte Hypothese erster Art $(-)_{h1}$ gibt, so daß (10.7.11) Satz in $\mathcal{MT}_\Sigma$ ist. Zu (10.7.11) ist äquivalent

$$\widetilde{E}_+ \neq \emptyset \Rightarrow \widetilde{E}_+^{(1)} = \emptyset. \qquad\qquad (10.7.12)$$

Das heißt aber nichts anderes, als daß sich die beiden Hypothesen erster Art $(-)_{h1}$ und $(-)_h$ in folgendem Sinne ausschließen: Die beiden Hypothesen der Form (10.7.7):

$$A \in \widetilde{E},\ X' \in \widetilde{E},\ X \in \widetilde{E}_h(X') \qquad\qquad (10.7.13\,\mathrm{a})$$

und

$$A \in \widetilde{E},\ X_1' \in \widetilde{E},\ X_1 \in \widetilde{E}_h^{(1)}(X_1') \qquad\qquad (10.7.13\,\mathrm{b})$$

sind nicht kompatibel. Sollte es also z. B. gelungen sein, für eine der beiden Hypothesen (10.7.13), z. B. für (10.7.13 b), eine Realisierung gefunden zu haben, so ist die andere experimentell als endgültig falsch erwiesen, da die Hypothese

$$A \in \widetilde{E},\ B \in \widetilde{E},\ C \in \widetilde{E}_h^{(1)}(B),\ \ldots,\ X' \in \widetilde{E},\ X \in \widetilde{E}_h(X')$$

(mit A, B, C als Zusammenfassung von Zeichen aus einem genormten Realtext) falsch ist! Und keine (!) weiteren Experimente können dieses „Falschsein" der Hypothese $X' \in \widetilde{E}$, $X \in \widetilde{E}_h(X')$ aufheben.

Aufgrund der geschilderten Sachverhalte nennen wir eine erlaubte Hypothese erster Art $(-)_h$ „unentscheidbar", wenn es eine andere erlaubte Hypothese erster Art $(-)_{h1}$ gibt, so daß (10.7.11) ein Satz in $\mathcal{MT}_\Sigma$ ist. „Unentscheidbar" bedeutet dabei nicht, daß es absolut keine Möglichkeit gäbe, bei Erweiterungen der experimentellen Erfahrungen über die Hypothese zu entscheiden; siehe z. B. die oben diskutierte Möglichkeit. „Unentscheidbar" bedeutet vielmehr, daß über die Hypothese $(-)_h$ *aufgrund des vorliegenden Realtextes* nicht entschieden werden kann.

Wie schon in § 10.1 betont, würde die ganze Physik ihrer eigentlichen Struktur entblößt, wenn man nicht auch Hypothesen mit erweiterten Bildtermen und erweiterten Bildrelationen diskutieren würde. Hierbei ergeben sich nun eigentümliche Schwierigkeiten. Zwar läßt sich der Begriff der theoretisch existenten Hypothese leicht auch für Hypothesen zweiter Art formulieren, wie wir in § 10.2 sahen; dagegen ist die Übertragung des Begriffs der sicheren Hypothese schon nicht mehr so eindeutig möglich. Wir wüden die Probleme um die Beurteilung von Hypothesen zweiter Art verschleiern, wenn wir jetzt die Begriffe von möglich und wirklich – nahegelegt durch Benutzung derselben Worte wie sicher usw. – unbesehen auf Hypothesen zweiter Art übertragen würden.

Beginnen wir deshalb wieder mit einer theoretisch existenten Hypothese $(-)_h$ (nicht notwendig erster Art). Und auch da zunächst mit einer Hypothese, bei der die x_i Elemente normaler Bildterme sind. $(-)_h$ kann also dann nur insofern von zweiter Art sein, als eben auch erweiterte Bildrelationen auftreten.

Unsere erste Frage richtet sich dann wieder auf die Realisierungsmöglichkeiten einer solchen Hypothese in einem erweiterten Realtext. Da die in der Hypothese benutzten Bildrelationen nicht nur normale Bildrelationen sind, ist also eine Realisation der Form (10.7.2) nicht möglich. Vielmehr stellt sich das Problem so: Für den erweiterten Realtext (10.4.1) nimmt die Hypothese die Form

$$A \in \widetilde{E}, \; B \in \widetilde{E}_h^{(r)}(A), \; X \in \widetilde{E}_h(A) \tag{10.7.14}$$

an. Wie in § 10.4 gezeigt, ist auch die Hypothese (10.7.14) theoretisch existent. Eine Realisierung liegt vor, wenn es gelingt, einige der a_i, b_k zu einem C so zusammenzufassen, daß

$$A \in \widetilde{E}, \; B \in \widetilde{E}_h^{(r)}(A), \; C \in \widetilde{E}_h(A) \tag{10.7.15}$$

eine wenigstens erlaubte Hypothese ist. (10.7.15) ist eine Hypothese, da $C \in \widetilde{E}_h(A)$ nicht unmittelbar als Teil der Axiome $(-)_r$ des erweiterten Realtextes wie in (10.7.2) erscheinen kann! Zu fragen ist aber, ob zu erwarten ist, daß bei geeigneter Erweiterung des Realtextes (10.7.15) sicher oder besser sogar theoretisch existent wird. Erst dann können wir von einer vollen Realisierung von (10.7.14) sprechen.

Die Hypothese (10.7.15) ist eine Hypothese ohne hypothetische Elemente. (10.7.15) ist also theoretisch existent, wenn (siehe § 10.2)

$$[A \in \widetilde{E} \text{ und } B \in \widetilde{E}_h^{(r)}(A)] \Rightarrow C \in \widetilde{E}_h(A) \tag{10.7.16}$$

ein Satz in $\mathcal{MT}_\Sigma$ ist.

Diskutieren wir unsere Frage zunächst für den einfacheren Fall einer determinierten Hypothese $(-)_h$. Die Forderung (10.7.16) bezeichnet man dann als sogenannten Konstruktivismus: Das in (10.7.14) noch hypothetische X wird nur dann als „wirklich" anerkannt, wenn es möglich ist, es zu „konstruieren", d. h. einen Realtext wirklich zu „haben", aus dem sich das X eindeutig als das

C aus (10.7.15) mit (10.7.16) als Satz ergibt; das C aus dem erweiterten Realtext (d. h. aus Elementen von A und B zusammengesetzt) erfüllt aufgrund der am Realtext abgelesenen Realrelationen nachweisbar die Relation $C \in \widetilde{E}_h(A)$. Mit der für eine determinierte Hypothese mathematisch definierten Abbildung f (siehe nach (10.2.24)) ist $C = f(A)$; die Forderung des Konstruktivismus heißt also praktisch, die Abbildung f auf der Basis von Realtexten, d. h. experimentell, nachzukonstruieren, nämlich explizit ein C im Realtext vorzuweisen, für das $C = f(A)$ ist. Wir sehen hier die wissenschaftstheoretische Situation aufleuchten, daß es durchaus verschiedene Einstellungsmöglichkeiten zum Problem des „Wirklichen" in der Physik geben kann. Wir wollen uns nicht dieser harten Forderung des Konstruktivismus anschließen, weder an dieser Stelle, noch an späteren, wo sich der hier darzustellende Standpunkt noch schärfer vom Konstruktivismus abheben wird.

Hier nun bei der Hypothese (10.7.14) nehmen wir folgenden Standpunkt ein: Für eine theoretisch existente und determinierte Hypothese $(-)_h$ ist eine Funktion f definiert mit $X = f(A)$, so daß (10.7.14) in der Form

$$A \in \widetilde{E}, \ B \in \widetilde{E}_h^{(r)}(A), \ f(A) \in \widetilde{E}_h(A) \tag{10.7.17}$$

umgeschrieben werden kann, ganz gleichgültig, wie der Realtext durch B erweitert wurde. Wir fordern nicht, daß man nun mit Hilfe von (10.7.17) nachweisen kann, daß die Komponenten von $f(A)$ mit einigen Komponenten von A und B übereinstimmen und somit (10.7.17) die Form (10.7.15) annimmt mit (10.7.16) als Satz. Uns genügt vollkommen (10.7.17), ja auch schon der Ausgangsrealtext mit Hypothese, d. h.

$$A \in \widetilde{E} \text{ und } f(A) \in \widetilde{E}_h(A). \tag{10.7.18}$$

Wir interpretieren (10.7.18) so: Durch die „Messung" mit dem Ergebnis $A \in \widetilde{E}$ ist schon die Wirklichkeit von $f(A)$ mit festgestellt und *indirekt* mit dem Ergebnis $f(A) \in \widetilde{E}_h(A)$ gemessen worden. Es bleibt offen, ob überhaupt eine volle Realisierung der Form (10.7.15), d. h. die Konstruktion eines C möglich ist.

Ohne diese Möglichkeit der indirekten Messung wären ganze Zweige der Physik so gut wie nicht vorhanden. Man denke dabei nur an die Astronomie und Astrophysik. Was sollte man da mit einem reinen Konstruktivismus beginnen?

Geht man die vorhergehenden Überlegungen noch einmal durch, so erkennt man, daß es von dem Augenblick an, wo man sich zu der Vorstellung des indirekten Feststellens und Messens entschließt, *nicht darauf ankommt*, ob die Komponenten von X Elemente von normalen Bildtermen sind; alle Argumente bleiben erhalten für allgemeine Hypothesen zweiter Art, wenn sie nur theoretisch existent und determiniert sind.

Wir erweitern daher unsere schon für Hypothesen erster Art eingeführte Terminologie auf *allgemeine* Hypothesen:

Eine theoretisch existente und determinierte Hypothese in einer g.$\mathcal{G}$.-abgeschlossenen $\mathcal{PT}$ heißt „physikalisch stark wirklich"; man sagt in diesem Falle, daß man $X \in \widetilde{E}_h(A)$ „indirekt" durch $A \in \widetilde{E}$ gemessen hat.

Damit erhält der am Anfang dieses Paragraphen eingeführte Begriff der vollen Realisierung auch für allgemeine Hypothesen seine Bedeutung: Die volle Realisierung ist eben eine physikalisch (stark) wirkliche Hypothese.

Ist die Hypothese zweiter Art der Form (10.7.1) nur theoretisch existent (und nicht determiniert), so ist eine volle Realisierung dieser Hypothese erst recht nicht garantiert (siehe auch die Überlegungen am Ende dieses Paragraphen). Aber auch umgekehrt kann keine Entwicklung des Realtextes die Vorstellung der Existenz eines $X \in \widetilde{E}_h(A)$ widerlegen, da eine theoretisch existente Hypothese theoretisch existent bleibt (siehe § 10.4). Dies meinen wir, wenn wir von $X \in \widetilde{E}_h(A)$ als einer *möglichen* Situation sprechen, wohl wissend, daß hiermit ein sehr weiter Begriff von möglich definiert ist:

Eine theoretisch existente Hypothese in einer g.$\mathcal{G}$.-abgeschlossenen $\mathcal{PT}$ heißt „physikalisch stark möglich".

Im Falle von Hypothesen erster Art hatten wir diese Terminologie (nur „stark" durch „schwach" ersetzt) auf sichere Hypothesen ausgedehnt. Der zentrale Punkt für diese Möglichkeit des Ausdehnens der Terminologie war die Tatsache, daß eine sichere Hypothese weder durch Theorie noch Experiment widerlegbar ist. Nun ist auch im allgemeinen eine experimentell sichere Hypothese durch keine Erweiterung des Realtextes widerlegbar (falsifizierbar; siehe § 10.4). Aber wenn wir schon Hypothesen zweiter Art mit in Betracht ziehen, so sollte eine Hypothese, die der Situation einer theoretisch existenten Hypothese nahekommt, nicht nur mit allen erlaubten Hypothesen erster Art, sondern auch mit einer möglichst großen Klasse von Hypothesen zweiter Art kompatibel sein; eine theoretisch existente Hypothese ist mit allen erlaubten Hypothesen erster und zweiter Art kompatibel. Wann kann eine Hypothese zweiter Art mit *allen* erlaubten Hypothesen erster und zweiter Art kompatibel sein? Eben nur dann, wenn die Hypothese theoretisch existent ist. Denn wenn $(—)_h$ nicht theoretisch existent ist, so ist $[\mathrm{neg}(—)_h]$ erlaubt, und $(—)_h$ ist mit $[\mathrm{neg}(—)_h]$ nicht kompatibel.

Es gilt also, eine Bedingung zu finden, die schwächer als theoretisch existent, aber nicht schwächer als experimentell sicher ist. Sollte man die schwächste Bedingung wählen, nämlich die der experimentellen Sicherheit?

Wie wir in § 10.3 sahen, schließen sich aber die experimentelle Sicherheit von $(—)_h$ und $[\mathrm{neg}(—)_h]$ nicht aus, was diese Bedingung als zu schwach erscheinen läßt.

Wir haben in § 10.3 eine Erweiterungsmöglichkeit kennengelernt: die sicheren Hypothesen und die c-erlaubten Hypothesen. Auch dann gilt, daß jede Hypothese $(—)_h$, die mit allen c-erlaubten Hypothesen kompatibel ist, gerade sicher ist. Eine sichere Hypothese ist also weder durch alle erlaubten Hypothesen erster Art (die alle c-erlaubt sind) noch durch irgendwelche c-erlaubten Hypothesen widerlegbar.

Es gibt also in diesem Sinn keine Möglichkeit, die Auffassung zum Widerspruch zu bringen, eine sichere und fast determinierte Hypothese als Bild eines realen Sachverhaltes und eine sichere Hypothese als Bild eines möglicherweise realen Sachverhaltes aufzufassen. Wir übertragen daher folgende Terminologie von Hypothesen erster Art auf allgemeine Hypothesen:

Eine sichere und fast determinierte Hypothese in einer g.$\mathcal{G}$.-abgeschlossenen Theorie nennen wir „physikalisch schwach wirklich". Eine sichere Hypothese in einer g.$\mathcal{G}$.-abgeschlossenen Theorie nennen wir „physikalisch schwach möglich".

Die eben geschilderte „Nichtwiderlegbarkeit" der eingeführten Terminologie kann etwas zu schwach erscheinen, um auf dieser Basis auf die ontologische Wirklichkeit bzw. Möglichkeit von nicht direkt beobachteten Sachverhalten zu schließen.

Obwohl es natürlich schon die Intension ist, aus physikalischen Theorien auf ontologische Wirklichkeit zu schließen, haben wir aber doch gerade wegen der dahinter verborgenen sehr komplexen Schwierigkeiten dieses Schließen in zwei Schritte zerlegt, wobei eben der erste Schritt im Einführen der Begriffe von *physikalisch* wirklich und *physikalisch* möglich besteht.

Und schon bei diesem Schritt kann man verschiedene Definitionen geben. Wir haben oben vorgeschlagen, die Sicherheit einer Hypothese als Basis zu wählen. Was können wir außer der Nichtwiderlegbarkeit für Argumente angeben, die Sicherheit einer Hypothese als Basis zu wählen. Nach Ende von § 10.3 und nach § 10.4 können wir sagen: Für eine sichere Hypothese gibt es bei *jeder* Weiterentwicklung des Realtextes eine weitere „denkbare" Entwicklung, für die die Hypothese theoretisch existent werden würde. Würde diese „denkbare" Entwicklung eintreten, so wäre dann die Hypothese theoretisch existent geworden. Aber auch wenn die Weiterentwicklung des Realtextes zunächst noch nicht so weiterläuft, daß die Hypothese theoretisch existent geworden ist, so gibt es bei jedem Zustand des Realtextes immer wieder denkbare Erweiterungen, für die die Hypothese theoretisch existent wird.

Sicherlich kann man niemanden zwingen, aufgrund dieser Sachlage überzeugt zu sein, daß die Hypothese etwas ontologisch Mögliches, und, wenn sie auch noch wenigstens fast determiniert ist, etwas ontologisch Wirkliches abbildet. Vielleicht wird der Betreffende mehr dahin tendieren, als Basis lieber die absolute Sicherheit von Hypothesen zu benutzen. Wir haben in §§ 10.3 und 10.4 kurz skizziert, daß man auch mit diesem strengeren Begriff arbeiten könnte; und es sei dem Leser überlassen, sich klarzumachen, daß jeder Schritt ganz analog durchgeführt werden kann, wenn man statt der Sicherheit die absolute Sicherheit benutzt. Wie wir in § 10.3 sahen, spielt dieser Unterschied für Hypothesen erster Art keine Rolle; aber gerade für die Extrapolation der Begriffe von möglich und wirklich auf nicht direkt beobachtbare Sachverhalte würde ein solcher Unterschied in einigen Fällen von Bedeutung sein. Diese Bemerkungen sollen nur dazu dienen, um darauf hinzuweisen, daß schon der erste Schritt von der Theorie zur Wirklichkeit nicht eindeutig ist. Man sollte sich also nicht wundern, wenn die Wissenschaftstheorie in dieser Richtung bisher ein ganzes Spektrum von Auffassungen anzubieten hat. Für den ersten Schritt haben wir uns hier entschlossen, „möglichst viel" noch als physikalisch wirklich zu deklarieren, indem wir allein die Sicherheit von Hypothesen postulieren.

Es ist jetzt ziemlich naheliegend, wie wir dann den Begriff von „bedingt möglich" auf Hypothesen zweiter Art ausdehnen werden. Bedingt möglich werden wir Hypothesen $(-)_h$ nennen, die c-erlaubt sind und für die die Hypothese (10.7.7) theoretisch existent bzw. sicher ist.

Für Hypothesen erster Art $(-)_h$ reichte es aus, wenn sie erlaubt waren, um zu garantieren, daß $[\mathrm{neg}(-)_h]$ nicht experimentell sicher war. Im allgemeinen sind aber nur die c-erlaubten Hypothesen mit allen sicheren Hypothesen kompatibel; und es wäre auch sinnlos, eine Hypothese als (in irgendeiner Form) möglich anzusehen, wenn $[\mathrm{neg}(-)_h]$ sicher ist und man somit (da $[\mathrm{neg}(-)_h]$ keine hypothetischen Elemente enthält) $[\mathrm{neg}(-)_h]$ als physikalisch wirklich deklariert hat.

Da die Hypothese (10.7.7) und die assoziierte Hypothese dieselbe Menge $\widetilde{E}_+$ haben, kann man die Terminologie auch so festlegen:

Eine Hypothese $(-)_h$ in einer g.$\mathcal{G}$.-abgeschlossenen Theorie heißt „bedingt stark (bzw. schwach) möglich", wenn $(-)_h$ c-erlaubt und die assoziierte Hypothese theoretisch existent (bzw. sicher) ist.

Wir wollen jetzt noch kurz die Bedingungen für „bedingt möglich" explizit notieren. Zunächst für eine bedingt stark mögliche Hypothese. Mit Hilfe von §§ 10.1 bis 10.3 erhält man als Bedingungen:

Für $(-)_h$ liegt einer der Fälle $[+1]$, $[+]$, $[0]$ vor (d. h. $\widetilde{E}_+ \neq \emptyset$ ist Satz in $\mathcal{MT}_\Sigma$), und *es gibt eine* erlaubte Hypothese erster Art $(-)_{h2}$, so daß für alle zu $(-)_{h2}$ kompatiblen Hypothesen erster Art $(-)_{h1}$ die Relation

$$\widetilde{E}_+^{(1)} \cap \widetilde{E}_+ = \emptyset$$

kein Satz in $\mathcal{MT}_\Sigma$ ist.

Dies kann man auch so formulieren: $\widetilde{E}_+ \neq \emptyset$ ist Satz in $\mathcal{MT}_\Sigma$, und es gibt eine „denkbare" Erweiterung des Realtextes, für die $(-)_h$ experimentell sicher wird.

Für eine bedingt schwach mögliche Hypothese ist (gegenüber einer bedingt stark möglichen Hypothese) nur die Bedingung, daß $\widetilde{E}_+ \neq \emptyset$ ein Satz in $\mathcal{MT}_\Sigma$ ist, durch folgende schwächere zu ersetzen:

Zu *jeder* erlaubten Hypothese erster Art $(-)_{h4}$ gibt es eine kompatible Hypothese erster Art $(-)_{h3}$, für die

$$\widetilde{E}_+^{(3)} \neq \emptyset \Rightarrow \widetilde{E}_+ \neq \emptyset$$

ein Satz in $\mathcal{MT}_\Sigma$ ist. Dies hat zur Folge, daß in bezug auf den Ausgangsrealtext zwar nicht einer der Fälle $[+1]$, $[+]$, $[0]$ vorzuliegen braucht, daß aber für *jeden* erweiterten Realtext immer noch eine weitere Erweiterung „denkbar" ist, in bezug auf die dann einer der Fälle $[+1]$, $[+]$, $[0]$ vorliegt.

Wie steht es nun mit den Hypothesen, für die die assoziierte Hypothese nicht sicher ist? Zunächst ist da der Fall $[-1]$, was auch damit äquivalent ist, daß die Hypothese $[\mathrm{neg}(-)_h]$ theoretisch existent ist. Im Fall $[-1]$ ist $(-)_h$ falsch und wird deshalb als physikalisch auszuschließen bezeichnet; eine genauere Diskussion erübrigt sich aufgrund der ausführlichen Darlegungen des Falles $[-1]$ für eine Hypothese erster Art.

Für eine Hypothese zweiter Art ist aber der Fall, daß in einer g.$\mathcal{G}$.-abgeschlossenen Theorie $[\mathrm{neg}(-)_h]$ sicher ist, dem Fall $[-1]$ ganz ähnlich.

Ist [neg(—)$_h$] sicher, so sehen wir [neg(—)$_h$] im Falle einer g.$\mathcal{G}$.-abgeschlossenen Theorie als physikalisch (schwach) wirklich an, d.h. daß die Hypothese (—)$_h$ „der Wirklichkeit widerspricht". Wir nennen deshalb im Falle [neg(—)$_h$] sicher die Hypothese (—)$_h$ (in einer g.$\mathcal{G}$.-abgeschlossenen Theorie) „physikalisch (schwach) auszuschließen". Im Fall einer Hypothese erster Art ist [neg(—)$_h$] sicher äquivalent damit, daß (—)$_h$ nicht erlaubt und damit [neg(—)$_h$] theoretisch existent ist!

Es bleibt jetzt nur noch der Fall, daß weder [neg(—)$_h$] sicher noch die assoziierte Hypothese sicher ist. In diesem Fall heißt (—)$_h$ „unentscheidbar".

Zur besseren Übersicht wollen wir die eingeführte Terminologie in einer Tabelle zusammenfassen:

Interpretationsschema

Klassifikation von (—)$_h$		$\mathcal{PT}$	Interpretation von (—)$_h$
theoretisch existent und determiniert		β	physik. (stark) wirklich
theoretisch existent		β	physik. (stark) möglich
sicher und fast determiniert		α	physik. (schwach) wirklich
sicher		α	physik. (schwach) möglich
(—)$_h$ c-erlaubt	assoziierte Hyp. theoretisch existent	α	bedingt physik. (stark) möglich
	assoziierte Hyp. sicher	α	bedingt physik. (schwach) möglich
(—)$_h$ c-erlaubt und assoziierte Hypothese nicht sicher		α	unentscheidbar
[neg(—)$_h$] sicher		α	physik. (schwach) auszuschließen
falsch		β	physik. auszuschließen

Dabei bedeuten die Buchstaben α: $\mathcal{PT}$ ist g.$\mathcal{G}$.-abgeschlossen; β: $\mathcal{PT}$ besitzt g.$\mathcal{G}$.-abgeschlossene Standarderweiterung. Oft kommt man mit geringeren Forderungen als α, β aus, was aber meist noch gegenüber § 10.6 verfeinerte Untersuchungen erfordert.

Es ist klar, und wir haben schon mehrfach darauf hingewiesen, daß hinter diesen in der obigen Tabelle in der rechten Spalte aufgelisteten Begriffen eine metaphysische (im Sinne von § 1) Überzeugung über die „Wirklichkeit" der von der Physik beschriebenen Welt steht. Aber gerade dadurch, daß wir *nicht* diese Überzeugung zur Grundlage der Definition der Begriffe gemacht haben, sondern ein *Verfahren* angegeben haben, das einerseits nur innerhalb der *formalen Methodologie der Physik* (siehe § 1) funktioniert und andererseits einige aus der *Fundamentalphysik* (siehe § 1) stammende Begriffe *und* einige Überzeugungen über die Gültigkeit einer $\mathcal{PT}$ (wie die aus der mittleren Spalte der obigen Tabelle) heranzieht, haben wir die Begriffsbildungen aus der rechten Spalte der obigen Tabelle aller eventuell falschen intuitiven Schlußweisen (die man meist durch philosophische Gedankengänge zu stützen versucht) entzogen.

Erst *nach* Vollziehen des ersten Schrittes der Einführung der Begriffe aus der rechten Spalte sollte man daher den zweiten Schritt der ontologischen Interpretation tun.

Widersprüche nach der oben aufgezeigten Methode im Rahmen der formalen Methodologie und der Fundamentalphysik (d. h. für den ersten Schritt) können daher nur (unter der Voraussetzung, daß MT_Σ nicht widerspruchsvoll ist) auftreten als Widersprüche mit der Erfahrung (die in der Physik immer wieder vorkommen und zur Entwicklung neuer Theorien oder zur besseren Abgrenzung des Grundbereiches der betrachteten Theorie führen) oder aber bedingt durch eine falsche Einschätzung der PT im Sinne der zweiten Spalte aus der obigen Tabelle. Aber auch das „Merkbarwerden" einer solchen falschen Einschätzung vollzieht sich im dauernden Vergleich von Theorie und Erfahrung, wie wir dies schon in § 10.6 beschrieben haben.

Nachdem wir nun durch die oben beschriebene formale und fundamentalphysikalische Methode der Definition von physikalisch möglich und physikalisch wirklich das Ziel erreicht haben, Widersprüche zu vermeiden und doch so weit als möglich die „übliche" intuitive Benutzung dieser Begriffe „herüberzuretten", wollen wir doch noch wenigstens ein paar Worte zu der damit zusammenhängenden ontologischen Fragestellung hinzufügen. Wir haben ja durch die Wahl der Worte „möglich", „wirklich" schon angedeutet, daß wir mehr im Sinn haben, als allein aus den oben angegebenen formalen Definitionsmethoden folgt. Wir sind doch irgendwie *überzeugt*, daß wir mit den von uns eingeführten Begriffen tatsächlich die „wirkliche Welt" erfassen, d. h. daß das, was z. B. physikalisch wirklich ist, auch tatsächlich in der Welt so ist, auch dann, wenn es unserer direkten Beobachtung entzogen ist. Diese „Überzeugung" beruht allerdings nicht nur auf der Basis der formalen Definitionen im Rahmen einer PT, sondern eben auch entscheidend auf der metaphysischen (siehe § 1) Voraussetzung, daß eine PT die Struktur der wirklichen Welt durch die Struktur Σ einer MT_Σ abbildet und daß der Realtext und die Abbildungsprinzipien nur Hilfsmittel sind, um wieder von MT_Σ auf die „Struktur der wirklichen Welt" zu schließen. Von der „Struktur der wirklichen Welt" zu sprechen, heißt aber nichts anderes, als eine Aussage aus dem Bereich der Metaphysik zu machen. Ja, im Grunde wollten wir nicht etwa mit der oben benutzen formalen Methode dem metaphysischen Problem ausweichen, sondern vielmehr eine Vorarbeit innerhalb PT leisten, um dann auf einer festeren Basis als nur gefühlsmäßiger physikalischer Interpretationen das metaphysische Problem neu stellen zu können. Ohne aber schon hier eine Diskussion dieses metaphysischen Problems auch nur zu versuchen, müssen wir aber doch noch auf eine wichtige Voraussetzung aufmerksam machen, die notwendig ist, um in uns die Überzeugung entstehen zu lassen, daß das, was wir physikalisch wirklich nannten, auch in der „Welt" tatsächlich wirklich ist.

Dazu sei noch einmal auf die Grundtatsache hingewiesen, daß jede Theorie nur für einen gewissen Bereich von Tatsachen „zuständig" ist und nichts auszusagen gestattet über Vorgänge, die nicht dem Grundbereich angehören; genauso gilt jede Aussage über eine Hypothese immer nur unter der „stillschweigend gemachten Voraussetzung", daß keine reale Situation vorliegt, die die gemachte Hypothese wegen „Nicht-mehr-Zuständigkeit" der PT illusorisch erscheinen läßt. Machen wir uns das an einem Beispiel klar: Sei PT die Theorie der Bewegung von Massenpunkten im Gravitationsfeld der Erde (außerhalb der Lufthülle); als Realtext liege ein Stück einer Bahn eines Satelliten vor. Durch Hypothesen kann man die Bahn für spätere und frühere Zeiten ergänzen (siehe [1] VI § 4.4) unter der „stillschweigend gemachten Voraussetzung", daß die PT *zuständig* bleibt, d. h. zum Beispiel, daß keine Raketendüsen des Satelliten eingeschaltet werden bzw. eingeschaltet waren.

Der Schluß von der physikalischen Wirklichkeit auf die tatsächliche Wirklichkeit erfordert also noch zusätzlich ein Urteil darüber, ob die zugrundegelegte PT „zuständig" bleibt. An dem Beispiel erkennen wir sofort, daß die Beantwortung der Frage, ob die PT zuständig bleibt, nicht im Rahmen der formalen Methodologie und Fundamentalphysik möglich ist, da es sich um eine Frage handelt, die nicht nur physikalische Theorien betrifft; z. B. das Handeln eines Menschen kann die ganze Situation verändern: Wenn man weiß, wann zum letzten Mal der Raketenantrieb des Satelliten gezündet war bzw. wann er das nächste Mal gezündet wird, so kann von der physikalischen Wirklichkeit im Rahmen der. PT nur in diesen Grenzen zwischen den beiden Zündungen des Raketenantriebes auf die tatsächliche Wirklichkeit geschlossen werden. Fragt man in einem anderen Beispiel nach der Wirklichkeit der Planetenbahnen vor mehreren Milliarden Jahren, so stellt sich wieder die Zuständigkeitsfrage für die *Newton*sche Theorie des Planetensystems: Wie ist das Planetensystem entstanden? War damals die Gravitationskonstante dieselbe? usw. In diesem Falle können umfangreichere Theorien weiterhelfen, z. B. Theorien über die Entstehung des Planetensystems.

An diesen Beispielen erkennt man, wie komplex die Zuständigkeitsfrage ist und daß sie wenigstens nicht immer eine „physikalische" Frage ist. Wir haben also gut daran getan, bei der Definition der Begriffe in der Tabelle auf Seite 179 diese Frage auszuklammern.

Noch schwieriger als die Frage nach der ontologischen Wirklichkeit ist die nach der ontologischen Bedeutung der von uns eingeführten Begriffe von physikalisch möglich. Die von uns eingeführten Begriffe von physikalisch möglich sind so weit, daß sie nicht nur eine Situation beschreiben, wo wir eine Möglichkeit verwirklichen können, d. h. daß sie nicht nur das Machbare beschreiben. Machbar ist nur etwas, was „für uns" in der Zukunft liegt. Dieses „In-der-Zukunft-Liegen" relativ zum vorhandenen Realtext haben wir aber *nicht* bei der Einfürung der Begriffe von physikalisch möglich vorausgesetzt. Das schließt natürlich nicht aus, daß bei der Arbeit als Physiker die Frage nach dem Machbaren eine große Rolle spielt (siehe § 10.8).

Statt von machbar sind wir von realisierbar ausgegangen. Daß sich eine Hypothese durch Erweiterung des Realtextes voll realisieren läßt, wäre die stärkste ontologische Forderung, die man an den Begriff möglich stellen könnte. Diese Forderung ist allgemeiner als machbar, da Erweiterungen des Realtextes nicht nur experimentell hergestellt werden, sondern auch gegeben sein können.

Die von uns eingeführten Begriffe von physikalisch möglich sind aber weiter, als daß aus ihnen die volle Realisierbarkeit folgen würde. Nur von physikalisch (stark oder schwach) möglichen Hypothesen *erster Art* können wir eine volle

Realisierbarkeit erwarten. Aber sogar physikalisch stark mögliche Hypothesen zweiter Art brauchen nicht voll realisierbar zu sein. Eine Hypothese $\mathcal{H}$ zweiter Art wäre nur dann als voll realisierbar anzusehen, wenn es eine physikalisch (stark oder schwach) mögliche Hypothese $\mathcal{H}_1$ erster Art so gibt, daß für den durch $\mathcal{H}_1$ hypothetisch erweiterten Realtext eine volle Realisierung von $\mathcal{H}$ möglich ist, d. h. wenn durch volle Realisierung von $\mathcal{H}_1$ (bei Erweiterung des Realtextes) auch $\mathcal{H}$ voll realisierbar wäre. Durch die volle Realisierung wird dann aus einer physikalisch möglichen eine physikalisch wirkliche Hypothese, d. h. die Hypothese „verwirklicht".

Die von uns benutzten Begriffe von physikalisch möglich sind aber im allgemeinen viel weiter; sie besagen eigentlich nur, daß es nicht möglich ist, die gemachten Hypothesen auszuschließen, d. h. es bleibt möglich, daß es diesen Hypothesen entsprechende ontologische Realitäten geben könnte, auch wenn sich diese nicht durch Realtexte voll realisieren lassen.

Ein wichtiges Beispiel für eine physikalisch (stark) mögliche Hypothese erhält man aus der Relation (7.2.1), die eine Darstellung von Σ (der Strukturart der axiomatischen Basis) in $\mathcal{MT}_{\Sigma'}$ beschreibt. Die eckige Klammer in (7.2.1) ist fast schon eine Hypothese zweiter Art ohne Realtext mit den hypothetischen Elementen x_i, s, f_k. Es fehlt nur die Aussage, daß die x_i Elemente von Leitermengen über den $y_1, \ldots, y_r, \mathbb{R}$ sind. Ist dies der Fall, so sind es auch s und die f_k. Oft beweist man (7.2.1) in der Weise, daß man in $\mathcal{MT}_\Sigma$ innere Terme x_i konstruiert (z. B. in einer „analytischen" Form, die nur $\mathbb{R}$ benutzt), die den Forderungen von (7.2.1) genügen. Stellen wir uns also vor, daß wir die eckige Klammer in (7.2.1) durch eine vernünftige Forderung an die x_i als Elemente von Leitermengen über den $y_1, \ldots, y_r, \mathbb{R}$ ergänzt haben. Dann haben wir eine Hypothese zweiter Art erhalten, die nach dem Satz (7.2.1) theoretisch existent ist. Damit wird die Hypothese mit ihren hypothetischen Elementen x_i, s, f_k physikalisch stark möglich. Die x_i, s, f_k hatten wir in § 7.5 als theoretische Hilfsterme bezeichnet.

Es gibt eine große Reihe von Physikern, die die Basisterme x_i und den Strukturterm s von Σ' (mit $\mathcal{MT}_{\Sigma'}$ als mathematischem Bild der Ausgangstheorie $\mathcal{PT}'$ nach § 7.3) als real ansehen, wenn sich die Theorie $\mathcal{PT}'$ bewährt hat. Manchmal sagt man vorsichtiger, daß die x_i eine „fiktive Realität" darstellen. Unsere Bezeichnungsweise als physikalisch möglich sagt ontologisch aus, daß die theoretischen Hilfsterme x_i, s, f_k „möglicherweise real" sind. Eine volle Realisierung bei geeignetem Realtext muß *nicht* möglich sein. In § 10.10 werden wir Beispiele kennenlernen, wo theoretische Hilfsterme wie Masse, elektromagnetische Feldstärken, Ladungen, Ströme sogar physikalisch wirklich sind.

Die eben durchgeführten Überlegungen zeigen nochmals deutlich, daß dem Wort „möglich" in der Physik nicht eine einheitliche Bedeutung gegeben werden kann. Es gibt viele Aspekte, die man mit diesem Wort beschreiben kann. Ja man könnte durch den Begriff „voll realisierbar" zu den Charakterisierungen der Tabelle auf Seite 179 noch weitere hinzufügen.

10.8 Das physikalische Spiel

Ergänzt man das mathematische Spiel durch das in § 10.7 angegebene Interpretationsschema, so erhält man nicht nur eine erweiterte Interpretationssprache, sondern durch deren Begriff von möglich auch eine darin liegende Aufforderung zur Verwirklichung von Möglichkeiten, d. h. zum physikalischen Spiel von $\mathcal{PT}$. Die in diesem Spiel benutzte Interpretationssprache hängt entscheidend von der Klassifikation von Hypothesen ab, was nicht nur eine rein mathematische Frage innerhalb von $\mathcal{MT}_\Sigma$ ist.

Nichtsdestoweniger gibt es aber schon in $\mathcal{MT}_\Sigma$ viele Strukturen, die auf dieses physikalische Spiel ausgerichtet sind und deshalb auch *interpretiert* werden nach den Strukturen von entsprechenden Spielzügen. Zum Beispiel ist die theoretische Existenz einer Hypothese

$$A \in \widetilde{E} \text{ und } X \in \widetilde{E}_h(A)$$

äquivalent zu dem Satz (oder Axiom)

$$\forall Z[Z \in \widetilde{E} \Rightarrow \exists X(X \in \widetilde{E}_h(Z))]. \tag{10.8.1}$$

Wir interpretieren deshalb die Relation (10.8.1) aus $\mathcal{MT}_\Sigma$ physikalisch in folgender Form: Liegt eine physikalisch reale Situation $Z \in \widetilde{E}$ vor, so ist ein X mit $X \in \widetilde{E}_h(Z)$ physikalisch möglich. Kurz können wir sagen, der mathematische Existenzquantor $\exists$ ist physikalisch als „möglich" zu interpretieren. Hier werden manchmal Fehler gemacht, indem man meint, das Symbol $\exists$ in $\mathcal{MT}_\Sigma$ bedeute, daß es etwas gibt. $\exists$ bildet vielmehr nur eine potentielle Existenz ab. Eine modale Logik in $\mathcal{MT}_\Sigma$ ist also gar nicht notwendig, da $\exists$ modal zu interpretieren ist. Eine physikalische Existenz wird aus $\exists X$ in (10.8.1) erst, wenn $\exists X$ zu $\exists(X \text{ und nur } ein \ X)$ verschärft werden kann.

Ein Beispiel für eine theoretisch existente und determinierte und damit physikalisch wirkliche Hypothese haben wir in § 9.1 bei dem Prozeß der Einschränkung $\mathcal{PT}_1 \rightarrow \mathcal{PT}$ kennengelernt: Den Realtext $(—)_r$ von $\mathcal{PT}$ kann man in $\mathcal{PT}_1$ als Hypothese auffassen, indem man die b_i als hypothetische Elemente und die dortige Definition der b_i als hypothetische Relation zwischen den b_i und den a_i (den Realtextelementen aus $\mathcal{PT}_1$) auffaßt. Man sieht dann leicht, daß diese Hypothese in bezug auf $\mathcal{PT}_1$ theoretisch existent und determiniert und damit physikalisch wirklich ist. Damit haben wir nachträglich gerechtfertigt, daß auch der Realtext der Einschränkung $\mathcal{PT}$ als wirklich angesehen werden darf.

Bei einer Einbettung $\mathcal{PT} \hookrightarrow \mathcal{PT}_2$ (siehe § 9.2) bleibt der Realtext erhalten; also ist auch der Realtext von $\mathcal{PT}_2$ als physikalisch wirklich anzusehen.

Aus beidem und der Definition von Vortheorien aus § 9.4 folgt dann, daß auch der mit Hilfe von Vortheorien erhaltene Realtext als physikalisch wirklich anzusehen ist.

Natürlich ist das physikalische Spiel einer einzigen $\mathcal{PT}$ viel einfacher, als wenn man alle Vortheorien einschließen würde. Darum spielen die Theoretiker meist nur dieses Spiel und überlassen es den Experimentalphysikern, sich mit den Vortheorien herumzuschlagen. Denn um wirklich Experimente zu machen, müssen wir die Ketten der Vortheorien zurückverfolgen bis zur Sprache der Handwerker, d. h. der „Ausgangssprache". Denn schließlich muß eine Apparatur gebaut werden. Natürlich kann man heute manche Teile solcher Apparaturen „fertig" kaufen, d. h. die Arbeit anderer im Netzwerk der Vortheorien benutzen.

Da oft andere Meinungen über physikalische Theorien vertreten werden, sei nochmals zusammenfassend betont: Es gibt keine „reine" Physik ohne technische Anwendungen. Eine solche „reine" Physik wäre eine Physik ohne physikalisches Spiel und damit eigentlich nur $\mathcal{MT}_\Sigma$, d. h. reine Mathematik. Denn schon um $\mathcal{MT}_\Sigma A$ für verschiedene Realtexte auf Widerspruchsfreiheit zu untersuchen, braucht man zum Herstellen von geeigneten Realtexten das physikalische Spiel. Aber die Beurteilung einer $\mathcal{PT}$ allein nach der Widerspruchsfreiheit der verschiedenen $\mathcal{MT}_\Sigma A$s ist nur ein „kleiner" Aspekt der Physik. Das physikalische Spiel ist auf physikalische Möglichkeiten und deren Verwirklichung ausgerichtet. Und damit stellen sich unausweichlich zwei Probleme:

1. Was sollen wir verwirklichen? Die Menge der Möglichkeiten ist so groß, daß alle Menschen zu allen Zeiten nicht in der Lage wären, alles, was möglich ist, zu verwirklichen; ganz abgesehen von den nicht ausreichenden Materialien. Wir müssen also immer wählen. Aber was? Diesem Problem auszuweichen, ist nicht möglich; denn die Menschen können nicht wie die Tiere in einem mehr oder weniger guten Gleichgewicht mit der Natur leben. Sie müssen eine Kultur und eine Zivilisation schaffen; und alles kommt darauf an, *wie* sie diese schaffen. Und dies ist letztlich ein theologisches Problem, weil es dabei auch um das Wesen des Menschen selbst geht.

2. Das physikalische Spiel beschränkt sich nicht auf die gerade vorhandenen Theorien, sondern sucht nach neuen Theorien, um neue Möglichkeiten zu finden, aber auch um eventuell falsche Einschränkungen von Möglichkeiten zu korrigieren. Wie kann dies geschehen, wenn (10.8.1) als Satz gilt und dennoch das Arbeiten mit dem Spiel der Physik immer mehr und mehr den Verdacht aufkommen läßt, daß dennoch einer Verwirklichung von (10.1.3) prinzipielle Schwierigkeiten entgegenstehen? Eben indem man zu einer umfangreicheren Theorie übergeht, von der aus man die vorherige Theorie auf der Basis einer Einbettung als nur in einem eingeschränkten Bereich brauchbar erkennt. Ein Beispiel dafür ist ausführlich in [20] X diskutiert.

Bei der eben gegebenen Beschreibung des physikalischen Spiels mag es scheinen, als ob wir den Begriff des physikalisch Möglichen ausschließlich mit dem Machbaren verknüpft hätten.

Daß dies nicht so ist, haben wir schon am Ende von § 10.7 diskutiert. Man kann z. B. den Begriff von bedingt physikalisch möglich auch auf die „Vergangenheit" anwenden, wie wir das an Beispielen in § 11 zeigen werden.

Es gibt aber auch Bereiche, wo wir Physik auf nicht machbare, nicht wiederholbare Vorgänge, wie z. B. in der Astronomie, anwenden. Natürlich lassen sich hier die Prozesse nicht experimentell wiederholen, insbesondere kann die Entwicklung des ganzen Weltalls nicht mehrmals wiederholt werden. Das Weltall ist einmalig. Von unserem Standpunkt aus hat es tatsächlich keinen physikalischen Sinn, von verschiedenen möglichen Weltallentwicklungen zu sprechen. Eine Theorie, die noch mehrere kosmologische Modelle offenläßt, ist in unserem Sinne nicht einmal schwach abgeschlossen. Trotz vieler einmalig gegebener Prozesse in der Astronomie gehört auch die Astronomie zum physikalischen Spiel, denn auch hier geht fast nichts ohne indirekte Messungen mit Apparaturen nach höchster Technik hergestellt.

Im Rahmen der Interpretationssprache des physikalischen Spiels versuchen einige eine neue Logik einzuführen mit Hilfe eines Dialogspiels (siehe [2] IV § 8, [29] und § 12.3). Entscheidungen in diesem Dialogspiel werden nicht nur nach $\mathcal{MT}_\Sigma$ sondern auch nach dem Realtext $(-)_r$ gefällt. Das in § 10.7 gegebene Interpretationsschema *erzwingt* nicht die Einführung einer neuen Logik. Es ist von unserem Standpunkt eine Frage der „Ökonomie", ob sich die Einführung einer neuen Logik lohnt. Auf jeden Fall geschieht dies bei vorgegebener $\mathcal{PT}$ und vorgegebenem physikalischen Spiel „a posteriori" . Die Einführung einer neuen Logik „a priori", von der her auch $\mathcal{MT}_\Sigma$ (mindestens teilweise) bestimmt ist, erschiene im Rahmen unserer Darstellung wie der Versuch der Konstruktion von Zügeln, um daraus auf die Existenz von Pferden zu schließen, für die diese Zügel recht praktisch sind.

10.9 Mengen von Bildern realer Sachverhalte

In der Physik sind einige Redewendungen gebräuchlich, die auf den Begriffsbildungen der vorigen Paragraphen beruhen. Wir setzen dabei die $\mathcal{PT}$ als g.$\mathcal{G}$.-abgeschlossen voraus.

Ausgehend von der Hypothese

$$A \in \widetilde{E} \text{ und } X \in \widetilde{E}_h(A), \tag{10.9.1}$$

pflegt man den mathematischen Satz

$$\forall Z[Z \in \widetilde{E} \Rightarrow (\exists X)(X \in \widetilde{E}_h(Z))] \tag{10.9.2}$$

so auszudrücken: „Die Situation $X \in \widetilde{E}_h(Z)$ ist unter der Bedingung (Voraussetzung) $Z \in \widetilde{E}$ physikalisch (stark) möglich." Diese Ausdrucksweise beruht darauf, daß der Satz (10.9.2) nach § 10.2 bedeutet, daß (10.9.1) theoretisch existent und damit nach § 10.7 physikalisch (stark) möglich ist. (10.9.2) hat aber gerade die Form der fast unendlich vielen mathematischen „Existenzsätze von Lösungen" bestimmter Probleme. Mathematische Existenzsätze in $\mathcal{MT}_\Sigma$ und physikalische Möglichkeit in $\mathcal{PT}$ laufen also parallel. Die Beweise mathematischer Existenzsätze sind also nicht nur ein interessantes Kunststück der Mathematiker, sondern für die Physik von fundamentaler Bedeutung: Diese mathematischen Beweise sichern die von Physikern meist schon vorher geübte Praxis ab, gewisse in $\mathcal{MT}_\Sigma$ hingeschriebene Aussagen wie $X \in \widetilde{E}_h(Z)$ als Aussagen über Möglichkeiten in der Natur zu tätigen.

Mehr Beachtung von Physikern finden schon die sogenannten „Eindeutigkeitsbeweise". Da findet man Redewendungen wie: Die Eindeutigkeit der Lösung eines Problems zeige, daß man die Aufgabe physikalisch richtiggestellt habe. Tatsächlich handelt es sich um Beweise, daß gewisse Hypothesen determiniert sind. Die Eindeutigkeitsbeweise sagen nämlich: „Es gibt höchstens ein X mit $X \in \widetilde{E}_h(Z)$, falls $Z \in \widetilde{E}$ gilt."

Ist der Physiker dann noch von der Sicherheit oder sogar theoretischen Existenz der Hypothese (10.9.1) überzeugt (was er meistens eher als der Mathematiker ist), so steht für ihn fest, daß „die Situation $X \in \widetilde{E}_h(Z)$ unter der Bedingung (Voraussetzung) $Z \in \widetilde{E}$ physikalisch wirklich ist". Dies ist der physikalische Inhalt aller Eindeutigkeitsbeweise. Man hat durch den Eindeutigkeitssatz erkannt, daß durch eine „direkte Messung" $Z \in \widetilde{E}$ eine „indirekte Messung" $X \in \widetilde{E}_h(Z)$ der durch die Relation $X \in \widetilde{E}_h(Z)$ determinierten Wirklichkeit erfolgt ist.

Ist die Hypothese sicher und determiniert, so ist (siehe nach (10.2.24)) eine Abbildung f von $\widetilde{E}$ in $\widetilde{T}(\ldots)$ definiert, und zwar ist $f(Z)$ gleich dem einzigen Element der Menge $\widetilde{E}_h(Z)$. Die Bildmenge von $\widetilde{E}$ bei der Abbildung f, d. h. $f(\widetilde{E})$, sei mit $\widetilde{E}_h^{(f)}$ bezeichnet; es ist also

$$\widetilde{E}_h^{(f)} = \bigcup_{Z \in \widetilde{E}} \widetilde{E}_h(Z). \tag{10.9.3}$$

f ist also eine Abbildung des inneren Terms $\widetilde{E}$ in eine Leitermenge $\widetilde{T}_h(\ldots)$ mit dem Bild $\widetilde{E}_h^{(f)}$. Aus den in § 6 erläuterten Gründen betrachten wir nur solche f, die gleichmäßig stetig sind.

Es gibt eine gewisse Umkehrung dieses Sachverhalts. Wir gehen aus von den in § 9.1 definierten Termen der Sorten (α) und (β). Die E_ν (als innere Terme) seien Untermengen von Produktmengen aus den Bildtermen. Die h_ν (als innere Terme) seien Abbildungen $h_\nu : E_\nu \to T_\nu(\ldots)$, wobei die $T_\nu(\ldots)$ Leitermengen über den Basistermen seien. (Für h_ν ist auch die identische Abbildung erlaubt). Das Bild von E_ν bei der Abbildung h_ν sei $E_\nu^{(h)}$.

Weiter möge $U^{(h)}$ eine Struktur der Art $\Sigma^{(h)}$ über den $E_1^{(h)}, E_2^{(h)}, \ldots$ als Basistermen sein. Seien $u_r^{(h)}$ solche Untermengen von Produktmengen aus den $T_\nu(\ldots)$ (und $\mathbb{R}$), daß

$$(y_1, y_2, \ldots, \alpha) \in u_r^{(h)} \tag{10.9.4}$$

mit $y_\lambda \in E_{\nu_\lambda}^{(h)}(\ldots)$ eine Relation zwischen den $y_1, y_2, \ldots, \alpha$ angibt. $U^{(h)}$ soll die Form

$$U^{(h)} = (u_1^{(h)}, u_2^{(h)}, \ldots) \tag{10.9.5}$$

haben. Wir wollen nun zeigen, daß eine solche Struktur $U^{(h)}$ über den $E_1^{(h)}, E_2^{(h)},$ $\ldots$ interpretiert werden kann als Bild einer physikalisch wirklichen Struktur über physikalischen Wirklichkeiten, die mit den Elementen der Mengen $E_1^{(h)}, E_2^{(h)}, \ldots$ indiziert („bezeichnet") werden können.

Gehen wir von einem Realtext $A \in \widetilde{E}$ aus, den wir auch als Hypothese erster Art ohne Realtextteil auffassen können. Es sei möglich, in A endliche Folgen $(a_{i_1}, a_{i_2}, \dots) \in E_\nu$ auszuwählen. Dann sind also die Elemente $x_{i_\nu} = h_\nu(a_{i_1}, \dots) \in E_\nu^{(h)}$ definiert. Mit $X = (\dots, x_{i_\nu}, \dots)$ ist dann durch $A \to X$ eine Abbildung $f: \widetilde{E} \to \widetilde{T}(\dots)$ von $\widetilde{E}$ in eine Leitermenge definiert.

In $\mathcal{MT}_\Sigma \mathcal{A}$ sei es möglich, einige Relationen der Form (10.9.4) für die x_{i_ν} zu beweisen. Diese Relationen definieren eine Teilmenge $\widetilde{E}^{(u)} \subset \widetilde{T}(\dots)$, nämlich derjenigen X, für die die bewiesenen Relationen (10.9.4) gelten. Es folgt

$$f : \widetilde{E} \to \widetilde{E}^{(u)}. \tag{10.9.6}$$

Mit der Bildmenge $\widetilde{E}^{(f)}$ von $\widetilde{E}$ folgt

$$\widetilde{E}^{(f)} \subset \widetilde{E}^{(u)}. \tag{10.9.7}$$

Mit $\widetilde{E}_h(A)$ als der Menge mit dem einzigen Element $f(A)$ ist also

$$A \in \widetilde{E} \text{ und } X \in \widetilde{E}_h(A) \tag{10.9.8}$$

eine theoretisch existente und determinierte Hypothese. Man erhält

$$\widetilde{E}^{(f)} = \bigcup_{A \in \widetilde{E}} \widetilde{E}_h(A) \subset \widetilde{E}^{(u)}, \tag{10.9.9}$$

so daß aus (10.9.8)

$$X \in \widetilde{E}^{(u)} \tag{10.9.10}$$

folgt. Also ist auch (10.9.8.) zusammen mit (10.9.10) eine theoretisch existente und determinierte Hypothese. Sie ist also physikalisch wirklich.

Dies drücken wir so aus: Durch die direkte Messung $A \in \widetilde{E}$ haben wir indirekt auch $X \in \widetilde{E}^{(u)}$ gemessen; oder mehr objektiv: Die realen Fakten $A \in \widetilde{E}$ haben die realen Fakten $X \in \widetilde{E}^{(u)}$ zur Folge. Gibt es realisierbare Hypothesen erster Art $(A \in \widetilde{E})$, so daß Abbildungen f der oben geschilderten Art konstruiert werden können, d. h. ist die Hypothese (10.9.10) vollständig realisierbar, so benutzt man dafür folgende Formulierung: Die $E_\nu^{(h)}$ sind Bildmengen für reale Fakten, und die Komponenten $u_r^{(h)}$ von $U^{(h)}$ sind Bildrelationen für reale Relationen. Oft sagt man noch kürzer: Die $E_\nu^{(h)}$ sind Mengen realer Fakten und die $u_\nu^{(h)}$ reale Relationen.

Man spricht auch oft davon, daß man mit Hilfe von geeigneten Realtexten *und* der Strukturgesetze aus $\mathcal{MT}_\Sigma$ die neuen Realitäten $E_1^{(h)}, \dots$ mit der Realstruktur $\Sigma^{(h)}$ *entdeckt* habe. Alle physikalischen Entdeckungen sind von dieser Art. Oft gibt man den durch die Basis $E_1^{(h)}, \dots$ und die Strukturart $\Sigma^{(h)}$ beschriebenen neuen Realitäten einen neuen Namen. Viele neue Begriffe und Benennungen werden auf diese Art eingeführt. Alles das ist sehr ökonomisch, da man in der Interpretationssprache nicht immer wieder auf alle Anfänge zurückgreifen muß.

Daß ein $E^{(h)}$ eine Menge realer Sachverhalte oder etwas genauer eine Menge von Bildern realer Sachverhalte genannt wird, bedeutet natürlich nicht, daß ein Element $x \in E^{(h)}$ schon von sich aus ein Bild eines bestimmten, schon durch x charakterisierten realen Sachverhaltes ist; auch ein Element eines Bildtermes E ist noch nicht von selbst Bild eines bestimmten realen Sachverhaltes, vielmehr wird erst durch ein Zeichen a aus dem normierten Realtext und durch die Relationen $(-)_r$ das Element a zum Bild eines realen Sachverhaltes. Daß E eine Menge von Bildern realer Sachverhalte ist, soll also genauer heißen, daß die Elemente von E als Bilder von im Realtext vorliegenden Sachverhalten benutzt werden; nur dann ist eben ein $a \in E$ physikalisch wirklich, wenn es eben Zeichen aus einem normierten Realtext ist (eine Hypothese $y \in E$ mit „gedachtem" y ist keine determinierte Hypothese). Ganz entsprechend ist ein Element $x \in E^{(h)}$ noch nicht von selbst Bild eines realen Sachverhaltes. Liegt aber ein Realtext vor, für den in $(-)_r$ die Relation $A \in \widetilde{E}$ aus (10.9.8) vorkommt, so wird $x = f(A)$ eben Bild eines realen Sachverhaltes in dem Sinn, daß die Hypothese (10.9.8) physikalisch wirklich ist, d. h. (10.9.10) vollständig realisiert wurde.

Wir haben bewußt weder die Elemente der Bildterme noch die von $E^{(h)}$ „physikalische Objekte" genannt. Man darf nicht in den Fehler verfallen, mathematische Terme als physikalische Objekte zu interpretieren, nur deshalb, weil es Terme, d. h. – intuitiv gesprochen – mathematische Objekte sind. Wir haben deshalb die Bezeichnung „reale Fakten" benutzt. Die Bezeichnung „physikalische Objekte" wird in einer viel eingeengteren Bedeutung benutzt. Wir werden später versuchen (siehe § 12.3), der intuitiven Vorstellung von physikalischen Objekten als „realen Fakten mit objektiven Eigenschaften" eine mathematische Bildstruktur zuzuordnen und werden dann umgekehrt „physikalische Objekte" als diejenigen realen Fakten definieren, die im mathematischen Bild durch die Elemente einer Menge der Art $E^{(h)}$ mit einer mathematischen Struktur „objektive Eigenschaften" abgebildet werden. Auch der Begriff „physikalische Systeme" wird wesentlich eingeengter als der der realen Fakten, aber weniger eingeengt als der der physikalischen Objekte benutzt (siehe § 12).

Die Möglichkeit des direkten *und* indirekten Messens führt manchmal zu begrifflichen Konfusionen, wenn man nämlich etwas indirekt mißt, was auch direkt gemessen werden kann. Wir können z. B. indirekt die Position der Planeten in zwei Jahren messen mit Hilfe der bisherigen direkten Messungen. In zwei Jahren können wir diese Position auch direkt messen. Besonders irritierend kann es jemandem erscheinen, wenn man genau dasselbe indirekt mit größerer Genauigkeit als direkt messen kann. Das kann der Fall sein, wenn die obige Abbildung f „vergrößernd" ist, z. B. bei der Abbildung der Objektebene in die Bildebene eines Mikroskops. Eine Theorie kann es eben ermöglichen, neue und präzisere Meßmethoden (als sie z. B. durch die Vortheorien gegeben sind) zu entwickeln.

Wir sind zur Entdeckung neuer Wirklichkeiten von determinierten Hypothesen ausgegangen. In § 10.1 haben wir gesehen, daß man durch Übergang zur Potenzhypothese immer leicht zu einer determinierten Hypothese gelangen kann. Die $\widetilde{E}_h(Z)$ werden dann selbst Elemente, und die Abbildung f (in bezug auf die Potenzhypothese) ist gegeben durch $f(Z) = \widetilde{E}_h(Z)$. Die $\widetilde{E}_h(Z)$ kann man dann selbst als Bilder realer Sachverhalte auffassen. Solche Fälle sind in der Physik nicht selten.

Eine wichtige Konsequenz der geschilderten Methode der Entdeckung neuer Realitäten durch die Physik auf der Basis unmittelbar feststellbarer und in der Ausgangssprache formulierbarer Tatsachen ist, daß man nicht alles entdecken kann, d. h. daß die Welt nicht *nur* ein physikalisches Spiel ist.

Es ist z. B. unmöglich, physikalisch das Bewußtsein zu entdecken und alles das, was ich in meinem Bewußtsein erlebe, wie rote, grüne, gelbe Farben, wie schöne Klänge usw. Es ist physikalisch nur möglich, sogenannte „physikalische Prozesse" in meinem Gehirn zu entdecken, nämlich alles, was eben mit Hilfe von Theorien und Prozessen an Apparaten definiert werden kann.

Solche Definitionen des Inhalts meines Bewußtseins sind logisch unmöglich, da man schon längst vor der Physik weiß, was z. B. mit Farben gemeint ist. Alles, was schon *vor* der Physik bekannt ist (und was nicht in die Sprache der Handwerker, d. h. die Anfangssprache, eingeht), kann nicht in der Physik definiert und entdeckt werden und erst recht nicht „erklärt" werden.

10.10 Beispiele von entdeckten Realitäten

Wir wollen die oben allgemein durchgeführten Überlegungen an einigen Beispielen erläutern. Die Quantenmechanik, so wie sie in [3] und [20] entwickelt ist, stellt ein typisches Anwendungsbeispiel aller dieser Überlegungen dar. Da aber das Aufstellen einer axiomatischen Basis für die Quantenmechanik sehr aufwendig und auch nicht so allgemein bekannt ist, wollen wir hier nur die Punktmechanik und Elektrodynamik, so wie wir diese kurz in § 7.7 skizziert haben, für Beispiele heranziehen.

Da die Untersuchung von Abbildungen f einer Untermenge $\widetilde{E}$ einer Produktmenge von eigentlichen Bildtermen mit der Untersuchung von determinierten Hypothesen äquivalent ist, wie wir oben sahen, wollen wir beispielhaft nur Abbildungen f betrachten.

Als erstes Beispiel betrachten wir folgende Abbildung f_1: Mit der in (7.7.4) definierten Menge K wählen wir als erstes $\widetilde{E}'_1 \subset J \times M$:

$$\widetilde{E}'_1 = K = \{(i,x) \mid x \in M,\ i \in J,\ i \in s_1(x)\} \tag{10.10.1}$$

und die Abbildung

$$f_1 : \widetilde{E}'_1 \to \mathcal{P}(\Theta \times X) \tag{10.10.2}$$

mit $f_1(i,x) = \underline{r}^i_x(t)$, wobei $\underline{r}^i_x(t)$ (bei festem i und x) kurz für die Teilmenge $\{(t,\underline{r}) \mid \underline{r} = \underline{r}^i_x(t)\}$ von $\Theta \times X$ steht: Die Elemente von $f_1(\widetilde{E}'_1)$ sind in diesem Falle keine Elemente von Bildtermen, da ein Element $\underline{r}^i_x(t) \in f_1(\widetilde{E}'_1)$ eine *Teilmenge* von $\Theta \times X$ ist.

Eine entsprechende Hypothese mit den Zeichen b eines Massenpunktes und c eines Systems und mit dem hypothetischen Zeichen y würde z. B. lauten:

$$b \in J, \; c \in M, \; b \in s_1(c) \text{ und } y = f_1(b,c) = \underline{r}_c^b(t). \tag{10.10.3}$$

Mit $\widetilde{T}$, $\widetilde{P}$ nach (10.1.3) ist:

$$\begin{aligned} \widetilde{T} &= J \times M, \\ \widetilde{P} &: c \in M \text{ und } b \in s_1(c). \end{aligned} \tag{10.10.4}$$

Daraus folgt für $\widetilde{E}$ aus (10.2.10)

$$\widetilde{E} = \widetilde{E}_1' \tag{10.10.5}$$

mit $\widetilde{E}_1'$ nach (10.10.1). Die Hypothese (10.10.3) kann man auch umschreiben in

$$\begin{aligned} &(b,c) \in \widetilde{E}_1' \text{ und } y \in \mathcal{P}(\Theta \times X) \\ &\text{und } \forall t \forall \underline{r}[(t,\underline{r}) \in y \Leftrightarrow (b,c,t,\underline{r}) \in s_3] \end{aligned} \tag{10.10.6}$$

mit s_3 nach (7.7.3). Damit folgt nach (10.1.3) für $\widetilde{T}_h$ und $\widetilde{P}_h$

$$\begin{aligned} \widetilde{T}_h &= \mathcal{P}(\Theta \times X), \\ \widetilde{P}_h &: \forall t \forall \underline{r}[(t,\underline{r}) \in y \Leftrightarrow (b,c,t,\underline{r}) \in s_3]. \end{aligned} \tag{10.10.7}$$

Aus (10.1.4) folgt dann

$$\begin{aligned} \widetilde{E}_h(b,c) = \{y \mid \; & y \in \mathcal{P}(\Theta \times X) \\ & \text{und } \forall t \forall \underline{r}[(t,\underline{r}) \in y \Leftrightarrow (b,c,t,\underline{r}) \in s_3]\}. \end{aligned} \tag{10.10.8}$$

Die Hypothese (10.10.6) nimmt damit die Gestalt

$$(b,c) \in \widetilde{E}_1' \text{ und } y \in \widetilde{E}_h(b,c) \tag{10.10.9}$$

mit $\widetilde{E}_1'$ nach (10.10.1) und $\widetilde{E}_h(b,c)$ nach (10.10.8) an. $\widetilde{E}_h(b,c)$ ist einelementig. Die Hypothese (10.10.9) ist also theoretisch existent und determiniert.

Wir haben dieses Beispiel ganz ausführlich dargestellt, um die verschiedenen, allgemein diskutierten Formen zu illustrieren.

Nach unseren obigen allgemeinen Definitionen ist also die Menge $f_1(\widetilde{E}_1')$ (als Teilmenge von $\mathcal{P}(\Theta \times X)$) eine Menge realer Sachverhalte. Aber wie wir schon oben betonten, ist nicht ein $\underline{r}_{\underline{x}}^i(t)$ als Element von $f_1(\widetilde{E}_1')$ an sich schon physikalisch wirklich, sondern nur dann, wenn es gleich einem $\underline{r}_c^b(t)$ mit Zeichen b,c aus dem Realtext ist. Eine physikalisch wirkliche Bahn liegt also erst vor, wenn es einen im Realtext vorkommenden Massenpunkt b als Teil des Systems c gibt, dem diese Bahn durch die Abbildung f_1 zugeordnet ist. Die Bahnen wirklicher Massenpunkte sind also physikalisch wirklich. Irgendeine Bahn $\underline{r}_{\underline{x}}^i(t)$, d. h.

irgendein Element $y \in f_1(\widetilde{E}_1')$, kann man als physikalisch (stark) möglich bezeichnen: Dazu betrachte man die folgende Hypothese mit den hypothetischen Elementen i, x, y:

$$(i, x) \in \widetilde{E}_1' \text{ und } y \in \mathcal{P}(\Theta \times X)$$
$$\text{und } \forall t \forall \underline{r}[(t, \underline{r}) \in y \Leftrightarrow (i, x, t, \underline{x}) \in s_3]. \tag{10.10.10}$$

Die Hypothese (10.10.10), die keine Realtextelemente enthält, ist theoretisch existent, aber nicht determiniert. y ist ein determinierter Teil dieser Hypothese. Die Hypothese (10.10.10) ist also physikalisch (stark) möglich. Die Hypothese (10.10.6) ist eine volle Realisierung von (10.10.10). (10.10.10) ist also „voll realisierbar".

Man kann die Hypothese (10.10.10) noch in der Weise verschärfen (siehe (10.3.1 a)), daß man an die Bahn y genauere Forderungen stellt (z. B. eine „gewünschte" Bahn eines Raumschiffes um den Mond). Wir wollen diese Forderungen symbolisch durch eine Relation $R(y)$ ausdrücken. Die gegenüber (10.10.10) verschärfte Hypothese lautet dann:

$$(i, x) \in \widetilde{E}_1' \text{ und } y \in \mathcal{P}(\Theta \times X)$$
$$\text{und } \forall t \forall \underline{r}[(t, \underline{r}) \in y \Leftrightarrow (i, x, t, \underline{r}) \in s_3] \text{ und } R(y). \tag{10.10.11}$$

Die Hypothese (10.10.11) kann falsch sein, wenn in $\mathcal{MT}_\Sigma$ der Satz gilt:

$$\forall i \forall x \Big[[i \in I, x \in M \text{ und } y \in \mathcal{P}(\Theta \times X)$$
$$\text{und } \forall t \forall \underline{r}[(t, \underline{r}) \in y \Leftrightarrow (i, x, t, \underline{r}) \in s_3]] \Rightarrow \text{nicht } R(y) \Big].$$

Man hat an die Bahn y durch $R(y)$ Bedingungen gestellt, die sich nicht verwirklichen lassen.

Nehmen wir nun aber an, daß (10.10.11) nicht falsch ist; dann ist (10.10.11) eine sichere Hypothese und damit physikalisch (schwach) möglich. Man glaubt dann, daß es im Prinzip möglich ist, die „gewünschte" Bahn y zu verwirklichen, weil (10.10.11) „voll realisierbar" ist.

Für den oben angedeuteten Fall einer „gewünschten" Bahn eines Raumschiffes zwischen Erde und Mond wäre aber die Hypothese (10.10.1) noch durch einen Realtext zu verschärfen, der im Prinzip sehr umfangreich ist. Wir wollen dies kurz andeuten. Sei a das Zeichen der Erde, b das des Mondes, c das Zeichen für diejenige Sorte, bei der nur Gravitationskräfte wirken, d. h. $P(m, c, n(x), \underline{k}_{\underline{x}}^i)$ hat die Form (7.7.9) mit $f_{\underline{x}}^i = 0$. Zu (10.10.11) kommen dann noch folgende Relationen $hinzu$: $x = \{a, b, i\}$, $x \in c$, verschiedene vermessene Werte von $\underline{r}_{\underline{x}}^a(t)$ und $\underline{r}_{\underline{x}}^b(t)$; die aus diesen und anderen Vermessungsdaten gewonnenen Werte von Erdmasse, Mondmasse und Gravitationskonstante γ (siehe dazu weiter unten).

Die so durch einen umfangreicheren Realtext gegenüber (10.10.11) verschärfte Hypothese ist dann wieder entweder falsch oder sicher, aber nicht determiniert. Ist sie sicher, so ist sie physikalisch (schwach) möglich; man glaubt sie dann durch einen Realtext verwirklichen zu können, d. h. i durch ein

Zeichen aus einem Realtext (d. h. ein reales Raumschiff) ersetzen zu können, wenn man dieses Raumschiff nur geeignet auf die Reise geschickt hat, so daß seine physikalisch wirkliche Bahn y die Bedingung $R(y)$ erfüllt.

Bei allen eben durchgeführten Beurteilungen der Bahnen als physikalisch möglich bzw. physikalisch wirklich ist zu beachten, daß zwar rein formal die Zeit t einer Bahn von $-\infty$ bis $+\infty$ läuft, aber praktisch eingeschränkt ist durch die stillschweigende Voraussetzung, daß man $y = \underline{r}_x^i(t)$ nur so weit z. B. als physikalisch wirklich ansieht, solange die Theorie zuständig bleibt und $i \in x$ gültig bleibt (siehe oben das Beispiel des Satelliten und der Planeten); $i \in x$ kann z. B. auch dadurch falsch werden, daß die Bahn $\underline{r}_x^i(t)$ in Raum-Zeit-Gebiete führt, wo der Massenpunkt mit anderen physikalischen Systemen kollidiert.

Man beachte auch, daß die Abbildung f_1 *nicht* bedeutet, daß die Bahnen dynamisch determiniert sind (siehe [1] VI § 4 und die weiter unten eingeführte Abbildung f_4). Sie bedeutet nur, daß ein Massenpunkt physikalisch wirklich eine Bahn durchläuft. Wiederholte Experimente mit Massenpunkten derselben Masse und mit denselben Anfangsbedingungen für Ort und Geschwindigkeit könnten im Prinzip trotz der Existenz von f_1 noch verschiedene Bahnen liefern! Aber dürfen wir überhaupt von den Massen der Massenpunkte reden?

Die Beantwortung dieser Frage hängt entscheidend von den durch $P(m, a, n(x), \underline{k}_x^i)$ bestimmten „Kraftgesetzen" in $\mathcal{M}\mathcal{T}_\Sigma$ ab.

Zu einem System $x \in M$ ist der Konfigurationsraum Z_x definiert als der $3n(x)$ dimensionale Raum der $(\underline{r}^{i_1}, \underline{r}^{i_2}, \ldots)$ für $i \in x$. Zu jedem System x gehört eine „Bahn" in Z_x, die wir als $z_x(t)$ schreiben wollen. Es sind aber nicht alle Bahnen $z_x(t)$ möglich, sondern nur solche, die Lösungen der Gleichungen (7.7.7), (7.7.8) für eine Massenfunktion m sind. Zu jeder Bahn $z_x(t)$ gibt es also eine Massenfunktion m, so daß (7.7.7), (7.7.8) erfüllt ist.

Wir definieren: Eine Sorte $a \in s_1$ heißt *massendeterminierend*, wenn folgender Satz gilt: Sind für zwei verschiedene Massenfunktionen m und m' die $z_x(t)$ für alle $x \in a$ Lösungen der Gleichungen (7.7.7), (7.7.8), so folgt $m|_a = \lambda_a m'|_a$; und ist $m|_a = \lambda_a m'|_a$, so sind die $z_x(t)$ für alle $x \in a$ Lösungen von (7.7.7), (7.7.8) für beide Massenfunktionen m und m'.

Hierbei ist $m|_a$ die Einschränkung der Funktion m auf die Teilmenge $I(A) = \{i \mid i \in s_1(x), x \in a\}$.

Wir definieren weiterhin: S_m die Menge aller massendeterminierenden $a \in s_1$. Es gilt also $S_m \subset s_1$. Nicht massendeterminierend ist z. B. der „freie Fall" von einzelnen Massenpunkten. Im allgemeinen sind „fast" alle $a \in s_1$ massendeterminierend. Es erweist sich als eine sichere Hypothese, daß das Verhältnis aller Massen durch die $a \subset S_m$ determiniert ist. Wie läßt sich diese immer gemachte „Voraussetzung" korrekt formulieren? Zur Abkürzung setzen wir für eine Teilmenge S von s_1

$$I(S) = \{i \mid i \in s_1(x),\ x \in a \in S\}.$$

Wir formulieren folgende Relation: Es ist $I(S_m) = I$ und es gibt keine Teilmenge S von S_m, so daß $I(S) \cap I(S_m \setminus S) = \emptyset$ ist.

Diese Relation ist zumindest eine sichere Hypothese. Man kann sie auch als Axiom zur Formulierung der Mechanik hinzufügen. Tut man dies, so folgt als Satz:

Für zwei Massenfunktionen m und m', für die die Bahnen $\underline{r}_{\underline{x}}^i(t)$ für alle i und x Lösungen von (7.7.7), (7.7.8) sind, gilt $m = \lambda m'$ auf ganz I.

Zum Beweis beachte man zunächst, daß $m|_a = \lambda_a m'|_a$ für alle $a \in S_m$ gilt. $\frac{m}{m'}$ ist also eine auf allen $I(A)$ konstante Funktion. Sei $I_1 = \{i \mid \frac{m(i)}{m'(i)} = \lambda_1\}$, so folgt für jedes $a \in S_m$ entweder $I(A) \subset I_1$ oder $I(A) \subset I \setminus I_1$. Mit $S_1 = \{a \mid a \in S_m, I(A) \subset I_1\}$ ist dann

$$I(S_1) = \{i \mid i \in s_1(x), \ x \in a \in S_1\} \subset I_1$$

und

$$I(S_m \setminus S_1) = \{i \mid i \in s_1(x), \ x \in a \in S \setminus S_1\} \subset I \setminus I_1,$$

d. h. $I(S_1) \cap I(S \setminus S_1) = \emptyset$ im Widerspruch zu den oben hinzugefügten Axiomen über S_m. Also folgt $S_1 = s_1$ und $I(s_1) = I \subset I_1$, d. h. $I_1 = I$.

Durch eine Massenfunktion $m : I \to \mathbb{R}_+$ ist eine Funktion $\mu : I \times I \to \mathbb{R}_+$ durch

$$\mu(i_1, i_2) = \frac{m(i_1)}{m(i_2)}$$

definiert. μ erfüllt die Bedingung

$$\mu(i_1, i_2)\mu(i_2, i_3) = \mu(i_1, i_3).$$

Aus dieser Bedingung folgt wiederum mit

$$m'(i) = \mu(i, i_0) \quad (i_0 \text{ fest}),$$

daß

$$\mu(i_1, i_2) = \frac{\mu(i_1, i_0)}{\mu(i_2, i_0)} = \frac{m'(i_1)}{m'(i_0)}$$

ist; und alle $m = \lambda m'$ mit einer reellen Zahl $\lambda > 0$ führen zur selben Funktion μ.

Ersetzt man i_0 durch ein Zeichen a aus einem Realtext, so bedeutet also der obige Satz: Es gibt eine und nur eine Funktion μ bzw. eine und nur eine Massenfunktion m mit $m(A) = 1$, für die alle Bahnen $\underline{r}_{\underline{x}}^i(t)$ den Axiomen genügen. Für verschiedene μ bzw. Massenfunktionen m mit $m(A) = 1$ erhält man ein System verschiedener Bahnen. Es ist verständlich, daß die Physiker lieber mit der Massenfunktion m arbeiten, auch wenn sie dabei die Willkür der Festlegung $m(A) = 1$ in Kauf nehmen müssen, als daß sie die Funktion μ benutzen.

Mit f_2 gleich diesem so durch $m(A) = 1$ eindeutig gemachten m ist dann eine Abbildung $f_2 : I \to \mathbb{R}_+$ definiert. Dadurch wird $f_2(i)$ zum physikalisch (stark) wirklichen „Massenwert" des Massenpunktes i. Die Massenpunkte „haben physikalisch wirkliche Massen".

Durch die Existenz der Funktion f_2 sind natürlich noch nicht die Massenwerte der einzelnen Massenpunkte „gemessen"; denn wenn man am Realtext nur $b \in I$ abliest, ist noch nicht die reelle Zahl $f_2(b)$ festgelegt. Da f_2 existiert, gibt es zwar z. B. den inneren Term $\widetilde{E}_\alpha = \{i \mid i \in I$ und $\alpha - \epsilon \leq f_2(i) \leq \alpha + \epsilon\} \subset I$, solange aber aufgrund des Realtextes, d. h. auf der Basis von $\mathcal{MT}_\Sigma\mathcal{A}$, nicht $b \in \widetilde{E}_\alpha$ herleitbar ist, kann nichts über die Masse des im Realtext mit b bezeichneten Massenpunktes ausgesagt werden. Tatsächlich ist es aber möglich, solche Teilmengen $\widetilde{E} \subset I$ als innere Terme zu definieren, daß $i \in \widetilde{E}$ eine Hypothese *erster* Art ist und aus $i \in \widetilde{E}$ eine Relation der Form $\alpha - \epsilon \leq f_2(i) \leq \alpha + \epsilon$ für durch $\widetilde{E}$ bestimmte α, ϵ gilt. Wie man etwa solche Terme $\widetilde{E}$ erhalten kann, wollen wir jetzt zeigen. Wir können das wieder nur andeuten, da wir die Kraftgesetze nicht spezialisieren wollen.

Betrachten wir zwei $x_1, x_2 \in a \in S_m$ (x_1 und x_2 können auch gleich sein). Mit $i \in s_1(x_1)$, $j \in s_1(x_2)$ möge schon für $d = \{x_1, x_2\} \subset a \subset S_m$ folgen, daß die $\frac{m(i)}{m(j)}$ durch die $z_{x_1}(t)$ und $z_{x_2}(t)$ festgelegt sind.

Aufgrund von (7.7.7), (7.7.9) ist die Menge der $z_{x_1}(t)$, $z_{x_2}(t)$ ein endlichparametriger Raum: Diese sind z. B. festgelegt durch die endlich vielen Massen $m(k)$ (für die k aus $s_1(x_1)$ und $s_1(x_2)$) die $z_{x_1}(0), z_{x_2}(0), \dot{z}_{x_1}(0), \dot{z}_{x_2}(0)$. Man kann also endlich viele (direkt meßbare) Zeiten t_α und Orte $\underline{r}_x^k(t_\alpha), \underline{r}_x^k(t_\alpha)$ für die k aus $s_1(x_1), s_1(x_2)$ so auswählen, daß durch diese „Meßwerte" das Massenverhältnis $\frac{m(i)}{m(j)}$ determiniert ist, d. h. es gibt eine Funktion

$$f_{ij}\{\underline{r}_{x_1}^k(t_\alpha), \underline{r}_{x_2}^k(t_\alpha)\} = \frac{m(i)}{m(j)}.$$

Legt man $a \in S_m$ (d. h. die Kraftgesetze) fest und ebenso die Zahlen $n(x_1)$, $n(x_2)$, so ist durch $i \in s_1(x_1)$, $j \in s_1(x_2)$, $k_\nu \in s_1(x_1)$, $k_\mu \in s_1(x_2)$, $x_1 \in a$, $x_2 \in a$ eine Teilmenge $\widetilde{E}_3$ einer Produktmenge von Basisbildmengen gegeben. Durch die obige Funktion f_{ij} ist dann eine Funktion $f_3 : \widetilde{E}_3 \to \mathbb{R}_+$ definiert mit

$$f_3(A) = \frac{m(i)}{m(j)}.$$

Da sich die Funktion f_{ij} auf die direkt meßbaren Relationen $(k, x_{1,2}, t_\alpha, \underline{r})$ $\in s_3$ bezieht, werden die Massenverhältnisse $\frac{m(i)}{m(j)}$ durch f_3 indirekt meßbar. Mit

$$\widetilde{E}_{3\alpha\epsilon} = (f_3)^{-1}\{\alpha - \epsilon \leq \frac{m(i)}{m(j)} \leq \alpha + \epsilon\}$$

gilt dann:

$$A \in \widetilde{E}_{3\alpha\epsilon} \Rightarrow \alpha - \epsilon \leq \frac{m(i)}{m(j)} \leq \alpha + \epsilon.$$

Durch

$$\widetilde{E} = \{i \mid i \in I \text{ und es gibt ein } A \in \widetilde{E}_{3\alpha\epsilon}\}$$

ist dann eine Menge definiert, für die (bei festgehaltenem j)

$$i \in \widetilde{E} \Rightarrow (\alpha - \epsilon)m(j) \leq m(i) \leq (\alpha + \epsilon)m(j)$$

gilt. Man sieht so, daß es durch Vermessung von Bahnen möglich ist, für einen Massenpunkt b aus dem Realtext die Relation $b \in \widetilde{E}$ zu erhalten und damit die Masse $m(b)$ zu messen.

Die Grundlage dieses Massenmeßverfahrens ist die Funktion f_3, die Raum-Zeit-Meßergebnisse der Bahnen auf die Massen abbildet. Man sieht aber sofort, daß es viele verschiedene Mengen der Art $\widetilde{E}_3$ und Funktionen f_3 gibt. Die große Willkür der Wahl von $\widetilde{E}_3$ und f_3, um die Masse $m(i)$ indirekt zu messen, ist ein typisch „physikalisches" Phänomen, nämlich die große Vielfalt der „Meßmöglichkeiten" einer Größe wie $m(i)$; aus diesen Möglichkeiten besonders praktische und möglichst „genaue" auszuwählen, ist eine der Aufgaben der Experimentalphysik und der Meßtechnik.

Beispiele für die Möglichkeit solcher indirekten „Massenmesser" sind in [1] V § 2.2 und § 2.5 angegeben. Das Messen von Massen wird meist dadurch verdunkelt, daß wir uns auf der Erde befinden und deshalb *sehr einfach* auf der Basis des *Newton*schen Gravitationsgesetzes die Massen durch „Wiegen" messen können. Anders sieht das aus, wenn man Massen von Himmelskörpern oder von kleinen in einem Raumschiff befindlichen Gegenständen messen will. Bei der Konstruktion von Massenmessern bzw. anderer Meßinstrumente ist es dann meist üblich, die Funktion f_3 mit Hilfe technischer Mittel (heute kein ernsthaftes Problem mehr bei Anwendung der modernen Computertechnik) auszuwerten und direkt den gewünschten Wert (in unserem Falle $m(i)$) auf einer „Anzeige" erscheinen zu lassen.

Ohne daß wir dies jetzt hier ausführen wollen, sieht man leicht, daß auch die Kräfte indirekt meßbar sind, sobald die Massen indirekt meßbar sind. Mögen auch im allgemeinen in der *Newton*schen Mechanik die Kraftgesetze nur wenig eingeengt sein (siehe (7.7.9)), so ist die *Newton*sche Mechanik trotzdem eine echte $\mathcal{PT}$, die Aussagen über die Wirklichkeit macht, auch wenn diese Strukturaussagen relativ allgemein sind.

Als viertes Beispiel wollen wir den dynamischen Determinismus betrachten (siehe dazu auch [1] VI § 4.4). Dieses ist das „allgemein bekannteste" Beispiel der Bestimmung nicht direkt vermessener Tatsachen, meist mit der etwas unglücklichen Formulierung der „Voraussage" von Ereignissen verknüpft. Tatsächlich ist das Wesen des dynamischen Determinismus *nicht* die „Voraussage", sondern die Determinierung der ganzen Bahn durch ein sehr kleines Teilstück.

Wir betrachten ein festes $x \in M$. Durch die oben diskutierte Abbildung f_1 ist zwar festgelegt, daß jedem $i \in x$ eine und nur eine Bahn $\underline{r}_x^i(t)$ zugeordnet ist, aber welche? Es zeigt sich nun, daß — wie man sagt — die $\underline{r}_x^i(t)$ für $i \in x$ als Ganze durch die „Anfangswerte" $\underline{r}_x^i(0), \underline{\dot{r}}_x^i(0)$ festgelegt sind. Wie ordnet sich diese bekannte Formulierung in die Betrachtungsweisen dieses Paragraphen hier ein?

Zunächst wird vorausgesetzt, daß die Massen $m(i)$ der $i \in x$ für ein $x \in M$ indirekt gemessen seien, d. h. festliegen, so daß man bei *festem* $m(i)$ die Lösungen der Gleichungen (7.7.7), (7.7.8) betrachtet.

Mißt man z. B. für jeden Massenpunkt die Orte $\underline{r}_x^i(t)$ zu zwei Zeiten t_1 und t_2 (bei geeigneter Wahl von t_1 und t_2), so ist $\underline{r}_x^i(t)$ für alle anderen Zeiten aufgrund der Lösungen von (7.7.7), (7.7.8) festgelegt, d. h. es gibt eine Funktion f_4 (für jede Zeit t') mit:

$$f_4(\underline{r}_x^{i_1}(t_1), \underline{r}_x^{i_1}(t_2); \underline{r}_x^{i_2}(t_1), \underline{r}_x^{i_2}(t_2); \ldots) = (\underline{r}_x^{i_1}(t'), \underline{r}_x^{i_2}(t'), \ldots).$$

Mit $\widetilde{E}_4'$ als der Menge aller $2n(x)$-Tupel

$$\underline{r}_x^{i_1}(t_1), \underline{r}_x^{i_1}(t_2); \underline{r}_x^{i_2}(t_1), \underline{r}_x^{i_2}(t_2); \ldots; \underline{r}_x^{i_n}(t_1), \underline{r}_x^{i_n}(t_2)$$

bildet f_4 die Menge $\widetilde{E}_4'$ in die Menge der $n(x)$-Tupel

$$\underline{r}_x^{i_1}(t'), \underline{r}_x^{i_2}(t'), \ldots, \underline{r}_x^{i_n}(t')$$

ab. Es gibt aber solche Abbildungen f_4 sowohl für $t' > t_1, t_2$ wie auch für $t' < t_1, t_2$, d. h. die Existenz von f_4 hat nichts mit „Vorhersagen" zu tun.

Liegt also ein Element $A \in \widetilde{E}_4'$ aufgrund eines Realtextes vor, so ist damit auch schon $f_4(A)$ physikalisch wirklich, d. h. sind die Orte der Massenpunkte auch zu anderen Zeiten t' physikalisch wirklich.

Natürlich ist die Menge $\widetilde{E}_4'$, mit deren Hilfe die Orte zur Zeit t' physikalisch wirklich werden, nicht eindeutig festgelegt. Man kann z. B. die Orte zu anderen Zeiten als t_1 und t_2 messen, man kann die Orte zu mehr als zwei Zeiten messen; ja, es gibt noch unübersehbar viele andere Mengen dieser Art und Funktionen, die diese auf die Orte zur Zeit t' abbilden.

Üblicherweise sagt man, daß die Orte und Geschwindigkeiten zu *einer* Zeit t_1 die Orte zu einer anderen Zeit t_2 festlegen. Dabei ist zu beachten, daß die Messung der Geschwindigkeiten $\underline{\dot{r}}$ eine indirekte Messung ist, da man immer Ortsveränderungen bei Zeitveränderungen vergleichen muß, und mag der indirekt messende Apparat noch so schön die Geschwindigkeit auf einer Anzeige unmittelbar ablesbar angeben.

Hat man eine Funktion f_5, die die Orte und Geschwindigkeiten zur Zeit t_1 auf die Orte zur Zeit t' abbildet, so hat man bei der indirekten Messung der Geschwindigkeiten zur Zeit t_1 eine Funktion f_6 benutzt, die Ortsmessungen zu benachbarten Zeiten auf die Geschwindigkeiten zur Zeit t_1 abbilden. Es ist aber dann leicht, durch hintereinander Ausführen zweier Abbildungen (einer identischen der Orte zur Zeit t_1 und der Abbildung f_6 einerseits und einer nachfolgenden Abbildung f_5 andererseits) eine Abbildung der obigen Form f_4 zu konstruieren.

Tatsächlich laufen aber die Experimente gar nicht so ab, daß man nur zu einer Zeit t_1 „mißt"; im Gegenteil mißt man meist zu sehr verschiedenen Zeiten $t_1, t_2, t_3, \ldots$ und schließt daraus auf die Situation zu einer anderen Zeit t'! Nur eine nicht mit den realen Experimenten verbundene Vorstellung, daß

die Orte und Geschwindigkeiten zu *einer* Zeit t die „physikalische Ursache"
dieser Größen zu einer späteren Zeit seien, verhindert die saubere Diskussion
allein nach den in diesem § 10 zugrundegelegten Prinzipien (siehe dazu auch
[1] VI §§ 4.6 und 4.7).

Noch wesentlich komplizierter als für die Punktmechanik wird die Diskus-
sion einer Hydrodynamik nach den *Navier-Stokes*-Gleichungen. Wegen des
Feldcharakters der Theorie werden oft Meinungen vertreten, als ob man im
Prinzip ganz anders vorgehen müßte als im Falle einer Mechanik *endlich* vieler
Massenpunkte. Dies ist aber *nicht* der Fall. Betrachten wir z. B. die Orte $\underline{r}(\alpha, t)$,
wobei der (dreidimensionale) kontinuierliche Index α die verschiedenen Flüs-
sigkeitselemente charakterisiert und an die Stelle des diskreten Index i tritt.
Natürlich muß man jetzt den „Raum der α" mit einer uniformen Struktur der
physikalischen Unschärfe versehen, in bezug auf die dieser Raum präkompakt
wird (siehe § 8). Dann aber genügt es, in jeder Näherung endlich (!) viele α zu
vermessen. Die Untersuchungen aus § 6 und § 8 machen es eben gerade möglich,
immer mit *endlich vielen* Messungen auszukommen.

Ganz entsprechend ist es bei der „Feldtheorie" der Elektrodynamik. Dort
muß man auf der Basis einer am Ende von § 7.7 skizzierten Theorie zeigen, daß
Ladungsdichte ρ und Stromdichte $\underline{j}$ wie auch die Felder $\underline{E}$ und $\underline{B}$ zu indirekt
meßbaren Größen werden (ähnlich wie bei der indirekten Messung der Massen
in der Mechanik). So werden ρ, $\underline{j}$, $\underline{E}$, $\underline{B}$ physikalisch wirkliche Sachverhalte;
und so würde man die übliche Denkweise vieler Physiker methodisch korrekter
begründen. Aber was soll man z. B. vom Vektorpotential $\underline{A}$ und vom skalaren
Potential φ halten, aus denen sich $\underline{E}$, $\underline{B}$ nach

$$\underline{E} = -\frac{1}{c}\dot{\underline{A}} - \operatorname{grad}\varphi, \quad \underline{B} = \operatorname{rot}\underline{A} \tag{10.10.12}$$

berechnen? Sind sie wirklich oder reine Rechengrößen? Oft gehen die Meinungen hierüber auseinander. Woran liegt das?

Sei schon begründet, daß die $\underline{E}$, $\underline{B}$ physikalisch wirkliche Sachverhalte sind.
Man sieht sofort, daß es zu *einem* Feld $\underline{E}$, $\underline{B}$ mehrere verschiedene Felder $(\underline{A}, \varphi)$
gibt, die dasselbe $(\underline{E}, \underline{B})$ nach (10.10.12) ergeben. Und mit dem „Gefühl" der
Physiker schloß man, daß also die Felder $\underline{A}$, φ nicht wirklich seien. Nach unserer
Terminologie müßte man die Felder $(\underline{A}, \varphi)$ als physikalisch (stark) möglich, aber
ebenfalls nicht als wirklich bezeichnen. (Es sei hier an diesem Beispiel darauf
aufmerksam gemacht, daß für eine Hypothese zweiter Art – die Felder $(\underline{A}, \varphi)$
sind hypothetische Felder zweiter Art – die Bedeutung von physikalisch möglich
sehr weit ist, da dies eben nicht bedeutet, daß man physikalisch mögliche Hypothesen zweiter Art voll realisieren kann, d. h. durch Erweiterung des Realtextes
zu determinierten Hypothesen machen kann. Siehe auch Ende von § 10.7.)

Ganz entsprechend wie wir es oben allgemein geschildert haben, kann
man aber zu einer determinierten Potenzhypothese übergehen: Zu *einem* Feld
$\underline{E}$, $\underline{B}$ gehört eine Menge $E_h(\underline{E}, \underline{B})$ von Feldern $(\underline{A}, \varphi)$ mit (10.10.12). Diese
Menge $E_h(\underline{E}, \underline{B})$ ist eindeutig (sogar ein-eindeutig) dem Feld $(\underline{E}, \underline{B})$ zugeordnet. $E_h(\underline{E}, \underline{B})$ ist also physikalisch wirklich. Was ist $E_h(\underline{E}, \underline{B})$ für eine
Menge? $E_h(\underline{E}, \underline{B})$ enthält alle $(\underline{A}, \varphi)$, die aus einem speziellen $(\underline{A}, \varphi)$ durch

Eichtransformationen hervorgehen. Sind Gleichungen eichinvariant (z. B. die *Schrödinger*sche Wellengleichung für Elektronen in einem äußeren elektromagnetischen Feld), so drückt dies nur aus, daß aufgrund dieser Gleichungen kein einzelnes Element aus $E_h(\underline{E}, \underline{B})$ eingeht, sondern nur die Menge $E_h(\underline{E}, \underline{B})$ selbst. Diese Menge ist aber genauso physikalisch wirklich wie die Felder $\underline{E}$, $\underline{B}$. Daher ist auch der Ausgang gewisser Elektronenbeugungsexperimente (siehe [18]) überhaupt nicht verwunderlich. Die Beugung von Elektronen an einem drahtartigen Gebilde, in dem ein Magnetfeld $\underline{B}$ eingeschlossen ist, hängt von diesem Magnetfeld ab, obwohl die Elektronen sich nur in Gebieten ausbreiten können, wo das Feld $\underline{B} = 0$ ist. Natürlich hängt die Beugungserscheinung nicht von dem Feld $(\underline{A}, \varphi)$, sondern nur von der *Menge $E_h(\underline{E}, \underline{B})$*, ab.

An alledem ist also nichts Merkwürdiges, wenn man nicht die methodisch korrekten Betrachtungen durch „Vorstellungen" ergänzt. Solche *Zusatz*vorstellungen sind z. B. die, daß ein Feld $\underline{B}(\underline{r})$ nur an der Raumstelle $\underline{r}$ wirklich sei. Man ergänzt die $\mathcal{PT}$ durch eine Zusatzvorstellung irgendeiner Art „Lokalisierung der Wirklichkeit". Solange man aber nicht mit den Mitteln der formalen Methodologie genau sagt, was man mit „Lokalisierung" meint, sind solche Vorstellungen physikalisch undefiniertes Beiwerk und gehören nicht zu einer $\mathcal{PT}$. Man kann – und dies sei nochmals ausdrücklich betont – auch nicht einwenden, daß der Rahmen der Hypothesen zweiter Art zu eng sei, um seiner Phantasie freien Raum zu lassen. Auch solche Dinge wie „verborgene Parameter" lassen sich als Hypothesen zu einer Theorie ergänzen.

Die eben erwähnten Beispiele mögen zur Illustration genügen.

10.11 Der Wirklichkeitsbereich

Den Wirklichkeitsbereich definieren wir im Falle einer g.$\mathcal{G}$.-abgeschlossenen $\mathcal{PT}$. Natürlich kann man aufgrund von § 10.6 oft schon für nicht g.$\mathcal{G}$.-abgeschlossene Theorien Teile des Wirklichkeitsbereiches $\mathcal{W}$ erfassen. Begrifflich ist es aber einfacher, eine g.$\mathcal{G}$.-abgeschlossene $\mathcal{PT}$ vorauszusetzen.

Der Ausgangspunkt für die Definition von $\mathcal{W}$ ist der Grundbereich $\mathcal{G}$ von $\mathcal{PT}$. Zum Grundbereich $\mathcal{G}$ gehören – um es nochmals zu betonnen – keine gedachten Realtexte, sondern nur wirklich vorliegende Realtexte. $\mathcal{G}$ wird auf jeden Fall als Teil von $\mathcal{W}$ betrachtet, ja als der Teil, durch dessen Erweiterung mit Hilfe des Bildes $\mathcal{MT}_\Sigma$ dann $\mathcal{W}$ entsteht. Wir setzen natürlich hier, wie im ganzen § 10, das Bild $\mathcal{MT}_\Sigma$ als axiomatische Basis voraus, um die Beurteilung von Hypothesen sinnvoll durchführen zu können.

Wir können nicht erwarten, daß $\mathcal{W}$ wie $\mathcal{G}$ unmittelbar vorgezeigt oder durch Vortheorien nachgewiesen wird. Vielmehr wird uns $\mathcal{W}$ nur indirekt gegeben werden, nämlich nur über das „Bild von $\mathcal{W}$ in $\mathcal{MT}_\Sigma$". Auch $\mathcal{G}$ hat ein Bild in $\mathcal{MT}_\Sigma$, nämlich die für die Realtexte aus $\mathcal{G}$ aufgeschriebenen Relationen $(—)_r$. „Alle" diese Relationen $(—)_r$ für „alle" Realtexte geben uns also ein Bild von $\mathcal{G}$; über das Wort „alle" in diesem Zusammenhang siehe auch § 5.

Wir werden nun versuchen, dieses Bild von $\mathcal{G}$ durch „alle" sicheren und determinierten Hypothesen zu erweitern. (Man könnte sich auch mit fast determinierten Hypothesen zufriedengeben, was aber hier nicht durchgeführt werde.) Dabei stellt sich aber die Frage, in welcher Weise man wirklich von „allen" sicheren und determinierten Hypothesen sprechen darf. In dem gleich zu gebenden „Rechtfertigungsbeweis" gehen einige wichtige in §§ 10.2 bis 10.4 bewiesene Eigenschaften der sicheren Hypothesen ein. Aber auch die absolut sicheren Hypothesen erfüllen entsprechende Eigenschaften, so daß man auch mit ihnen einen Wirklichkeitsbereich konstruieren könnte. Wie aber schon in § 10.7 diskutiert, wollen wir hier den sicheren Hypothesen den Vorzug geben. Um zum Bild des Wirklichkeitsbereiches zu kommen, müssen wir zwei in §§ 10.3 und 10.4 diskutierte Prozesse betrachten: 1. Erweiterung des Realtextes, 2. Zusammenfassung zweier Hypothesen. Es ist leicht zu sehen, daß die Zusammenfassung zweier determinierter Hypothesen wieder zu einer determinierten Hypothese führt (falls sie nicht falsch ist). Ebenso bleibt eine determinierte Hypothese bei Erweiterung des Realtextes determiniert (falls sie nicht falsch wird). Es kann natürlich bei Erweiterung des Realtextes neue determinierte Hypothesen geben.

Nach § 10.4 bleibt eine sichere Hypothese auch bei Erweiterung des Realtextes sicher. Faßt man zwei sichere Hypothesen zusammen, so entsteht nach § 10.3 wieder eine sichere Hypothese.

Die oben erwähnten zwei Prozesse führen also nicht aus dem Bereich der sicheren *und* determinierten Hypothesen heraus.

Liegt eine Hypothese $(—)_h$ vor, so kann man daraus eine Hypothese $(—)_{h'}$ gewinnen, indem man zwei der „gedachten" Sachverhalte x_i und x_k durch *denselben* Buchstaben (z. B. z) ersetzt. Es ist sofort klar, daß man aus einer determinierten Hypothese $(—)_h$ auf diese Weise wieder eine determinierte Hypothese $(—)_{h'}$ (wenn sie nicht falsch ist) erhält.

Erhält man aus einer sicheren und determinierten Hypothese $(—)_h$ durch dieses Gleichsetzen zweier Elemente x_i, x_k wieder eine sichere und determinierte Hypothese $(—)_{h'}$, so war es eigentlich unnötig, die beiden Elemente x_i und x_k in $(—)_h$ zu unterscheiden; denn da x_i und x_k *eindeutig* bestimmt sind (weil die Hypothese determiniert ist), hätte man sie auch von vornherein gleichsetzen können.

Ganz entsprechend liegt der Fall, wenn man eine Hypothese $(—)_{h'}$ aus $(—)_h$ durch teilweise Realisierung, d. h. durch Ersetzen einiger der x_l durch Elemente a_m aus dem der Hypothese $(—)_h$ zugrundeliegenden Realtext erhält. Ist die Hypothese $(—)_h$ sicher und determiniert, so sind (siehe §10.7) die statt der x_l einsetzbaren a_m eindeutig bestimmt. Ist $(—)_{h'}$ wieder sicher, so hätte man auch von vornherein statt $(—)_h$ die Hypothese $(—)_{h'}$ wählen können. Wir definieren deshalb: Eine sichere und determinierte Hypothese $(—)_h$ heißt irreduzibel, wenn man weder durch Gleichsetzen zweier gedachter Sachverhalte x_i, x_k noch durch Ersetzen eines gedachten Sachverhaltes x_l durch ein Zeichen a_m aus dem genormten Realtext der Hypothese eine sichere Hypothese erhält.

Der Bereich der sicheren, determinierten und irreduziblen Hypothesen bildet einen Teilbereich der sicheren und determinierten Hypothesen. Aber nur dieser Teilbereich ist eigentlich interessant, weil die Hypothesen dieses Teilbereiches nicht „unnötig" viele gedachte Sachverhalte enthalten, eben nur die „wirklich" unter sich und von Realtextelementen verschiedenen gedachten Sachverhalte. Den Wirklichkeitsbereich W versuchen wir mit Hilfe des Bereiches „aller" sicheren, determinierten und irreduziblen Hypothesen zu erfassen.

Entscheidend dafür ist, daß wir in diesem Bereich der sicheren, determinierten und irreduziblen Hypothesen eine Art „Ordnung" definieren können, in bezug auf die dieser Bereich „gerichtet" ist. Die Begriffe „Ordnung" und „gerichtet" werden dabei in übertragener Weise benutzt, da der betrachtete „Hypothesenbereich" keine Menge (d. h. kein Term) in MT_Σ ist, sondern ein Bereich von in MT_Σ formulierbaren, sinnvollen Texten (siehe § 4.1).

Die „Ordnung" definieren wir durch den Begriff „umfangreicher"; am Ende von § 10.4 ist definiert, wann eine Hypothese $(—)_{h3}$ „umfangreicher" als $(—)_{h1}$ ist. Die „Gerichtetheit" des Hypothesenbereiches soll heißen, daß es zu je zwei Hypothesen $(—)_{h1}$ und $(—)_{h2}$ dieses Bereiches eine dritte Hypothese $(—)_{h3}$ aus diesem Bereich so gibt, daß $(—)_{h3}$ sowohl umfangreicher als $(—)_{h1}$ wie auch umfangreicher als $(—)_{h2}$ ist.

Wir zeigen, daß der Bereich der sicheren, determinierten und irreduziblen Hypothesen in diesem Sinne gerichtet ist: Ausgehend von zwei Hypothesen $(—)_{h1}$ und $(—)_{h2}$, erweitern wir zunächst den Realtext dieser beiden Hypothesen auf den *gemeinsamen* Realtext beider Hypothesen (d. h. die Relationen $(—)_r$ für beide Hypothesen $(—)_{h1}$ und $(—)_{h2}$ werden zusammen aufgeschrieben, wobei darauf zu achten ist, daß die Zeichensetzung so erfolgt ist, daß dasselbe Realtextstück sowohl im Realtext von $(—)_{h1}$ wie $(—)_{h2}$ dasselbe Zeichen hat und verschiedene Realtextstücke auch verschiedene Zeichen haben). So erhält man zwei sichere und determinierte Hypothesen $(—)'_{h1}$ und $(—)'_{h2}$, die zwar umfangreicher als $(—)_{h1}$ bzw. $(—)_{h2}$ sind, die aber nicht irreduzibel zu sein brauchen.

Betrachten wir z. B. $(—)'_{h1}$. In $(—)'_{h1}$ kann man keine zwei der gedachten x_i, x_k gleichsetzen, da man das dann erst recht schon in $(—)_{h1}$ hätte tun können im Widerspruch dazu, daß $(—)_{h1}$ irreduzibel war. In $(—)'_{h1}$ kann man aber eventuell einige der x_i durch Elemente des Realtextes von $(—)'_{h1}$ ersetzen; aber nur durch solche aus der Erweiterung und nicht durch solche aus dem ursprünglichen Realtext von $(—)_{h1}$, denn sonst hätte man diese Ersetzungen schon in $(—)_{h1}$ vornehmen können im Widerspruch dazu, daß $(—)_{h1}$ irreduzibel war. Also kann man durch teilweise Realisierung aus $(—)'_{h1}$ eine sichere, determinierte *und irreduzible* Hypothese $(—)'_{h1}$ gewinnen, die immer noch umfangreicher als $(—)_{h1}$ ist. Dasselbe gilt analog für $(—)_{h2}$. Somit haben wir zwei sichere, determinierte und irreduzible Hypothesen $(—)'_{h1}$, $(—)'_{h2}$ gewonnen, die *denselben* Realtext haben und für die gilt: $(—)'_{h1}$ ist umfangreicher als $(—)_{h1}$, $(—)'_{h2}$ ist umfangreicher als $(—)_{h2}$.

Nun bilden wir die Hypothese $(—)'_{h3}$ als Zusammenfassung der beiden Hypothesen $(—)'_{h1}$ und $(—)'_{h2}$. Also ist $(—)'_{h3}$ sicher und determiniert, braucht aber nicht irreduzibel zu sein. Das Ersetzen einiger gedachter Elemente durch Realtextelemente in $(—)'_{h3}$ ist nicht möglich, da dies sonst schon in $(—)'_{h1}$ oder $(—)'_{h2}$ möglich gewesen wäre im Widerspruch dazu, daß $(—)'_{h1}$ und $(—)'_{h2}$ irreduzibel sind. Es kann aber sein, daß man zwei gedachte Elemente x_i, x_k aus $(—)'_{h3}$ gleichsetzen kann; aber *nur* dann, wenn x_i aus der Hypothese $(—)'_{h1}$

und x_k aus der Hypothese $(-)'_{h2}$ stammt, da man sonst, falls z. B. x_i und x_k aus der Hypothese $(-)'_{h1}$ stammen, schon im $(-)'_{h1}$ x_i gleich x_k hätte setzen können im Widerspruch dazu, daß $(-)'_{h1}$ irreduzibel ist.

Durch Gleichsetzen einiger Paare x_i, x_k (wobei x_i aus $(-)'_{h1}$ und x_k aus $(-)'_{h2}$ stammt) kann man dann aus $(-)'_{h3}$ eine sichere, determinierte und irreduzible Hypothese $(-)_{h3}$ gewinnen, die umfangreicher als $(-)'_{h1}$ und $(-)'_{h2}$ ist. $(-)_{h3}$ ist damit auch umfangreicher als $(-)_{h1}$ und $(-)_{h2}$, was wir zeigen wollten.

Die Gerichtetheit des Bereiches der sicheren, determinierten und irreduziblen Hypothesen ist wichtig für die Deutung dieses Bereiches als Bild des Wirklichkeitsbereiches. Diese Gerichtetheit zeigt, daß das Bild des Wirklichkeitsbereiches durch den wachsenden Realtext und durch immer umfangreichere Hypothesen nur „wachsen" kann, daß aber keine schon einmal als wirklich erkannten Sachverhalte umzustoßen sind. Das Bild „wächst", indem immer neue Realtextelemente und hypothetische Elemente hinzukommen; bei diesem Wachsen können ab und zu hypothetische Elemente durch Realtextelemente ersetzt werden, weil sie eben nicht mehr hypothetisch sind, sondern „direkt" gemessen wurden durch Erweiterung des Realtextes. Beim Wachsen durch Hinzufügen neuer Hypothesen müssen eventuell einige gedachte Elemente miteinander identifiziert werden.

In diesem Sinne verstehen wir als „Bild des Wirklichkeitsbereiches $\mathcal{W}$" von $\mathcal{PT}$ die Zusammenfassung „aller" sicheren, determinierten und irreduziblen Hypothesen. Da dieser Bereich der sicheren, determinierten und irreduziblen Hypothesen gerichtet ist, kann man auch – anschaulich, aber nicht ganz exakt – $\mathcal{W}$ als die eine „größte" sichere, determinierte und irreduzible Hypothese verstehen, deren Realtextteil gerade der „ganze" genormte Grundbereich $\mathcal{G}_n$ in der Form der als $(-)_r$ aufgeschriebenen Relationen wird. Diese „größte" Hypothese ist aber im allgemeinen gar keine echte Hypothese mehr, da sie die „unübersehbar" vielen Realtextstücke a_i aus „ganz" $\mathcal{G}_n$ und „unendlich viele" x_i enthalten würde. $\mathcal{W}$ ist also mehr eine begriffliche Zusammenfassung „aller" physikalisch wirklichen Situationen, so wie $\mathcal{G}_n$ die begriffliche Zusammenfassung „aller" genormten Realtexte war (siehe dazu noch einmal die Abbildung am Ende von § 5).

In diesem Sinne wird $\mathcal{G}$ zu einem Teil von $\mathcal{W}$, indem man den physikalischen Wirklichkeitsbereich als das auffaßt, was durch die „größte sichere, determinierte und irreduzible Hypothese" abgebildet wird, so wie $\mathcal{G}$ aufgrund der Abbildungsprinzipien durch die Axiome $(-)_r$ für den ganzen normierten Grundbereich abgebildet wird. Man sagt dann auch oft auf der Basis dieser Vorstellung, daß die Sachverhalte aus $\mathcal{G}$ „direkt beobachtbar" oder „direkt meßbar", die von $\mathcal{W}$ „indirekt beobachtbar" oder „indirekt meßbar" sind, eine Bezeichnungsweise, die wir schon mehrfach oben angewandt hatten. Wir werden im weiteren Verlauf dieses Buches möglichst die häufig benutzten Worte „beobachtbar", „Beobachter" und ähnliche vermeiden, um damit nicht dem Irrtum Vorschub zu leisten, als ob das subjektive Erlebnis beim „Messen" entscheidend wäre. Doch aber haben wir das Wort „beobachten" hier erwähnt, damit man solche „Redewendungen" richtig in die formale Methodologie und die Fundamentalphysik einordnen kann. Die Worte „direkt" und „indirekt" haben natürlich nur *relativ* zu $\mathcal{PT}$ einen Sinn; so kann z. B. ein relativ zu $\mathcal{PT}$ direkt gemessenes Ergebnis durch eine indirekte Messung relativ zu einer Vortheorie von $\mathcal{PT}$ zustande gekommen sein. Was *alles* „meßbar" wird, nämlich ganz $\mathcal{W}$, ist also erst durch die $\mathcal{PT}$ als ganze bestimmt!

Der oben benutzten Vorstellung, daß die sicheren, determinierten und irreduziblen Hypothesen durch $(-)_h$ eine „Niederschrift" des Wirklichkeitsbereiches in mathematischer Sprache darstellen, entspricht es, wenn man im Anschluß an § 7.4 in bezug auf die axiomatische Basis $\mathcal{MT}_\Sigma$ einer Theorie folgende Sprechweise benutzt:

Man nennt $\mathcal{MT}_\Sigma$ das Bild eines Ausschnittes der wirklichen Welt, Σ die Bildstrukturart als Abbild einer wirklichen Strukturart in der Welt. Die normalen Bildterme bezeichnet man als Bildmengen der „direkt" feststellbaren Sachverhalte und andere Mengen $E_\nu^{(h)}$ (mit $E_\nu^{(h)}$ aus § 10.9) als Bildmengen „indirekt" feststellbarer Sachverhalte. Oft läßt man noch das Wort „Bild" dabei weg und spricht von Σ als einer physikalischen Strukturart in der Welt, von dem Strukturterm als der physikalischen Struktur des Wirklichkeitsbereiches $\mathcal{W}$ und von den Elementen der normalen Bildterme und der Mengen $E_\nu^{(h)}$ als von den realen Sachverhalten der durch die normalen Bildterme bzw. durch die $E_\nu^{(h)}$ bestimmten „Sorten".

Die Konstruktion des Wirklichkeitsbereiches $\mathcal{W}$ läßt sich im Falle einer unscharfen Abbildung für jede Theorie mit fest gegebenen Unschärfemengen durchführen. Statt alle möglichen Unschärfemengen zu betrachten, ist es aber übersichtlicher, wenn man wie in § 6 das „idealisierte Bild" betrachtet; nur muß man dann bei der Abbildung eines vorliegenden Realtextes, d. h. beim Ersetzen von Relationen $\widetilde{R}$ durch R vorsichtig vorgehen, damit man nicht zu Widersprüchen kommt, das heißt aber nichts anderes, als daß man in (10.1.3) die Relation $\widetilde{P}(\dots)$ mit den *idealen* Relationen *so* zu formulieren hat, daß die durch sie nach (10.1.5) bestimmte Menge $\widetilde{E}$ nicht leer ist und die idealisierte Relation: „$\widetilde{A} \in \widetilde{T}(\dots)$ und $\widetilde{P}(\dots)$" für den vorliegenden Realtext innerhalb der Unschärfe mit den Abbildungsprinzipien bei endlichen Unschärfemengen vereinbar ist. Macht man die Hypothesen mit idealen Relationen, so kommt man zu einem „idealisierten" Wirklichkeitsbereich $\mathcal{WI}$ mit „idealisiertem" Grundbereich $\mathcal{GI}$, wobei $\mathcal{GI}$ nicht nur durch die Realtexte, sondern eben dadurch mitbestimmt ist, wie man gerade (innerhalb der Unschärfemengen) die dem Realtext entsprechenden Relationen „$\widetilde{A} \in \widetilde{T}(\dots)$ und $\widetilde{P}(\dots)$" in solche mit den idealen Bildrelationen umgeschrieben hat. $\mathcal{GI}$ ist also nicht eindeutig durch $\mathcal{G}$ festgelegt, daher auch nicht $\mathcal{WI}$. Diese Tatsache ist immer zu berücksichtigen, wenn man so tut, als ob $\mathcal{WI}$ der Wirklichkeitsbereich wäre.

Durch Nichtbeachtung der Tatsache, daß $\mathcal{MTI}$ nur ein approximatives Bild ist, sind häufig Fehlschlüsse der Art vorgekommen, daß man $\mathcal{WI}$ als die „tatsächliche" Wirklichkeit ansah, die aber nur ungenau „beobachtet" wird. So hat man das durch „determinierte Hypothesen" ergänzte Bild der Punktmechanik oft als die „tatsächliche" Wirklichkeit angesehen und war dann überrascht, daß diese „tatsächliche" Wirklichkeit überhaupt nicht existierte, sondern nur eine Approximation einer ganz anderen Wirklichkeit darstellte (wie wir es z. B. bei dem Partikelbild für Elektronen in [1] XI § 1 diskutiert und in [1] XIII § 9 genauer dargestellt haben).

In den Begriff des Wirklichkeitsbereiches gehen augenscheinlich metaphysische Vorstellungen ein. Zwar ist die Konstruktion des Bereiches der sicheren, determinierten und irreduziblen Hypothesen ein rein formaler, nach den „Regeln“ des physikalischen Spiels ablaufender Prozeß; daß wir aber dann diesen Hypothesenbereich zum „Bild eines Wirklichkeitsbereiches“ erklärten, beruht eben auf der metaphysischen Vorrausetzung der *Existenz* eines solchen Wirklichkeitsbereiches. Genau diese Vorstellung der Existenz eines Wirklichkeitsbereiches stand natürlich mehr oder weniger deutlich hinter allen den ab § 10.7 benutzten Begriffen von physikalisch wirklich, physikalisch möglich usw. Wenn wir so in der Wahl der Worte und in der Formulierung der Begriffe durchaus von dem Hintergrund einer Metaphysik ausgegangen sind, so ist doch deutlich, daß alle formalen Konstruktionen auch ohne diese Hintergrundüberzeugung möglich gewesen wären.

Die innerhalb $\mathcal{PT}$ durchführbare Konstruktion der sicheren, determinierten und irreduziblen Hypothesen beruht allein auf $\mathcal{MT}_\Sigma$ und den durch unmittelbare Feststellungen oder durch Vortheorien zu gewinnenden Axiomen $(-)_r$. Der durch Vortheorien gewonnene Teil der Axiome aus $(-)_r$ läßt sich ebenfalls rein formal im Rahmen der Vortheorien konstruieren, wie wir das in § 10.9 angedeutet haben, ohne diesen Teil der Axiome als Bilder eines durch die Vortheorien erfaßten realen Sachverhaltes interpretieren zu *müssen*. So könnte man auch ohne „Deutung“ der sicheren, determinierten und irreduziblen Hypothesen als Bilder von Ausschnitten einer realen Welt zu einer Fundamentalphysik kommen, die *allein* von den „unmittelbaren Gegebenheiten“ wie z. B. einer Tasse auf dem Tisch ausgeht. Ein unter dem Mikroskop entdecktes Pantoffeltierchen dürfte man aber bei dieser Einstellung nicht als ein *reales* Pantoffeltierchen interpretieren, sondern eben nur als eine „Hypothese“. Darf man dann aber die „unmittelbar gegebene“ Tasse auf dem Tisch als reale Gegebenheit hinnehmen? Sie ist uns ja auch nur im Bild unserer Sinneswahrnehmungen gegeben; oder richtiger: Nur unsere Sinneswahrnehmungen sind uns gegeben, die Tasse selbst wäre auch als Hypothese ohne erkennbaren realen Hintergrund zu interpretieren. Dieser positivistische Standpunkt ist zwar nicht grundsätzlich widerlegbar, kann aber kaum verständlich machen, warum die Sinneswahrnehmungen der verschiedenen Menschen miteinander vergleichbar sind und kein Chaos bilden.

Wir sind dagegen (siehe § 3) von einem Bereich unmittelbar gegebener *realer* Sachverhalte gestartet, um ihn schrittweise mit Hilfe von $\mathcal{PT}$s zu erweitern. Dabei ist dann auch das mit Hilfe des Mikroskops beobachtete Pantoffeltierchen ein realer Sachverhalt in der Welt, und zwar aufgrund der „Theorie des Mikroskops“.

Durch die Weiterentwicklung der Physik wird der durch alle $\mathcal{PT}$s zusammen erfaßbare Teil der Wirklichkeit immer größer. Beim Aufstellen des Wirklichkeitsbereiches W *einer* $\mathcal{PT}$ kann bei diesem *Entwicklungsprozeß* des Erfassens eines Ausschnittes der Wirklichkeit kein Widerspruch auftreten (genau um das klarzumachen, dienten die Ableitungen der vorigen §§ 10.1 bis 10.11); dagegen sind beim Zusammenfügen der Wirklichkeitsbereiche der verschiedenen PTs im Laufe der historischen Entwicklung der Physik immer wieder Widersprüche der einzelnen Wirklichkeitsbereiche untereinander entstanden. Wenn nicht Theorien wegen Widerspruch mit der Erfahrung *ganz* verworfen werden mußten, so konnte man alle Widersprüche darauf zurückführen, daß man entweder den Anwendungsbereich G einer PT zunächst zu groß gewählt hatte oder bei der Aufstellung von W nicht genügend genau beachtet hatte, daß man idealisierte Bereiche WI konstruiert hatte (siehe oben). Das bekannteste Beispiel für einen solchen Widerspruch war das des Widerspruchs zwischen Wellenbild und Korpuskelbild des Elektrons, der sich eben auflösen läßt, sobald man geeignete Unschärfemengen berücksichtigt, was daraus hervorgeht, daß die Quantenmechanik des Elektrons eine PT ist, die sowohl umfangreicher als das Wellenbild als auch umfangreicher als das Teilchenbild ist.

Ein anderes, wohl am leichtesten durchschaubares Beispiel ist das des scheinbaren Widerspruchs zwischen den Wirklichkeitsbereichen der *Newton*schen und der *Einstein*schen Raum-Zeit-Theorie.

Die Menge der „Gleichzeitigkeitsebenen" ist in der *Newton*schen Theorie eine Menge realer Sachverhalte; die Gleichzeitigkeitsebenen gehören zu W, sobald genügend Raumzeitstellen in verschiedenen Inertialsystemen vermessen sind. (Zur Definition des Begriffs der Gleichzeitigkeitsebenen und ihrer Bedeutung in der *Newton*schen Raum-Zeit-Theorie siehe z. B. [1] VII § 2.)

In der *Einstein*schen speziellen und allgemeinen Relativitätstheorie gibt es aber diese Gleichzeitigkeitsebenen gerade nicht (siehe [1] IX, § 5.2); also ein Widerspruch? Eben nur ein Widerspruch, wenn man vergißt, daß die Gleichzeitigkeitsebenen (eben als dreidimensionale Ebenen im vierdimensionalen Raum der Ereignisse) zu WI gehören. Mit einer gewissen Unschärfe gibt es aber die Gleichzeitigkeitsebenen auch noch in der *Einstein*schen Theorie; und inwiefern? (Siehe dazu auch [1] IX § 8 und X § 6.2.)

Die Beziehung zwischen der *Einstein*schen Theorie PT_E und der *Newton*schen PT_N läßt sich im Sinne von § 9 durch das Diagramm $PT_E \rightarrow PT' \hookrightarrow PT_N$ darstellen. Bei der Einschränkung (siehe § 9) von PT_E auf PT' ist zu beachten, daß man alle diejenigen Fastinertialsysteme in PT_E betrachtet, die sich „langsam" (verglichen mit der Lichtgeschwindigkeit) zu dem *Newton*schen Fastinertialsystem des Planetensystems (siehe [1] X § 6.2) bewegen. Und diese Teilmenge von Bezugssystemen läßt sich (falls man sie nicht zu weit ins Weltall hinein ausdehnt; siehe [1] IX § 8) in die *Newton*sche Raum-Zeit-Theorie einbetten. Damit gibt es aber *näherungsweise* (sogar in sehr guter Näherung) ein System von Gleichzeitigkeitsebenen, physikalisch wirklich in bezug auf alle Fastinertialsysteme, in denen sich die Sonne nicht oder nur „langsam" bewegt. Genauso wurde aber auch *vor* der Entdeckung von PT_E die Theorie PT_N angewandt, ohne allerdings genau zu wissen, wo die Grenzen des Grundbereiches von PT_N liegen. PT_E gibt uns die Möglichkeit, den Grundbereich von PT_N näher zu bestimmen; und dabei darf es nicht verwundern, daß dieser Grundbereich von PT_N mit durch unsere Umwelt wie Sonne und Planeten bestimmt ist. Die obige Einschränkung ist eben von der Art $\mathcal{PT}_E \xrightarrow{\mathcal{H}} \mathcal{PT}'$ (siehe § 9.1).

Hätte man historisch gleich zu Anfang die Theorie $\mathcal{PT}_E$ gehabt, so hätte man geradezu $\mathcal{PT}_N$ als Näherung zur Beschreibung unserer Umwelt erfinden müssen!

Daß bei dieser Konstruktion der Wirklichkeitsbereiche zwar die mit Hilfe eines Lichtmikroskops entdeckte Wirklichkeit noch ganz ähnliche Grundstrukturen des raumzeitlichen Geschehens zeigt, wie die uns unmittelbar gegebene Umwelt, daß aber die Struktur des Wirklichkeitsbereiches im Atomaren andersartig wird, darf nicht irritieren. Es wird dadurch nur deutlich, daß „wirklich" noch nicht identisch damit ist, daß die Wirklichkeit in allen Bereichen Strukturformen haben müßte, die denen unserer unmittelbar gegebenen Umwelt ähnlich sind.

Bei dem eben skizzierten fundamentalphysikalischen Problem der immer weiteren Ausdehnung des durch die Physik entdeckten Wirklichkeitsbereiches scheint es nach der obigen Skizze also keine grundsätzlichen Probleme zu geben. Dies ist aber nicht so; wir haben nämlich oben noch nicht das Problem aufgeworfen, *wie weit* denn eigentlich der „unmittelbar gegebene" Teil der Wirklichkeit reicht. Kann man nicht schon bei den Festlegungen dieses Teils Vorentscheidungen treffen, so daß die ganze schöne Konstruktion des Wirklichkeitsbereiches von dem zu Anfang gewählten Bereich unmittelbarer Gegebenheiten abhängt?

Es ist wichtig, daß dies tatsächlich nicht so ist. Man kann zwar den Bereich der „unmittelbaren Gegebenheiten" *zu groß* wählen und gerät dann in Widersprüche mit der Konstruktion der Wirklichkeitsbereiche; ganz analog wie wir oben allgemein erwähnt hatten, daß man den Bereich $\mathcal{G}$ einer $\mathcal{PT}$ zu groß wählen kann. Wählt man aber den Bereich unmittelbarer Gegebenheiten in diesem Sinne nicht „zu groß", so erweist sich der durch die $\mathcal{PT}$s erhaltene Wirklichkeitsbereich als *unabhängig* von dem speziell gewählten Ausschnitt der unmittelbaren Gegebenheiten.

Machen wir uns diese beiden Gesichtspunkte in bezug auf die Wahl des der Physik zugrundegelegten Bereiches unmittelbarer Gegebenheiten noch *etwas klarer*; eine *genaue Analyse* würde eine schon voll entwickelte Fundamentalphysik voraussetzen, so wie wir diese in § 1 unter Punkt 2 als Problemstellung formuliert haben.

Wir haben durch Erziehung und Unterricht von Kindheit an gelernt, den Bereich der unmittelbar gegebenen Sachverhalte nicht zu groß zu wählen, d. h. „Täuschungen" so gut als möglich zu vermeiden. In der alten uns überlieferten Literatur sehen wir aber noch deutlich, daß die Menschen zunächst durchaus unkritisch alles „Beobachtete" als unmittelbar gegebene Sachverhalte ansahen, nicht nur den Stein auf dem Acker, sondern auch die „Leuchten" am Himmels-„Gewölbe". Heute wissen wir, daß wir den Stein als unmittelbar gegeben annehmen dürfen, während wir die sonst (im Gegensatz zum Stein) unerreichbaren Lichtquellen wie Sonne, Mond und Sterne nicht nach unserem „ersten visuellen Eindruck" beurteilen dürfen; erst mehrere $\mathcal{PT}$s liefern hier den Wirklichkeitsbereich der Astronomie, der aber auf den „unmittelbaren

Gegebenheiten" der an vielen raffinierten Meßinstrumenten erzeugten Veränderungen basiert. Es fällt uns heute nicht mehr schwer, „Grenzüberschreitungen" bei der Wahl der unmittelbaren Gegebenheiten zu vermeiden.

Schwieriger ist das Problem, wieviel man wirklich von dem Bereich der unmittelbaren Gegebenheiten braucht und ob der Wirklichkeitsbereich der Physik tatsächlich nicht von der Wahl des Bereiches der unmittelbaren Gegebenheiten abhängt, wenn man wenigstens eine Art „Minimum" bei dieser Wahl nicht unterschreitet. Wie schon betont, gibt es keine etwas genauer durchgeführte Fundamentalphysik; und doch gewinnt man als Physiker bald die Überzeugung, daß man mit „recht wenig" bei der Wahl des Ausschnittes der unmittelbaren Gegebenheiten auskommt und daß der konstruierte Wirklichkeitsbereich nicht von der Wahl noch vom Umfang des Bereiches der unmittelbaren Gegebenheiten abhängt. Ja, man hat ernsthafte Versuche unternommen, mit „Koinzidenzen" als den einzigen Elementen eines Bereiches unmittelbarer Gegebenheiten auszukommen. Die Verwendung moderner Computer zeigt, daß man wohl mit speicherbaren Ja-nein-Registrierungen auskommt.

Die moderne Meßtechnik macht es aber immer deutlicher – auch ohne eine schon entwickelte Fundamentalphysik –, daß die Konstruktion des Wirklichkeitsbereiches unabhängig vom Umfang des gewählten Bereiches unmittelbarer Gegebenheiten ist, weil eben unmittelbare Gegebenheiten auch indirekt gemessen werden können, d. h. weil direkte und indirekte Messungen in diesem Bereich zum selben Ergebnis führen, d. h. kompatibel sind. Diese Kompatibilität der direkten und indirekten Messungen in einem nur nicht zu groß (siehe oben) gewählten Bereich unmittelbarer Gegebenheiten ist die entscheidende Grundlage für die Möglichkeit, das von der Physik konstruierte Bild als Bild einer realen Wirklichkeit aufzufassen.

Zum Schluß wollen wir noch auf einen letzten Einwand gegen die metaphysische Voraussetzung einer realen, durch die Physik beschreibbaren Welt eingehen.

Das, was die Physik da angeblich als Strukturen einer realen Welt beschreibt, sind in Wirklichkeit nichts anderes als Strukturen unseres Bewußtseins, unserer Anschauung. Es gibt keine Möglichkeit, Strukturen einer realen Welt außerhalb unseres Bewußtseins zu erkennen.

Natürlich läßt sich gegen eine solche (ebenfalls metaphysische) Behauptung kein *Beweis* führen; es läßt sich nur zeigen, daß die von uns in den vorigen Paragraphen im Grundsatz skizzierte Methode der Konstruktion der Wirklichkeitsbereiche zu einem Ergebnis führt, das *im Einklang* mit dem Prozeß der Sinneswahrnehmungen steht (siehe den Hinweis auf dieses Problem in § 3), d. h. daß (um es kurz auszudrücken) der Prozeß der Sinneswahrnehmungen „kompatibel" mit der Physik ist. Was heißt genauer diese Kompatibilität.

Wir können dies wieder nur an einem Beispiel erläutern: Auf dem Tisch steht eine weiße Tasse, verziert mit roten Blümchen und grünen Blättern.

Oben haben wir die Kompatibilität der *unmittelbaren* Feststellung des Sachverhaltes, daß die Tasse auf dem Tsich steht, mit einer „indirekten Messung" (z. B. mit Hilfe einer Photographie, wobei unmittelbar nur Sachverhalte auf der Photographie festgestellt werden) erläutert. Jetzt interessiert uns der

Prozeß der Art und Weise, wie es zu Sinneswahrnehmungen dieser Tasse auf dem Tisch kommt, d. h. wie es z. B. dazu kommt, daß wir mit Hilfe unserer Augen (also nicht auf dem Umweg über einen Photoapparat) die Tasse auf dem Tisch „sehen".

Dieser Prozeß läßt sich, wenigstens teilweise, im Bereich des von der Physik konstruierten Wirklichkeitsbereiches beschreiben; was kurz mit ein paar Worten angedeutet sei: Elektromagnetische Wellen verschiedener Wellenlängen mit einer gewissen meßbaren Energiestromdichte für die verschiedenen Wellenlängen werden an Tasse und Tisch reflektiert, gelangen teilweise durch die Linse des Auges, werden gebrochen, erzeugen auf der Netzhaut ein Bild; in lichtempfindlichen Zellen der Netzhaut werden chemische Prozesse ausgelöst, die zu elektrischen Stromsignalen in den Nerven vom Auge zum Gehirn führen; diese lösen im Gehirn elektrische und chemische Prozesse aus; schließlich stellen wir fest: Wir haben *gesehen*, daß auf dem Tisch eine weiße Tasse steht, verziert mit roten Blümchen und grünen Blättern. Diese eben skizzierte, im Wirklichkeitsbereich der Physik beschreibbare Kette von der „Tasse auf dem Tisch" bis zum „Gehirn" ist nun (wie wir gleich beispielhaft erläutern wollen) kompatibel mit der „unmittelbaren" Feststellung des realen Sachverhaltes der Tasse auf dem Tisch. „Kompatibel" soll dabei heißen, daß wir die Kette an jeder beliebigen Stelle zerschneiden können und die an der Schnittstelle ablaufenden „physikalisch wirklichen" Prozesse als indirekte Messung der Tasse auf dem Tisch auffassen können.

Betrachten wir z. B. als „Schnittstelle" die vom Auge zum Gehirn gehenden Nerven, so können wir die auf der Basis der Elektrodynamik als physikalisch wirklich anzusehenden Stromsignale als eine indirekte Messung der Tasse auf dem Tisch interpretieren: Auch mit Hilfe von Strommeßinstrumenten und eines genügend komplizierten Computers könnte man aus den Stromsignalen als „Meßergebnis" der Meßanordnung „Licht plus Auge plus Nerven" die Tasse auf dem Tisch rekonstruieren. Die physikalische Beschreibung der Prozesse, die zur Sinneswahrnehmung führen, ist in diesem Sinne „kompatibel" mit der ursprünglichen unmittelbaren Feststellung der Tasse auf dem Tisch; einer Form des unmittelbaren Feststellens, die wir in § 3 als Grundlage der Physik vorausgesetzt haben.

Eines allerdings kann diese Kompatibilität nicht liefern: die als irreduzibel unmittelbar (d. h. als nicht mehr weiter auf etwas noch Unmittelbareres zurückführbar) gegebenen *Bewußtseinsinhalte*. Die unmittelbaren Feststellungen machen wir aufgrund dieser Bewußtseinsinhalte; ein Ohnmächtiger kann solche Feststellungen nicht treffen. Nur scheint es so, daß die Physik nicht alles aus diesen Bewußtseinsinhalten als unmittelbar festgestellte Tatsachen „zuläßt": Die „räumliche" Feststellung, daß sich die Tasse auf dem Tisch befindet, wird zugelassen; die „Farbfeststellung" von grünen Blättern und roten Blümchen scheint nicht zugelassen, sondern als reine subjektive Empfindung erklärt zu werden. Macht die Physik wirklich einen Unterschied zwischen objektiven Feststellungen und nur subjektiven Empfindungen? In bezug auf diese Frage werden die verschiedensten Meinungen vorgetragen.

Von unserem hier ab § 3 dargestellten Standpunkt ist sowohl die räumliche Lage der Tasse wie die Farbe der Blätter und Blüten eine unmittelbare Feststellung. Eine nur künstliche Aufteilung der verschiedenen Feststellungen aufgrund von als verschieden klassifizierten Qualitäten der im Bewußtsein erscheinenden Sinneswahrnehmungen ist *nicht* erforderlich.

Die *vermeintlich* verschiedene Bewertung einiger unmittelbarer Feststellungen wird durch zwei Irrtümer hervorgerufen: 1) Man meint, daß die zur Grundlage der Physik gemachten unmittelbaren Feststellungen auch zu den *Grundbegriffen* der Physik führen; und da scheint z. B. der Raum, aber nicht die Farbe ein Grundbegriff zu sein. 2) Man meint, daß die räumliche Lage ein objektiver Sachverhalt ist, die Farben aber nur subjektive Empfindungen sind.

Tatsächlich aber gilt: Die unmittelbaren Feststellungen prägen *nicht* die Grundbegriffe der Physik, wenn auch das intuitive Raten (siehe das Schema am Ende von § 5) teilweise durch unmittelbare Feststellung beeinflußt wird. Mit Recht hat *Kant* hervorgehoben, daß die unmittelbare räumliche Anschauung ebenso wie die Farbanschauung eine Anschauungsform ist. Der physikalische Raumbegriff und auch gerade der *physikalische* Zeitbegriff dürfen aber *nicht* (!) mit diesen „Anschauungen", d. h. mit dem im Bewußtsein erlebten Raum- und Zeitempfinden, verwechselt werden (siehe auch [1] II, IX, X und XVII). Weder bezieht sich die Feststellung der Tasse „auf" dem Tisch *unmittelbar* auf den physikalischen Raumbegriff noch die Feststellung der Farbe unmittelbar auf den physikalischen Begriff der Wellenlänge elektromagnetischer Strahlung. Der zweite Irrtum beruht darauf, daß man nicht genügend sauber zwischen einer gemachten Feststellung aufgrund der im Bewußtsein erlebten Sinneswahrnehmung und dem Erleben der Sinneswahrnehmung unterscheidet. Die Feststellung der „grünen" Blätter und „roten" Blüten kann (kompatibel mit der Physik) als objektive Feststellung behandelt werden, wenn auch die Begriffe von „grün" und „rot" noch so kompliziert und auch nicht ganz scharf mit den physikalischen Begriffen (d. h. aufgrund eines mathematischen Bildes $\mathcal{M}T_{\Sigma}$ geprägten Begriffen) zusammenhängen. Kein Autofahrer empfindet die roten und grünen Ampeln als nur subjektive Empfindungen, sondern als feststellbare Sachverhalte, nach denen er sich zu richten hat. Von der Feststellung solcher Sachverhalte ist das Erleben der Farben „grün" und „rot" wohl zu unterscheiden. Die Feststellung der roten und grünen Ampelfarbe kann augenscheinlich von vielen Menschen (wenn sie nicht blind oder farbenblind sind) objektiv getroffen werden; ob aber der andere beim Sehen einer roten Farbe dasselbe wie ich im Bewußtsein „erlebt", ist nicht feststellbar, ja sogar fraglich. Für den Künstler z. B. steht gerade das Erleben der Farben im Vordergrund. Etwas deutlicher erkennbar wird das verschiedene „Erleben" beim Hören von Musik; ein ganz unmusikalischer Mensch scheint wohl kaum dieselben „Klänge" zu erleben wie der höchst musikalische.

Einige Probleme zwischen Physik und Bewußtseinsinhalt bleiben allerdings offen: In der Physik kommt nichts (!) von dem im Bewußtsein Erlebten, wie z. B. von dem subjektiven Erlebnis einer grünen Farbe, vor, und mag man noch so genau die Prozesse im Gehirn beschreiben. Auch ein Computer könnte aus den Nervenströmen die Rekonstruktion der „physikalisch wirklichen" Tasse auf dem

Tisch vornehmen, scheinbar ohne das geringste subjektive Erlebnis. Dagegen kann man aber wohl mit Sicherheit annehmen, daß auch ein Affe beim Sehen subjektive Erlebnisse hat.

Ein weiteres Problem ist, wie wir zu „Urteilen" über „festgestellte" Tatsachen kommen und davon sehr wohl den subjektiven Erlebniseindruck zu unterscheiden vermögen. Aber das muß wohl gehen, da es nie „Probleme damit gibt", d. h. da es zwischen Physikern nie streitig ist, *was* an einem Meßapparat unmittelbar festgestellt wurde, sondern höchstens nur (!), *wie* man diese Feststellungen als indirekte Messungen zu interpretieren habe.

10.12 Wirklichkeitsäquivalente Basen einer $\mathcal{PT}$

Die folgenden Überlegungen seien nur im Falle des idealisierten Bildes $\mathcal{MT}_\Sigma$ durchgeführt. $\mathcal{MT}_\Sigma$ sei eine axiomatische Basis von $\mathcal{PT}$. Wir hatten in § 7.4 den Fall untersucht, daß sich Σ in einer $\mathcal{MT}_{\Sigma_1}$ darstellen läßt und dann $\mathcal{MT}_{\Sigma_1}$ mit geeignet gewählten Bildtermen und Bildrelationen ebensogut als Bild innerhalb $\mathcal{PT}$ benutzt werden kann. Ein solcher mathematischer Rahmen $\mathcal{MT}_{\Sigma_1}$ wird oft aus Gründen der leichteren Handhabbarkeit benutzt. Die Frage der physikalischen Wirklichkeit von inneren Termen ist aber im Bild $\mathcal{MT}_{\Sigma_1}$ (sozusagen als Preis für die leichtere Handhabbarkeit) oft weniger durchsichtig als in $\mathcal{MT}_\Sigma$.

Interessant wird deshalb folgender Fall (siehe § 10.9): Es sei gelungen, einige Mengen $E_1^{(r)},\ldots,E_g^{(r)}$ realer Sachverhalte und eine Struktur U der Art Σ_1 über $E_1^{(r)},\ldots,E_g^{(r)}$ so anzugeben, daß dies eine Darstellung (im Sinne von § 7.4) von Σ_1 in $\mathcal{MT}_\Sigma$ ist. Außerdem lasse sich auch Σ in $\mathcal{MT}_{\Sigma_1}$ darstellen, d. h. in $\mathcal{MT}_{\Sigma_1}$ lassen sich Terme $F_1,\ldots,F_r$ finden, die den Basisbildtermen $y_1,\ldots,y_r$ aus $\mathcal{MT}_\Sigma$ entsprechen, und ein Strukturterm V der Art Σ über $F_1,\ldots,F_r$; die $F_1,\ldots,F_r$ und die Komponenten von V sind dann bei der Interpretation von $\mathcal{MT}_{\Sigma_1}$ als Bildterme bzw. Bildrelationen zu benutzen. Die so gewonnene Theorie ist äquivalent zu der ursprünglichen $\mathcal{PT}$, wie in § 7.4 gezeigt wurde. Die Theorie mit dem Bild $\mathcal{MT}_{\Sigma_1}$ kann man *in diesem Falle* aufgrund der besonderen Struktur der Terme $E_1^{(r)},\ldots,E_g^{(r)}$ und U aber „physikalischer" interpretieren als *irgend*einen mathematischen Rahmen:

Die Basisterme von Σ_1 sind zwar keine direkt mit dem Realtext vergleichbaren Bilder, sondern Bilder von indirekt meßbaren, physikalisch wirklichen Sachverhalten (da sie den $E_1^{(r)},\ldots,E_2^{(r)}$ aus $\mathcal{MT}_\Sigma$ entsprechen), und der Strukturterm von Σ_1 kann als Zusammenfassung von zwar „erweiterten", aber doch physikalisch wirklichen Bildrelationen aufgefaßt werden. $\mathcal{MT}_{\Sigma_1}$ geht also durchaus von einer (durch $\mathcal{MT}_\Sigma(-)\mathcal{W}$ begründeten) Vorstellung einer zwar nicht direkt, aber doch indirekt meßbaren Wirklichkeitsstruktur Σ_1 aus. Getestet wird das Bild $\mathcal{MT}_{\Sigma_1}$ allerdings mit Hilfe der Bildterme $F_1,\ldots,F_r$ und der Bildrelationen, die V enthält. Man pflegt dann zu sagen, daß die „Erfahrung" die ursprünglich nur „vorgestellte" und durch Σ_1 abgebildete Wirklichkeitsstruktur „bewiesen" habe, wenn sich die so gebildete $\mathcal{PT}_1$ als brauchbar erwiesen hat. Ein solcher „Beweis" liegt aber eigentlich erst dann wirklich vor, wenn die axiomatische Basis MT_Σ gefunden ist und die oben angegebenen Beziehungen zwischen Σ und Σ_1 aufgezeigt sind. Ein solcher „Beweis" ist immer dann notwendig, wenn die „Vorstellung" Σ_1 nicht aus MT_Σ hergeleitet, sondern intuitiv erraten wurde, was im Laufe der Entwicklung der Physik sehr häufig geschieht; eine bloße Brauchbarkeit der mit Hilfe von MT_{Σ_1} entwickelten PT_1 ist noch kein Beweis, daß die Basisterme von Σ_1 als Mengen physikalisch wirklicher Sachverhalte und der Strukturterm von Σ_1 als Zusammenfassung von physikalisch wirklichen Relationen aufgefaßt werden *dürfen*. Solche Unklarheiten haben oft zu Verwirrung geführt.

Wir wollen zur Klarstellung eine Theorie mit Basen von nur „vorgestellten" Wirklichkeiten und nur vorgestellten Relationen kurz „Märchentheorie" nennen. Das Wort „Märchen" wird dabei mit dem Hintergedanken benutzt, daß auch Märchen vielleicht mal Wirklichkeit werden. Eine bloße Brauchbarkeit einer Märchentheorie ist aber eben *kein* Beweis für die Verwirklichung des Märchens. Nach den Erläuterungen am Ende von § 10.7 darf man im allgemeinen ein Märchen nur als physikalisch möglich bezeichnen.

In der Quantenmechanik gibt es viele solcher Märchentheorien; und es läßt sich gut darüber streiten. Auch die sehr verbreitete Vorstellung, daß jedes einzelne Mikrosystem einen Zustand wirklich hat, der durch einen Vektor im *Hilbert*-Raum, z. B. eine *Schrödinger*sche Wellenfunktion, abgebildet wird, ist eine solche Märchentheorie, die (wenigstens bis jetzt) nicht als wirklich begründet werden konnte.

Und doch ist es eben ein *sehr brauchbarer* Weg des Erratens physikalischer Theorien, von Märchenvorstellungen auszugehen; auch wenn man Gefahr läuft, in solche Theorien Vorurteile einzuführen. Man versuchte öfter, Prinzipien vorzuschreiben, denen die *vorgestellten* „wirklichen" Sachverhalte der Basisterme von Σ_1 zu genügen haben, und diese Prinzipien „philosophisch" zu begründen. Der oben als sinnvoll angegebene Weg, eine solche Strukturart Σ_1 als physikalische Strukturart zu begründen, schreibt keine solchen Prinzipien für Σ_1 vor. Es darf dann eben auch nicht verwundern, wenn die physikalisch wirklichen Sachverhalte aus $E_1^{(r)}, \ldots, E_g^{(r)}$, die in MT_{Σ_1} auf die Basisterme von Σ_1 abgebildet sind, sich ganz *anders* verhalten, als wir es von bekannten Alltagssachverhalten aus der unmittelbar wahrnehmbaren Umgebung gewöhnt sind.

Auch die Quantenmechanik kann mit Hilfe eines solchen Bildes MT_{Σ_1}, das von physikalisch wirklichen Mikrosystemen ausgeht (diese Mikrosysteme tauchen in der in [20] beschriebenen axiomatischen Basis wie in [1] XVI erst als innere Terme auf) entwickelt werden, wie es in [3], [20] und [23] dargestellt ist.

Liegt ein Bild MT_{Σ_1} mit einer im oben geschilderten Sinn physikalisch wirklichen Struktur Σ_1 vor, so kann man, ausgehend von den Basistermen von Σ_1, dieselben Konstruktionen von Mengen durchführen, die in einer axiomatischen Basis zu Mengen physikalisch wirklicher Sachverhalte führten. Sei E eine so in MT_{Σ_1} konstruierte Menge. Dann ist E eine Menge physikalisch wirklicher Sachverhalte, denn man braucht in MT_Σ nur eine Abbildung zu betrachten, die durch Hintereinanderschalten der Abbildungen $f_1, \ldots, f_g$ (die zu den Termen $E_1^{(r)}, \ldots, E_g^{(r)}$ führen) und der in $\mathcal{MT}_{\Sigma_1}$ zu E führenden Abbildung f entsteht. Man kann also in bezug auf die Problemstellung der physikalischen Wirklichkeit mit $\mathcal{MT}_{\Sigma_1}$ genauso umgehen wie mit einer axiomatischen Basis. Sind dann in diesem Sinne die Terme $F_1, \ldots, F_r$ und V in bezug auf $\mathcal{MT}_{\Sigma_1}$ Mengen physikalisch wirklicher Sachverhalte, so nennen wir die beiden Basen $\mathcal{MT}_\Sigma$ und $\mathcal{MT}_{\Sigma_1}$ wirklichkeitsäquivalente Basen. Man kann dann auch „so tun, als ob" Σ_1 *direkt* meßbar wäre, während gerade Σ indirekt meßbar wird. Bei der Behandlung fundamentalphysikalischer Probleme darf man aber nicht vergessen, daß eine „Messung" von Σ_1 erst indirekt möglich wird auf der Basis einer direkten Messung in bezug auf Σ.

Ein einfaches Beispiel dafür, eine $\mathcal{PT}$ in der geschilderten Weise mit $\mathcal{MT}_{\Sigma_1}$ statt $\mathcal{MT}_\Sigma$ darzustellen, ist sehr bekannt: Die Elektrodynamik. Als Σ_1 betrachtet man Ladungen und Ströme, elektrische und magnetische Felder, die den *Maxwell*schen Gleichungen genügen. Die „Kräfte" werden in $\mathcal{MT}_{\Sigma_1}$ aus Ladungen, Strömen, Feldern „gewonnen". In der axiomatischen Basis $\mathcal{MT}_\Sigma$ geht man von den „Kräften" aus und gewinnt daraus erst Ladung, Ströme, Felder als physikalisch wirkliche Größen (siehe § 10.10 und auch [1] VIII). Wenn aber einmal aufgrund von $\mathcal{MT}_\Sigma$ die Ladungen, Ströme, Felder als physikalisch wirklich nachgewiesen sind, „arbeitet es sich leichter" mit dem Bild $\mathcal{MT}_{\Sigma_1}$, das man üblicherweise „lernt".

Auch die von *Jauch-Piron* [12] entwickelte Grundlegung der Quantenmechanik ist im Vergleich zu der in [20] oder [3] entwickelten Grundlegung eine Entwicklung auf einer wirklichkeitsäquivalenten Basis.

Ein weiteres Beispiel wirklichkeitsäquivalenter Basen, das sehr illustrativ ist, ist die Begründung der Raumstruktur in [27], die in der axiomatischen Basis von der Hauptbasismenge der „Raumgebiete" mit zwei Relationen „Teil von" und „Transport" als Strukturterm ausgeht. Als eine Menge realer Sachverhalte erhält man eine Menge von „Raumpunkten" mit einer euklidischen „Abstandsstruktur" (ebenfalls als realer Sachverhalt). Diese Menge von „Raumpunkten" mit der euklidischen „Abstandsstruktur" ist dann eine wirklichkeitsäquivalente Basis. Von dieser wirklichkeitsäquivalenten Basis aus wurde in [1] II eine Skizze einer Theorie des physikalischen Raumes entworfen.

11. Wahrscheinlichkeit und Verfügbarkeit

Wir wenden uns in diesem Paragraphen einem weiteren Grundbegriff der Interpretationssprache der Physik und der damit verbundenen Abbildungsprinzipien zu. Dies ist umsomehr notwendig, um die auch heute noch mit dem Wahrscheinlichkeitsbegriff verknüpften, unklaren Vorstellungen zu beseitigen.

Bei der Diskussion physikalischer Theorien auch vom Standpunkt der Wissenschaftstheorie her hat der Begriff der Wahrscheinlichkeit eine große Rolle gespielt. Auch wenn wir hier in diesem Buch nicht die Absicht haben, das Problem der Anerkennung einer Theorie (siehe § 1 unter Punkt 4) zu diskutieren, spielt doch der Begriff der Wahrscheinlichkeit auch eine große Rolle bei zwei hier zu behandelnden Problemen: Was bedeutet der Begriff der Wahrscheinlichkeit in bezug auf den Begriff des physikalisch Möglichen aus § 10 und was bedeutet der Begriff der Wahrscheinlichkeit in bezug auf das Testen einer Theorie nach §§ 5 und 6?

Das letztere Problem hat oft in der Wissenschaftstheorie zu großen Schwierigkeiten geführt, da man irgendwie mit der Praxis der Physiker fertig werden mußte, „seltene" Widersprüche zwischen Erfahrung und Theorie hinzunehmen. Wir haben auch schon mehrfach darauf hingewiesen, daß man, soweit dies möglich ist, widerspruchsvolle $\mathcal{M}T_{\Sigma}\mathcal{A}$s dadurch zu beseitigen versucht, daß man sehr wenige ganz vereinzelte Erfahrungen aus dem Realtext „herausstreicht". Über diese Methode müssen wir noch etwas genauer sprechen, damit keine falschen Vorstellungen entstehen.

Alle Diskussionen über die Bedeutung des Wahrscheinlichkeitsbegriffs für physikalische Theorien leiden darunter, daß man Wahrscheinlichkeit gleich Wahrscheinlichkeit setzt, d. h. daß man nicht genügend beachtet, daß das Wort Wahrscheinlichkeit für verschiedene Inhalte benutzt wird. Wir wollen daher zunächst mit einem „physikalischen" Wahrscheinlichkeitsbegriff beginnen.

Auch bei der Frage nach dem „physikalischen" Wahrscheinlichkeitsbegriff trifft man auf große Schwierigkeiten, da in einem sehr grundlegenden Gebiet der Physik, der statistischen Mechanik, das Wort „Wahrscheinlichkeit" in vielfältig schillernder Bedeutung benutzt wird. Ein typisch andersartiger Wahrscheinlichkeitsbegriff, als man ihn sonst in der Physik benutzt, tritt nämlich in der statistischen Mechanik in Form der sogenannten „thermodynamischen Wahrscheinlichkeit" auf. Man kann sich manchmal nicht des Eindrucks erwehren, daß man den Begriff „thermodynamische Wahrscheinlichkeit" erfunden hat, um echte physikalische Probleme durch das Wort „Wahrscheinlichkeit" zu vernebeln und damit wie mit einer Zauberformel verschwinden zu lassen. So kann man z. B. den „Eindruck erwecken", als ob es irgendwie selbstverständlich wäre, daß Makrosysteme dem Zustand „größter thermodynamischer Wahrscheinlichkeit" zustreben, eben weil es „am wahrscheinlichsten" sei; ein solches Argument ist aber ein vollkommenes Mißverständnis; der eigentliche Grund für das Streben ins Gleichgewicht liegt wesentlich tiefer (siehe z. B. [1] XI §§ 4 und 10 und [20] X). Deshalb plädiert der Verfasser dafür, das Wort Wahrscheinlichkeit nicht mehr für das zu benutzen, was man bisher mit thermodynamischer Wahrscheinlichkeit zu bezeichnen pflegte (siehe [1] XV und [20] X).

Der physikalische Wahrscheinlichkeitsbegriff wird überall dort benutzt, wo experimentell „Statistiken" aufgenommen werden. *Wie bei jedem über unmittelbar erfahrbare Sachverhalte hinausgehenden physikalischen Begriff wird auch der physikalische Wahrscheinlichkeitsbegriff im mathematischen Bild definiert, um ihn dann mit Hilfe von Abbildungsprinzipien dazu benutzen zu können, Relationen aus (—)ᵣ aufschreiben zu können.*

11.1 Auswahlverfahren und Statistik

Die übliche, auf *Kolmogoroff* [6] zurückgehende Grundlegung der Wahrscheinlichkeitstheorie durch eine mathematische Strukturart, die man meistens durch ein Tripel (Ω, A, P) charakterisiert, ist für die Physik manchmal zu speziell und zur begrifflichen Diskussion des physikalisch Möglichen unnötig schwierig. Die zu große Spezialisierung wie die angedeuteten Schwierigkeiten beruhen auf folgenden Problemen der Verbindung von (Ω, A, P) mit der Erfahrung, d. h. auf der Formulierung der Abbildungsprinzipien.

Die Anwendung der Strukturart (Ω, A, P) beruht auf der Einführung folgender Grundbegriffe: Ω wird als Menge von „elementaren Ereignissen" bezeichnet (d. h. die Elemente von Ω heißen „elementare Ereignisse"). Dieser Begriff „elementare Ereignisse" soll ein kurzer Hinweis auf ein Abbildungsprinzip sein, d. h. ein Hinweis darauf, daß eine Relation $\omega \in \Omega$ bedeutet, daß ω als Zeichen für ein elementares Ereignis aus einem Realtext stammt. Durch die Abbildungsprinzipien (eventuell mit Hilfe von Vortheorien) muß als geklärt vorausgesetzt werden, welcher reale Sachverhalt im Realtext unter den Typ (siehe § 5) eines „elementaren Ereignisses" fällt. Gerade dies läßt sich aber meistens erst mit Hilfe komplizierter (im Sinne von § 10.9 „abgeleiteter") physikalischer Begriffe klären (siehe auch § 12.3). Näher mit der Erfahrung verknüpfbar sind die Elemente von A (wobei A eine σ-Algebra von Teilmengen von Ω ist), die man „Ereignisse" nennt. Sieht man sich die meisten Anwendungen an, so erkennt man schnell, daß die als „Ereignisse" durch Elemente von A abgebildeten Sachverhalte sehr „idealisierte" Ereignisse sind und nicht etwa immer das sind, was sich im Realtext selbst alles „ereignet". Die meisten „realen Ereignisse" sind oft nicht durch Teilmengen als Elemente von A, sondern durch meßbare Funktionen $f : \Omega \to [0, 1]$ zu charakterisieren, wobei dann

$$\int_\Omega f(\omega)\,dP(\omega)$$

die Wahrscheinlichkeit für das „reale", durch f abgebildete Ereignis ist. Die Teilmengen von A entsprechen denjenigen Funktionen f, die nur die Werte 0 und 1 annehmen. Den Elementen von A entsprechen daher besonders „idealisierte" Ereignisse; und wieder erhebt sich dann die Frage, wie man (eventuell mit Hilfe von Vortheorien) erkennen kann, welcher reale Sachverhalt ein solches „idealisiertes" Ereignis ist (siehe wieder § 12.3).

Ein weiteres Problem stellt die Wahrscheinlichkeitsfunktion P selbst dar (P als ein σ-additives, positives, normiertes Maß über A). In physikalischen Anwendungen hängt P meistens selbst wieder von gewissen physikalischen Bedingungen ab, d. h. man hat meistens *nicht ein* P, sondern eine Menge von verschiedenen Wahrscheinlichkeitsfunktionen P. Die Struktur dieser Menge der „in der Natur vorkommenden bzw. machbaren" Ps ist ein weiteres physikalisches Problem, das eben durch die Strukturart (Ω, A, P) oft nicht ausreichend erfaßt werden kann.

Alle die eben kurz angedeuteten Argumente legen es nahe, daß die Strukturart (Ω, A, P) eigentlich eine im Sinne von § 10.9 aus einer physikalisch grundlegenderen Strukturart abgeleitete Strukturart darstellt, so daß also die Anwendung von (Ω, A, P) schon mehr oder weniger gut ausgearbeitete Vortheorien voraussetzt, wobei die für (Ω, A, P) benutzten Zeichen im Sinne von § 9.1 *Sammelzeichen* sind; siehe beispielhaft für eine solche Einführung der Strukturart (Ω, A, P) § 12.3.

Zur begrifflichen Klärung der Anwendung des Wahrscheinlichkeitsbegriffs in der Physik ist es daher vorteilhaft, von einer grundlegenderen Strukturart auszugehen, die in allen bekannten Fällen in der Physik anwendbar ist. Dabei ist der Ausgangspunkt nicht eine Menge „elementarer" Ereignisse, sondern eine Menge von „Einzelprozessen". Ein Einzelprozeß ist kein einzelnes Ereignis, sondern kann eine ganze Kette von Ereignissen umfassen. Die experimentell aufgenommene Statistik ist nichts anderes als die Aufnahme von Häufigkeiten ausgewählter Prozesse. Wie dies genauer gemeint ist, werden die folgenden Begriffsbildungen zeigen.

In einer zu einer $\mathcal{PT}$ gehörigen axiomatischen Basis $\mathcal{MT}_\Sigma$ seien als reale Sachverhalte eine Menge M mit einer Struktur abgeleitet (wie es in § 10.9 angedeutet ist). Die Menge M realer Sachverhalte sei kurz mit Menge der *Einzelprozesse* bezeichnet. Die Struktur über M definieren wir schrittweise:

Als erstes sei eine Menge $S \subset \mathcal{P}(M)$ definiert, wobei S ebenfalls eine Menge realer Sachverhalte ist. Für S gelte (als Sätze oder Axiome in $\mathcal{MT}_\Sigma$):

AS 1.1 $a, b \in S$ und $a \subset b \Rightarrow b \setminus a \in S$,

AS 1.2 $a, b \in S \Rightarrow a \cap b \in S$.

S nennen wir dann eine *Struktur Auswahlverfahren*. Ein $a \in S$ beschreibt ein Verfahren, nach dem Einzelprozesse ausgewählt werden: $x \in a$ heißt, daß der Prozeß x nach dem Verfahren a ausgewählt ist.

Durch AS 1.1, 1.2 ist der Begriff Auswahlverfahren definiert. Werden diese Relationen in einer Theorie als Axiome eingeführt, so handelt es sich also im Sinne von § 7.6 um Begriffsnormen. Widersprüche in $\mathcal{MT}_\Sigma A$ bei der Anwendung des Begriffes können nicht auftreten, wenn der Begriff anwendbar ist.

Das Wort Auswahlverfahren drückt schon aus, daß eine solche Anwendung eine von Menschen aktiv durchgeführte begriffliche Ordnung des Realtextes voraussetzt, wobei der Realtext sowohl in der Natur gegeben wie von Menschen gemacht sein kann.

Wir fordern *nicht* $M \in S$, da dies in vielen Fällen unphysikalisch ist (siehe [1] XIII, [3] II und [20] II). Wir definieren für $a \in S$:

$$S(a) = \{b \mid b \in S \text{ und } b \subset a\}.$$

Aus AS 1.1, 2 folgt, daß $S(a)$ ein *Boole*scher Mengenring ist.

Es gelten folgende leicht zu beweisende Sätze ([3] II): Sind mehrere Strukturen Auswahlverfahren S_λ gegeben, so ist auch $S = \cap_\lambda S_\lambda$ eine Struktur Auswahlverfahren. Daraus folgt leicht: Zu jeder Menge $\Theta \subset \mathcal{P}(M)$ gibt es eine kleinste Menge S (mit $S \supset \Theta$), die Struktur Auswahlverfahren ist. Man nennt dieses S die von Θ erzeugte Menge von Auswahlverfahren.

Neben S gebe es noch einen weiteren Strukturterm (als Menge realer Sachverhalte), der eine Abbildung λ von

$$T = \{(a,b) \mid a, b \in S, \ a \supset b \text{ und } a \neq \emptyset\}$$

in das Intervall $[0,1]$ der reellen Zahlen beschreibt. Für λ möge gelten:

AS 2.1 $a_1, a_2 \in S, \ a_1 \cap a_2 = \emptyset, \ a_1 \cup a_2 \in S \Rightarrow$
$$\lambda(a_1 \cup a_2, a_1) + \lambda(a_1 \cup a_2, a_2) = 1.$$

AS 2.2 $a_1, a_2, a_3 \in S, \ a_1 \supset a_2 \supset a_3, \ a_2 \neq \emptyset \Rightarrow$
$$\lambda(a_1, a_3) = \lambda(a_1, a_2)\lambda(a_2, a_3).$$

AS 2.3 $a_1, a_2 \in S, \ a_1 \supset a_2, \ a_2 \neq \emptyset \Rightarrow \lambda(a_1, a_2) \neq 0.$

$\lambda(a,b)$ heißt die *Wahrscheinlichkeit* von b relativ zu a. Hat man aufgrund eines Realtextes N Relationen $x_1 \in a$, $x_2 \in a$, ... und $x_N \in a$ für die Einzelprozesse $x_1, \ldots, x_N$, so kann für einige dieser x_i auch noch $x_{i_1} \in b$, ..., $x_{i_{N_+}} \in b$ gelten. Dies mögen N_+ aus den N Prozessen sein. Die Häufigkeit $h = N_+/N$ ist dann „unscharf" auf $\lambda(a,b)$ abzubilden, d. h. es ist in $(-)_r(2)$ die Relation $\lambda(a,b) \sim_p N_+/N$ aufzuschreiben. Über das, wie hierbei das Wort „unscharf" zu verstehen ist, ist sehr viel diskutiert worden, und wir müssen später (§ 11.6) noch darauf zurückkommen. Zunächst sei kurz gesagt, daß $\lambda(a,b)$ und N_+/N um so genauer übereinstimmen sollen, je größer die Zahl N ist.

Dies heißt nichts anderes, als daß die Häufigkeiten N_+/N für große N annähernd reproduzierbar sein *sollen*. Das Axiom, daß λ als näherungsweises Bild von Häufigkeiten im Intervall $[0,1]$ liegt, ist also eine *begriffliche Norm*. Ein Verstoß von $(-)_r$ gegen diese Norm ist unmöglich. Das Axiom, daß λ eine *Abbildung* (von T in $[0,1]$) darstellt, ist eine (zwar idealisierte) *Handlungsnorm*. Nur solche Auswahlverfahren und deren relative Häufigkeiten N_+/N werden im Grundbereich zugelassen, wo eben N_+/N (wenigstens näherungsweise) reproduzierbar ist. Man hat so zu experimentieren, daß man Reproduzierbarkeit der Häufigkeiten erhält. Dies ist *nicht* selbstverständlich. Im Gegenteil muß sich der Experimentalphysiker anstrengen, um die Handlungsnorm der annähernden Reproduzierbarkeit von Häufigkeiten zu erfüllen (siehe auch § 11.6).

S zusammen mit λ heißt eine Struktur *statistische Auswahlverfahren* über M. Diese Strukturart können wir also durch das Tripel (M, S, λ) charakterisieren. (M, S, λ) hat eine gewisse Ähnlichkeit mit der oben angegebenen Strukturart (Ω, A, P). Die Strukturart (M, S, λ) kann überall in der Physik, auch als Basis für die Quantenmechanik (siehe § 12 und insbesondere [3], [1] XIII, [23] und [20]) benutzt werden.

Die zugrundegelegten Axiome AS 2.1, 2 sind aufgrund der physikalischen Interpretation fast „selbstverständlich" (siehe [1] XIII und [3]). Sie sind begriffliche Normen. Nicht ganz so selbstverständlich ist AS 2.3. Man ist „gewöhnt", daß es in der Strukturart (Ω, A, P) Elemente $a \in A$ mit $a \neq \emptyset$, aber $P(a) = 0$ gibt; a ist dann eine Menge vom Maß Null. Solche Möglichkeiten bestehen durchaus im Rahmen einer $\mathcal{MT}_\Sigma$, da man häufig Mengen „vervollständigt", wie wir es in § 8 diskutiert haben. Ebenso „vervollständigt" man oft auch die Menge S. Damit wir die Möglichkeit der Vervollständigung von S erhalten, ergänzen wir (in mathematischer Idealisierung) die Forderungen AS 2.1 bis 3 noch durch

AS 2.4.1   Für eine abnehmende Folge $a_\nu \in S$ mit $\bigcap_\nu^\infty a_\nu = \emptyset$

und einem $a \in S$ mit $a \supset a_1$ ist $\lambda(a, a_\nu) \to 0$.

AS 2.4.2   Zu jeder total geordneten Teilmenge von S gibt es in S

eine obere Schranke.

Aus AS 2.1 und 2 folgt schon $\lambda(a, \emptyset) = 0$. AS 2.4.1 stellt demgegenüber eine (mathematisch idealisierende) Verschärfung von $\lambda(a, \emptyset) = 0$ dar. AS 2.4.2 tritt an die Stelle der *nicht* gestellten Forderung $M \in S$ und ist physikalisch sehr realistisch, da es die Forderung enthält, daß es zu einer Folge immer gröberer Auswahlverfahren ein gröbstes Auswahlverfahren gibt. Bei einer „Vervollständigung" von S zu einer umfangreicheren Menge $\overline{S}$ verzichtet man dann meistens auf die Gültigkeit von AS 2.3 für $\overline{S}$. AS 2.4.2 kann man durch die „Vervollständigung" von S, d. h. für $\overline{S}$ erreichen, wenn für S statt AS 2.4.2 folgende schwächere Forderung erfüllt ist: Für jede total geordnete Teilmenge T von S ist für festes $b \in T$ und alle $a \in T$ mit $a \supset b$: inf $\lambda(a, b) \neq 0$.

Die Axiome AS 2.3 und 2.4.2 drücken aus, daß wir „zunächst" in S realistischere Auswahlverfahren (als in ganz $\overline{S}$) zulassen und die Hinzufügung von Limeselementen in $\overline{S}$ einer späteren mathematischen Ergänzung überlassen. Eine solche realistische Haltung ist auch deshalb angebracht, weil wir nach § 8 immer von abzählbaren Mengen ausgehen, d. h. S als abzählbar (wenn nicht gar endlich) voraussetzen.

Es kann aber hier nicht unsere Aufgabe sein, eine allgemeine Wahrscheinlichkeitstheorie zu entwickeln. Wir wollen vielmehr auf die physikalische Bedeutung einer solchen Strukturart (M, S, λ) in der axiomatischen Basis $\mathcal{MT}_\Sigma$ einer $\mathcal{PT}$ eingehen. (In bezug auf die Bedeutung der Strukturart (Ω, A, P) als einer aus (M, S, λ) herleitbaren Strukturart sei nur kurz erwähnt, daß für $a \in S$ das Tripel (a, A, P) mit A als der von $S(a)$ erzeugten σ-algebra und $P(b) = \lambda(a, b)$

für $b \in S(a)$ bestimmten Maßfunktion P eine Struktur der Art (Ω, A, P) ist. Meistens werden aber Strukturarten (Ω, A, P) bei der Betrachtung von Observablen benutzt; siehe § 12.3 und [3] IV.)

Es sei am Schluß dieses Paragraphen betont, daß es in der Praxis physikalischer Theorien sehr häufig vorkommt, daß über eine Menge M nicht nur *eine* Struktur *statistische Auswahlverfahren* S gegeben ist, sondern mehrere S_1, S_2, ..., die durchaus noch voneinander abhängen können. In § 12 werden wir einen solchen für die Physik zentral wichtigen Fall näher angeben. Hier in § 11 aber wollen wir der Einfachheit halber nur ein S über M betrachten. Daß wir nur ein S betrachten, muß man in Erinnerung behalten, wenn wir in §§ 11.2 bis 11.4 Hypothesen diskutieren.

11.2 Wahrscheinlichkeiten für physikalische Möglichkeiten

Eine häufig diskutierte Situation ist die folgende: Aufgrund eines Realtextes erhält man für ein $m \in M$ die Relation $m \in a$ für ein Auswahlverfahren $a \in S$. Für ein anderes Auswahlverfahren $c \in S$ sei aufgrund der Festlegung von a und c der reelle Zahlenwert $\lambda(a, a \cap c)$ berechenbar, d. h. bestimmt. Fügt man zu den Axiomen $(\text{—})_r$ des Realtextes noch die Relation

$$m \in c \tag{11.2.1}$$

hinzu, so erhält man eine Hypothese (ohne hypothetische Elemente). Man pflegt dann zu sagen, daß $\lambda(a, a \cap c)$ die Wahrscheinlichkeit für $m \in c$ ist. Wie stellt sich die Beurteilung der Hypothese (11.2.1) nach den Kriterien aus § 10 dar? Bei dem Versuch der Beantwortung dieser Frage werden wir gleich bemerken, wie kompliziert die Beurteilung einer Hypothese (11.2.1) sein kann und wie sie von der *genauen* Struktur des Realtextes, d. h. von den Axiomen $(\text{—})_r$ abhängt.

Es liege also ein Realtext vor, so daß wir die Axiome $(\text{—})_r$ mit $\widetilde{E}$ nach (10.2.10) in der Form $A \in \widetilde{E}$ zusammenfassen können. Das Element $m \in M$ soll durch den Realtext „gegeben" sein, d. h. es läßt sich eine Funktion $f : \widetilde{E} \to M$ angeben, so daß $m = f(A)$ definiert ist; im einfachsten Fall ist m eine Komponente von A.

Wir wollen nun annehmen, daß ein Term $c \in S$ durch $\mathcal{MT}_\Sigma$ eindeutig definiert sei: $c = c(y_1, \ldots, y_r, t)$ in der Bezeichnungsweise aus § 10. Zusammen mit dem Realtext lautet dann die Hypothese (11.2.1):

$$A \in \widetilde{E} \text{ und } f(A) \in c. \tag{11.2.2}$$

Mit $\widetilde{E}_+$ nach (10.2.20) ist speziell

$$\widetilde{E}_+ = \{ Z \mid Z \in \widetilde{E} \text{ und } f(Z) \in c \}. \tag{11.2.3}$$

Dies läßt sich auch so schreiben:

$$\widetilde{E}_+ = f^{-1}[f(\widetilde{E}) \cap c].$$

Die zu (11.2.2) assoziierte Hypothese lautet nach (10.3.12)

$$A \in \widetilde{E} \text{ und } X \in \widetilde{E}_+, \quad \text{d.h.} \quad A \in \widetilde{E} \text{ und } X \in \widetilde{E} \text{ und } f(X) \in c. \tag{11.2.4}$$

Ein häufig auftretender Fall, den wir als erstes diskutieren wollen, ist der, daß

$$f(\widetilde{E}) \neq \emptyset \text{ und } f(\widetilde{E}) \in S \tag{11.2.5}$$

ein Satz in $\mathcal{MT}_\Sigma$ ist. Zur Abkürzung setzen wir

$$f(\widetilde{E}) = a. \tag{11.2.6}$$

Durch

$$\lambda(a, a \cap c) = \lambda(f(\widetilde{E}), f(\widetilde{E}) \cap c) = \alpha \tag{11.2.7}$$

ist dann ein in $\mathcal{MT}_\Sigma$ aus $\widetilde{E}$, f, c berechenbarer reeller Zahlenwert α gegeben.

Wir diskutieren nun die Hypothese (11.2.2) entsprechend dem Interpretationsschema aus § 10.7. Da die Hypothese (11.2.2) keine hypothetischen Elemente enthält, ist sie immer determiniert. Es bestehen daher folgende Möglichkeiten:

1) (11.2.2) ist theoretisch existent und damit physikalisch wirklich. Die Bedingung dafür ist, daß $\widetilde{E}_+ = \widetilde{E}$ ein Satz in $\mathcal{MT}_\Sigma$ ist. $\widetilde{E}_+ = \widetilde{E}$ ist nach (11.2.3) äquivalent mit $f(\widetilde{E}) \subset c$, d. h. $a \cap c = a$. $\widetilde{E}_+ = \widetilde{E}$ ist also äquivalent mit $\alpha = 1$, da aus $\alpha = 1$ auch $a \cap c = a$ folgt. Ist also die Wahrscheinlichkeit $\alpha = 1$, so ist $m = f(A) \in c$ physikalisch wirklich. In der üblichen Terminologie nennt man im Fall $\alpha = 1$ die Hypothese (11.2.2) sicher. Wir haben in § 10.3 noch genauer als üblich zwischen *sicher* und *theoretisch existent* unterschieden, wobei theoretisch existent eine Verschärfung gegenüber sicher bedeutete. Kann (11.2.7) „nur" sicher (in unserer Terminologie) sein? Diese Frage wird unter Punkt 2 beantwortet.

2) (11.2.2) ist sicher. Da wir (11.2.5) als Satz vorausgesetzt haben, kann für $\alpha \neq 1$ (11.2.2) nicht sicher sein, denn die zu $[A \in \widetilde{E} \text{ und } f(A) \in a \setminus a \cap c]$ assoziierte Hypothese ist theoretisch existent (wie entsprechend den Ableitungen unter 3 mit $1 - \alpha$ statt α folgt) und damit ist $[A \in \widetilde{E} \text{ und } f(A) \in a \setminus a \cap c]$ c-erlaubt. Die Hypothese (11.2.2) ist aber mit $[A \in \widetilde{E} \text{ und } f(A) \in a \setminus a \cap c]$ nicht kompatibel, so daß also (11.2.2) nicht sicher ist. Der Fall 2 ist also mit 1 identisch.

3) Die assoziierte Hypothese (11.2.4) ist theoretisch existent, aber $\alpha \neq 1$. Die Bedingung dafür ist, daß $\widetilde{E}_+ \neq \emptyset$ ein Satz in $\mathcal{MT}_\Sigma$ ist (wir haben $f(\widetilde{E}) \neq \emptyset$ als Satz vorausgesetzt). Mit $\widetilde{E}_+ \neq \emptyset$ ist äquivalent $f(\widetilde{E}) \cap c \neq \emptyset$. $f(\widetilde{E}) \cap c = a \cap c \neq \emptyset$ ist wieder äquivalent mit $\alpha \neq 0$. Der Fall 3 liegt also vor für $0 < \alpha < 1$. Die Hypothese (11.2.2) ist dann also bedingt physikalisch möglich.

4) Daß die assoziierte Hypothese nur sicher, aber nicht theoretisch existent ist, ist wie oben bei 2 nicht möglich, da wir (11.2.5) als Satz vorausgesetzt haben.

5) Es bleibt nur der Fall $\alpha = 0$, was damit äquivalent ist, daß $a \cap c = \emptyset$ ein Satz in $\mathcal{M}\mathcal{T}_\Sigma$ ist. Die Hypothese (11.2.2) ist dann also physikalisch auszuschließen.

Für die Hypothese (11.2.2) können also nur die Fälle 1, 3, 5 auftreten. Nun ist es üblich, die physikalische Möglichkeit im Falle 3 noch mit dem „Gewicht" einer Wahrscheinlichkeit zu versehen: Man nennt im Fall 3 die Zahl α die Wahrscheinlichkeit für die physikalische Möglichkeit der Hypothese (11.2.2).

Wie erhält man im Realtext eine Zahl, die auf die Zahl α abzubilden ist? Dazu braucht man nur (wie es die assoziierte Hypothese (11.2.4) andeutet) im Realtext sehr viele $A_\nu \in \widetilde{E}$ „herzustellen" und durch *Erweiterungen* des Realtextes für jedes ν die Hypothese (11.2.2) verwirklichen oder falsifizieren, d. h. für jedes ν möge sich aus dem erweiterten Realtext, d. h. aus $\mathcal{M}\mathcal{T}_\Sigma\mathcal{A}$ für den erweiterten Realtext, entweder $f(A_\nu) \in c$ oder $f(A_\nu) \notin c$ herleiten lassen. ν laufe von 1 bis N, wobei N eine „sehr große" Zahl ist und für $\nu_1, \nu_2, \ldots, \nu_{N_+}$ gelte $f(A_{\nu_i}) \in c$. Die Zahl N_+/N muß dann in physikalischer Approximation mit α übereinstimmen. Genau diese experimentelle Situation ist es, die zu der Formulierung führt, daß die Hypothese (11.2.2) vor Erweiterung des Realtextes mit der Wahrscheinlichkeit α physikalisch möglich sei.

Der eben geschilderte Sachverhalt ist es auch, der die Basis für die Aussage ist, daß über die physikalische Möglichkeit der Hypothese (11.2.2) nicht „verfügt" werden kann; denn könnte man „verfügen", so könnte man die Häufigkeit N_+/N zu 1 „machen" im Widerspruch zu der Existenz der Wahrscheinlichkeitsfunktion λ, d. h. im Widerspruch zur Reproduzierbarkeit der Häufigkeiten. Da man über $f(A) \in c$ nicht verfügen kann, bezeichnet man das Eintreten von $f(A) \in c$ auch als „Zufall". Das Wort Zufall darf aber auf keinen Fall ontologisch genommen werden; hier soll es nur heißen, daß die Realtextsituation $A \in \widetilde{E}$ *nicht festlegt*, ob $f(A) \in c$ oder $f(A) \notin c$ gilt, *und auch nicht etwa beliebig über* $f(A) \in c$ *oder* $f(A) \notin c$ *verfügt werden kann*, da die Häufigkeit N_+/N in physikalischer Approximation determiniert, d. h. durch $A \in \widetilde{E}$ festgelegt, ist! $m = f(A) \in c$ ist also relativ zu $A \in \widetilde{E}$ „nicht verfügbar" und in diesem Sinne relativ zu $A \in \widetilde{E}$ „zufällig".

Wie steht es aber mit der Beurteilung der Hypothese, wenn (11.2.5) nicht als Satz gilt? Wir setzen aber weiter $f(\widetilde{E}) \neq \emptyset$ als Satz voraus. Gilt mit der oben kurz angedeuteten Vervollständigung $\overline{S}$ von S statt (11.2.5)

$$f(\widetilde{E}) \in \overline{S}, \tag{11.2.8}$$

so ändert sich praktisch nichts.

Wie aber soll man die Hypothese (11.2.2) beurteilen, wenn $f(\widetilde{E}) \notin \overline{S}$ gilt und weder $\widetilde{E}_+ = \widetilde{E}$ noch $\widetilde{E}_+ = \emptyset$ ist? Eine Wahrscheinlichkeit der Form $\lambda(f(\widetilde{E}), f(\widetilde{E}) \cap c)$ ist dann nicht definiert, auch wenn $c \in S$ oder sogar $f(\widetilde{E}) \cap c \in S$ gilt.

Der Fall $f(\widetilde{E}) \notin S$ kommt in der Physik häufig vor. Merkwürdigerweise wird über diesen Fall mit manchen mystifizierenden Begriffen herumgeredet, indem man auf irgendeine undurchsichtige Weise doch noch so etwas wie eine Wahrscheinlichkeit $\lambda(f(\widetilde{E}), f(\widetilde{E}) \cap c)$ einzuführen versucht. Der Hintergrund dieser Unklarheiten ist, daß eine *sinnvolle* (!) physikalische Wahrscheinlichkeit *immer nur eine relative* Wahrscheinlichkeit $\lambda(a, a \cap c)$ zwischen *zwei* Auswahlverfahren a und $b = a \cap c$ ist. Wie kommt es aber zu solchen untauglichen Versuchen?

Über die in $(-)_r$ aufgeschriebenen Axiome $A \in \widetilde{E}$ redet man oft als von dem, „was man weiß". $A \in \widetilde{E}$ erscheint dann also als so etwas wie das „Wissen eines Subjektes von der Natur". Natürlich ist nichts einzuwenden gegen „legere" Redeweisen, daß man $A \in \widetilde{E}$ „weiß", wenn man sich dessen bewußt ist, daß dies eigentlich nichts anderes als eine Kurzformulierung dafür ist, daß $\mathcal{MT}_\Sigma A$ durch Hinzufügen der Relation $A \in \widetilde{E}$ als Axiom zu $\mathcal{MT}_\Sigma$ entstanden ist, wobei $A \in \widetilde{E}$ die Niederschrift (in der Sprache von $\mathcal{MT}_\Sigma$) der realen Sachverhalte aus einem Realtext ist, einem Realtext, der sich laufend erweitert. Empfindet aber jemand psychologisch, daß „Wahrscheinlichkeit eigentlich etwas wäre, was vom Wissen eines Subjekts abhängt", so kann er es als unvernünftig empfinden, wenn er nicht auch bei „geringem" Wissen Wahrscheinlichkeiten angeben können soll. Ist aber die Wahrscheinlichkeit eine Beschreibung einer realen Struktur im Realtext, d. h. in der Wirklichkeit, so ist es nicht widersinnig, daß eine solche Struktur eben das *relative Aufeinanderbezogensein zweier* Auswahlverfahren beschreibt.

Die vom „Wissen" abhängige psychologisch empfundene Wahrscheinlichkeit versucht eine sogenannte „A-priori-Wahrscheinlichkeit" einzuführen, die dann anzuwenden sei, wenn man „nichts" weiß; je nach der Verbesserung des Wissens ändert sich dann auch die Wahrscheinlichkeit. In unserem mathematischen Bild der Auswahlverfahren kommt man *formal* (!) zu einer solchen „A-priori-Wahrscheinlichkeit", wenn man fordert, daß die Menge M selbst zu S gehört. Die A-priori-Wahrscheinlichkeit ist dann für $b \in S$:

$$\mu(b) = \lambda(M, b). \tag{11.2.9}$$

Es folgt dann für jede andere relative Wahrscheinlichkeit aus AS 2.2:

$$\lambda(a, b) = \frac{\mu(b)}{\mu(a)}. \tag{11.2.10}$$

In vielen physikalischen Theorien erweist sich (11.2.9) als unphysikalisch, d. h. als nicht physikalisch möglich, M mit zu den statistischen Auswahlverfahren zu rechnen, d. h. eine $\lambda(M, b)$ entsprechende *reproduzierbare* Häufigkeit zu gewinnen. Es kommt vor, daß man von einer physikalisch realistischen Struktur Auswahlverfahren S ausgehend zwar künstlich (11.2.9) erreichen kann, indem man in sehr willkürlicher und komplizierter Art und Weise ein System statistischer Auswahlverfahren $\widehat{S}$ erfindet mit $M \in \widehat{S}$, $\widehat{S} \supset S$ und $\widehat{\lambda}(a, b) = \lambda(a, b)$ für $a, b \in S$. Wir wollen hier solche „Rettungsversuche" einer „A-priori-Wahrscheinlichkeit" nicht weiter betrachten, da sie mit dem Problem des Umgangs der Physiker mit ihren Theorien nichts zu tun haben; ob sie als philosophisch befriedigende *Ergänzungen* empfunden werden, ist ein nur *subjektives Empfinden*.

11.3 Verfügbarkeit

Wir gehen wieder von der Hypothese (11.2.2) aus, setzen aber nicht $f(\widetilde{E}) \in S$ (bzw. $\overline{S}$) voraus. Weiterhin wollen wir AS 2.4.2 voraussetzen (siehe dazu auch die im Anschluß an AS 2.4.2 angegebene Möglichkeit der Abschwächung von AS 2.4.2).

Nach AS 2.4.2 und dem *Zorn*schen Lemma hat S maximale Elemente. Wenn nicht $M \in S$ gilt, so kann S mehr als nur ein maximales Element haben. Sei jetzt $\hat{a}$ ein solches maximales Element von S. Wir betrachten jetzt zunächst die Hypothese (11.2.2) für den Fall $c = \hat{a}$:

$$A \in \widetilde{E} \text{ und } f(A) \in \hat{a}. \tag{11.3.1}$$

Gilt $f(\widetilde{E}) \subset \hat{a}$, so ist die Hypothese (11.3.1) theoretisch existent und damit physikalisch (stark) wirklich. Ist $f(\widetilde{E}) \cap \hat{a} = \emptyset$, so ist die Hypothese (11.3.1) physikalisch auszuschließen. Interessant ist also nur der Fall: $f(\widetilde{E}) \cap \hat{a} \neq \emptyset$ und $f(\widetilde{E}) \cap \hat{a} \neq f(\widetilde{E})$ (dieser kann nur für $M \notin S$ auftreten). Da wir weiterhin $f(\widetilde{E}) \neq \emptyset$ als Satz und $\hat{a}$ als definiert voraussetzen, ist dieser Fall damit identisch, daß die Hypothese (11.3.1) bedingt physikalisch (stark) möglich ist. Gibt es für diese „Möglichkeit" eine durch Wahrscheinlichkeiten bestimmte „Bedingtheit"? Wenn $f(\widetilde{E}) \in S$ ist, so ließe sich tatsächlich für die Möglichkeit von (11.3.1) die Wahrscheinlichkeit $\lambda(f(\widetilde{E}), f(\widetilde{E}) \cap \hat{a})$ definieren. Wegen $f(\widetilde{E}) \cap \hat{a} \neq f(\widetilde{E})$ und $f(\widetilde{E}) \cap \hat{a} \neq \emptyset$ wäre $0 < \lambda(f(\widetilde{E}), f(\widetilde{E}) \cap \hat{a}) < 1$. Wegen $f(\widetilde{E}) \in S$ und $f(\widetilde{E}) \cap \hat{a} \neq f(\widetilde{E})$ wäre $f(\widetilde{E}) \cap \hat{a}$ kein maximales Element der Menge

$$S_{\widetilde{E}} = \{ f(\widetilde{E}) \cap a \mid a \in S \}, \tag{11.3.2}$$

da $f(\widetilde{E})$ echt größer als $f(\widetilde{E}) \cap \hat{a}$ ist. Dadurch wird es nahegelegt, die maximalen Elemente der in (11.3.2) definierten Menge $S_{\widetilde{E}}$ zu betrachten für den Fall, daß $f(\widetilde{E}) \notin S$ gilt.

Man sieht leicht, daß $S_{\widetilde{E}}$ eine Struktur Auswahlverfahren ist, d. h. daß für $S_{\widetilde{E}}$ die Bedingungen AS 1.1, 2 erfüllt sind. $S_{\widetilde{E}}$ ist sozusagen die Menge der Auswahlverfahren aus S unter der „Nebenbedingung $x \in f(\widetilde{E})$". Ein maximales Element von $S_{\widetilde{E}}$ ist also ein solches Auswahlverfahren aus $S_{\widetilde{E}}$, das *nicht* durch „Verfeinerung" aus einem anderen hervorgeht.

Die maximalen Elemente von $S_{\widetilde{E}}$ sind von keiner Wahrscheinlichkeit abhängig, da sie die „größten" Auswahlverfahren sind. Nur das Auswählen nach kleineren als den größten Auswahlverfahren kann eventuell in seiner

Willkürlichkeit durch die Wahrscheinlichkeitsfunktion von S eingeschränkt sein.

Wir definieren deshalb: Ist c eine solche Teilmenge von M, daß $f(\widetilde{E}) \cap c \neq \emptyset$ ein maximales Element von $S_{\widetilde{E}}$ ist (c selbst muß nicht unbedingt Element von S sein), so nennen wir $f(A) \in c$ in der Hypothese (11.2.2) „verfügbar". Für $f(\widetilde{E}) \subset c$ ist die Hypothese (11.2.2) physikalisch wirklich, und damit ist trivialerweise die Relation $f(A) \in c$ verfügbar. Ist aber nicht $f(\widetilde{E}) \subset c$, aber $f(\widetilde{E}) \cap c \neq \emptyset$ ein maximales Element von $S_{\widetilde{E}}$, so ist $f(A) \in c$ verfügbar, d. h. $f(A) \in c$ ist im folgenden Sinn „willkürlich": $f(A) \in c$ liegt zwar nicht „von selbst" vor wie bei einer physikalisch wirklichen Hypothese, aber es ist auch nicht durch irgendeine in $\mathcal{MT}_\Sigma$ beschriebene innere Abhängigkeitsstruktur zwischen $f(\widetilde{E})$ und c eingeschränkt. Wovon hängt es dann ab, ob $f(A) \in c$ oder $f(A) \notin c$ in einem erweiterten Realtext realisiert ist?

$f(A) \in c$ ist eben von der betrachteten $\mathcal{PT}$ her willkürlich und in diesem Sinne „verfügbar": Andere, nicht durch die betrachtete $\mathcal{PT}$ beschriebene Teile der Welt verfügen über $f(A) \in c$ (oder $f(A) \notin c$).

Für den Menschen ist es wichtig zu erkennen, wie er selbst direkt oder mit Hilfe anderer Apparate über solche verfügbaren Möglichkeiten verfügen kann. Der heutige Mensch hat eine unübersehbar große Technik entwickelt, um *selber* über möglichst viel in der Natur „verfügen" zu können. Damit wird er selbst derjenige, der über physikalisch mögliche Hypothesen verfügt, vielleicht um durch einen Test eine $\mathcal{PT}$ zu prüfen, vielleicht um Ziele seines Lebens zu „verwirklichen", zum Wohl oder leider auch oft zum Unheil des Menschen.

Unsere obige Definition von „verfügbar" ist weiter, als daß es sich allein um eine Möglichkeit des Verfügens des Menschen handelt. Dies geht auch schon daraus hervor, daß die von uns betrachteten Hypothesen sich nicht auschließlich auf die „Zukunft" beziehen. Verfügbar soll vielmehr nur besagen, daß über die betrachteten, bedingt physikalisch möglichen Hypothesen durch andere Umstände, die nicht durch die betrachtete $\mathcal{PT}$ beschrieben werden, verfügt wird oder verfügt wurde.

Beispiele für solche Hypothesen werden wir in § 12.4 kennenlernen. Hier sei zur Illustration nur kurz folgendes Beispiel angegeben: Es sei speziell $f(\widetilde{E}) = M$, d. h. der Realtext bedeutet keine Einschränkung für $f(A)$. c sei maximales Element von S. Die Hypothese (11.2.2) ist dann verfügbar. Sind z. B. die Elemente von M Bilder von Eisenkugeln und die maximalen Elemente von S die Bilder von Herstellungsverfahren von Eisenkugeln, d. h. c ein ganz bestimmtes, vorgegebenes Herstellungsverfahren, so ist $f(A) \in c$ „verfügbar". Das heißt aber nicht, daß über $f(A) \in c$ noch „später" verfügt werden kann, obwohl im Realtext schon eine spezielle Eisenkugel $m = f(A)$ vorliegt; es heißt in diesem Fall, daß über die spezielle Eisenkugel m schon $m \in c$ oder $m \notin c$ verfügt „wurde", d. h. daß m schon von einem Herstellungsverfahren, das das Verfahren c war oder nicht war, hergestellt „wurde".

Ist nun (wieder im allgemeinen Fall der Hypothese (11.2.2)) die Menge $f(\widetilde{E}) \cap c$ kein maximales Element von $S_{\widetilde{E}}$, so ist die Beurteilung der Hypothese (11.2.2) kompliziert; und es ist auch nicht allgemein durchdiskutiert, ob und wie man noch die physikalische Möglichkeit von (11.2.2) genauer charakterisieren könnte. Beispielhaft wollen wir nur den speziellen Fall betrachten, daß $f(\widetilde{E})\cap c \in S$ gilt (weder $f(\widetilde{E})$ noch c werden als Elemente von S vorausgesetzt). Weiterhin gelte auch für die maximalen Elemente y von $S_{\widetilde{E}}$, daß $y \in S$ ist. Wie kann man in diesem Fall die physikalische Möglichkeit der Hypothese (11.2.2) charakterisieren?

Obwohl $f(\widetilde{E}) \cap c \in S$ gilt, gibt es für die Hypothese (11.2.2) keine „Wahrscheinlichkeit", falls $f(\widetilde{E}) \notin S$ (bzw. $\overline{S}$) gilt. Man kann aber noch folgende erweiterte Hypothese mit einem hypothetischen Element x betrachten:

$$A \in \widetilde{E}, \ f(A) \in c, \ f(A) \in x, \ x \text{ maximales Element von } S_{\widetilde{E}}. \qquad (11.3.3)$$

Gilt in $\mathcal{MT}_\Sigma$ der Satz, daß die Vereinigung aller maximaler Elemente von $S_{\widetilde{E}}$ gleich $f(\widetilde{E})$ ist, so ist die Hypothese

$$A \in \widetilde{E}, \ f(A) \in x, \ x \text{ maximales Element von } S_{\widetilde{E}} \qquad (11.3.4)$$

theoretisch existent und damit physikalisch möglich. (11.3.3) ist die aus (11.2.2) und (11.3.4) zusammengesetzte Hypothese und (da (11.2.2) als bedingt physikalisch möglich vorausgesetzt wurde) ebenfalls bedingt physikalisch möglich. Die Hypothese (11.3.3) können wir als mit der Wahrscheinlichkeit

$$\lambda(x, x \cap c) \qquad (11.3.5)$$

relativ zu (11.3.4) bedingt physikalisch möglich bezeichnen. Ist die Hypothese (11.3.4) nicht determiniert, d. h. gibt es mehrere x, für die (11.3.4) gilt, so gibt es keine eindeutig festgelegte Wahrscheinlichkeit (11.3.5) für die Hypothese (11.2.2). Die Bedingtheit der Hypothese (11.2.2) setzt sich also aus einer Verfügbarkeit (indem man für ein nicht nur hypothetisches, sondern fixiertes maximales Element $x = d$ von $S_{\widetilde{E}}$ über $f(\widetilde{E}) \in d$ verfügt) und aus einer Wahrscheinlichkeit $\lambda(d, d \cap c)$ zusammen. (11.2.2) ist nicht verfügbar, da $f(\widetilde{E}) \in c$ an $f(\widetilde{E}) \in d$ durch eine Wahrscheinlichkeit $\lambda(d, d \cap c)$ gekoppelt ist und somit $f(\widetilde{E}) \in c$ nicht willkürlich ist. (11.2.2) ist aber auch nicht mit einer *bestimmten* Wahrscheinlichkeit möglich, da man verschiedene d wählen kann entsprechend der Tatsache, daß (11.3.4) nicht determiniert ist.

Solche eben diskutierten Fälle von Hypothesen (11.2.2), die „teilweise" verfügbar, teilweise durch Wahrscheinlichkeit bedingt sind, kommen in der Physik häufig vor. Ebenfalls in § 12.4 werden wir ein Beispiel kennenlernen. Hier sei kurz das obige Beispiel mit den Eisenkugeln fortgesetzt:

Neben den Herstellungsverfahren, d. h. den maximalen Elementen $x \in S$, betrachten wir als c eine Teilmenge von M, die ein „Prüfverfahren" beschreibt, das nur diejenigen Kugeln auswählt, die der Qualitätskontrolle des Prüfverfahrens genügen. Für die Hypothese $m = f(A) \in c$ gibt es keine Wahrscheinlichkeit, da über $m \in d$ für ein geeignetes maximales Element $d \in S$ nicht verfügt ist. Erst nachdem für die betrachtete Kugel m die „Herstellung" $m \in d$ festgelegt ist, ist für $m \in c$ die Wahrscheinlichkeit $\lambda(d, d \cap c)$ bestimmt. In der

Technik werden z. B. Kugeln mit $m \in c$ gewünscht. Dies kann man auf verschiedene Weisen verwirklichen: Man konstruiert ein Herstellungsverfahren d und „verfügt" über $m \in d$; dann sortiert man die Kugeln aus $d \setminus (d \cap c)$ aus und „wirft sie weg". Die Kosten für die Kugeln aus $d \cap c$ setzen sich zusammen aus den Kosten für die Herstellung nach d und dem „Verlust" der Kugeln aus $d \setminus (d \cap c)$. Ist d zu „schlecht", so werden die Kosten hoch, da $\lambda(d, d \setminus d \cap c)$ sehr groß ist; versucht man $\lambda(d, d \setminus d \cap c) \sim 0$ zu erreichen, so werden die Kosten für die Herstellung nach d sehr groß. In der Technik versucht man das „Problem $m \in c$" nach den Kosten durch geeignete Wahl von d zu optimieren. $m \in d$ ist dann verfügbar, $m \in c$ ist bei festem d mit der Wahrscheinlichkeit $\lambda(d, d \cap c)$ möglich. Dieses Beispiel zeigt, daß der von uns eingeführte Begriff „verfügbar" durchaus nicht mit „technisch herstellbar" identisch ist: $m \in c$ ist durchaus technisch herstellbar (wenn auch mit „Verlusten"), $m \in c$ ist aber nur dann verfügbar, wenn es ein maximales Element $d_0 \in S$ mit $d_0 \subset c$ gibt, denn dann ist $m \in d_0$ verfügbar und $\lambda(d_0, d_0 \cap c) = 1$.

Dieses Beispiel legt folgende *Erweiterung des Begriffs der Verfügbarkeit* nahe: Die Hypothese (11.2.2), d. h. $f(A) \in c$ heißt verfügbar, wenn $f(\widetilde{E} \cap c) \neq \emptyset$ und $x \subset f(\widetilde{E}) \cap c$ für ein geeignetes maximales $x \in S_{\widetilde{E}}$ ist.

Ob man eine vorhandene Verfügbarkeit in der Technik wirklich ausnützt, hängt oft von Kostenfragen ab, wie es das obige Beispiel zeigt; es kann billiger sein, mit durch Wahrscheinlichkeit fixierten „Verlusten" zu arbeiten.

11.4 Fast sichere Hypothesen

Wir gehen wieder zurück auf den in § 11.2 diskutierten Fall, daß für die Hypothese (11.2.2) die Relationen (11.2.5) als Satz in $\mathcal{MT}_\Sigma$ gelten. Die Charakterisierung der Hypothese nach den drei Fällen 1, 3, 5 aus § 11.2 entsprechend den Werten $\lambda(f(\widetilde{E}), f(\widetilde{E}) \cap c) = 1$, $0 < \lambda(f(\widetilde{E}), f(\widetilde{E}) \cap c) < 1$ und $\lambda(f(\widetilde{E}), f(\widetilde{E}) \cap c) = 0$ erscheint physikalisch etwas gekünstelt. Ist z. B. $\lambda(f(\widetilde{E}), f(\widetilde{E}) \cap c) = 1$, so ist die Hypothese physikalisch wirklich; ist dagegen $\lambda(f(\widetilde{E}), f(\widetilde{E}) \cap c) = 1 - 10^{-100}$, so ist die Hypothese nur bedingt möglich, da auch die Hypothese $f(A) \notin c$ bedingt möglich ist, wenn auch nur mit der geringen Wahrscheinlichkeit $\lambda(f(\widetilde{E}), f(\widetilde{E}) \setminus f(\widetilde{E}) \cap c) = 10^{-100}$. Was bedeutet eigentlich der Unterschied zwischen $\lambda(f(\widetilde{E}), f(\widetilde{E}) \cap c) = 1$ und $1 \neq \lambda(f(\widetilde{E}), f(\widetilde{E}) \cap c) \geq 1 - 10^{-100}$? Hierüber ist sehr viel „philosophiert" worden.

Tatsächlich handelt es sich um ein Phänomen, daß nichts (wenigstens nicht notwendig etwas) mit der Wirklichkeit zu tun hat, da $\mathcal{MT}_\Sigma$ ein „idealisiertes" Bild ist. Die reelle Funktion λ aus AS 2 (siehe § 11.1) ist ein mathematisch idealisiertes Bild (siehe §§ 6 und 8) einer Wirklichkeitsstruktur, und deshalb darf ein Unterschied zweier Zahlenwerte von λ, der in keiner physikalischen Weise nachprüfbar ist, nicht vorschnell als Bild einer Wirklichkeitsstruktur betrachtet werden (siehe §§ 6 und 8 und [1] II § 4); er ist vielmehr zunächst anzusehen als eine durch Idealisierung entstandene Feinheit der Struktur des Bildes, zu der es kein reales Analogon zu geben braucht. In diesem Sinn sind $\lambda(f(\widetilde{E}),$ $f(\widetilde{E}) \cap c) = 1$ und $1 \neq \lambda(f(\widetilde{E}), f(\widetilde{E}) \cap c) \geq 1 - 10^{-100}$ als physikalisch gleichwertig anzusehen.

Die Deutung der Funktion $\lambda(a, b)$ aus AS 2 als ein idealisiertes Bild einer Wirklichkeitsstruktur wird nicht von allen geteilt. Ganz bewußt wird aber hier in diesem Buch die durch $\lambda(a, b)$ beschriebene mathematische Struktur genauso als Bild einer Wirklichkeitsstruktur aufgefaßt, wie z. B. die euklidische Abstandsfunktion $d(a, b)$ zwischen zwei Punkten a und b im Raum als Bild eines physikalischen Abstandes zwischen zwei fixierten Stellen (siehe dazu [1] II).

Es bereitet oft Schwierigkeiten, zwischen in $\mathcal{MT}_\Sigma$ „exakt" beweisbaren Relationen und ihren dann nicht ganz exakten Interpretationen zu unterscheiden. Die prinzipielle Unschärfe der Interpretation ist aber immer dann notwendig, sobald man idealisierte Bilder benutzt (siehe §§ 6 und 8). $\lambda(a, b)$ beschreibt also nur mit einer endlichen (!), wenn vielleicht auch im Augenblick noch nicht sehr genau angebbaren Unschärfe eine Wirklichkeitsstruktur. Auf jeden Fall ist diese Unschärfe wesentlich größer als 10^{-100}, da es *ganz ausgeschlossen* ist, im Weltall Häufigkeiten mit einem Unterschied von 10^{-100} zu realisieren, da man dazu mehr als 10^{100} Einzelfälle benötigen würde, die es im ganzen Weltall nicht gibt.

Wir bezeichnen deshalb auch dann eine Hypothese (11.2.2) als physikalisch wirklich, wenn $\lambda(f(\widetilde{E}), f(\widetilde{E}) \cap c)$ innerhalb einer prinzipiell nicht unterscheidbaren Unschärfe den Wert 1 hat; und entsprechend als physikalisch auszuschließen, wenn $\lambda(f(\widetilde{E}), f(\widetilde{E}) \cap c)$ innerhalb der Unschärfe den Wert 0 hat.

Es ist üblich, die Hypothese (11.2.2) als „fast sicher" zu bezeichnen, wenn $\lambda(f(\widetilde{E}), f(\widetilde{E}) \cap c)$ innerhalb der Unschärfe den Wert 1 hat. Diese Kennzeichnung entspricht der schon in § 11.2 diskutierten Tatsache, daß wir für $\lambda(f(\widetilde{E}),$ $f(\widetilde{E}) \cap c) = 1$ die Hypothese (11.2.2) nach § 10 als „theoretisch existent" zu bezeichnen hatten, was nur einer Verschärfung gegenüber der ebenfalls in § 10 eingeführten Kennzeichnung von „sicher" entspricht. Ist die Hypothese (11.2.2) fast sicher, so schließen wir wie bei sicher (bzw. theoretisch existent) im Falle einer g.$\mathcal{G}$.-abgeschlossenen Theorie auf die physikalische Wirklichkeit der Hypothese.

Da die „Unschärfe" nicht mathematisch exakt angebbar ist (und das muß so sein, da man sonst ja das hinter der Idealisierung steckende physikalische Problem gelöst hätte; siehe §§ 6 und 8), kann man in Grenzfällen nicht entscheiden, ob man (11.2.2) als physikalisch wirklich oder nur bedingt möglich bezeichnen soll. Diese sicher nicht sehr „bequeme" Situation wird oft zum Anlaß genommen, das von Physikern benutzte, eben geschilderte „Verfahren" der Charakterisierung der Hypothese (11.2.2) als untauglich abzutun. Dieses Verfahren beschreibt aber gerade genau richtig die Erkenntnissituation, in der man sich bei Anwendung des idealisierten Bildes $\mathcal{MT}_\Sigma$ befindet!

Sicher ist es unbequem zuzugeben, daß das Bild $\mathcal{MT}_\Sigma$ in gewissen Grenzen unzulänglich ist. Die Unzulänglichkeit entspricht aber der wirklichen Situation. Da es aber zugegebenerweise praktisch unbequem ist, immer mit (nicht eindeutig festlegbaren) Unschärfen zu arbeiten, hat man ja gerade das idealisierte Bild $\mathcal{MT}_\Sigma$ erfunden. Bei Benutzung des idealisierten Bildes erhält man eindeutige Entscheidungen, aber über einen Wirklichkeitsbereich $\mathcal{WI}$, wie in § 10.11 angedeutet. Dies darf man nie vergessen! Im idealisierten Bild hat man die in § 11.2 in den Fällen 1, 3, 5 gegebenen Charakterisierungen der Hypothese (11.2.2); nur der Fall 1 mit $\lambda(f(\widetilde{E}), f(\widetilde{E}) \cap c) = 1$ führt zu einem Stück aus $\mathcal{WI}$. Tatsächlich aber ist es realistischer, (11.2.2) auch dann als physikalisch wirklich zu bezeichnen, wenn (11.2.2) nur „fast sicher" ist.

Da über dieses Verfahren viel diskutiert wurde, wollen wir auch noch folgenden „Einwand" betrachten: Es ist zwar durchaus legitim, auch für fast sichere Hypothesen (11.2.2), die Hypothese als wirklich zu bezeichnen, da es „äußerst unwahrscheinlich" und damit „fast unmöglich" ist, daß $f(A) \in c$ aus (11.2.2) nicht realisiert wird. Aber nur für $\lambda(f(\widetilde{E}), f(\widetilde{E}) \cap c) = 1$ „muß" $f(A) \in c$ realisiert werden; nur für $\lambda(f(\widetilde{E}), f(\widetilde{E}) \cap c) = 1$ besteht „absolute" Sicherheit; $\lambda(f(\widetilde{E}), f(\widetilde{E}) \cap c)$ fast gleich Eins „garantiert" nur eine „hohe" Sicherheit.

Wenn jemand einen „Glauben" hat, wie er dem eben geschilderten Einwand entspricht, so läßt sich dieser natürlich nicht widerlegen, aber auch nicht bestätigen. Zur Klarstellung muß aber hervorgehoben werden, daß hier in diesem Buch eine andere Auffassung über die Bedeutung einer $\mathcal{PT}$ vertreten und geschildert wurde. Nach dieser Auffassung ist $\mathcal{MT}_\Sigma$ kein „absolutes" Bild, und daher ist jede innerhalb $\mathcal{MT}_\Sigma$ mathematisch absolut exakt gezogene Schlußfolgerung noch lange keine absolut exakte Schlußfolgerung über die Wirklichkeit. Bei dieser Auffassung gibt es auch keine absolute Sicherheit für die Wirklichkeit einer nach einem Bild $\mathcal{MT}_\Sigma$ als theoretisch existent zu bezeichnenden Hypothese, d. h. in unserem Falle: Sowohl für $\lambda(f(\widetilde{E}), f(\widetilde{E}) \cap c) = 1$ wie für $\lambda(f(\widetilde{E}), f(\widetilde{E}) \cap c)$ fast gleich Eins besteht nur „hohe" Sicherheit für $f(A) \in c$; auf den mathematisch exakten Wert von $\lambda(f(\widetilde{E}), f(\widetilde{E}) \cap c)$ kommt es physikalisch nicht an.

Unter diesem Aspekt gewinnen auch die beiden Fälle $\lambda(f(\widetilde{E}), f(\widetilde{E}) \cap c) = 0$ bzw. fast gleich Null, einen besonderen Aspekt. In *beiden* Fällen bezeichnen wir die Hypothese (11.2.2) als physikalisch auszuschließen. Tritt im Experiment, d. h. bei Erweiterung des Realtextes, doch $f(A) \in c$ auf, so hat man im Fall $\lambda(f(\widetilde{E}), f(\widetilde{E}) \cap c) = 0$ eine widerspruchsvolle Theorie $\mathcal{MT}_\Sigma A$ erhalten, im Fall $\lambda(f(\widetilde{E}), f(\widetilde{E}) \cap c)$ fast gleich Null aber keine (!) widerspruchsvolle $\mathcal{MT}_\Sigma A$. Diese Aussage ist mathematisch richtig; der Physiker aber schätzt beide Fälle gleich ein: In *beiden* Fällen liegt ein Realtext vor, der eigentlich „so gut wie nicht vorkommen sollte", im ersten Fall exakt nicht vorkommen sollte im Vergleich zu $\mathcal{MT}_\Sigma$, im zweiten Fall praktisch nicht vorkommen sollte, da $\lambda(f(\widetilde{E}), f(\widetilde{E}) \cap c)$ „so gut wie Null" ist. In beiden Fällen ist für den Physiker der vorliegende Realtext nicht absolut auszuschließen (siehe auch die Diskussion in § 5)!

Wie aber ist dann der Fall zu beurteilen, daß bei Erweiterung des Realtextes die Hypothese $f(A) \in c$ realisiert ist, obwohl $\lambda(f(\widetilde{E}), f(\widetilde{E}) \cap c) = 0$ bzw. fast gleich Null ist! Entscheidend für die Beurteilung ist nicht, ob $\lambda(f(\widetilde{E}), f(\widetilde{E}) \cap c)$ exakt oder fast gleich Null ist, sondern allein ob experimentell *häufiger* Prozesse vorkommen, die nach $f(\widetilde{E}) \cap c$ fallen, d. h. ob es in Realtexten *verschiedene* $A_\nu \in \widetilde{E}$ mit $f(A_\nu) \in c$ gibt. Ein „Einzelfall" bleibt ein Einzelfall und besagt für den Physiker nichts für, noch etwas gegen die Theorie! Gelingt es aber, solche Fälle $A_\nu \in \widetilde{E}$ mit $f(A_\nu) \in c$ zu reproduzieren, so liegt ein ernster Widerspruch zwischen Theorie und Experiment vor, ganz gleichgültig ob $\lambda(f(\widetilde{E}), f(\widetilde{E}) \cap c) = 0$ oder z. B. $0 \neq \lambda(f(\widetilde{E}), f(\widetilde{E}) \cap c) \leq 10^{-100}$ ist. Einen *Einzelfall* kann man aus dem Realtext streichen, falls er für $\lambda(f(\widetilde{E}), f(\widetilde{E}) \cap c) = 0$ zu einer widerspruchsvollen $\mathcal{MT}_\Sigma\mathcal{A}$ führt (siehe § 5); reproduzierbare Fälle $f(A_\nu) \in c$ stehen auch mit z. B. $0 \neq \lambda(f(\widetilde{E}), f(\widetilde{E}) \cap c) \leq 10^{-100}$ im Widerspruch (d. h. führen zu einer widerspruchsvollen $\mathcal{MT}_\Sigma\mathcal{A}$), da ihre Existenz im Realtext bedeutet, daß die Häufigkeit dieser Fälle größer als 10^{-99} ist, d. h. daß die Axiome $(—)_r$ für diesen Realtext die Relation $\lambda(f(\widetilde{E}), f(\widetilde{E}) \cap c) > 10^{-99}$ „enthalten".

$\lambda(f(\widetilde{E}), f(\widetilde{E}) \cap c) = 0$ oder fast gleich Null bedeutet für den „Einzelfall" nichts; es bedeutet aber, daß ein Realtext mit $f(A) \in c$ nicht reproduzierbar ist. „Physikalisch auszuschließen" (als Urteil über Hypothesen) heißt also nicht „unmöglich", sondern „nicht reproduzierbar möglich". Im „Einzelfall" ist „alles" möglich.

11.5 Der Einzelfall und der Test von Wahrscheinlichkeiten

Am Ende des vorigen § 11.4 stießen wir bei der Frage nach der Realisierung einer Hypothese wiederum auf das schon in § 5 angeschnittene Problem des „Einzelfalls" im Realtext. Wir betrachten jetzt also keine Hypothesen, sondern nur Theorien $\mathcal{MT}_\Sigma\mathcal{A}$, d. h. den Test von $\mathcal{MT}_\Sigma$ durch Realtexte. Wir benutzen dabei zwar dieselbe Bezeichnungsweise, z. B. $f(A) \in c$ wie in den vorigen Paragraphen, betrachten aber die Relation $f(A) \in c$ *nur* dann, wenn sie aus $\mathcal{MT}_\Sigma\mathcal{A}$ als Satz folgt. Weiterhin möge aus $\mathcal{MT}_\Sigma\mathcal{A}$ der Satz $A \in \widetilde{E}$ mit dem obigen $\widetilde{E}$ aus § 11.2 folgen, d. h. der Realtext soll auf jeden Fall umfangreicher sein als bei Betrachtung der Hypothese (11.2.2). Zur Klärung des Problems des „Einzelfalls" $f(A) \in c$ sollen mehrere mögliche Situationen der Theorie $\mathcal{MT}_\Sigma\mathcal{A}$ betrachtet werden.

Situation 1. Es ist keine Wahrscheinlichkeit $\lambda(f(\widetilde{E}), f(\widetilde{E}) \cap c)$ definiert. Es gilt aber $f(\widetilde{E}) \cap c = \emptyset$ als Satz in $\mathcal{MT}_\Sigma$. Da $f(A) \in c$ als Satz in $\mathcal{MT}_\Sigma\mathcal{A}$ gelten soll, ist also $\mathcal{MT}_\Sigma\mathcal{A}$ widerspruchsvoll. Kann man durch Streichen dieses „Einzelfalls" oder durch Streichen „ganz weniger" ähnlich gelagerter Einzelfälle erreichen, daß $\mathcal{MT}_\Sigma\mathcal{A}$ widerspruchslos für alle bekannten Realtexte in dem festgelegten Grundbereich $\mathcal{G}$ von $\mathcal{PT}$ wird, so betrachtet man $\mathcal{PT}$ als brauchbare Theorie.

Situation 2. $\lambda(f(\widetilde{E}), f(\widetilde{E}) \cap c)$ ist definiert, und es gilt $\lambda(f(\widetilde{E}), f(\widetilde{E}) \cap c) = 0$ als Satz in $\mathcal{MT}_\Sigma$.

Die Beurteilung dieser Situation erfolgt in derselben Weise wie bei Situation 1, da $\lambda(f(\widetilde{E}), f(\widetilde{E}) \cap c) = 0$ mit $f(\widetilde{E}) \cap c = \emptyset$ äquivalent ist.

Situation 3. $\lambda(f(\widetilde{E}), f(\widetilde{E}) \cap c)$ ist definiert, und es gilt $0 \neq \lambda(f(\widetilde{E}), f(\widetilde{E}) \cap c) = \epsilon$ mit einem so kleinen ϵ, daß es keine Möglichkeit für mehr als ϵ^{-1} Prozesse im Kosmos gibt.

$f(A) \in c$ führt zu keiner widersprüchlichen $\mathcal{MT}_\Sigma\mathcal{A}$, d. h. $f(A) \in c$ muß nicht aus dem Realtext gestrichen werden. Der „Einzelfall" $f(A) \in c$ stellt aber auch keinen *echten* Test der Theorie dar, da mit ihm allein keine Abschätzung der „Häufigkeit" mit einer gegenüber dem Zahlenwert ϵ feineren Unschärfe möglich ist.

Situation 3 ist erkenntnistheoretisch in bezug auf die Brauchbarkeit von $\mathcal{PT}$ mit Situation 1 äquivalent, wenn auch ein methodisch wichtiger Unterschied besteht:

Kommen in der Situation 1 „mehrere" Stücke aus dem Realtext vor, für die $\mathcal{MT}_\Sigma\mathcal{A}$ widerspruchsvoll wird, so muß $\mathcal{PT}$ als unbrauchbar angesehen werden (was eventuell durch Einschränkung von $\mathcal{G}$ oder Vergrößerung der Unschärfe behoben werden kann). Kommen in der Situation 3 mehrere Prozesse $f(A_\nu) \in c$ vor, so führt keiner dieser Fälle „zunächst" zu einer widersprüchlichen $\mathcal{MT}_\Sigma\mathcal{A}$; aber in $\mathcal{PT}$ gibt es noch das Abbildungsprinzip für $\lambda(a, b)$: Kommen im Realtext mehrere Prozesse $f(A_\nu) \in c$ vor, so folgt aus dem Experiment $\lambda(f(\widetilde{E}), f(\widetilde{E}) \cap c) \gg \epsilon$, da man mit wesentlich (!) weniger als ϵ^{-1} experimentellen Wiederholungen eine ganze Reihe von positiven Fällen $f(A_\nu) \in c$ erhalten hat. $\lambda(f(\widetilde{E}), f(\widetilde{E}) \cap c) \gg \epsilon$ führt aber dann in $\mathcal{MT}_\Sigma\mathcal{A}$ zum Widerspruch. $\mathcal{PT}$ muß als unbrauchbar angesehen werden (was auch in diesem Fall eventuell durch Einschränkung von $\mathcal{G}$ oder Vergrößerung der Unschärfe behoben werden kann).

Trotz einer gewissen Äquivalenz der Beurteilung des Vorkommens von $f(A) \in c$ in den drei Situationen 1, 2, 3, besteht zwischen den Situationen 1, 2 und Situation 3 ein grundlegender Unterschied, sobald man im Realtext mehrere Prozesse $f(A_\nu)$ hat, die in *verschiedene* c_i fallen. Dabei meinen wir unter „verschieden", daß wir $c_i \cap c_j = \emptyset$ für $i \neq j$ voraussetzen. Außerdem wollen wir nur endlich viele c_i betrachten. Es sei $c = \cup c_i$.

Situation 1. Es sei $f(\widetilde{E}) \cap c_i = \emptyset$ für alle i ein Satz in $\mathcal{MT}_\Sigma$. Nur „ganz wenige", möglichst nur ein oder zwei Einzelfälle $f(A_1) \in c_{i_1}$, $f(A_2) \in c_{i_2}$ dürfen im Realtext vorkommen, um nicht $\mathcal{PT}$ als unbrauchbar zu verwerfen; denn aus $f(\widetilde{E}) \cap c_i = \emptyset$ für alle i folgt in $\mathcal{MT}_\Sigma$: $f(\widetilde{E}) \cap c = \cup(f(\widetilde{E}) \cap c_i) = \emptyset$. Also dürfen nur sehr wenige Einzelfälle mit $f(A) \in c_i$ vorkommen, wie oben geschildert.

Dasselbe gilt für Situation 2, nicht aber für Situation 3.

Situation 3. Es sei $\lambda(f(\widetilde{E}), f(\widetilde{E}) \cap c_i) = \epsilon_i$ mit „sehr kleinen" Werten ϵ_i. „Sehr klein" soll hier heißen, daß es in der Welt nur bedeutend weniger als ϵ_i^{-1} Einzelfälle geben kann, an denen geprüft werden kann, ob sie in eines der c_i fallen.

Mit der eben kurz charakterisierten Situation 3 sind wir auf ein grundlegendes Problem der Testbarkeit einer Wahrscheinlichkeitsfunktion $\lambda(a, b)$ durch den Realtext gestoßen. Wir haben in §11.1 kurz das Abbildungsprinzip formuliert, daß $\lambda(a, b)$ mit einer Häufigkeit N_+/N für „sehr große N" approximativ zu vergleichen ist. Wir hatten noch nicht diskutiert, wie die „Approximation", d. h. die Unschärfemengen, bei einem Vergleich zwischen $\lambda(a, b)$ und N_+/N zu wählen sind. Wir hatten nicht diskutiert, wie (bei festem a) der *Boole*sche Ring $S(a)$ beschaffen sein müßte oder sollte oder darf, damit ein Test auf diese Weise möglich ist. Ein Test, d. h. ein Vergleich der Zahl $\lambda(a, b)$ aus $\mathcal{M T}_\Sigma$ mit einer „am Realtext ablesbaren" Zahl, kann aber auf keine andere Weise als die eben geschilderte erfolgen und wird auch immer so durchgeführt.

Dies scheint auch alles sehr schön zu gehen, wenn $S(a)$ nur sehr wenige Elemente besitzt, z. B. nur die Elemente a, a_1, $a_2 = a \setminus a_1$, $\emptyset$. Mit $\alpha = \lambda(a, a_1)$ besteht dann für das „Auftreten" von a_1 die Wahrscheinlichkeit α, für $a_2 = a \setminus a_1$ die Wahrscheinlichkeit $1 - \alpha$. Bezeichnet man a_1 anschaulich mit „Ja", $a \setminus a_1$ mit „Nein", so haben wir hier das bekannte „Ja-nein-Spiel" mit der Wahrscheinlichkeit α für Ja vor uns. Liegen N Fälle im Realtext vor, so muß sich entsprechend der Handlungsnorm tatsächlich für „sehr große" N zeigen, daß N_+/N reproduzierbar ist, d. h. daß bei neuen Versuchsreihen ziemlich gut immer dieselben Häufigkeiten N_+/N auftreten. Der Test widerspricht der Theorie nicht, wenn approximativ $\alpha \sim N_+/N$ für diese (eventuell wiederholt) gemessene Häufigkeiten N_+/N gilt.

Die Physik ist aber meistens gar nicht so einfach, daß sie mit Bildern $\mathcal{M T}_\Sigma$ auskäme, bei denen $S(a)$ nur wenige Elemente enthält. Ja sehr häufig werden sogar solche Bilder benutzt, bei denen die Mächtigkeit von $S(a)$ unendlich ist, was im Sinne von § 8 natürlich nur eine mathematische Idealisierung darstellen kann. Aber schon bei endlich, aber „sehr vielen" Elementen von $S(a)$ treten ernsthafte Schwierigkeiten für das Testen auf. Es hat keinen Zweck, diesen Schwierigkeiten aus dem Weg zu gehen, weil man sonst nicht sinnvoll darüber diskutieren kann, was durch die Strukturart „statistisches Auswahlverfahren" tatsächlich an Struktur der Wirklichkeit abgebildet wird, was eventuell nur Idealisierung ist (d. h. was kein Korrelat in der Wirklichkeit besitzt, so wie den Silberkörnern in einer Photographie kein Korrelat des photographierten Gegenstandes entspricht – siehe [1] II § 4 –, oder so wie z. B. einer Entfernung von 10^{-100} cm im mathematischen Bild des dreidimensionalen euklidischen Raumes kein Korrelat im wirklichen Raum zu entsprechen braucht – siehe auch §§ 5 und 8), oder was vielleicht eine logische Denkform ist.

Wir können bei der Diskussion des Problems beispielhaft vorgehen, wenn wir die prinzipielle Schwierigkeit zu verstehen suchen; dann werden wir zu erkennen versuchen, worauf es beruht, daß die Physiker – oft nur intuitiv – aber doch vernünftig mit dem Testen einer Wahrscheinlichkeitsfunktion umgehen können.

Beispiel 1 (der kontinuierliche Fall): Man betrachte das Intervall $(0, 1]$ und den *Boole*schen Ring A, der von den Teilintervallen $(\alpha, \beta]$ erzeugt wird. $f : \widetilde{E} \to \mathrm{M}$ sei darstellbar als eine Abbildung $f : \widetilde{E} \to (0, 1]$, d. h. $f(A) = m \in (0, 1]$. $S(a)$ lasse sich durch den eben definierten *Boole*schen Ring A so darstellen, daß mit $b = (\alpha, \beta]$ die Relation $\lambda(a, b) = \beta - \alpha$ gilt.

Beispiel 2 (der diskrete Fall): Ein Computer stellt aus den 24 Buchstaben des Alphabets Folgen von 100 Buchstaben her. Der *Boole*sche Ring $S(a)$ sei die Menge aller Teilmengen der Menge der 24^{100} möglichen Buchstabenfolgen. Dieser *Boole*sche Ring ist atomar; die Atome sind die einelementigen Mengen,

d. h. sind charakterisiert durch je eine der 24^{100} möglichen Buchstabenfolgen. $\lambda(a, b)$ sei dadurch gegeben, daß für die Atome a_i die Relation $\lambda(a, a_i) = \epsilon_i$ gilt. Die ϵ_i charakterisieren die Funktionsweise des Computers beim Herstellen der Buchstabenfolgen. Ein besonders einfacher Fall liegt vor, wenn alle ϵ_i gleich sind; dann gilt wegen $\sum_i \epsilon_i = 1$ die Relation $\epsilon_i = 24^{-100}$. Es ist wichtig, sich klarzumachen, daß die Betrachtung dieses Beispieles nicht davon abhängt, ob alle ϵ_i gleich sind; es genügt, daß sie alle „sehr klein" sind, z. B. daß $\epsilon_i \leq 10^{-100}$ für alle i gilt. Der *Einfachheit wegen* nehmen wir im folgenden an, daß alle ϵ_i gleich sind.

Im Beispiel 1 zerlegen wir das Intervall $(0, 1]$ in 24^{100} gleich große Teilintervalle, die mit a_i bezeichnet seien. Diese a_i erzeugen einen *Boole*schen Teilring B von A, auf dem $\lambda(a, b)$ mit $b \in B$ durch die Werte $\epsilon_i = \lambda(a, a_i) = 24^{-100}$ bestimmt ist. Die Betrachtung des *Boole*schen Ringes B im Beispiel 1 wie von $S(a)$ im Beispiel 2 läuft dann ganz parallel, so daß wir für die nächsten Schritte beide Beispiele zusammen behandeln können. Dabei lautet unsere Frage: Kann die Wahrscheinlichkeitsfunktion $\lambda(a, b)$ (mit $b \in B$ im Beispiel 1 bzw. $b \in S(a)$ im Beispiel 2) getestet werden?

Ein Test besteht darin, daß man im Realtext N Prozesse $m_1, m_2, \ldots, m_N$ hat, für die abgelesen werden kann, ob $m_\nu \in b$ oder $m_\nu \notin b$ gilt. In den obigen Beispielen genügt es abzulesen, für welches i die Relation $m_\nu \in a_i$ erfüllt ist. Mit $i(\nu)$ sei der Index bezeichnet, für den $m_\nu \in a_{i(\nu)}$ gilt. Da in jedem (!) Experiment $N \ll 24^{100}$ ist, gibt es relativ zur Gesamtheit der a_i nur „wenige" $i(\nu)$, denn die Zahl der $i(\nu)$ ist höchstens gleich N. Da die Unschärfe der Abbildung zwischen Häufigkeiten und Wahrscheinlichkeiten (über die wir noch genauer in § 11.6 sprechen werden) größer als $1/N$ ist, sind die Häufigkeiten $N_{i(\nu)}/N$ (mit $N_{i(\nu)}$ als Zahl der m_ν, die in ein festes $a_{i(\nu)}$ fallen) im Einklang mit der Theorie, sobald $N_{i(\nu)} = 0, 1, 2$ oder höchstens eine andere „sehr kleine" Zahl ist; dies war genau der Hintergrund, auf dem wir die Beurteilung von Hypothesen in § 11.4 diskutiert hatten. Wie steht es aber mit den Häufigkeiten und Wahrscheinlichkeiten $\lambda(a, b)$ für andere b?

Hier entsteht nun tatsächlich eine ernste Schwierigkeit. Betrachten wir z. B. das folgende b:

$$b = \bigcup_{\nu=1}^{N} a_{i(\nu)}. \tag{11.5.1}$$

Die Zahl der m_ν mit $m_\nu \in b$ ist mit (11.5.1) gleich N. Also ist die „gemessene" Häufigkeit gleich $N/N = 1$. Dagegen ist

$$\lambda(a, b) \leq \sum_{\nu=1}^{N} \lambda(a, a_{i(\nu)}) = \sum_{\nu=1}^{N} \epsilon_{i(\nu)} \leq N \cdot 10^{-100}.$$

Da N sehr klein gegenüber 24^{100} ist, ist also $\lambda(a, b)$ praktisch Null. Damit hätten wir einen totalen Widerspruch zwischen Theorie und Experiment erhalten; und das bei jedem (!) Ausgang des Experiments. Wie kommt man aus dieser scheinbaren „prinzipiellen" Widersprüchlichkeit zwischen Experiment und Theorie heraus?

Der mathematische Ausweg, die Zahl N der Prozesse so zu steigern, daß $N \gg 24^{100}$ wird, ist realiter sinnlos. „Gedachte" Teste mit z. B. $N = (24^{100}) \cdot 10^{10}$ würden zwar (siehe § 11.6) eine Testmöglichkeit ergeben, aber ein „gedachtes" Experiment ist kein Test, zumal dieses gedachte Experiment prinzipiell (!) unrealisierbar ist.

Ein zweiter Einwand und damit ein Vorschlag für einen Ausweg könnte etwa so lauten: Wenn man das in (11.5.1) angegebene b *festhält* und dann weitere Versuche mit je N Prozessen durchführt, so werden die weiteren Gruppen von je N Prozessen eben nicht wieder Häufigkeiten für das Hineinfallen nach b in der Nähe von Eins, sondern in der Nähe von Null liefern. Die erste Reihe von N Prozessen war ein „einzelner Ausnahmefall" und ist deshalb zu „streichen", so wie wir eben ganz vereinzelte Ausnahmefälle streichen wollten (siehe oben und § 5). Auch dieser Ausweg funktioniert nicht. Man braucht nur ein anderes b als nach (11.5.1) zu wählen. Fassen wir z. B. *alle* Versuchsserien zusammen, so liegen *im ganzen* $\overline{N}$ Einzelprozesse m_ν vor, die sich auf die einzelnen Versuchsserien verteilen. Wählt man jetzt mit $\nu = 1$ bis $\overline{N}$ das b in der Form

$$b = \bigcup_{\nu=1}^{\overline{N}} a_{i(\nu)}, \tag{11.5.2}$$

so ist für *alle* Versuchsreihen die Häufigkeit für dieses b aus (11.5.2) gleich Eins im Widerspruch dazu, daß

$$\lambda(a, b) \leq \sum_{\nu=1}^{\overline{N}} \epsilon_{i(\nu)} \leq \overline{N} \cdot 24^{100}$$

und damit praktisch Null ist, da *bei* noch so vielen Experimenten *immer* (!) $\overline{N}$ unvergleichbar klein gegenüber 24^{100} bleibt. Die Ursache des Widerspruchs ist so nicht behebbar, da es im Kosmos nur unvergleichbar viel weniger als 24^{100} Einzelprozesse geben kann.

Ein dritter Versuch würde etwa lauten: Man darf kein festes b wählen. Die Forderung, daß die gemessenen Häufigkeiten für *alle* $b \in B$ (bzw. $b \in S(a)$) annähernd mit den Werten $\lambda(a, b)$ übereinstimmen, ist zu hoch. Es genügt, wenn dies für die „Mehrzahl" der bs der Fall ist. Dieser Einwand und Auswegsvorschlag ist ernst zu nehmen. Um ihn aber zu konkretisieren, muß man dem Wort „Mehrzahl" einen präzisen Sinn geben. Dies bedeutet, daß man für die Abweichungen zwischen $\lambda(a, b)$ und den gemessenen Häufigkeiten eine Bewertung für die verschiedenen bs so einführt, daß „einige" größere Abweichungen keine Rolle für eine durch die Bewertung definierte mittlere Abweichung spielen. Woher aber eine solche Bewertung nehmen? Ist eine solche Bewertung Bild einer Realstruktur oder nur eine psychologische Beruhigung über offensichtliche Widersprüche? Trotz der zunächst in dem eben diskutierten Einwand enthaltenen Unklarheit über die Auswahl der „wichtigen" bs enthält dieser Einwand einen richtigen Kern, d. h. einen Kern, der einerseits nahe an das wirklich geübte Vorgehen der Physiker herankommt und andererseits tatsächlich das Problem berührt, wieweit das Bild eines statistischen Auswahlverfahrens etwas über wirkliche Strukturen in der Welt widerspiegelt.

Als letzte (vierte) Möglichkeit, den Widerspruch zu beheben, bleibt natürlich immer die, die Unschärfemengen der Abbildung der Häufigkeiten auf die reellen Zahlen so groß zu machen, daß kein Widerspruch auftritt, d. h. in unserem Falle: Die Häufigkeit braucht mit $\lambda(a, b)$ nur bis auf einen Fehler von ± 1 übereinzustimmen. Dann gibt es keinen Widerspruch; aber jede physikalische Bedeutung von $\lambda(a, b)$ wird damit aufgehoben, d. h. $\lambda(a, b)$ stellt überhaupt kein Abbild irgendeiner Wirklichkeitsstruktur dar. Zu dieser vierten Möglichkeit siehe genauer § 11.6.

Welches ist die Ursache des in unseren Beispielen gezeigten prinzipiellen Widerspruchs (falls man nicht die vierte Möglichkeit heranzieht) zwischen Theorie und Experiment? Offensichtlich die, daß es eine so große Zahl von „feinen" Elementen a_i des *Boole*schen Ringes gibt, die wesentlich größer als jede mögliche Reihe von Prozessen ist. Die Wahrscheinlichkeitsfunktion λ über dem System S von Auswahlverfahren war eingeführt als eine mathematische Idealisierung von Häufigkeiten für eine „große Zahl" von Einzelprozessen (siehe § 11.1). Ganz im Sinne der Überlegungen aus § 8 wurde also bei der Formulierung von mathematisch idealisierten statistischen Auswahlverfahren wie in den beiden obigen Beispielen vorausgesetzt, daß die Zahl der Einzelprozesse „beliebig" gesteigert werden könnte. Gerade aber die Tatsache, daß wir eine obere Grenze für die Zahl der Einzelprozesse angeben können, die niemals überschritten werden kann, rückt die mathematische Idealisierung von Strukturen statistischer Auswahlverfahren wie in den beiden angegebenen Beispielen in den Bereich von Strukturen aus $\mathcal{MT}_\Sigma$, deren Idealisierung keiner Wirklichkeitsstruktur zu entsprechen braucht. Wenn wir also nicht wieder in einen historisch öfter gemachten Fehler verfallen wollen, aus in $\mathcal{MT}_\Sigma$ eingeführten Idealisierungen auf Strukturen der Wirklichkeit zu schließen, müssen wir also ernsthaft in Frage stellen, ob ein Teil der Strukturart (M, S, λ) (oder die ganze Strukturart, falls man die obige vierte Möglichkeit für einen Ausweg wählt) in den beiden Beispielen ein Analogon in der Wirklichkeit hat. Dieses Infragestellen bedeutet aber auch gleichzeitig die Aufgabenstellung, denjenigen Teil der Strukturart anzugeben, bei dem wir uns darauf verlassen können, daß er etwas von der Wirklichkeit wiedergibt. Das heißt aber in unseren Beispielen nichts anderes, als diejenige Teilmenge $S_r(a)$ von $S(a)$ auszuzeichnen, für die $\lambda(a, b)$ mit $b \in S_r(a)$ eine „physikalische" Bedeutung hat. Diese Auszeichnung von $S_r(a)$ ist eine „Bewertung" derjenigen bs (nämlich der $b \in S_r(a)$), für die $\lambda(a, b)$ physikalisch bedeutungsvoll und damit testbar sein soll. Der oben skizzierte dritte Versuch zur Lösung des scheinbar unvermeidlichen Widerspruchs zwischen Theorie und Experiment kann tatsächlich die richtige Lösung liefern, wenn man die etwas vage „Bewertung" der $b \in S(a)$ durch eine jeweils konkrete, physikalisch bedeutungsvolle Bewertung ersetzt, bedeutungsvoll im Sinne der Auszeichnung des Teils der mathematischen Strukturart (M, S, λ), dem „nachweislich" eine Struktur in der Wirklichkeit entspricht. Dieser Notwendigkeit der Auszeichnung des physikalisch bedeutungsvollen Teils von (M, S, λ) können wir deshalb nicht entgehen, *weil es eben eine echte obere Grenze der Zahl der Einzelprozesse in der Welt gibt*. Wie kann nun diese Auszeichnung in unseren beiden Beispielen aussehen? Jetzt müssen wir wieder beide Beispiele getrennt behandeln. Beginnen wir mit Beispiel 1.

Wie geht der Physiker im Beispiel 1 (und ähnlichen in großer Vielfalt in der Physik auftretenden Fällen) vor? Er stellt sich die N Einzelprozesse mit ihren Ergebnissen $m_\nu \in (0, 1]$ als Punkte im Intervall $(0, 1]$ vor. Dieser Punktschwarm definiert eine Art „Dichte" in $(0, 1]$, ganz so wie geschwärzte Silberkörner in einer photographischen Schicht eine mehr oder weniger starke Schwärzung hervorrufen, durch die eben das Bild der Photographie zustande kommt. Nur diese „Dichte" (und nicht die genaue Lage aller N Punkte) wird als das physikalisch Bedeutungsvolle angesehen. Ist diese Dichte des Punktschwarms in unserem Beispiel im Intervall $(0, 1]$ konstant, so wird dies als Bestätigung der Theorie durch das Experiment angesehen. Es ist anschaulich klar, daß man in derselben Weise auch variable (natürlich nicht zu schnell variable) Wahrscheinlichkeitsdichten testen kann. Wie aber können wir dieses anschaulich geschilderte Vorgehen der Physiker etwas genauer formulieren? Eine solche etwas genauere Formulierung ist schon der Mühe wert, da dem Beispiel 1, übertragen auf den zweidimensionalen Fall, eine unübersehbare Fülle tatsächlicher Experimente entspricht: Bei der Messung des sogenannten (differentiellen) Wirkungsquerschnitts wird die „Verteilungsdichte" des Auftreffens von Mikrosystemen auf einer Kugelfläche gemessen und mit theoretischen Werten einer entsprechenden Wahrscheinlichkeitsdichte verglichen.

Es können verschiedene mathematische Methoden für den Vergleich eines Punktschwarms mit einer Wahrscheinlichkeitsdichte gewählt werden. Da wir hier kein Buch über Methoden der Wahrscheinlichkeitsrechnung schreiben, wollen wir nur eine solche Methode beispielhaft erwähnen, um zu sehen, in welcher Weise noch über (M, S, λ) hinausgehende Strukturen benutzt werden. Die Methode, die (auch wenn sie kein mathematisch besonders elegantes Verfahren darstellt) oft von Physikern praktisch angewandt wird, besteht in unserem Beispiel darin, das Intervall $(0, 1]$ nicht in 24^{100} gleiche Teile a_i, sondern nur in n gleiche Teile $\bar{a}_i$ einzuteilen, wobei $n \ll N$ ist mit N als der Zahl der Einzelprozesse. Nur für die Elemente b des von den $\bar{a}_i$ erzeugten *Boole*schen Teilrings $\bar{B}$ von $S(a)$ verlangt man, daß $\lambda(a, b)$ approximativ mit den Häufigkeiten N_b/N übereinstimmt, wobei N_b die Zahl der nach b fallenden Prozesse m_ν ist.

Die eben am Beispiel 1 geschilderte Methode des Vergleichs zwischen Theorie und Experiment basiert darauf, daß die Strukturart (M, S, λ) noch durch weitere (physikalisch bedeutungsvolle) Strukturen angereichert ist, die es erlauben, eine „physikalische" Auswahl aus dem Ring $S(a)$ zu treffen, für die allein experimentelle Häufigkeiten und Wahrscheinlichkeiten verglichen werden. Im Beispiel 1 beruhte diese zusätzliche Struktur auf der Tatsache, daß $(0, 1]$ ein uniformer Raum ist und daß die Wahrscheinlichkeitsdichte gleichmäßig stetig ist. Es muß aber betont werden, daß die Breite der Intervalle a_i zunächst nicht durch die Meßungenauigkeit der Lage der einzelnen $m_\nu \in (0, 1]$ bedingt ist, sondern durch die Zahl n der Intervalle, wobei $n \ll N$ sein muß.

Ähnlich ist es mit den Oberflächenelementen $\Delta\Omega$ der Einheitskugel, die experimentell zur Bestimmung des Wirkungsquerschnittes gewählt werden; nicht die Meßgenauigkeit der Richtungen ist zunächst maßgebend, sondern vielmehr, daß $\Delta\Omega$ groß gegenüber $2\pi/N$ sein muß.

Je größer man N wählt, um so größer kann man auch n wählen, d. h. um so feiner kann man die $\bar{a}_i$ wählen. Ist es prinzipiell möglich, n so groß und damit die $\bar{a}_i$ so klein zu wählen, daß die $\bar{a}_i$ von der Größe der Ungenauigkeit der Feststellung der Lage der Punkte m_ν wird, so kann man die Struktur des Wahrscheinlichkeitsfeldes als mit derselben Unschärfe als Abbild einer Wirklichkeitsstruktur auffassen, wie eben die Elemente von S überhaupt definierbar sind: Zwei $b_1, b_2 \in S$ mit $b_1 \cap b_2 = \emptyset$, für die wegen einer physikalischen Unschärfe experimentell nicht unterscheidbar ist, ob für ein $x \in M$ die Relation $x \in b_1$ oder $x \in b_2$ gilt, können als Elemente von S nicht unterschieden werden und sind daher natürlicherweise auch nicht brauchbar, um Häufigkeiten $\lambda(a, b_1)$ bzw. $\lambda(a, b_2)$ an der Erfahrung zu testen.

Die uniforme Struktur des Intervalls $(0, 1]$ kann man auf $S(a)$ als Menge von Teilmengen des Intervalls $(0, 1]$ übertragen (siehe § 8 und [10] exercice 5 zu II § 1). So gewinnt man auch endliche Unschärfemengen in $S(a)$. Kann man prinzipiell n so groß wählen, daß die $\bar{a}_i$ dichter in $S(a)$ liegen, als man sie nach den physikalisch vorgegebenen endlichen Unschärfemengen unterscheiden kann, so ist die Statistik experimentell testbar, soweit es überhaupt experimentell möglich ist, die betrachteten Meßwerte für die Einzelprozesse zu unterscheiden.

Versuchen wir nun das, an diesem Beispiel Gelernte allgemein zu formulieren. Der Übersichtlichkeit halber wollen wir aber mit einer Formulierung des einfachsten, oben schon beispielhaft diskutierten Falles beginnen.

Fall 1. S ist diskret und jedes $S(a)$ enthält nur „wenige" Elemente; d. h. die Zahl der Elemente von $S(a)$ ist sehr klein gegenüger der Zahl möglicher Einzelprozesse. $\lambda(a, b)$ ist an der Erfahrung testbar, und deshalb ist $\lambda(a, b)$ als eine Struktur aus $\mathcal{MT}_\Sigma$ anzusehen, die eine Realstruktur abbildet.

Fall 2. S enthält unendlich viele Elemente, und es ist in S eine uniforme Struktur der physikalischen Unschärfe definiert; wir sagen kurz: S ist kontinuierlich.

Wir führen folgende Definition ein: Ein Element $b \in S$ heißt *feiner als eine Unschärfemenge* U (wobei U ein Element der uniformen Struktur ist), wenn

$$\bigcap_{\tilde{b} \in U(b)} \tilde{b} = \emptyset$$

ist, wobei $U(b)$ die durch U bestimmte Umgebung von b ist.

Weiter gelte im Fall 2: Die experimentelle Situation erfordere zur Beschreibung der experimentellen Unterscheidbarkeit der Elemente von S eine Unschärfemenge U. Jedes $a \in S$ sei darstellbar als Vereinigung von $n(a)$ Elementen $c \in S$, die feiner als U sind, wobei $n(a)$ sehr klein gegenüber der Zahl der möglichen Einzelprozesse ist.

Wie im Fall 1 ist dann $\lambda(a, b)$ testbar und deshalb als eine Struktur anzusehen, die so genau eine Realstruktur abbildet, wie es eben die Unschärfemenge U erlaubt.

Um zu zeigen, daß nicht nur diese beiden Fälle möglich sind, haben wir oben auch das Beispiel 2 diskutiert. $S(a)$ ist in diesem Beispiel diskret, da jede Folge von 100 Buchstaben ohne Schwierigkeiten von einer nicht gleichen Folge von 100 Buchstaben unterscheidbar ist. Der *Boole*sche Ring $S(a)$ besteht in diesem Beispiel aus allen Teilmengen der Menge von 24^{100} Elementen. Wir haben oben gesehen, daß jede Erfahrung zu einem Widerspruch mit der Theorie führt, wenn man die Wahrscheinlichkeiten $\lambda(a, b)$ mit den experimentellen Häufigkeiten für *alle* $b \in S(a)$ vergleicht und nicht die vierte Möglichkeit als Ausweg wählt. Dieser Fall ist typisch, um die erkenntnistheoretischen Schwierigkeiten der Anwendung einer mathematischen Wahrscheinlichkeitstheorie auf Erfahrungen zu verdeutlichen. Die „Beurteilung" dieses Falles führt zu verschiedenen erkenntnistheoretischen Standpunkten der Bedeutung einer „Wahrscheinlichkeitstheorie". Wir wollen deshalb versuchen, den entscheidenden Punkt der verschiedenen Beurteilungen herauszuarbeiten.

Auf keinen Fall ist es in diesem Beispiel möglich, einen Ausweg wie im Fall 2 zu finden, da tatsächlich alle 24^{100} möglichen Einzelprozesse leicht unterscheidbar sind und keine Idealisierungen gegenüber tatsächlich endlichen Unschärfemengen darstellen. Es bleibt also nichts anderes übrig, als auf den weiter oben geschilderten dritten Versuch eines Ausweges nochmals zurückzugreifen. *Nicht für alle* $b \in S(a)$ ist zu verlangen, daß die $\lambda(a, b)$ mit experimentellen Häufigkeiten übereinstimmen, sondern nur für die „Mehrzahl" der $b \in S(a)$.

Machen wir uns das an einem speziellen Fall klar. Für alle a_i (wie oben für Beispiel 2 definiert) seien die $\lambda(a, a_i)$ gleich, d. h. $\lambda(a, a_i) = 24^{-100}$. Wir wollen alle diejenigen $b \in S(a)$ betrachten, für die $\lambda(a, b) = 1/2$ gilt. Jedes dieser bs ist gekennzeichnet durch eine Auszeichnung einer Hälfte der a_i. Ist J eine Teilmenge der Indexmenge I (wobei der Index $i \in I$ von 1 bis $Z = 24^{100}$ läuft), die genau halb soviele Elemente wie I enthält, so gehört zu jedem J ein

$$b_J = \bigcup_{i \in J} a_i \tag{11.5.3}$$

mit $\lambda(a, b_J) = 1/2$. Die Zahl der b_J ist also $\left(\frac{Z}{Z/2}\right)$.

Es mögen nun im Experiment N verschiedene Buchstabenfolgen $a_{i(\nu)}$ ($\nu = 1, \ldots, N$) erschienen sein. Die aus N Elementen bestehende Menge der $i(\nu)$ sei mit L bezeichnet. Dann ist also die für b_J gemessene Häufigkeit h gleich

$$h = \frac{n(J \cap L)}{N}, \tag{11.5.4}$$

wobei $n(J \cap L)$ die Zahl der Elemente der Menge $J \cap L$ ist. Die Zahl $z(h)$ der b_J mit festem h nach (11.5.4) ist

$$z(h) = \binom{N}{n}\binom{Z - N}{Z/2 - N}, \tag{11.5.5}$$

wobei wir für $n(J \cap L)$ kurz n geschrieben haben.

Wir haben eine solche Aufgabenstellung nur deswegen beispielhaft skizziert, um daran etwas deutlicher die Tatsache hervortreten zu lassen, daß alle die so gewonnenen Ergebnisse *unabhängig* von der speziellen Menge L sind! Dies folgt ganz allgemein für ähnliche Fragestellungen daraus, daß alle Aussagen invariant gegenüber Permutationen der a_i sind!

Aus (11.5.5) folgt für große N (aber immer noch $N \ll Z$), daß $z(h)$ ein Maximum bei $h = 1/2$ hat, mit einer Breite $\Delta h \sim N^{-1/2}$. „Fast alle" der $\binom{Z}{Z/2}$ möglichen b mit $\lambda(a, b) = 1/2$ zeigen also eine Häufigkeit, die sich von $1/2$ nicht um viel mehr als $N^{-1/2}$ unterscheidet.

Was soll man nun von solchen kombinatorischen Ergebnissen in $\mathcal{MT}_\Sigma$ in bezug auf ihre Bedeutung für die Physik, d. h. im Rahmen einer $\mathcal{PT}$ halten?

Die Forderung, daß nicht für alle $b \in S(a)$, sondern nur für die weitaus größte Zahl der $b \in S(a)$ die Wahrscheinlichkeit $\lambda(a, b)$ approximativ mit der experimentellen Häufigkeit übereinstimmt, ist also *immer* erfüllt, sobald im Experiment so gut wie keine Wiederholungen derselben Folge von 100 Buchstaben auftreten! Allein aus der „Kleinheit" der $\lambda(a, a_i)$ folgte, wie schon weiter oben diskutiert, daß im Realtext (so gut wie) keine Wiederholungen derselben Buchstabenfolgen auftreten dürfen. Bis auf diese qualitative Aussage bleibt also nichts von der Wahrscheinlichkeitsfunktion $\lambda(a, b)$ als testbar übrig, wenn man eben nur die Forderung stellt, daß für die Mehrzahl der $b \in S(a)$ die Häufigkeiten mit den Wahrscheinlichkeiten $\lambda(a, b)$ approximativ übereinstimmen. Bis auf die erwähnte qualitative Aussage wird so die Theorie „invariant gegenüber Experimenten", was zwar sehr „angenehm" sein kann aber deutlich zeigt, daß auch bei dieser Interpretation (ähnlich wie bei der oben erwähnten vierten Möglichkeit der Vermeidung eines Widerspruchs) die Wahrscheinlichkeitsfunktion $\lambda(a, b)$ physikalisch bedeutungslos ist, d. h. kein Bild einer Wirklichkeitsstruktur darstellt:

Die wirkliche Welt gibt durch den Realtext ein bestimmtes L vor. Die obige Forderung, daß $\lambda(a, b)$ und die durch L bestimmten Häufigkeiten nur für die Mehrzahl der $b \in S(a)$ approximativ übereinzustimmen brauchen, stellt keine einschränkende Forderung an L und damit an die wirkliche Welt dar, d. h. $\lambda(a, b)$ ist kein Bild einer Struktur der Welt.

Aufgrund dieser Situation werden nun verschiedene Standpunkte zur physikalischen Bedeutung der Wahrscheinlichkeit eingenommen.

Der „subjektive" Standpunkt ist dem eines Spielers am Roulette ähnlich: Die Wahrscheinlichkeitsrechnung bestimmt die Chancen für den Ausgang *noch nicht durchgeführter* Experimente. Für ein $b \in S(a)$, auf das ich sozusagen den Einsatz im „Experimentierspiel" wage, ist $\lambda(a, b)$ die Chance, daß der Einzelprozeß nach b hineinfällt. Habe ich z. B. ein b mit $\lambda(a, b) = 1/2$ gewählt, so ist die Chance $1/2$. Läuft das Spiel mehrfach (z. B. N-mal) ab, so hätte ich bei der „Wahl" von b riesiges „Glück" haben müssen, wenn sich tatsächlich experimentell eine Häufigkeit wesentlich größer als $1/2$ ergeben hat (oder riesiges Pech für den Fall einer Häufigkeit wesentlich kleiner als $1/2$).

Für diesen eben sehr kurz skizzierten subjektiven Standpunkt wird die Wahrscheinlichkeitsrechnung nicht zum Abbild einer Wirklichkeitsstruktur, sondern zum Bild einer Aussagenstruktur über den Ausgang noch nicht durchgeführter Prozesse. Es ist sicherlich nach den bisherigen Überlegungen aus §§ 1 bis 10 klar, daß der Verfasser nicht diesen Standpunkt einnimmt.

Es muß aber gleich betont werden, daß man den eben skizzierten Standpunkt der Beurteilung der Wahrscheinlichkeitsrechnung als Beschreibung einer Aussagenstruktur nicht widerlegen kann. Uns scheint es aber, daß er nicht dem tatsächlichen Umgang der Physiker mit ihren Theorien entspricht. Die *Physiker* empfinden sich nicht als experimentelle „Glücksspieler". Es interessieren sie keine Chancen, sondern experimentelle *Ergebnisse*, d. h. am Realtext abgelesene Sachverhalte für gemachte Experimente. Hierin unterscheidet sich der Physiker eben vom Techniker, der gerne vorher zu berechnen versucht, daß die Chance eines „Unfalls" seines gebauten Gerätes möglichst gering ist. Der Physiker dagegen will experimentell testen, ob die von ihm aufgestellte Theorie brauchbar ist und in diesem Sinn MT_Σ etwas von der Wirklichkeit der Welt abbildet.

Für den „realistischen" Standpunkt ist der *Boole*sche Ring der Teilmengen der Menge von 24^{100} Elementen mit der Wahrscheinlichkeitsfunktion $\lambda(a, b)$, für die $\lambda(a, a_i) = 24^{-100}$ für die Atome a_i des *Boole*schen Ringes gilt, *keine* Abbildung einer Realstruktur außer der Tatsache, daß (so gut wie) nie mehrere Einzelprozesse aus demselben a_i auftreten dürfen und in diesem Sinne die Möglichkeit einer Hypothese $f(A) \in a_i$ nicht verfügbar ist.

Diese Aussage über die physikalische Bedeutung von $S(a)$ mit $\lambda(a, b)$ kann sich aber für den realistischen Standpunkt sofort ändern, wenn die Struktur angereichert wird, z. B. durch *Auszeichnung* einer Teilmenge $S_r(a)$ von $S(a)$, so daß man dann für die $b \in S_r(a)$ fordert, daß $\lambda(a, b)$ approximativ mit den durch L bestimmen Häufigkeiten übereinstimmt. Die Auszeichnung von $S_r(a)$ erfolgt nicht wie bei einem Spieler, der einige $b \in S(a)$ durch seinen „Einsatz" auszeichnet, sondern durch eine Auszeichnung als innerer Term (siehe § 7.2) in MT_Σ. Ist in diesem Sinn eine Teilmenge $S_r(a) \subset S(a)$ ausgezeichnet, so sind nicht mehr alle L „erlaubt", sondern nur noch diejenigen L, für die $\lambda(a, b)$ für die $b \in S_r(a)$ approximativ mit den durch L bestimmten Häufigkeiten übereinstimmt. Die so durch $S_r(a)$ angereicherte Struktur beschreibt dann sehr wohl eine Struktur der wirklichen Welt, da nicht mehr alle L „erlaubt" sind.

In unserem Beispiel der Buchstabenfolgen könnte eine solche Menge $S_r(a)$ etwa so definiert sein: Man betrachte zunächst folgende $b_{\nu\mu} \in S(a) : b_{\nu\mu}$ ist die Menge aller derjenigen Buchstabenfolgen, die an der ν-ten Stelle den μ-ten Buchstaben des Alphabets enthalten. Wir betrachten aber als $S_r(a)$ *nicht* den von den $b_{\nu\mu}$ erzeugten *Boole*schen Ring, da dieser gleich $S(a)$ ist.

Als $S_r(a)$ bezeichnen wir die kleinste Teilmenge von $S(a)$, für die gilt:

1) alle $b_{\nu\mu} \in S_r(a)$;

2) $a_1, a_2 \in S_r(a),\ a_1 \cap a_2 = \emptyset \Rightarrow a_1 \cup a_2 \in S_r(a)$;

3) $a_1 \in S_r(a) \Rightarrow a \setminus a_1 \in S_r(a)$.

Für alle Elemente $b \in S_r(a)$ läßt sich $\lambda(a, b)$ genauso berechnen wie die experimentellen Häufigkeiten für b aus denen für die $b_{\nu\mu}$. Es genügt also, im Experiment die $\lambda(a, b_{\nu\mu})$ mit den experimentellen Häufigkeiten zu vergleichen. Ist N groß (aber durchaus noch $N \ll Z$), so soll also die experimentelle Häufigkeit für ein $b_{\nu\mu}$ approximativ mit $\lambda(a, b_{\nu\mu}) = 1/24$ übereinstimmen.

Damit wird aber die Theorie testbar; und es ist jetzt interessant, die Frage von den verschiedenen Standpunkten aus zu ventilieren, was es bedeutet, wenn tatsächlich für praktisch alle N jemals hergestellten Buchstabenfolgen z. B. der erste Buchstabe g ist. Die gemessenen Häufigkeiten für b_{17} haben sich dann experimentell immer als approximativ gleich Eins herausgestellt, im Widerspruch zu $\lambda(a, b_{17}) = 1/24$.

Nach dem subjektiven Standpunkt bedeutet das keine Widerlegung der Chancenbeurteilung, sondern nur die Feststellung eines Ergebnisses, das vor der Durchführung der Experimente nur eine sehr kleine Chance hatte. Nach dem realistischen Standpunkt bedeutet ein solcher Ausgang des Experiments eine Widerlegung der durch (M, S, λ) *und* $S_r(a)$ charakterisierten Theorie, da sich die Häufigkeit für b_{17} bisher immer als praktisch Eins ergeben hat. Die Theorie ist zu verwerfen. Man könnte eine neue Theorie aufstellen, indem man z. B. $\lambda(a, a_i) = 0$ setzt, falls a_i eine Buchstabenfolge charakterisiert, die nicht mit g beginnt und $\lambda(a, a_i) = 24^{-99}$, wenn a_i eine Buchstabenfolge charakterisiert, die mit g beginnt.

Das tatsächliche Vorgehen der Physiker entspricht dem realistischen Standpunkt, d. h. Verwerfen der Theorie, wenn die bisher festgestellten Häufigkeiten nicht approximativ mit den Wahrscheinlichkeiten $\lambda(a, b)$ für alle $b \in S_r(a)$ übereinstimmen.

Versuchen wir dieses Beispiel verallgemeinert als Fall 3 zu formulieren:

Fall 3. S ist diskret. Die Zahl der Atome von S ist sehr groß gegenüber der Zahl der möglichen Prozesse überhaupt. (M, S, λ) wird ergänzt durch eine Struktur $S_r \subset S$, wobei für S_r folgende Relationen erfüllt sind:

$$a, b \in S_r, \quad a \cap b = \emptyset, \quad a \cup b \in S \Rightarrow a \cup b \in S_r;$$
$$a, b \in S_r, \quad b \subset a \Rightarrow a \setminus b \in S_r.$$

Die Zahl der Atome von S_r sei sehr klein gegenüber der in allen Experimenten jemals erreichbaren Zahl der Einzelprozesse. Approximative Übereinstimmung von $\lambda(a, b)$ mit Häufigkeiten wird nur verlangt, wenn $a, b \in S_r$ oder $a \in S_r$ und b ein Atom von S ist.

Weiterhin gelte, daß das von S_r erzeugte System von Auswahlverfahren gleich S ist.

In diesem Fall 3 stellt (M, S, λ) ein „idealisiertes" Bild der Wirklichkeit dar, wobei nur für den Teil S_r garantiert ist, daß ihm ein Korrelat in der Wirklichkeit entspricht.

Daß man nicht allein S_r statt S benutzt, liegt an der zu unscharfen Abbildungen ähnlichen Situation, daß der „Teil" S_r von S meistens nicht exakt abgesondert werden kann, sondern mit wachsender Schärfe der Abbildung zwischen Häufigkeiten und Wahrscheinlichkeiten (siehe § 11.6) vergrößert werden kann.

Die kurz charakterisierten Fälle 1 bis 3 sind „typische" Fälle. In den Anwendungen können auch Fälle auftreten, die eine Mischung von Fall 2 und 3 darstellen, d. h. S ist kontinuierlich, S_r ist aber „kleiner" als es durch die endliche Unschärfe U (nach Fall 2) bedingt wäre. Beispielhaft sei nur kurz erwähnt, daß man bei einem 100dimensionalen Raum jede Dimension in nur 24

Intervalle einzuteilen braucht, um für den ganzen Raum eine Einteilung in 24^{100} Intervalle zu erhalten; es ist dann verständlich, daß man durchaus diese 24^{100} Intervalle meßtechnisch unterscheiden kann. Die Wahl von S_r muß dann nach physikalischen Gesichtspunkten erfolgen, die eben über die uniforme Struktur des 100dimensionalen Raumes hinausgehen.

Das eben angedeutete Beispiel eines 100dimensionalen Raumes ist dem realen Fall eines 90dimensionalen Raumes für die Orte eines Systems aus 30 Massenpunkten in der klassischen statistischen Mechanik äquivalent; und für ein 30-Teilchensystem der Quantenmechanik liegt das Problem nicht wesentlich anders. Daraus folgt, daß es für „Vielteilchensysteme" nicht genügt, das System der Auswahlverfahren von 3-, 4-, 5-Teilchensystemen auf 30-, 40-, 50-Teilchensysteme zu extrapolieren, sondern daß man noch eine ergänzende Struktur S_r angeben muß, um eine g.$\mathcal{G}$.-abgeschlossene $\mathcal{PT}$ zu erhalten. Die Probleme für Vielteilchensysteme sind also nicht nur rein mathematischer Art, sondern enthalten echte physikalische Probleme, die durch die Angabe von S_r charakterisiert sind (siehe dazu z. B. [1] XV).

Für die statistische Mechanik der mehr als 10^{20}-Teilchensysteme werden die zu einem extrapolierten Bild $\mathcal{MT}_\Sigma$ hinzuzufügenden neuen Strukturen entscheidend wichtig (siehe z. B. [1] XV und [5], [20] X), da das extrapolierte S selbst augenscheinlich mathematisch mehr Elemente, d. h. mehr Auswahlverfahren enthält, als wirklich realisiert werden können (unabhängig davon, ob $\lambda(a, b)$ testbar ist oder nicht). Bei dem obigen Beispiel der 24^{100} Buchstabenfolgen, kann ohne Schwierigkeiten die Reihenfolge aller 100 Buchstaben „gemessen" werden; bei 10^{20} Teilchen erscheint es aber wohl kaum möglich, alle nach einer extrapolierten Quantenmechanik mathematisch möglichen Observablen auch physikalisch möglich zu messen. Daher wird man noch mehr tun müssen, um z. B. von einer extrapolierten Quantenmechanik von mehr als 10^{20}-Teilchen zu einer g.$\mathcal{G}$.-abgeschlossenen $\mathcal{PT}$ makroskopischer Systeme zu gelangen (siehe [1] XV, [5], [20] X).

11.6 Unschärfemengen für Wahrscheinlichkeiten

Das Problem der unscharfen Abbildung von gemessenen Häufigkeiten auf die im mathematischen Bild angegebenen reellen Zahlen $\lambda(a, b)$ wird verschieden gesehen, je nach dem mehr subjektiven oder mehr realistischen Standpunkt, den man zur Bedeutung der Wahrscheinlichkeiten $\lambda(a, b)$ einnimmt. In der „Praxis" läuft zwar alles auf dasselbe hinaus; da es uns hier aber um die Klarstellung des erkenntnistheoretischen Standpunktes geht, wollen wir in diesem Paragraphen noch einige Hinweise geben.

Der Ausgangspunkt zur Beurteilung des Verhältnisses zwischen Häufigkeiten und Wahrscheinlichkeiten ist die Einführung von Auswahlverfahren und Wahrscheinlichkeitsfunktionen, die sich auf Produktmengen $M \times M \times \ldots \times M = M^N$ beziehen. Ohne auf Einzelheiten einzugehen, wollen wir kurz andeuten, wie man (ganz ähnlich wie in der normalen Wahrscheinlichkeitsrechnung) ein System S_N

von Auswahlverfahren für M^N und eine zugehörige Wahrscheinlichkeitsfunktion λ_N definieren kann.

S_N ist das von allen Produkten $a_1 \times a_2 \times \ldots \times a_N$ (mit $a_\nu \in S$) erzeugte System von Auswahlverfahren. λ_N ist definiert durch die speziellen Werte (für $b_\nu \subset a_\nu$):

$$\lambda_N(a_1 \times a_2 \times \ldots \times a_N, b_1 \times b_2 \times \ldots \times b_N) \\ = \lambda(a_1, b_1)\lambda(a_2, b_2)\ldots\lambda(a_N, b_N). \tag{11.6.1}$$

Für kleine Werte von N erweist sich der Wert von λ_N nach (11.6.1) als physikalisch gute Darstellung der Frage nach der Wahrscheinlichkeit, daß N-Tupel $(x_1, \ldots, x_N)$ von Einzelprozessen mit $x_\nu \in a_\nu$ nach $b_1 \times \ldots \times b_N$ fallen, d. h. auch $x_\nu \in b_\nu$ gilt. Man sieht aber sofort, daß für große N (z. B. über 500) S_N und λ_N genau von der Art sind, wie wir es nach der Darstellung des Falles 3 in § 11.5 am Beispiel eines 100dimensionalen Raumes diskutiert haben. Für den realistischen Standpunkt verliert für große N die Funktion λ_N ihre physikalische Bedeutung, wenn sie nicht auf eine Teilmenge S_{Nr} von S_N eingeschränkt wird. Anders für den subjektiven Standpunkt, wo λ_N auch für große N die subjektive Bedeutung der Chancenbewertung behält.

Was hat nun S_N mit λ_N für eine Bedeutung in bezug auf die unscharfe Abbildung zwischen Häufigkeiten und $\lambda(a, b)$?

Betrachten wir zunächst den Fall 1 aus § 11.5! Noch spezieller möge $S(a)$ nur aus den Elementen a, b, $a \setminus b$ und $\emptyset$ bestehen. Dann wird

$$\lambda_N(a^N, b_1 \times b_2 \times \ldots \times b_N) = \lambda(a, b_1)\lambda(a, b_2)\ldots\lambda(a, b_N) \tag{11.6.2}$$

mit $b_i = b$ oder $b_i = a \setminus b$.

$$w\left(\frac{N_+}{N}\right) = {\sum}' \lambda_N(a^N, b_1 \times b_2 \times \ldots \times b_N), \tag{11.6.3}$$

wobei die $\sum'$ über alle Produkte $b_1 \times b_2 \times \ldots \times b_N$ zu erstrecken ist, für die N_+ der b_i gleich b und $N - N_+$ der b_i gleich $a \setminus b$ sind, ist dann die Wahrscheinlichkeit, daß von den N Prozessen N_+ Prozesse nach b fallen; d. h. $w(N_+/N)$ ist die Wahrscheinlichkeit für die Häufigkeit N_+/N. Mit (11.6.2) folgt aus (11.6.3):

$$w\left(\frac{N_+}{N}\right) = \binom{N}{N_+} \lambda(a, b)^{N_+}(1 - \lambda(a, b))^{N - N_+}. \tag{11.6.4}$$

Das bekannte Resultat (11.6.4) wird nun verschieden interpretiert.

Nach dem realistischen Standpunkt ist $w(N_+/N)$ ein Bild der Häufigkeit (für nicht zu große N) dafür, daß bei „sehr vielen" Versuchsreihen von je N Prozessen N_+ von den N Prozessen nach b fallen. Diese Häufigkeit enthält aber kein „neues" physikalisches Ergebnis, da λ_N nach (11.6.1) durch λ bestimmt ist. Daher wird meistens $w(N_+/N)$ nicht getestet. Vielmehr benutzt man $w(N_+/N)$ gerade dann, wenn es bisher in Experimenten nicht genügend viele Einzelprozesse gibt, um $\lambda(a, b)$ zu testen. Liegt also nur eine Messung N_+/N mit *nicht* sehr großem N vor, so kann man mit Hilfe von (11.6.4) abschätzen, ob der vorliegende Meßwert N_+/N es „erwarten läßt", daß sich die

Theorie nicht an der Erfahrung bewährt. Man wird und muß dann erst den Ausgang weiterer Experimente abwarten, um nach dem realistischen Standpunkt entscheiden zu können, ob Theorie und Wirklichkeit übereinstimmen. Genau aber eine solche Entscheidungsmöglichkeit wird nach dem subjektiven Standpunkt bestritten.

Für sehr große N wird $w(N_+/N)$ nach dem realistischen Standpunkt nicht mehr testbar; aber es läßt sich dann ein Intervall $\lambda(a, b) \pm \epsilon$ angeben, so daß

$$\beta = \sum_{N_+}'' w(\frac{N_+}{N}) \tag{11.6.5}$$

(mit $\sum$" als Summe über alle N_+ mit $N_+/N < \lambda(a, b) - \epsilon$ oder $N_+/N > \lambda(a, b) + \epsilon$) so klein ist, daß es im Kosmos „so gut wie nie" (siehe § 11.5) vorkommen sollte, daß N_+/N nicht in das Intervall $\lambda(a, b) \pm \epsilon$ fällt. Dadurch gewinnt man eine (von N abhängige) durch ϵ bestimmte Unschärfemenge.

„Mehrere" im Realtext vorkommende N_+/N, die nicht in das Intervall $\lambda(a, b) \pm \epsilon$ fallen, stellen nach dem realistischen Standpunkt einen wirklichen Widerspruch zwischen Theorie und Experiment dar, wie wir das allgemeiner in § 11.5 erläutert haben.

Der subjektive Standpunkt kann dagegen in einem solchen Fall nur so argumentieren: Obwohl „mehrere" N_+/N mehr als um ϵ von $\lambda(a, b)$ abweichen, so daß also auf der Basis der bisher bekannten Experimente nur eine verschwindend kleine Chance besteht, daß die Theorie doch richtig ist, so kann man *nie* ausschließen, daß die Theorie doch richtig sein könnte. Der hier in diesem Buch eingenommene realistische Standpunkt leugnet eine physikalische Bedeutung (bis auf den weiter unten gekennzeichneten Rest) der mathematisch eingeführten Wahrscheinlichkeitsfunktion λ_N für sehr große N, da die mathematisch gedachte Möglichkeit des Testens von $w(N_+/N)$ mit einer „beliebig" großen Zahl von Prozeß*folgen* aus je N Elementen physikalisch absurd wird. Die *mathematische* Tatsache, daß $w(N_+/N)$ auch für Werte N_+/N von Null verschieden ist, die weit ab von $\lambda(a, b)$ liegen, stellt für den realistischen Standpunkt nur eine mathematische Idealisierung dar, bedingt durch die vereinfachende, aber nicht realistische Vorstellung „beliebig oft" wiederholbarer Experimente. Der realistische Standpunkt glaubt in der Abschätzung der Unschärfe ϵ den für sehr große N allein noch von der Verteilung $w(N_+/N)$ übrigbleibenden realistischen Strukturteil herausgeholt zu haben.

Es ist klar, daß man niemanden zu dem einen oder anderen Standpunkt überreden kann. In der Praxis der Physik ist kein Unterschied merkbar. Nur in der Frage der „Anerkennung" einer $\mathcal{PT}$ als endgültig brauchbar wird der subjektive Standpunkt jeder „endgültigen" Anerkennung ausweichen und nur von „vernachlässigbaren" Chancen sprechen, daß die betrachtete Theorie doch noch zu „vielen" Widersprüchen mit der Erfahrung führt.

Nach dieser grundlegenden Diskussion über die verschiedenen Standpunkte zum Vergleich von Häufigkeiten und Wahrscheinlichkeiten wollen wir das Problem der Unschärfemengen noch für kompliziertere Fälle andeuten.

Besteht $S(a)$ nicht aus nur vier Elementen, sondern aus vielen Elementen, so wird das Problem des Abschätzens der Unschärfemengen mit Hilfe von λ_N

wesentlich komplizierter; es erfordert eine ausgebaute mathematische Theorie. Da wir hier kein Lehrbuch über mathematische Statistik schreiben wollen, haben wir explizit nur die Formel (11.6.4) angegeben und Eigenschaften von $w(N_+/N)$ erwähnt. Jetzt wollen wir nur ohne Beweise einige markante Eigenschaften von λ_N erwähnen, die sich bemerkbar machen, wenn N nicht sehr groß gegen die Zahl der Elemente von $S(a)$ ist; im Beispiel 2 aus § 11.5 der Buchstabenfolgen war sogar prinzipiell in der Welt immer N sehr *klein* gegen die Zahl 24^{100} der möglichen Buchstabenfolgen.

Wir betrachten der Einfachheit halber ein Beispiel: Wir nehmen $S(a)$ als diskret an und mit endlich vielen Elementen. Die a_i seien die Atome des *Booleschen* Ringes $S(a)$. Liegen N Einzelprozesse vor, so kann man experimentell für alle $b \in S(a)$ die Häufigkeiten N_b/N (siehe § 11.5) bestimmen. Die N_b sind festgelegt durch die Zahlen N_{a_i} der Prozesse, die nach a_i fallen. Dann ist mit λ_N nach (11.6.1):

$$w(N_{a_1}, N_{a_2}, \ldots) = \sum{}' \lambda_N(a^N, a_{i_1} \times a_{i_2} \times \ldots a_{i_N}) \tag{11.6.6}$$

zu berechnen, wobei $\sum'$ über alle solche Indizesreihen $i_1, i_2, \ldots, i_N$ läuft, in denen N_{a_1}-mal der Index 1, N_{a_2}-mal der Index 2 usw. vorkommt; per Definition der N_{a_i} ist $\sum_i N_{a_i} = N$.

Für irgendein festes $b \in S(a)$ folgt wieder (11.6.4) als Wahrscheinlichkeit für die Häufigkeit N_+/N. Wir hatten aber an dem Beispiel 2 der Buchstabenfolgen in § 11.5 gesehen, daß es bei „jedem" möglichen Ausgang des Experiments immer ein solches b mit $\lambda(a, b) = 1/2$ und $N_b/N = 1$ gibt. Wie paßt das mit der Formel (11.6.4) zusammen?

Der Test der Wahrscheinlichkeiten $\lambda(a, b)$ durch Häufigkeiten N_b/N erfolgt eben nicht nur für *ein* b, sondern für *alle* $b \in S(a)$. Die Fragestellung nach einer Unschärfemenge für die Abbildung zwischen Häufigkeiten und Wahrscheinlichkeiten ist also die Frage nach einer Größe $\epsilon(\alpha)$, so daß die mit Hilfe von (11.6.6) zu berechnende Wahrscheinlichkeit w, daß N_b/N für *irgendeines* der $b \in S(a)$ außerhalb des Intervalls $[\alpha - \epsilon(\alpha), \alpha + \epsilon(\alpha)]$ mit $\alpha = \lambda(a, b)$ liegt, so klein wird, daß es so gut wie sicher ist, daß N_b/N für alle $b \in S(a)$ bis auf den Fehler $\epsilon(\alpha)$ mit $\alpha = \lambda(a, b)$ übereinstimmt. Die Überlegungen aus § 11.5 für das Beispiel 2 zeigen, daß es für $N < Z/2$ Werte α von $\lambda(a, b)$ gibt, so daß das Intervall $[\alpha - \epsilon(\alpha), \alpha + \epsilon(\alpha)]$ das ganze Intervall $[0, 1]$ sein muß. Ist sogar $N \ll Z$, so darf $\epsilon(\alpha)$ nur klein gegenüber Eins für α fast Null oder fast Eins gewählt werden. Die Testmöglichkeit der Wahrscheinlichkeitsfunktion $\lambda(a, b)$ wird damit, wie schon in § 11.5 geschildert, praktisch zunichte gemacht, es sei denn, daß die Strukturart (M, S, λ) aus physikalischen Gründen durch die Auszeichnung einer Teilmenge S_r angereichert ist, wie ebenfalls schon in § 11.5 beschrieben.

S_r muß (damit die Auszeichnung von S_r physikalisch sinnvoll ist) gerade die Eigenschaft haben, daß es möglich ist, $\epsilon(\alpha)$ für alle α wesentlich kleiner als Eins zu wählen, so daß die Wahrscheinlichkeit w_r, daß N_b/N für irgendeines der $b \in S_r(a)$ außerhalb des Intervalls $[\alpha - \epsilon(\alpha), \alpha + \epsilon(\alpha)]$ mit $\alpha = \lambda(a, b)$ liegt, so klein ist, daß es so gut wie sicher ist, daß N_b/N für alle $b \in S_r(a)$ bis auf den Fehler $\epsilon(\alpha)$ mit $\alpha = \lambda(a, b)$ übereinstimmt. Ohne Rechnung erkennt man sofort, daß $\epsilon(\alpha)$ um so größer gewählt werden muß, je umfangreicher die Teilmenge S_r von S gewählt wird.

Vom realistischen Standpunkt aus bedeutet eine experimentelle Feststellung, daß bei sehr großen N *wiederholt* Häufigkeit N_b/N für ein $b \in S_r(a)$ aufgetreten sind, die nicht bis auf einen Fehler $\epsilon(\alpha)$ mit $\alpha = \lambda(a, b)$ übereinstimmen, einen Widerspruch zur Theorie; dagegen sind Häufigkeiten N_b/N für irgendein $b \in S(a)$, aber $b \notin S_r(a)$, die auch nicht annähernd mit $\lambda(a, b)$ übereinstimmen, als belanglos anzusehen! In dem Beispiel 2 aus § 11.5 gibt es immer solche $b \in S(a)$ mit $N_b/N = 1$ und $\lambda(a, b) \ll 1$; diese bs dürfen aber keine Elemente von $S_r(a)$ sein, wenn die betrachtete $\mathcal{PT}$ brauchbar sein soll.

Es ist klar, daß diese eben geschilderte Haltung nicht vom subjektiven Standpunkt aus anerkannt wird, da die getroffene Auswahl von S_r subjektiv betrachtet mit der Auswahl eines Spielers äquivalent ist, so daß es *vor* Ausführung der Experimente zwar fast sicher ist, daß die Häufigkeiten N_b/N für alle $b \in S_r(a)$ mit den $\alpha = \lambda(a, b)$ bis auf den Fehler $\epsilon(\alpha)$ übereinstimmen, daß aber der wirkliche Ausgang des Experiments *nichts* beweisen kann, da für eine andere „Wahl" von $S_r(a)$ in $S(a)$ einige derjenigen bs aus $S(a)$ hätten liegen können, für die $\lambda(a, b) \sim 1/2$ aber $N_b/N = 1$. Die Auswahl von S_r beschreibt nach dem subjektiven Standpunkt keine reale Struktur der Welt, sondern unseren Einsatz als Physiker im Spiel mit der Welt.

Es kam uns bei der Frage des Testens von Wahrscheinlichkeiten nicht darauf an, eine neue mathematische Statistik zu entwickeln (denn die Strukturart (M, S, λ) ist der Strukturart (Ω, A, P) mathematisch ähnlich), sondern ausschließlich darauf, die Anwendung der „Gesetze der großen Zahlen" nicht ohne Kritik durchzuführen, einer Kritik, die auf der Tatsache beruht, daß die Zahl N der Einzelprozesse *nicht beliebig* gesteigert werden kann. Der subjektive Standpunkt betrachtet dabei die mathematische Strukturart (M, S, λ) bzw. (Ω, A, P) als a priori vorgegebene Denkmethode, der realistische Standpunkt als idealisiertes mathematisches Bild einer Realstruktur, wobei die Idealisierung dann die Treue des Bildes aufhebt, wenn die reale Tatsache einer endlichen oberen Grenze der Zahl der Einzelprozesse (bzw. der „elementaren Ereignisse" im Sinne von (Ω, A, P)) wesentlich wird.

Für den realistischen Standpunkt stellt sich damit eine echt physikalische Aufgabe, eine gegenüber (M, S, λ) umfangreichere Wahrscheinlichkeitstheorie zu entwickeln, die der physikalischen *Endlichkeit* der Zahl der Prozesse zur Aufnahme einer Häufigkeitsverteilung Rechnung trägt. Wahrscheinlichkeiten von z. B. 24^{-100} könnten in einer solchen Theorie nicht auftreten, da es sehr viel weniger als 24^{-100} Einzelprozesse gibt. Einfacher würde eine solche neue „endliche" Wahrscheinlichkeitstheorie vermutlich nicht sein; aber man könnte *nach* der Kenntnis einer solchen umfangreicheren Theorie wesentlich besser den Anwendungsbereich der bisher üblichen Wahrscheinlichkeitstheorie abschätzen, als wir es in §§ 11.5 und 11.6 versucht haben. Wir haben mehrmals erwähnt, daß man gegenüber dem Wahrscheinlichkeitsbegriff auch einen anderen erkenntnistheoretischen Standpunkt einnehmen kann. Dies führt dann auch zu einer anderen Vorstellung von Physik; als Beispiel hierfür sei auf [13] verwiesen; auch die Entwicklungen in [11], [14], [16] können hier lehrreich sein.

12. Physikalische Systeme und physikalische Objekte

In diesem Paragraphen sollen einige Grundbegriffe der Physik eingeführt werden, wie sie in vielen statistischen Theorien auftreten. Dieser Paragraph ist daher gleichzeitig auch ein Beispiel für die allgemeinen Überlegungen aus § 10.9. Wir wollen hier keine weitschweifigen Erklärungen für die Form der zu betrachtenden Strukturarten geben, da an anderer Stelle viele Beispiele diskutiert werden (z. B. [1] XIII, [3] II bis IV und [20]).

12.1 Präparierverfahren, Registrierverfahren und physikalische Systeme

Der Ausgangspunkt ist wie in § 11.1 eine in $\mathcal{MT}_\Sigma$ (als axiomatischer Basis von $\mathcal{PT}$) abgeleitete Menge (oder Basismenge) M realer Sachverhalte. Weiter sei auf M eine Struktur Q (Q ebenfalls als Menge realer Sachverhalte) abgeleitet (oder Strukturterm von Σ) mit $Q \subset \mathcal{P}(M)$ für die (als Satz in $\mathcal{MT}_\Sigma$) gilt:

APS 1 Q ist eine Struktur statistischer Auswahlverfahren.

(zur Definition einer Struktur statistischer Auswahlverfahren siehe § 11.1). Die für Q definierte Wahrscheinlichkeitsfunktion werde mit λ_Q bezeichnet.

Weiter seien in $\mathcal{MT}_\Sigma$ zwei Strukturen $\mathcal{R}_0, \mathcal{R}$ über M abgeleitet ($\mathcal{R}_0, \mathcal{R}$ ebenfalls Mengen realer Sachverhalte), für die gilt: $\mathcal{R}_0 \subset \mathcal{P}(M)$, $\mathcal{R} \subset \mathcal{P}(M)$ und

APS 2 $\mathcal{R}$ ist eine Struktur Auswahlverfahren.

(zur Definition dieser Struktur siehe § 11.1).

APS 3 $\mathcal{R}_0$ ist eine Struktur statistischer Auswahlverfahren.

Die für $\mathcal{R}_0$ definierte Wahrscheinlichkeitsfunktion werde mit $\lambda_{\mathcal{R}_0}$ bezeichnet.

APS 4.1 $\mathcal{R}_0 \subset \mathcal{R}$.

APS 4.2 Zu jedem $b \in \mathcal{R}$ gibt es ein $b_0 \in \mathcal{R}_0$ mit $b \subset b_0$.

Wir definieren: Ein $a \in Q$ und ein $b_0 \in \mathcal{R}_0$ mit $a \neq \emptyset$, $b_0 \neq \emptyset$ heißen *kombinierbar*, wenn aus $\tilde{a} \in Q$, $\tilde{b}_0 \in \mathcal{R}_0$, $\emptyset \neq \tilde{a} \subset a$ und $\emptyset \neq \tilde{b}_0 \subset b_0$ immer $\tilde{a} \cap \tilde{b}_0 \neq \emptyset$ folgt.

Aus a, b_0 kombinierbar folgt also $a \cap b_0 \neq \emptyset$ und daß für $\emptyset \neq \tilde{a} \in Q$, $\emptyset \neq \tilde{b}_0 \in \mathcal{R}_0$, $\tilde{a} \subset a$, $\tilde{b}_0 \subset b_0$ auch $\tilde{a}, \tilde{b}_0$ kombinierbar sind.

Wir führen folgende Menge ein:

$$C = \{(a, b_0) \mid a \in Q, \ b_0 \in \mathcal{R}_0, \ (a, b_0) \text{ kombinierbar}\}.$$

Mit Q' sei die Menge aller $a \in Q$ mit $a \neq \emptyset$ bezeichnet. Ebenso sei $\mathcal{R}_0'$ die Menge aller $b_0 \in \mathcal{R}_0$ mit $b_0 \neq \emptyset$.

Als Sätze in $\mathcal{M}\mathcal{T}_\Sigma$ mögen gelten:

APS 5.1.1   Zu jedem $a \in Q'$ gibt es ein $b_0 \in \mathcal{R}_0'$ mit $(a, b_0) \in C$.

APS 5.2   Zu jedem $b \in \mathcal{R}$ mit $b \neq \emptyset$ gibt es mindestens ein $a \in Q$ und ein $b_0 \in \mathcal{R}_0$ mit $b \subset b_0$, so daß $(a, b_0) \in C$ und $a \cap b \neq \emptyset$ ist.

APS 5.1.1 und APS 5.2 stellen Bedingungen an C dar. $\mathcal{S}$ sei die von

$$\Theta = \{c \mid c = a \cap b \text{ mit } a \in Q, b \in \mathcal{R}, \text{ und es gibt ein } b_0 \in \mathcal{R}_0 \text{ mit } b_0 \supset b \text{ und } (a, b_0) \in C\}$$

erzeugte Menge von Auswahlverfahren.

In $\mathcal{M}\mathcal{T}_\Sigma$ gelte dann (als Satz oder Axiom):

APS 6 $\mathcal{S}$ ist eine Struktur statistischer Auswahlverfahren.

APS 6 besagt also, daß in $\mathcal{M}\mathcal{T}_\Sigma$ eine Funktion $\lambda_\mathcal{S}$ herleitbar ist, so daß $(M, \mathcal{S}, \lambda_\mathcal{S})$ eine Strukturart statistischer Auswahlverfahren darstellt.

Es möge in $\mathcal{M}\mathcal{T}_\Sigma$ weiterhin gelten:

APS 7   Für $a_1, a_2 \in Q$ mit $a_2 \subset a_1$ und $b_{10}, b_{20} \in \mathcal{R}_0$ mit $b_{20} \subset b_{10}$ und $(a_1, b_{10}) \in C$ gilt:

APS 7.1 $\lambda_\mathcal{S}(a_1 \cap b_{10}, a_2 \cap b_{10}) = \lambda_Q(a_1, a_2);$

APS 7.2 $\lambda_\mathcal{S}(a_1 \cap b_{10}, a_1 \cap b_{20}) = \lambda_{\mathcal{R}_0}(b_{10}, b_{20}).$

Weiterhin gelte schließlich

APS 8

$$M = \bigcup_{a \in Q} a = \bigcup_{b \in \mathcal{R}} b.$$

Setzen wir zur Abkürzung

$$\mathcal{F} = \{(b_0, b) \mid b_0 \in \mathcal{R}'_0, \ b \in \mathcal{R}, \ b \subset b_0\}$$

und

$$\mathcal{C} = \{(a, f) \mid f = (b_0, b) \in \mathcal{F} \text{ und } (a, b_0) \in C\},$$

so ist durch

$$\mu(a, f) = \mu(a, (b_0, b)) = \lambda_S(a \cap b_0, a \cap b)$$

eine reelle Funktion μ auf $\mathcal{C}$ definiert. Es zeigt sich (siehe [3] II, § 4.5), daß λ_S schon durch μ und λ_Q festgelegt ist.

Sind die eben aufgezählten Bedingungen APS für die Strukturen Q, $\mathcal{R}_0$, $\mathcal{R}$ erfüllt, so nennt man Q ein System von Präparierverfahren, $\mathcal{R}_0$ ein System von Registriermethoden, $\mathcal{R}$ ein System von Registrierverfahren.

Gegenüber APS 5.1.1 möge verschärft gelten:

APS 5.1.2 Es gibt eine nach unten gerichtete (im Sinne des Enthaltenseins) Menge $\Gamma \subset \mathcal{P}(\mathcal{R}'_0)$ mit $\emptyset \notin \Gamma$, so daß es zu jedem $a \in Q'$ mindestens ein Element $\mathcal{R}'_{0\alpha} \in \Gamma$ gibt mit $(a, b_0) \in C$ für alle $b_0 \in \mathcal{R}'_{0\alpha}$.

Weiterhin:

APS 5.1.3 Für jedes Element $\mathcal{R}'_{0\beta} \in \Gamma$ mit $(a_1, b_0) \in C$ und $(a_2, b_0) \in C$ für alle $b_0 \in \mathcal{R}'_{0\beta}(a_1, a_2 \in Q')$ folgt aus

$$\mu(a_1, (b_0, b)) = \mu(a_2, (b_0, b))$$

für alle $b_0 \in \mathcal{R}'_{0\beta}$ und alle $b \subset b_0$ auch

$$\mu(a_1, f) = \mu(a_2, f)$$

für alle $f \in \mathcal{F}$, für die sowohl $\mu(a_1, f)$ wie $\mu(a_2, f)$ definiert ist, d. h. $(a_1, f) \in \mathcal{C}$ und $(a_2, f) \in \mathcal{C}$ gilt.

Aus APS 5.1.2, 3 folgt, daß die durch

$$a_1 \sim a_2 \Leftrightarrow \mu(a_1, f) = \mu(a_2, f) \text{ für alle } f \in \mathcal{F} \tag{12.1.1}$$

definierte Relation $a_1 \sim a_2$ eine Äquivalenzrelation ist. Durch diese wird Q' in Äquivalenzklassen eingeteilt. Die Menge dieser Äquivalenzklassen sei mit $\mathcal{K}$ bezeichnet. Die kanonische Abbildung $Q' \to \mathcal{K}$ sei mit φ bezeichnet; $\varphi(a)$ ist also die Äquivalenzklasse, der a angehört. Durch

$$\widehat{\mu}(\varphi(a), f) = \mu(a, f) \tag{12.1.2}$$

ist damit auf einer Teilmenge von $\mathcal{K} \times \mathcal{F}$ eine Funktion $\widehat{\mu}$ definiert.

In $\mathcal{MT}_\Sigma$ gelte dann weiterhin

APS 5.1.4 Zu jedem $b_0 \in \mathcal{R}'_0$ gibt es in jeder Äquivalenzklasse w (als Teilmenge von Q') ein $a \in w$ mit $(a, b_0) \in C$. Für jedes Paar $a \in Q'$, $f \in \mathcal{F}$ gibt es ein $f' \in \mathcal{F}$ mit $(a, f') \in \mathcal{C}$ und $\widehat{\mu}(w, f) = \widehat{\mu}(w, f')$, wo beide Seiten definiert sind.

Sind M, $\mathcal{Q}$, $\mathcal{R}_0$, $\mathcal{R}$ Mengen realer Sachverhalte und $\lambda_{\mathcal{Q}}$, $\lambda_{\mathcal{R}_0}$, $\lambda_{\mathcal{S}}$ Wahrscheinlichkeitsfunktionen mit entsprechender physikalischer Interpretation und gelten weiterhin APS 5.1.2,3,4, so heißt die Menge M versehen mit der Struktur $(\mathcal{Q}, \mathcal{R}_0, \mathcal{R})$ eine Menge *physikalischer Systeme*.

Es darf nicht verwundern, wenn etwa die bisher meist nur intuitive Verwendung des Begriffs physikalischer Systeme nicht ganz mit dem hier verwendeten übereinstimmt. Es ist aber *der Sinn der hier in diesem Buch*, insbesondere in §10.9 *dargestellten Methoden, daß man allgemeine physikalische Begriffe mit Hilfe von Strukturarten definiert.*

Daß wir den Begriff „physikalische Systeme" nur für den Fall statistischer Theorien eingeführt haben, scheint zunächst zu speziell. Tatsächlich aber kann man alle bisher in der Physik bekannten nicht statistischen Theorien (von der Kosmologie abgesehen, denn es gibt keine Statistik über Kosmen, sondern nur Statistiken über große Zahlen von Prozessen in dem einen einmaligen Kosmos) als Einschränkungen von statistischen Theorien ansehen.

12.2 Gesamtheiten und Effekte

Aufgrund von APS 5.1.4 ist $\widehat{\mu}$ auf ganz $\mathcal{K} \times \mathcal{F}$ definiert.
Daraus folgt, daß die durch

$$f_1 \sim f_2 \Leftrightarrow \widehat{\mu}(w, f_1) = \widehat{\mu}(w, f_2) \text{ für alle } w \in \mathcal{K} \tag{12.2.1}$$

definierte Relation $f_1 \sim f_2$ eine Äquivalenzrelation ist. Durch sie wird $\mathcal{F}$ in Äquivalenzklassen eingeteilt. Die Menge dieser Äquivalenzklassen sei mit $\mathcal{L}$ bezeichnet, die kanonische Abbildung $\mathcal{F} \to \mathcal{L}$ mit ψ. Durch

$$\widetilde{\mu}(w, \psi(f)) = \widehat{\mu}(w, f) \tag{12.2.2}$$

ist dann auf $\mathcal{K} \times \mathcal{L}$ eine reelle Funktion $\widetilde{\mu}$ definiert, für die also gilt:

$$\widetilde{\mu}(\varphi(a), \psi(b_0, b)) = \mu(a, (b_0, b)) = \lambda_{\mathcal{S}}(a \cap b_0, a \cap b). \tag{12.2.3}$$

Die Elemente von $\mathcal{K}$ heißen *Gesamtheiten*, die Elemente von $\mathcal{L}$ heißen *Effekte*. $\widetilde{\mu}(w, g)$ heißt die Wahrscheinlichkeit für den Effekt g in der Gesamtheit w. Wir werden statt $\widetilde{\mu}$ meistens wieder μ schreiben, sobald aus den Argumenten hervorgeht, welche Funktion gemeint ist.

Oft betrachtet man *nur* die Wahrscheinlichkeitsfunktion $\widetilde{\mu}$ über $\mathcal{K} \times \mathcal{L}$. Dies ist erlaubt, da aufgrund von (12.2.3) durch $\widetilde{\mu}$ die Funktion μ und durch μ und $\lambda_{\mathcal{Q}}$ ganz $\lambda_{\mathcal{S}}$ bestimmt ist (siehe [3] II Th 4.5.2).

Zur Einführung des Begriffs physikalischer Systeme kann man die speziellen Relationen APS 5.1.2 bis 5.1.4 auch einfach durch die Forderung ersetzen, daß durch (12.1.1) und (12.2.1) Äquivalenzrelationen definiert sind, so daß durch (12.2.2) eine Funktion $\tilde{\mu}$ auf ganz $\mathcal{K} \times \mathcal{L}$ gegeben ist.

Aus der Definition der Funktion μ und den Eigenschaften von $\lambda_{\mathcal{S}}$ folgt leicht (siehe [3] II):

(i) $\mu : \mathcal{K} \times \mathcal{L} \to [0,1]$.

(ii)   aus $\mu(w_1, g) = \mu(w_2, g)$ für alle $g \in \mathcal{L}$ folgt $w_1 = w_2$.

(iii)   aus $\mu(w, g_1) = \mu(w, g_2)$ für alle $w \in \mathcal{K}$ folgt $g_1 = g_2$.

(iv)   es gibt ein $g_1 \in \mathcal{L}$ mit $\mu(w, g_1) = 1$ für alle $w \in \mathcal{K}$.

(v)   es gibt ein $g_0 \in \mathcal{L}$ mit $\mu(w, g_0) = 0$ für alle $w \in \mathcal{K}$.

Man schreibt für g_0 einfach 0, für g_1 einfach 1.

Weiterhin folgt leicht der Satz (siehe [20] IV § 1): Man kann $\mathcal{K}, \mathcal{L}$ so in ein Dualpaar von Vektorräumen $\underline{\mathcal{B}}, \underline{\mathcal{D}}$ einbetten (d. h. $\mathcal{K} \subset \underline{\mathcal{B}}$, $\mathcal{L} \subset \underline{\mathcal{D}}$), daß $\underline{\mathcal{B}}$ linear von $\mathcal{K}$, $\underline{\mathcal{D}}$ linear von $\mathcal{L}$ aufgespannt werden und die kanonische Bilinearform (x, y) auf $\mathcal{K} \times \mathcal{L}$ eingeschränkt mit $\mu(w, g)$ übereinstimmt (d. h. $(x, y)|_{\mathcal{K} \times \mathcal{L}} = \mu(x, y)$). Wir schreiben deshalb für die kanonische Bilinearform allgemein $\mu(x, y)$ statt (x, y). $\underline{\mathcal{B}}, \underline{\mathcal{D}}$ sind bis auf Isomorphie eindeutig bestimmt.

Durch die Abbildungen $\mu_f : \mathcal{Q}' \to [0,1]$ mit $\mu_f(a) = \mu(a, f)$ für alle $f \in \mathcal{F}$ ist eine initiale uniforme Struktur auf $\mathcal{Q}'$ definiert, durch die $\mathcal{Q}'$ gerade in die Klassen aus $\mathcal{K}$ eingeteilt wird. Durch $\mu_g : \mathcal{K} \to [0,1]$ mit $\mu_g = \mu(w, g)$ ist auf $\mathcal{K}$ eine initiale separierende uniforme Struktur definiert. Die Vervollständigungen $\widehat{\mathcal{Q}}'$ und $\widehat{\mathcal{K}}$ kann man miteinander identifizieren (siehe [10]). $\widehat{\mathcal{K}}$ ist kompakt (siehe [10]), also $\mathcal{K}$ präkompakt. Die betrachtete initiale uniforme Struktur kann also als die uniforme Struktur der physikalischen Unschärfe auf $\mathcal{K}$ betrachtet werden (siehe §§ 6 und 8).

Es folgt leicht, daß diese uniforme Struktur auf $\mathcal{K}$ mit der durch die Topologie $\sigma(\underline{\mathcal{B}}, \underline{\mathcal{D}})$ auf $\mathcal{K}$ als Teil von $\underline{\mathcal{B}}$ bestimmten uniformen Struktur übereinstimmt (in Vektorräumen ist durch eine Topologie in kanonischer Weise eine uniforme Struktur definiert).

Ähnliches gilt für $\mathcal{F}$ und $\mathcal{L}$ aufgrund der Abbildungen $\tilde{\mu}_w : \mathcal{F} \to [0,1]$, $\tilde{\mu}_w : \mathcal{L} \to [0,1]$ mit $\tilde{\mu}_w(f) = \tilde{\mu}(w, f)$, $\tilde{\mu}_w(g) = \tilde{\mu}(w, g)$. $\widehat{\mathcal{F}}$ kann man mit $\widehat{\mathcal{L}}$ identifizieren. Die initiale uniforme Struktur auf $\mathcal{L}$ ist mit der durch $\sigma(\underline{\mathcal{D}}, \underline{\mathcal{B}})$ auf $\mathcal{L}$ als Teil von $\underline{\mathcal{D}}$ definierten identisch. Siehe dazu auch [20] IV § 2.

Wir definieren:

$$\tilde{\mathcal{K}} = \{x \mid x \in \underline{\mathcal{B}},\ 0 \leq \mu(x, g) \leq 1 \text{ für alle } g \in \mathcal{L} \text{ und } \mu(x, 1) = 1\}. \qquad (12.2.4)$$

Es folgt leicht, daß $\tilde{\mathcal{K}}$ konvex ist und $\mathcal{K} \subset \tilde{\mathcal{K}}$ gilt. Die Elemente von $\tilde{\mathcal{K}}$ sind gerade alle Linearkombinationen

$$x = \sum_{i=1}^{n} \alpha_i w_i \text{ mit } w_i \in \mathcal{K},$$

für die $1 = \tilde{\mu}(x, 1) = \sum_i \alpha_i$ und $0 \leq \tilde{\mu}(x, g) = \sum_i \alpha_i \tilde{\mu}(w_i, g) \leq 1$ für alle $g \in \mathcal{L}$ ist.

In vielen physikalischen Theorien ist $\widetilde{\mathcal{K}}$ gerade die von $\mathcal{K}$ erzeugte konvexe Menge co$\mathcal{K}$. Ist dagegen co$\mathcal{K}$ echt kleiner als $\widetilde{\mathcal{K}}$, so liegt im Unterschied von $\widetilde{\mathcal{K}}$ gegenüber co$\mathcal{K}$ eine echte-physikalisch bedeutungsvolle Struktur vor, die auch tatsächlich bei Anwendungen der Theorie auf makroskopische physikalische Systeme eine große Rolle spielt (siehe z. B. [1] XV § 8 und [20] II und X).

Es gilt der wichtige Satz (Beweis siehe [20] IV § 3 und [22]): Es gibt ein Paar reeller *Banach*-Räume $\mathcal{B}$, $\mathcal{B}'$ ($\mathcal{B}'$ der zu $\mathcal{B}$ duale *Banach*-Raum) und eine Einbettung von $\mathcal{K}$ (und damit von $\widetilde{\mathcal{K}}$ und $\underline{\mathcal{B}}$) in $\mathcal{B}$ und von $\mathcal{L}$ (und damit von $\underline{\mathcal{D}}$) in $\mathcal{B}'$, so daß gilt:

I) Die für das Dualpaar $\mathcal{B}$, $\mathcal{B}'$ definierte kanonische Bilinearform (x, y) ist auf $\mathcal{K} \times \mathcal{L}$ mit $\mu(w, g)$ und damit auf $\underline{\mathcal{B}} \times \underline{\mathcal{D}}$ mit der kanonischen Bilinearform von $\underline{\mathcal{B}}$, $\underline{\mathcal{D}}$ identisch. Deshalb bezeichnen wir auch (x, y) mit $\mu(x, y)$ als Funktion auf $\mathcal{B} \times \mathcal{B}'$.

II) $\mathcal{B}$ ist ein basisnormierter Raum (siehe [3] A III § 6) mit der Basis K, wobei K gleich dem Normabschluß von $\widetilde{\mathcal{K}}$ in $\mathcal{B}$ ist.

III) Die lineare Hülle von $\mathcal{L}$, d. h. $\underline{\mathcal{D}}$ ist $\sigma(\mathcal{B}', \mathcal{B})$-dicht in $\mathcal{B}'$.

I) bis III) bestimmen $\mathcal{B}$, $\mathcal{B}'$ bis auf Isomorphie eindeutig. Da $\underline{\mathcal{B}}$ von der Menge realer Sachverhalte $\mathcal{K}$ (nämlich $\mathcal{K}$ ist Bild von $\mathcal{Q}'$ bei der Abbildung φ) aufgespannt wird und $\mathcal{B}$ der Normabschluß von $\underline{\mathcal{B}}$ in $\mathcal{B}$ ist, ist nach § 8 zu erwarten, daß in $\mathcal{MT}_\Sigma$ der Satz gilt, daß $\mathcal{B}$ normseparabel ist.

Die Menge $\mathcal{B}_+$ aller λw mit $\lambda \geq 0$, $w \in K$ ist ein konvexer Kegel, durch den $\mathcal{B}$ zu einem geordneten Vektorraum wird. $\mathcal{B}_+$ ist normabgeschlossen. Jedes $x \in \mathcal{B}$ ist von der Form $x = \alpha w_1 - \beta w_2$ mit $\alpha \geq 0$, $\beta \geq 0$ und $w_1, w_2 \in K$. Daraus folgt $\|x\| \leq \alpha + \beta$. Man kann α, β, w_1, w_2 so wählen, daß $\|x\| \geq \alpha + \beta - \epsilon$ für beliebig vorgegebenes $\epsilon > 0$ wird.

Der Raum $\mathcal{B}'$ ist ein Ordnungseins-normierter Raum (siehe [3] A III § 6). Die Ordnungseins, kurz mit 1 bezeichnet, ist definiert durch $\mu(w, 1) = 1$ für alle $w \in K$. In $\mathcal{B}'$ ist der positive Kegel $\mathcal{B}'_+$ als Menge aller y mit $\mu(w, y) \geq 0$ für alle $w \in K$ definiert.

Das Ordnungsintervall $[-1, 1]$ ist die Einheitskugel von $\mathcal{B}'$, die von K und $-K$ erzeugte normabgeschlossene konvexe Menge ist die Einheitskugel von $\mathcal{B}$.

Es folgt $\mathcal{L} \subset [0, 1]$; der $\sigma(\mathcal{B}', \mathcal{B})$-abschluß von $\mathcal{L}$ ist mit der oben eingeführten Vervollständigung $\widehat{\mathcal{L}}$ identisch, da folgende Topologien auf K bzw. $[0, 1]$ gleich sind:

Auf K stimmen die Topologien $\sigma(\mathcal{B}, \underline{\mathcal{D}})$ und $\sigma(\mathcal{B}, \mathcal{D})$ (mit $\mathcal{D}$ als Normabschluß von $\underline{\mathcal{D}}$ in $\mathcal{B}'$) überein.

Auf $[0, 1]$ stimmen die Topologien $\sigma(\mathcal{B}', \underline{\mathcal{B}})$ und $\sigma(\mathcal{B}', \mathcal{B})$ überein. $[0, 1]$ ist $\sigma(\mathcal{B}', \mathcal{B})$-kompakt. $\overline{\mathrm{co}}^\sigma \mathcal{L}$ sei mit L bezeichnet. In vielen Theorien ist co$\mathcal{L}$ $\sigma(\mathcal{B}', \mathcal{B})$-dicht in $[0, 1]$, d. h. $L = [0, 1]$.

Die Menge aller $x \in \mathcal{B}$ mit $x = \lambda w$, $w \in K$ und $0 \leq \lambda \leq 1$ bezeichnet man als den von $\mathcal{B}_+$ durch K abgeschnittenen Kegelstumpf $\check{K}$. Diese kurzen Angaben mögen hier zum weiteren Kennenlernen der Räume $\mathcal{B}$, $\mathcal{B}'$ genügen (siehe z. B. [20], [22]).

12.3 Physikalische Objekte

Als *physikalische Objekte* wollen wir physikalische Systeme bezeichnen, deren *Verhalten durch objektive Eigenschaften beschreibbar* ist. Im Sinne von § 10 müssen wir also im mathematischen Bild Strukturen definieren, die wir als „objektive Eigenschaften" bezeichnen, und dann in Form einer sicheren Hypothese formulieren, was wir mit „Verhalten beschreibbar" meinen. Beginnen wir mit der Formulierung einer Struktur „objektiver Eigenschaften". Die Basismenge bleibt die in § 12.1 betrachtete Menge M.

Eine Menge $\mathcal{E} \subset \mathcal{P}(M)$ heißt eine Struktur „Eigenschaften", wenn $\mathcal{E}$ eine Struktur Auswahlverfahren ist und $M \in \mathcal{E}$ gilt. Dies kann man auch durch folgende Forderungen formulieren:

AE 1 $a \in \mathcal{E} \Rightarrow M \setminus a \in \mathcal{E}$;

AE 2 $a_1, a_2 \in \mathcal{E} \Rightarrow a_1 \cap a_2 \in \mathcal{E}$.

Damit äquivalent ist, daß $\mathcal{E}$ ein *Boole*scher Mengenring ist, mit M als Einselement.

Objektiv wollen wir die Eigenschaften, d. h. die Elemente von $\mathcal{E}$ nur dann nennen, wenn bestimmte, noch genauer zu formulierende Relationen für $\mathcal{E}$ in bezug auf die Strukturen $\mathcal{Q}$, $\mathcal{R}_0$, $\mathcal{R}$ aus § 12.1 erfüllt sind.

Eine Struktur $\mathcal{E}$, die in keiner Beziehung zu den „beobachtbaren" Strukturen $\mathcal{Q}$, $\mathcal{R}_0$, $\mathcal{R}$ steht, ist physikalisch bedeutungslos und auf keinen Fall irgendeine Menge physikalisch wirklicher Sachverhalte.

Für irgendwelche den Systemen $x \in M$ „zuschreibbaren" Eigenschaften $p \in \mathcal{E}$ sollte man unabhängig von jedem Präparierverfahren a diejenigen Systeme $x \in a$ auswählen können, die die Eigenschaft p „haben", d. h. für die $x \in p$ gilt. So liegt es nahe, folgende Menge $\overline{\mathcal{Q}}$ einzuführen:

$\overline{\mathcal{Q}}$ sei die von der Menge $\{(a \cap p) \mid a \in \mathcal{Q},\ p \in \mathcal{E}\}$ erzeugte Menge von Auswahlverfahren. Da $M \in \mathcal{E}$ gilt, ist $\mathcal{Q} \subset \overline{\mathcal{Q}}$.

Als erste weitere Relation für $\mathcal{E}$ fordern wir noch

AE 3 $\overline{\mathcal{Q}}$ ist ein statistisches Auswahlverfahren, für dessen Wahrscheinlichkeitsfunktion $\lambda_{\overline{\mathcal{Q}}}$ für $a_1, a_2 \in \mathcal{Q}$ die Relation $\lambda_{\overline{\mathcal{Q}}}(a_1, a_2) = \lambda_{\mathcal{Q}}(a_1, a_2)$ gilt.

Man kann $\overline{\mathcal{Q}}$ als ein erweitertes System von Präparierverfahren auffassen. Zum Beispiel ist $a \cap p$ das erweiterte Präparierverfahren, daß man die Systeme nach a präpariert, aber davon nur diejenigen mit der Eigenschaft p zum weiteren Experimentieren behält. $\lambda_{\overline{\mathcal{Q}}}(a, a \cap p)$ ist dann z. B. die Wahrscheinlichkeit, daß die nach a präparierten Systeme außerdem noch die Eigenschaft p „haben". Man zeigt leicht ([3] III § 4.1), daß es zu jedem $\tilde{a} \in \overline{\mathcal{Q}}$ ein $a \in \mathcal{Q}$ mit $\tilde{a} \subset a$ gibt. Die erweiterten Präparierverfahren aus $\overline{\mathcal{Q}}$ stellen also gedachte Verfeinerungen der Präparierverfahren aus $\mathcal{Q}$ dar. Daher liegt folgende Erweiterung der obigen Definition für „kombinierbar" nahe:

Ein $\tilde{a} \in \overline{Q}$ und ein $b_0 \in \mathcal{R}_0$ heißen kombinierbar, wenn es ein $a \in Q$ mit $\tilde{a} \subset a$ und $(a, b_0) \in C$ gibt.

Entsprechend definieren wir:

$$\overline{C} = \{(\tilde{a}, b_0) \mid \tilde{a} \in \overline{Q}, \ b_0 \in \mathcal{R}_0 \text{ und } (\tilde{a}, b_0) \text{ kombinierbar}\}.$$

Ganz entsprechend wie die Mengen Q', Θ, S können wir mit $\overline{Q}$ statt Q und $\overline{C}$ statt C die Mengen $\overline{Q}'$, $\overline{\Theta}$, $\overline{S}$ definieren. Es folgt sofort $Q' \subset \overline{Q}'$, $S \subset \overline{S}$.

Wir fordern wie bei APS 6:

AE 4.1 $\overline{S}$ ist eine Struktur statistischer Auswahlverfahren.

Für die Wahrscheinlichkeitsfunktion $\lambda_{\overline{S}}$ gelte APS 7.1, 2 mit $\overline{Q}$ statt Q und $\lambda_{\overline{S}}$ statt λ_S. Außerdem gelte für $c_1, c_2 \in S$ die Relation $\lambda_{\overline{S}}(c_1, c_2) = \lambda_S(c_1, c_2)$. Es folgt aus den bisherigen Forderungen, daß aus $(a, b_0) \in C$ und $a \cap p \neq \emptyset$ auch $a \cap p \cap b_0 \neq \emptyset$ folgt.

Eine weitere Forderung lautet:

AE 4.2   Ist für ein $b_0 \in \mathcal{R}'_0$ und ein $p \in \mathcal{E}$ $a \cap p = \emptyset$ für alle a mit $(a, b_0) \in C$, so ist $p = \emptyset$.

Aus den bisherigen Forderungen folgt: Für $\lambda_{\overline{S}}$ gilt mit $p_1, p_2 \in \mathcal{E}$ und $b_0 \in \mathcal{R}'_0$, $b \in \mathcal{R}$, $b \subset b_0$:

$$\lambda_{\overline{S}}(a \cap p_1 \cap b_0, a \cap p_1 \cap p_2 \cap b)$$
$$= \lambda_{\overline{S}}(a \cap p_1 \cap b_0, a \cap p_1 \cap p_2 \cap b_0)\lambda_{\overline{S}}(a \cap p_1 \cap p_2 \cap b_0, a \cap p_1 \cap p_2 \cap b)$$
$$= \lambda_{\overline{Q}}(a \cap p_1, a \cap p_1 \cap p_2)\lambda_{\overline{S}}(a \cap p_1 \cap p_2 \cap b_0, a \cap p_1 \cap p_2 \cap b).$$

$\lambda_{\overline{S}}(a \cap p_1 \cap b_0, a \cap p_1 \cap p_2 \cap b)$ ist also durch die Werte $\lambda_{\overline{S}}(\tilde{a} \cap b_0, \tilde{a} \cap b)$ mit $\tilde{a} \in \overline{Q}'$ und $(b_0, b) \in \mathcal{F}$ bestimmt.

Andererseits könnte man $\lambda_{\overline{S}}(a \cap p_1 \cap b_0, a \cap p_1 \cap p_2 \cap b)$ auch als die Wahrscheinlichkeit für die „erweiterte Registrierung" $p_2 \cap b$ für die nach $a \cap p_1$ präparierten Systeme deuten. Daher liegt es nahe, neben $\mathcal{R}_0$, $\mathcal{R}$ noch folgende Auswahlverfahren einzuführen. $\mathcal{R}_0$ behält man unabgeändert bei; aber $\mathcal{R}$ erweitern wir zu dem von allen $b \cap p$ mit $b \in \mathcal{R}$ und $p \in \mathcal{E}$ erzeugten System von Auswahlverfahren $\overline{\mathcal{R}}$. Es ist dann $\mathcal{R}_0 \subset \overline{\mathcal{R}}$, $\mathcal{R} \subset \overline{\mathcal{R}}$; und das von allen $\tilde{a} \cap \tilde{b}$ mit $\tilde{a} \in \overline{Q}$ und $\tilde{b} \in \overline{\mathcal{R}}$ erzeugte System von Auswahlverfahren ist mit $\overline{S}$ identisch. Man kann $\overline{\mathcal{R}}$ als ein erweitertes System von Registrierverfahren auffassen, d. h. $\overline{Q}$, $\mathcal{R}_0$, $\overline{\mathcal{R}}$ erfüllen alle die Forderungen, die für solche Strukturen in § 12.1 aufgestellt wurden.

Die Funktion $\lambda_{\overline{S}}(a \cap p_1 \cap b_0, (a \cap p_1) \cap (b \cap p_2))$ gewinnt damit die erwartete anschauliche Bedeutung: Die „gedanklich verfeinert" präparierten Systeme aus $\tilde{a} = a \cap p_1$ werden nach der Methode b_0 registriert, wobei man „gedanklich verfeinerte" Registrierverfahren $\tilde{b} = b \cap p_2$ mit zuläßt. Ein spezielles solches „gedachtes" Registrierverfahren ist $\tilde{b} = b_0 \cap p_2$; für dieses wird $\lambda_{\overline{S}}(a \cap p_1 \cap b_0, a \cap p_1 \cap p_2 \cap b_0) = \lambda_{\overline{Q}}(a \cap p_1, a \cap p_1 \cap p_2)$, d. h. gleich der (von b_0 unabhängigen)

Wahrscheinlichkeit, daß die nach $a \cap p_1$ präparierten Systeme die „Eigenschaft p_2 haben". Es ist $\lambda_{\overline{\underline{Q}}}(a \cap p_1, a \cap p_1 \cap p_2) = \lambda_{\overline{\underline{Q}}}(a, a \cap p_1 \cap p_2)/\lambda_{\overline{\underline{Q}}}(a, a \cap p_1)$.

Trotz der Forderungen AE 3, AE 4.1, 2 kann $\mathcal{E}$ in noch recht willkürlicher Weise „dazuerfunden" werden.

Man spricht daher, auch wenn AE 3, AE 4.1, 2 erfüllt sind, von $\mathcal{E}$ als einer Menge „hinzugedachter" Eigenschaften, manchmal auch von „verborgenen" Eigenschaften. Wir wollen $\mathcal{E}$ als eine ausreichende Menge von Eigenschaften bezeichnen, wenn durch sie die Präparierverfahren mindestens so gut unterschieden werden können wie durch die Registrierverfahren, d. h. wenn gilt:

AE 5 Aus $\lambda_{\overline{\underline{Q}}}(a_1, a_1 \cap p) = \lambda_{\overline{\underline{Q}}}(a_2, a_2 \cap p)$ für alle $p \in \mathcal{E}$ folgt $\lambda_{\overline{\underline{S}}}(a_1 \cap b_0, a_1 \cap p \cap b) = \lambda_{\overline{\underline{S}}}(a_2 \cap b_0, a_2 \cap p \cap b)$ für alle $p \in \mathcal{E}$ und alle $(b_0, b) \in \mathcal{F}$.

Fassen wir noch einmal die eingeführten Begriffsbildungen zusammen:

Gilt AE 1 und AE 2, so heißt $\mathcal{E}$ eine Menge von *Eigenschaften*; gilt außerdem noch AE 3, AE 4.1, 2, so heißt $\mathcal{E}$ eine Menge *hinzugedachter* Eigenschaften; gilt außerdem noch AE 5, so heißt $\mathcal{E}$ eine *ausreichende* Menge hinzugedachter Eigenschaften.

Wir wollen jetzt eine mathematische Formulierung dafür finden, was man intuitiv mit „meßbar", d. h. nicht nur hinzugedacht meint. Die nächstliegende Forderung, daß eine Menge $p \subset M$ „meßbar" und damit nicht verborgen ist, wenn $b_0 \cap p \in \mathcal{R}$ für $b_0 \in \mathcal{R}_0$, wäre zu hart, da man durchaus zulassen sollte, daß man ein $p \subset M$ nur „angenähert" registrieren kann.

Wir hatten in § 11 angedeutet, daß man aufgrund von AS 2.4 die Mengen von Auswahlverfahren mathematisch durch „idealisierte Grenzelemente" ergänzen kann. Wir wollen dies nicht allgemein durchführen, sondern nur speziell für Registrierverfahren definieren:

D 12.3.1 Eine Menge $c \subset M$ heißt ein idealisiertes (falls $c \notin \mathcal{R}$ ist) Registrierverfahren, wenn es ein $b_0 \in \mathcal{R}_0$ mit $c \subset b_0$ gibt und

$$c = \bigcup_{\substack{b \in \mathcal{R} \\ b \subset c}} b, \quad b_0 \setminus c = \bigcup_{\substack{b \in \mathcal{R} \\ b \subset b_0 \setminus c}} b$$

gilt.

Die Abbildung $\psi : \mathcal{F} \to L$ läßt sich dann auf $\psi(b_0, c)$ erweitern durch

$$\psi(b_0, c) = \sup_{\substack{b \in \mathcal{R} \\ b \subset c}} \psi(b_0, b) = \inf_{\substack{b \in \mathcal{R} \\ b_0 \supset b \supset c}} \psi(b_0, b).$$

Zum Beweis ist nur zu zeigen, daß

$$\sup_{\substack{b \in \mathcal{R} \\ b \subset c}} \psi(b_0, b) = \inf_{\substack{b \in \mathcal{R} \\ b_0 \supset b \supset c}} \psi(b_0, b)$$

gilt. Da die Menge der $b \subset c$ wegen $b \in \mathcal{R}(b_0)$ nach oben gerichtet ist (in der Ordnung des Enthaltenseins), ist auch die Menge der $\psi(b_0, b)$ in $\mathcal{B}'$ nach oben gerichtet. Da $\psi(b_0, b) \in L$ gilt und L kompakt ist, existiert das sup (auch als Limes in der $\sigma(\mathcal{B}', \mathcal{B})$-Topologie) und liegt in L. Ebenso existiert das oben angegebene inf.

Aus $b \subset c \subset \tilde{b} \subset b_0$ folgt

$$\psi(b_0, b) \leq \psi(b_0, \tilde{b})$$

und daraus

$$\sup_{\substack{b \in \mathcal{R} \\ b \subset c}} \psi(b_0, b) \leq \inf_{\substack{\tilde{b} \in \mathcal{R} \\ b_0 \supset \tilde{b} \supset c}} \psi(b_0, \tilde{b}).$$

Andererseits ist

$$\psi(b_0, \tilde{b}) - \psi(b_0, b) = \psi(b_0, \tilde{b} \setminus b).$$

$c \subset \tilde{b} \subset b_0$ ist äquivalent mit $b_0 \setminus \tilde{b} \subset b_0 \setminus c$.

Wegen

$$b_0 \setminus c = \bigcup_{\substack{b' \in \mathcal{R} \\ b' \subset b_0 \setminus c}} b' = \bigcup_{\substack{\tilde{b} \in \mathcal{R} \\ b_0 \supset \tilde{b} \supset c}} (b_0 \setminus \tilde{b}) = b_0 \setminus \bigcap_{\substack{\tilde{b} \in \mathcal{R} \\ b_0 \supset \tilde{b} \supset c}} \tilde{b}$$

ist also auch

$$c = \bigcap_{\substack{\tilde{b} \in \mathcal{R} \\ b_0 \supset \tilde{b} \supset c}} \tilde{b}.$$

Daraus folgt

$$\emptyset = c \cap (b_0 \setminus c) = c \cap (b_0 \setminus \bigcup_{b \subset c} b) = \bigcap_{\substack{\tilde{b} \in \mathcal{R} \\ b_0 \supset \tilde{b} \supset c}} \tilde{b} \cap (\bigcap_{b \subset c} b_0 \setminus b) = \bigcap_{\substack{\tilde{b}, b \in \mathcal{R} \\ b_0 \supset c \supset c \supset b}} (\tilde{b} \setminus b).$$

Da die Menge der b nach oben, die Menge der $\tilde{b}$ nach unten gerichtet ist, ist die Menge der $\tilde{b} \setminus b$ nach unten gerichtet. Wegen AS 2.4.1 ist dann

$$\inf_{\tilde{b}, b} \psi(b_0, \tilde{b} \setminus b) = 0$$

und damit

$$\sup_{\substack{b \in \mathcal{R} \\ b \subset c}} \psi(b_0, b) = \inf_{\substack{\tilde{b} \in \mathcal{R} \\ b_0 \supset \tilde{b} \supset c}} \psi(b_0, \tilde{b}).$$

Wir wollen jetzt formulieren, daß die Eigenschaften $p \in \mathcal{E}$ „meßbar" sind:

$\mathcal{E}$ heißt eine Menge meßbarer Eigenschaften, wenn es zu jedem $p \in \mathcal{E}$ und $a \in \mathcal{Q}'$ ein b_0 mit $(a, b_0) \in C$ gibt, so daß $b_0 \cap p$ ein idealisiertes Registrierverfahren ist.

Ist p meßbar, so folgt mit $a \in Q'$, $(a, b_0) \in C$ und mit $b_0 \cap p$ als idealisiertem Registrierverfahren:

$$\lambda_{\overline{Q}}(a, a \cap p) = \lambda_{\overline{S}}(a \cap b_0, a \cap b_0 \cap p) = \mu(\varphi(a), \psi(b_0, b_0 \cap p)).$$

Dabei ist $\psi(b_0, b_0 \cap p)$ durch Elemente $g \in L$ beliebig approximierbar. Daraus folgt:

AE 6.1   Aus $\varphi(a_1) = \varphi(a_2)$ folgt $\lambda_{\overline{Q}}(a_1, a_1 \cap p) = \lambda_{\overline{Q}}(a_2, a_2 \cap p)$ für alle $p \in \mathcal{E}$;

und

AE 6.2   Aus

$$1 \geq \sum_{i=1,n} \alpha_i \mu(\varphi(a_i), g) \geq 0 \text{ für alle } g \in L$$

folgt auch

$$1 \geq \sum_{i=1,n} \alpha_i \lambda_{\overline{Q}}(a_i, a_i \cap p) \geq 0 \text{ für alle } p \in \mathcal{E}.$$

Hierbei sind die α_i reelle Zahlen und $a_i \in Q'$.

AE 6.1,2 besagen etwas weniger als die Meßbarkeit der $p \in \mathcal{E}$. Es wäre erlaubt, daß die $p \in \mathcal{E}$ nur mit „endlichen Ungenauigkeiten" registriert werden können.

Die Relationen AE 3, AE 4.1,2 beschreiben mathematisch die Bedingung, daß die Eigenschaften $p \in \mathcal{E}$ den Systemen unabhängig vom Präparieren und Registrieren zugeordnet werden können. AE 5 garantiert, daß die $p \in \mathcal{E}$ ausreichend sind, um alle Registrierungen zu „erklären". AE 6.1,2 beschreiben andererseits, daß man nicht „unnötig viele" p hinzugedacht hat, d. h. daß die $p \in \mathcal{E}$ nicht mehr leisten sollen als die tatsächlich möglichen Registrierungen; nämlich AE 6.1, daß die $p \in \mathcal{E}$ die Präparierverfahren nicht besser als die möglichen Registrierungen unterscheiden können; AE 6.2, daß mögliche „positive Kombinationen" von Gesamtheiten $\varphi(a_i)$, d. h. relativ zu den Registrierungen „denkbare" Gesamtheiten, auch solche relativ zu den $p \in \mathcal{E}$ bleiben.

D 12.3.2   Gelten die Bedingungen AE 1 bis AE 6.2, so wollen wir $\mathcal{E}$ eine Menge objektiver Eigenschaften nennen.

D 12.3.3   Physikalische Systeme, für die es eine Menge $\mathcal{E}$ objektiver Eigenschaften gibt (mindestens als experimentell sichere Hypothese), sollen als „physikalische Objekte" bezeichnet werden.

Wegen der Relationen AE 1 bis AE 6.2 sagt man oft, daß physikalische Objekte „objektivierend" beschrieben werden können.

Für die nächsten Überlegungen setzen wir zunächst nur AE 1 bis AE 4.2 voraus.

Nach [3] IV § 1.4 und 2.1 kann man mit Hilfe der Maße $m_a(p) = \lambda_{\overline{\mathcal{Q}}}(a, a \cap p)$ den *Boole*schen Ring $\mathcal{E}$ zu einem *Boole*schen Ring $\widehat{\mathcal{E}}$ vervollständigen, auf dem die Maße m_a σ-additiv sind. Weiterhin kann man mit $\widehat{\mathcal{E}}$ das Dualpaar von *Banach*-Räumen $\mathcal{B}(\widehat{\mathcal{E}})$, $\mathcal{B}'(\widehat{\mathcal{E}})$ bilden. Dabei ist $\mathcal{B}(\widehat{\mathcal{E}})$ ein basisnormierter Raum mit der Basis $K(\widehat{\mathcal{E}})$ aller (normierten und positiven) σ-additiven Maße m. Die Extremalpunkte des Ordnungsintervalls $[0, 1] = L(\widehat{\mathcal{E}})$ von $\mathcal{B}'(\widehat{\mathcal{E}})$ kann man mit den Elementen p von $\widehat{\mathcal{E}}$ identifizieren. Sei $m_{a \cap p}$ das Maß $m_{a \cap p}(p_1) = m_a(p \cap p_1)$.

Nach [3] IV Th 2.1.11 ist die von allen $\{m_{a \cap p} \mid a \in \mathcal{Q}', p \in \mathcal{E}\}$ erzeugte, normabgeschlossene konvexe Menge, d. h. $\overline{\mathrm{co}}\{m_{a \cap p} \mid a \in \mathcal{Q}', p \in \mathcal{E}\} = K(\widehat{\mathcal{E}})$.

Weiterhin liegt die Menge $\mathcal{E}$ als Teilmenge der Menge $\partial_e L(\widehat{\mathcal{E}})$ der Extremalpunkte von $L(\widehat{\mathcal{E}})$ (die mit den Elementen von $\widehat{\mathcal{E}}$ identifiziert wurden) $\sigma(\mathcal{B}'(\widehat{\mathcal{E}}), \mathcal{B}(\widehat{\mathcal{E}}))$-dicht in $\partial_e L(\widehat{\mathcal{E}})$.

Durch $a \cap p \to m_{a \cap p}$ ist eine Abbildung $\widetilde{\varphi} : \overline{\mathcal{Q}}' \to K(\widehat{\mathcal{E}})$ definiert. Die Teilmenge $\overline{\mathrm{co}}\,\widetilde{\varphi}(\mathcal{Q}')$ von $K(\widehat{\mathcal{E}})$ sei mit $K_r(\widehat{\mathcal{E}})$ bezeichnet.

Aus AE 5 folgt: durch $\lambda_{\overline{S}}(a \cap p \cap b_0, a \cap p \cap b \cap b_0) = \langle \widetilde{\varphi}(a \cap p), y \rangle$ mit $\langle x, y \rangle$ als kanonischer Bilinearform des Paares $\mathcal{B}(\widehat{\mathcal{E}})$, $\mathcal{B}'(\widehat{\mathcal{E}})$ ist jedem $(b_0, b) \in \mathcal{F}$ ein $y \in \mathcal{B}'(\widehat{\mathcal{E}})$ mit $0 \le y \le 1$ zugeordnet. Wir definieren dadurch die Abbildung $\widetilde{\psi}$. Es gilt also $\widetilde{\psi}(\mathcal{F}) \subset L(\widehat{\mathcal{E}})$.

Durch $\lambda_{\overline{\mathcal{Q}}}(a \cap p_1, a \cap p_1 \cap p) = \langle \widetilde{\varphi}(a \cap p_1), y \rangle$ ist $\widetilde{\psi}(p) = y$ definiert und $\widetilde{\psi}(p) = p$, wenn man $\widehat{\mathcal{E}}$ mit $\partial_e L(\widehat{\mathcal{E}})$, wie oben angegeben, identifiziert hat.

Die Relation $\lambda_S(a \cap b_0, a \cap b) = \langle \widetilde{\varphi}(a), \widetilde{\psi}(b_0, b) \rangle$ drückt vollkommen die objektivierende Beschreibungsweise der Systeme aus: Nach [3] IV Th 2.1.15 gilt die Spektraldarstellung

$$\widetilde{\psi}(b_0, b) = \int_0^1 \alpha \, dp(\alpha)$$

mit $p(\alpha) \in \widehat{\mathcal{E}} = \partial_e L(\widehat{\mathcal{E}})$. Somit können wir schreiben

$$\lambda_S(a \cap b_0, a \cap b) = \int_0^1 \alpha \, dm_a(p(\alpha)).$$

Das Maß $m_a = \widetilde{\varphi}(a)$ beschreibt die Verteilung der nach a präparierten Systeme über die verschiedenen Eigenschaften p. Die Spektraldarstellung von $\widetilde{\psi}(b_0, b)$ beschreibt die „unvollkommene" Registrierung der Eigenschaften durch den zu (b_0, b) gehörigen Apparat. Eine „vollkommene" Registrierung wäre $\widetilde{\psi}(b_0, b) = p \in \partial_e L(\widehat{\mathcal{E}})$.

Das Präparierverfahren a produziert die physikalischen Objekte mit verschiedenen Eigenschaften, wobei die Häufigkeit der verschiedenen Eigenschaften durch das Maß m_a beschrieben wird. Das Registrierverfahren registriert anschließend die Eigenschaften der Objekte, allerdings nur unvollkommen. Dabei gibt es keinen anderen Einfluß des Präparierverfahrens auf das Registrierverfahren als durch die objektiven Eigenschaften. Genau dies bezeichnet man als objektivierende Beschreibungsweise.

Jeden *Boolesch*en Ring $\widehat{\mathcal{E}}$ kann man darstellen durch einen *Boolesch*en Ring von Teilmengen einer Menge Ω. $(\Omega, \widehat{\mathcal{E}}, m_a)$ ist dann eine *Kolmogoroff*sche Wahrscheinlichkeitsstrukturart.

In § 12.2 haben wir eine Einbettung von $\mathcal{K}$, $\mathcal{L}$ in ein Dualpaar von *Banach*-Räumen $\mathcal{B}$, $\mathcal{B}'$ kennengelernt. Welches ist die Beziehung zwischen $\mathcal{B}$, $\mathcal{B}'$ und $\mathcal{B}(\widehat{\mathcal{E}})$, $\mathcal{B}'(\widehat{\mathcal{E}})$ für physikalische Objekte?

Wir setzen jetzt AE 1 bis AE 6.2 voraus.

Dann ist durch $\varphi(a) \to \widetilde{\varphi}(a)$ ein Mischungsmorphismus (siehe z. B. [20] V § 2) $S : \mathcal{B} \to \mathcal{B}(\widehat{\mathcal{E}})$ mit $S\varphi(a) = \widetilde{\varphi}(a)$ für $a \in \mathcal{Q}'$ und $\overline{\text{co}}\widetilde{\varphi}(\mathcal{Q}') = K_r(\widehat{\mathcal{E}})$ definiert. Es ist $K_r(\widehat{\mathcal{E}}) \subset SK \subset K(\widehat{\mathcal{E}})$.

Aus AE 5 bis AE 6.2 folgt, daß S injektiv ist. Die adjungierte Abbildung $S' : \mathcal{B}'(\widehat{\mathcal{E}}) \to \mathcal{B}'$ muß nicht injektiv sein. Es ist $S'\widetilde{\psi}(b_0, b) = \psi(b_0, b)$ und somit $S'\widetilde{\psi}(\mathcal{F}) = \psi(\mathcal{F}) = \mathcal{L}$. Aus AE 6.2 folgt, daß der von $\widetilde{\psi}(\mathcal{F})$ erzeugte Kegel gleich dem positiven Kegel von $\mathcal{B}'(\widehat{\mathcal{E}})$ ist und daß $\psi(\mathcal{F}) = \mathcal{L}$ den positiven Kegel von $\mathcal{B}'$ erzeugt.

Wir bezeichnen $S'L(\widehat{\mathcal{E}})$ mit $\widetilde{L}$. Es ist also $\widetilde{L} \subset [0,1] \subset \mathcal{B}'$ und $L = \overline{\text{co}}^\sigma \mathcal{L} = \overline{\text{co}}^\sigma \psi(\mathcal{F}) = \overline{\text{co}}^\sigma S'\widetilde{\psi}(\mathcal{F}) \subset \widetilde{L}$. Es muß aber nicht $\widetilde{L} = [0,1]$ sein.

Durch $S' : \widehat{\mathcal{E}} = \partial_e L(\widehat{\mathcal{E}}) \to [0,1]$ ist eine Observable definiert (siehe [20] V). Die konvexe Bildmenge (siehe [20] V D 3.3.1) dieser Observablen ist (nach [20] V T 3.3.1) gleich $S'L(\widehat{\mathcal{E}}) = \widetilde{L}$; und für jedes $g \in \partial_e \widetilde{L}$ gibt es ein und nur ein $p \in \widehat{\mathcal{E}}$ mit $g = S'p$. Die Menge $S'^{-1}\partial_e \widetilde{L}$ sei mit $\mathcal{E}_k$ bezeichnet. $\mathcal{E}_k$ ist $\sigma(\mathcal{B}'(\widehat{\mathcal{E}}), \mathcal{B}(\widehat{\mathcal{E}}))$-abgeschlossen und es gilt $\mathcal{E}_k \subset \widehat{\mathcal{E}} = \partial_e L(\widehat{\mathcal{E}})$. Die Abbildung $S' : \mathcal{E}_k \to \partial_e \widetilde{L}$ ist also bijektiv und ein Ordnungsisomorphismus mit $S'(1-p) = 1 - S'p$. Sind die $p \in \mathcal{E}$ meßbar, so ist also $L = \widetilde{L}$.

$\mathcal{E}_k$ braucht kein *Boolesch*er Ring zu sein. Ist $\mathcal{E}_k$ ein *Boolesch*er Ring (und damit vollständig), so ist $\mathcal{B} = \mathcal{B}(\mathcal{E}_k)$ und $\widetilde{L} = [0,1] = L(\mathcal{E}_k) \subset \mathcal{B}'(\mathcal{E}_k)$ (siehe [20] X § 2.4 mit Σ_{mk} statt $\mathcal{E}_k$). Man kann dann auch $\mathcal{E}_k$ statt $\widehat{\mathcal{E}}$ als Menge der objektiven Eigenschaften benutzen. Die Menge der objektiven Eigenschaften muß also nicht eindeutig durch die an sie gestellten Forderungen definiert sein (siehe auch die Beispiele makroskopischer Systeme in [20] X).

$S'L(\widehat{\mathcal{E}}) = \widetilde{L}$ besagt im Sinne der Definition [3] IV D 1.2.2. oder [20] V D 1.2.2., daß die Effekte aus $\widetilde{L}$ koexistent sind. Wenn $\widetilde{L} = [0,1]$, so folgt mit [20] VII T 5.3.2, daß es einen *Boolesch*en Teilring $\mathcal{E}_k$ mit $\mathcal{B} = \mathcal{B}(\mathcal{E}_k)$ und $L = L(\mathcal{E}_k)$ gibt. Wegen $L \subset \widetilde{L}$ folgt, daß physikalische Systeme, für die $L = [0,1]$ ist, nur dann physikalische Objekte sein können, wenn $\mathcal{B} = \mathcal{B}(\mathcal{E}_k)$ ist.

Wenn man mit einer Observablen $\widehat{\mathcal{E}} \to [0,1]$ beginnt, so ist dadurch ein Mischungsmorphismus $S : K \to K(\widehat{\mathcal{E}})$ definiert (siehe [20] V § 3.2). Wir definieren dann wieder $\widetilde{L} = S'L(\widehat{\mathcal{E}})$. $\widetilde{L}$ spannt den Raum $\mathcal{B}'$ dann und nur dann auf, wenn S injektiv ist. Wenn der von $\widetilde{L}$ erzeugte Kegel der positive Kegel von $\mathcal{B}'$ ist, so spannt $\widetilde{L}$ den Raum $\mathcal{B}'$ auf.

Es ist oft bequem, von den Präparier- und Registrierverfahren abzusehen und physikalische Objekte allein durch die Struktur von $\mathcal{B}$ und $\mathcal{L}$ zu charakterisieren:

D 12.3.4   Physikalische Systeme heißen auch dann physikalische Objekte, wenn L den positiven Kegel von $\mathcal{B}'$ erzeugt und es (wenigstens im Sinne einer experimentell sicheren Hypothese) eine Observable $\widehat{\mathcal{E}} \to [0,1]$ gibt, so daß $\mathcal{L} \subset \widetilde{L} = S'L(\widehat{\mathcal{E}})$ ist.

Als Verschärfung von D 12.3.4 definieren wir:

D 12.3.5   Physikalische Systeme, für die es (wenigstens als experimentell sichere Hypothese) einen *Boole*schen Ring $\widehat{\mathcal{E}}$ mit $\mathcal{B} = \mathcal{B}(\widehat{\mathcal{E}})$ und $K = K(\widehat{\mathcal{E}})$ gibt, heißen „klassische Objekte".

In [20] VII §5.3 sind eine Reihe von Bedingungen für klassische Objekte (dort als klassische Systeme bezeichnet) formuliert, bei denen $L = [0,1]$, d.h. AV 1.2s aus [20] VI §1.4 vorausgesetzt ist.

Die in [3] III §4.1 bzw. [20] V §10 eingeführten Bedingungen garantieren ebenfalls, daß die betrachteten Systeme klassische Objekte (dort z. B. in [20] V, D 10.5 „nur" als Objekte bezeichnet) sind.

Für physikalische Objekte, die nicht klassisch sind, ist (wie wir oben sahen) notwendigerweise $L = [0,1]$ verletzt. In [20] II §5 und X §2.4 ist speziell die Struktur der *Makrosysteme* als Objekte beschrieben. Um die Strukturen aus [20] X §2.4 zu erhalten, brauchen wir nur $\widehat{\mathcal{E}}$ durch Σ_m, $\mathcal{B}$ durch $\mathcal{B}_m(\Sigma_m)$ und S durch die Injektion s zu ersetzen. Es kann Makrosysteme geben, die keine klassischen Objekte sind.

Die Mikrosysteme, die nach der in [3] und [20] entwickelten Quantenmechanik beschrieben werden, sind also weder klassische noch physikalische Objekte. Deshalb sagt man auch, daß sich die Mikrosysteme nicht objektivierend beschreiben lassen.

Die Bedingungen aus D 12.3.4 stellen keine Bedingung an die Struktur von $\mathcal{B}$ dar, wenn $\mathcal{L}$ „klein genug gegenüber $[0,1]$" ist. Denn es gilt der Satz: Für jedes Paar $\mathcal{B},\mathcal{B}'$ gibt es Teilmengen $\widetilde{L}$ von $[0,1]$, die konvexe Bilder von Observablen sind und die den positiven Kegel von $\mathcal{B}'$ erzeugen.

Der Beweis kann ähnlich wie in [22] III §15 durchgeführt werden: Man wähle eine abzählbare Untermenge g_ν von $[0,1]$, die $\sigma(\mathcal{B}',\mathcal{B})$-dicht in $[0,1]$ ist, und reelle Zahlen $\lambda_\nu > 0$ mit $\sum_\nu \lambda_\nu \leq 1$. Wenn $\sum_\nu \lambda_\nu g_\nu \neq 1$ ist, füge man $g_0 = 1 - \sum_\nu \lambda_\nu g_\nu$ zu der Menge der g_ν hinzu. Wir nehmen einen *Boole*schen Ring $\mathcal{E}$, der durch Atome p_ν erzeugt wird, und definieren eine Observable durch $p_\nu \to \lambda_\nu g_\nu (p_0 \to g_0)$. Für diese ist $\widetilde{L} \supset \overline{\mathrm{co}}^\sigma \{g_0, \lambda_\nu g_\nu\}$. Also erzeugt $\widetilde{L}$ den positiven Kegel von $\mathcal{B}'$.

Die Frage, wie „groß" $\widetilde{L}$ sein muß, damit durch ein solches $\widetilde{L}$ die Struktur von $\mathcal{B}$ eingeschränkt wird, ist nicht geklärt. Man weiß eben nur (wie oben gezeigt), daß für $\widetilde{L} = [0,1]$ $\mathcal{B}$ die Struktur $\mathcal{B}(\widehat{\mathcal{E}})$ haben muß.

Für Objekte drückt man die Relation $x \in p$ mit p als objektiver Eigenschaft folgendermaßen in der Interpretationssprache aus: x hat die Eigenschaft p. Dadurch soll die objektive Realität von $x \in p$ zum Ausdruck gebracht werden. $x \notin p$ ist äquivalent zu $x \in M \setminus p$. „$x \in p_1$ und $x \in p_2$" ist äquivalent zu $x \in p_1 \cap p_2$. „$x \in p_1$ oder $x \in p_2$" ist äquivalent zu $x \in p_1 \cup p_2$. „$x \in p_1 \Rightarrow x \in p_2$" ist äquivalent zu $p_1 \subset p_2$. Die logischen Verknüpfungen wie die Verneinungen der Relationen $x \in p$ laufen also parallel zu den Verknüpfungen im *Boole*schen Ring $\mathcal{E}$.

Sind die betrachteten Systeme keine Objekte, so hat man oft versucht, eine Interpretationssprache und eine „neue" Logik für diese Sprache so einzuführen, daß man etwas von der Interpretationssprache über Eigenschaften rettet.

In der Menge L der Effekte kann man Effekte auszeichnen, für die so etwas wie eine Verneinung existiert. Für den Effekt g ist $1 - g$ ein Effekt, dessen Realisation durch ein Registrierverfahren auf folgende Weise möglich ist: Mit $g = \psi(b_0, b)$ ist $1 - g = \psi(b_0, b_0 \setminus b)$. $b_0 \setminus b$ ist gerade die „Verneinung" von b. Es wäre aber zu voreilig, für *alle* Effekte g eine „Verneinung" durch $1 - g$ zu definieren, da sich g und $1 - g$ im folgenden Sinne *nicht* auszuschließen brauchen: Es gibt einen Effekt $g' \neq 0$ mit $g' \leq g$ und $g' \leq 1 - g$. Es ist dann also eine Registrierung von g' möglich, so daß sowohl eine Registrierung von g wie eine von $1 - g$ immer häufiger ansprechen als die von g'. Um dies zu vermeiden, definiert man: Ein Effekt $g \in L$ heißt ein Entscheidungseffekt, wenn sich g und $1 - g$ „ausschließen", d. h. wenn es keinen Effekt $g' \neq 0$ mit $g' \leq g$ und $g' \leq 1 - g$ gibt. G sei die Menge der Entscheidungseffekte.

Im Falle $L = L(\widehat{\mathcal{E}})$ ist $G = \partial_e L(\widehat{\mathcal{E}}) = \widehat{\mathcal{E}}$ (wobei das letzte Gleichheitszeichen die Identifizierung der Elemente von $\widehat{\mathcal{E}}$ mit den Extremalpunkten von $L(\widehat{\mathcal{E}})$ bedeutet). Wir erhalten also durch Einführung der Menge G nichts Neues gegenüber den obigen Betrachtungen, außer daß man $\mathcal{E}$ zu $\widehat{\mathcal{E}}$ vervollständigt hat, was „physikalisch unbeobachtbar" ist.

Im Falle der Quantenmechanik ist die in [3] und [20] gegebene Definition von Entscheidungseffekten mit der obigen äquivalent. Für die Entwicklungen in [20] war die dort gegebene Definition bequemer.

G ist im allgemeinen eine geordnete Menge mit einer „Orthokomplementarität" $g \to 1 - g$. Zwei $g_1, g_2 \in G$ heißen orthogonal, wenn $g_1 \leq 1 - g_2$ (und damit $g_2 \leq 1 - g_1$) ist. Zwei Elemente $g_1, g_2 \in G$ heißen komplementär, wenn es kein $g \in G$ ($g \neq 0$) mit $g \leq g_1$, $g \leq g_2$ und kein $g' \in G$ ($g' \neq 0$) mit $g' \leq 1 - g_1$, $g' \leq 1 - g_2$ gibt. Die letztere Bedingung ist äquivalent damit, daß es kein $g'' \neq 1$ mit $g_1 \leq g''$ und $g_2 \leq g''$ gibt. g und $1 - g$ sind also orthogonal und komplementär zueinander.

Man versucht dann in der Interpretationssprache eine „neue" Logik einzuführen, indem man $1 - g$ mit (nicht g) und $g_1 < g_2$ mit $g_1 \Rightarrow g_2$, d. h. „aus g_1 folgt g_2" bezeichnet. Ein maximales Element der Menge $\{g \mid g \leq g_1, g \leq g_2\}$ könnte man mit „g_1 und g_2" bezeichnen. Gibt es mehrere solcher maximalen Elemente, so wäre keine eindeutige Definition von „und" möglich. Man hat daher bisher nur den Fall weiter betrachtet, wo G in bezug auf die Ordnung ein Verband ist.

Wir wollen dies hier nicht weiter verfolgen. In [3] III § 4.2 und IV §§ 8.2 und 8.3 ist ausführlich dargestellt, wie im Falle der Quantenmechanik die „neue" durch die Verbandsstruktur von G gegebene Logik mit der ursprünglichen Logik von Aussagen der Form $x \in r$ mit r als einer Teilmenge von M zusammenhängen.

Von *unserem Standpunkt* aus können wir zum Problem einer „neuen" Logik aber abschließend soviel sagen: Eine neue Logik in der Interpretationssprache kann *bequem* sein. Sie ist aber eine *nachträgliche Definition* und nicht so fundamental wie die einfache Logik des Feststellens von Tatsachen aus dem Realtext (dargestellt in $(-)_r$), noch so fundamental wie die in $\mathcal{MT}$ benutzte Logik. Gegenüber unseren Definitionen von „physikalisch wirklich" und „physikalisch möglich" in § 10 hat die Definition einer neuen Logik den entscheidenden Nachteil, daß durch die neue Logik nichts über die Definition Hinausgehendes charakterisiert werden kann. Dagegen ist bei der Einführung der Begriffe von physikalisch wirklich und physikalisch möglich gemeint, daß man dadurch einerseits die Struktur der Wirklichkeit immer weiter erfassen und andererseits etwas über *tatsächliche* Möglichkeiten Aussagen kann.

12.4 Physikalische Möglichkeiten
beim Präparieren und Registrieren

Wir wollen in diesem Paragraphen beispielhaft die physikalischen Möglichkeiten des Registrierens bei vorgegebenem Präparieren betrachten und damit die allgemeinen Überlegungen aus §§ 11.2 und 11.3 verdeutlichen. Wir übernehmen dazu die Bezeichnungsweise aus §§ 11.2 und 11.3 und die Bedeutung von $\mathcal{Q}$, $\mathcal{R}_0$, $\mathcal{R}$, $\mathcal{S}$ aus § 12.1.

Wir betrachten Hypothesen der Form

$$A \in \widetilde{E} \text{ und } f(A) \in c, \tag{12.4.1}$$

wobei $A \in \widetilde{E}$ den Realtext beschreibt und c ein wohldefinierter innerer Term ist (siehe § 11.3). $A \in \widetilde{E}$ braucht dabei nicht den ganzen Realtext erfassen, sondern nur den uns für die „hypothetische Relation" $f(A) \in c$ interessierenden Teil. Wir machen jetzt die speziellen Annahmen:

$$f(\widetilde{E}) \in \mathcal{Q}, \; c \in \mathcal{R}, \tag{12.4.2}$$

d. h. $f(A)$ ist Element des Präparierverfahrens $f(\widetilde{E})$ und c ist ein Registrierverfahren. Dann ist im allgemeinen weder $f(\widetilde{E})$ noch c ein Element von $\mathcal{S}$, aber es ist $f(\widetilde{E}) \cap c \in \mathcal{S}$.

Erster Fall: $f(\widetilde{E}) \cap c$ ist größer als ein maximales Element der Menge $\mathcal{S}_{\widetilde{E}}$ mit

$$\mathcal{S}_{\widetilde{E}} = \{ f(\widetilde{E}) \cap a \mid a \in \mathcal{S} \}.$$

Für welche $c \in \mathcal{R}$ kann $f(\widetilde{E}) \cap c \supset x$ mit einem maximalen Element x von $S_{\widetilde{E}}$ sein? Da S das von Θ (Θ siehe § 12.1 vor APS 6) erzeugte System von Auswahlverfahren ist, ist bei festem $f(\widetilde{E}) \in Q$ ein maximales Element x von $S_{\widetilde{E}}$ von der Form $f(\widetilde{E}) \cap b$, mit einem maximalen Element $b \in \mathcal{R}$. Wegen APS 4.3 gibt es zu jedem $b \in \mathcal{R}$ ein $b_0 \in \mathcal{R}_0$ mit $b \subset b_0$. Also kann x nur maximales Element von $S_{\widetilde{E}}$ sein, wenn es ein maximales Element b_{0m} von $\mathcal{R}_0$ gibt mit

$$x = f(\widetilde{E}) \cap b_{0m}. \tag{12.4.3}$$

Da $S_{\widetilde{E}}$ nicht nur die leere Menge enthält (denn zu $f(\widetilde{E}) \in Q'$ gibt es ein $b_0 \in \mathcal{R}_0$ mit $f(\widetilde{E}) \cap b_0 \neq \emptyset$ siehe APS 5.1.1), muß also $x \neq \emptyset$ sein. Aus (12.4.3) folgt dann

$$c \supset f(\widetilde{E}) \cap c \supset x = f(\widetilde{E}) \cap b_{0m}. \tag{12.4.4}$$

Die Hypothese (12.4.1) ist also dann nach § 11.3 physikalisch möglich und verfügbar; z. B. dadurch, daß man auf das System $f(A)$ die Registriermethode b_{0m} anwendet (eben über b_0 verfügt) und dann, falls man dies zu den Axiomen $(-)_r$ hinzufügt, eine neue Hypothese der Form

$$A \in \widetilde{E}, \; f(A) \in b_{0m}, \; f(A) \in c \tag{12.4.5}$$

erhält, wobei $A \in \widetilde{E}$, $f(A) \in b_{0m}$ den erweiterten Realtext beschreibt. Wegen (12.4.4) ist dann die Hypothese (12.4.5) theoretisch existent und damit physikalisch wirklich. Durch das Verfügen $f(A) \in b_{0m}$ hat man auch mit über $f(A) \in c$ verfügt. Ist speziell $f(\widetilde{E}) \cap c = c$, so ist die Hypothese natürlich physikalisch wirklich.

Zweiter Fall: $f(\widetilde{E}) \cap c \neq \emptyset$ und $f(\widetilde{E}) \cap c$ nicht größer als ein maximales Element von $S_{\widetilde{E}}$. Da $f(\widetilde{E}) \cap c \in S$ ist, gibt es also ein maximales Element b_{0m} von $\mathcal{R}_0$ mit $f(\widetilde{E}) \cap b_{0m} \overset{\supset}{\neq} f(\widetilde{E}) \cap c$. Daraus folgt

$$0 < \lambda_S(f(\widetilde{E}) \cap b_{0m}, f(\widetilde{E}) \cap c) < 1.$$

Man kann also teilweise über (12.4.1) verfügen, indem man z. B. das obige b_{0m} als Registriermethode wählt. (12.4.5) wird dann mit der von Eins verschiedenen Wahrscheinlichkeit $\lambda_S(f(\widetilde{E}) \cap b_{0m}, f(\widetilde{E}) \cap c)$ physikalisch möglich. Hätte man ein anderes $\widetilde{b}_0 \in \mathcal{R}_0$ gewählt, d. h. über $f(A) \in \widetilde{b}_0$ verfügt, so wäre danach die Hypothese (12.4.5) mit $\widetilde{b}_0$ statt b_{0m} mit der Wahrscheinlichkeit $\lambda_S(f(\widetilde{E}) \cap \widetilde{b}_0, f(\widetilde{E}) \cap \widetilde{b}_0 \cap c)$ physikalisch möglich. Ist z. B. $\widetilde{b}_0 \cap c = \emptyset$, so hätte man durch Verfügen über die Registriermethode in der Form $f(A) \in \widetilde{b}_0$ die Möglichkeit $f(A) \in c$ physikalisch ausgeschlossen! Die verfügbare Wahl der Registriermethode kann also die Wahrscheinlichkeit für c total verändern.

Dritter Fall: $f(\widetilde{E}) \cap c = f(\widetilde{E})$. Die Hypothese (12.4.1) ist theoretisch existent und damit physikalisch wirklich.

Vierter Fall: $f(\widetilde{E}) \cap c = \emptyset$. Die Hypothese (12.4.1) ist falsch und damit physikalisch auszuschließen.

Jetzt wollen wir statt (12.4.2)

$$f(\widetilde{E}) \in \mathcal{Q},\ c \in \mathcal{E} \qquad\qquad (12.4.6)$$

voraussetzen, mit $\mathcal{E}$ als Menge objektiver Eigenschaften (siehe § 12.3).

Da wir in § 12.3 gesehen haben, daß man die Wahrscheinlichkeit $\lambda_{\overline{\mathcal{Q}}}(f(\widetilde{E}),$ $f(\widetilde{E}) \cap c)$ definieren kann, kann man bei der Gültigkeit von (12.4.6) auf die Hypothese (12.4.1) die Analyse aus § 11.2 anwenden:

Für $\lambda_{\overline{\mathcal{Q}}}(f(\widetilde{E}), f(\widetilde{E}) \cap c) = 1$ ist (12.4.1) theoretisch existent und damit physikalisch wirklich.

Für $0 < \lambda_{\overline{\mathcal{Q}}}(f(\widetilde{E}), f(\widetilde{E}) \cap c) < 1$ ist (12.4.1) physikalisch möglich mit der Wahrscheinlichkeit $\alpha = \lambda_{\overline{\mathcal{Q}}}(f(\widetilde{E}), f(\widetilde{E}) \cap c)$.

Für $\lambda_{\overline{\mathcal{Q}}}(f(\widetilde{E}), f(\widetilde{E}) \cap c) = 0$ ist (12.4.1) physikalisch auszuschließen.

Da $f(\widetilde{E})$ und $f(\widetilde{E}) \cap c$ nicht Elemente von $\mathcal{S}$ sind (auch nicht beide von $\mathcal{Q}$), könnte man bei Unkenntnis der Untersuchungen aus § 12.3 genau wie in § 11.3, d. h. wie oben im Fall (12.4.2) vorgehen. Es wäre schlimm, wenn man so zu anderen Charakterisierungen der Hypothese (12.4.1) kommen würde.

Erster Fall: $f(\widetilde{E}) \cap c$ ist größer als ein maximales Element x der Menge $\mathcal{S}_{\widetilde{E}}$. Also gibt es ein maximales Element b_{0m} von $\mathcal{R}_0$ mit

$$f(\widetilde{E}) \cap c \supset x = f(\widetilde{E}) \cap b_{0m}.$$

Daraus folgt

$$f(\widetilde{E}) \cap b_{0m} = (f(\widetilde{E}) \cap b_{0m}) \cap (f(\widetilde{E}) \cap c) = f(\widetilde{E}) \cap b_{0m} \cap c.$$

Nach § 12.3 ist $f(\widetilde{E}) \cap b_{0m} \cap c$ Element von $\overline{\mathcal{S}}$, so daß $\lambda_{\overline{\mathcal{S}}}(f(\widetilde{E}) \cap b_{0m}, f(\widetilde{E}) \cap b_{0m} \cap c)$ definiert ist. Wegen $f(\widetilde{E}) \cap b_{0m} \cap c = f(\widetilde{E}) \cap b_{0m}$ ist also

$$\lambda_{\overline{\mathcal{S}}}(f(\widetilde{E}) \cap b_{0m}, f(\widetilde{E}) \cap b_{0m} \cap c) = 1.$$

Wegen $c \in \mathcal{E}$ ist daher

$$\lambda_{\overline{\mathcal{S}}}(f(\widetilde{E}) \cap b_0, f(\widetilde{E}) \cap b_0 \cap c) = \lambda_{\overline{\mathcal{Q}}}(f(\widetilde{E}), f(\widetilde{E}) \cap c)$$

unabhängig von b_0, d. h.

$$\lambda_{\overline{\mathcal{S}}}(f(\widetilde{E}) \cap b_0, f(\widetilde{E}) \cap b_0 \cap c) = 1$$

für alle $b_0 \in \mathcal{R}_0$ und somit

$$f(\widetilde{E}) \cap b_0 = f(\widetilde{E}) \cap b_0 \cap c$$

für alle $b_0 \in \mathcal{R}_0$. Daraus folgt

$$f(\widetilde{E}) = \bigcup_{b_0 \in \mathcal{R}_0} (f(\widetilde{E}) \cap b_0) = \bigcup_{b_0 \in \mathcal{R}_0} f(\widetilde{E}) \cap b_0 \cap c = f(\widetilde{E}) \cap c.$$

Die Hypothese (12.4.1) ist also theoretisch existent. Für $c \in \mathcal{E}$ ist also der Fall, daß $f(\widetilde{E}) \cap c$ größer als ein maximales Element von $\mathcal{S}_{\widetilde{E}}$ ist, mit dem Fall $f(\widetilde{E}) \subset c$ identisch.

Zweiter Fall: $f(\widetilde{E}) \cap c \neq \emptyset$ und nicht größer als ein maximales Element von $\mathcal{S}_{\widetilde{E}}$. Sei $f(\widetilde{E}) \cap b_{0m}$ ein maximales Element von $\mathcal{S}_{\widetilde{E}}$. Also ist

$$(f(\widetilde{E}) \cap b_{0m}) \cap (f(\widetilde{E}) \cap c) \neq f(\widetilde{E}) \cap b_{0m},$$

d. h.

$$f(\widetilde{E}) \cap b_{0m} \cap c \neq f(\widetilde{E}) \cap b_{0m}.$$

Wegen $f(\widetilde{E}) \cap c \neq \emptyset$ und $c \in \mathcal{E}$ ist $f(\widetilde{E}) \cap b_0 \cap c \neq \emptyset$ für alle $b_0 \in \mathcal{R}_0$. Also ist

$$0 < \lambda_{\overline{\mathcal{S}}}(f(\widetilde{E}) \cap b_{0m}, f(\widetilde{E}) \cap b_{0m} \cap c) < 1.$$

Wegen $c \in \mathcal{E}$ ist aber

$$\lambda(f(\widetilde{E}) \cap b_0, f(\widetilde{E}) \cap b_0 \cap c)$$

für alle $b_0 \in \mathcal{R}_0$ gleich groß !

Man kann in diesem Fall zwar über alle möglichen Registriermethoden verfügen, was aber *keinen Einfluß* auf die Wahrscheinlichkeit für $f(A) \in c$ hat! Die Hypothese (12.4.1) ist physikalisch möglich, aber in keiner Weise verfügbar, da die Wahrscheinlichkeit für $f(A) \in c$ nicht durch „Verfügungen" abänderbar ist.

Der dritte Fall $f(\widetilde{E}) \cap c = f(\widetilde{E})$ ist mit dem ersten Fall identisch.

Vierter Fall: $f(\widetilde{E}) \cap c = \emptyset$. Die Hypothese (12.4.1) ist physikalisch auszuschließen.

Ist (12.4.6) erfüllt, so erhält man also auf beiden Wegen dieselben Charakterisierungen für die Hypothese (12.4.1).

Es ist nicht verwunderlich, daß man für physikalische Objekte „theoretisch" immer nur Hypothesen der Form (12.4.1) unter der Bedingung (12.4.6) diskutiert, obwohl (12.4.2) mehr den wirklichen Experimenten entspricht. Man tut „theoretisch" so, als ob die $b \in \mathcal{R}$ im allgemeinen „schlechte" Registrierverfahren sind, wenn sie nicht mit den idealen $b_0 \cap c$ mit $c \in \mathcal{E}$ übereinstimmen. Als „Theoretiker" hätte man es nur notwendig – so meint man –, sich mit den $c \in \mathcal{E}$ zu beschäftigen, die „Experimentatoren" sollen zusehen, daß und wie sie experimentieren, um aus ihren $b \in \mathcal{R}$ auf die $c \in \mathcal{E}$ zurückschließen zu können.

Diese „Einstellung" der Theoretiker hat für Theorien physikalischer Objekte den großen Vorteil, daß man sich nicht um die verschiedenen Registriermethoden $b_0 \in \mathcal{R}_0$ zu kümmern braucht und damit die durch $\mathcal{R}_0$ beschriebene Wirklichkeit den Experimentatoren überläßt. Die Theoretiker brauchen sich nach dieser Einstellung nur mit den objektiven Eigenschaften der physikalischen Objekte zu beschäftigen und nicht mit den Methoden (d. h. mit den $b_0 \in \mathcal{R}_0$), mit Hilfe derer man diese Eigenschaften experimentell messen kann.

Die klassische, statistische Punktmechanik ist ein typisches Beispiel für diese Haltung. Der Γ-Raum der p_ν, q_ν steht in diesem Falle für Ω aus $(\Omega, \mathcal{A}, P)$.

Die Menge $\widehat{\mathcal{E}}$ ist die Menge $\mathcal{A}/\mathcal{J}$, wobei $\mathcal{A}$ die Menge der nach dem *Lebesgue*-schen Maß meßbaren Mengen ist und $\mathcal{J}$ die Menge der Mengen vom Maß Null. $K(\widehat{\mathcal{E}})$ ist die Menge der (meßbaren) „Wahrscheinlichkeitsdichten" $\rho(p_\nu, q_\nu)$.

Ein $p \in \widehat{\mathcal{E}} = \mathcal{A}/\mathcal{J}$ kann also durch ein $\sigma \in \mathcal{A}$ mit $\sigma \in p$ charakterisiert werden, so daß die Wahrscheinlichkeit für p in der Gesamtheit $w = \rho(p_\nu, q_\nu)$ gleich

$$\mu(w, p) = \int_\sigma \rho(p_\nu, q_\nu) dp_1 \ldots$$

wird. Von den Registriermethoden $b_0 \in \mathcal{R}_0$ pflegt man nicht zu sprechen; sollen doch die Experimentalphysiker zusehen, wie sie feststellen, ob für ein physikalisches Objekt x der dem x zugeordnete Phasenpunkt $f(x) \in \Gamma$ in das Gebiet σ fällt!

Diese eben geschilderte Einstellung der Theoretiker hat sich als verhängnisvoll in bezug auf die Quantenmechanik ausgewirkt. Die Mikrosysteme sind eben keine physikalischen Objekte. Eine von den Registriermethoden $b_0 \in \mathcal{R}_0$ losgelöste Beschreibung der Mikrosysteme ist unmöglich (siehe [3] IV und [20]). Die Diskussion von Hypothesen der Form (12.4.1) unter der Bedingung (12.4.2) bleibt aber weiterhin gültig! Der dabei auftretende „zweite Fall" ist *uneliminierbar*!

Zur genaueren Diskussion sei auf [3] und [20] verwiesen. Nur zur Verdeutlichung sei der oben diskutierte Fall durch ein Beispiel aus der Quantenmechanik konkretisiert:

$f(\widetilde{E})$ sei ein Präparierverfahren für Elektronen, c sei ein Registrierverfahren dafür, daß (was natürlich idealisiert ist) der Ort zur Zeit $t = 0$ in einem Gebiet $\mathcal{V}$ des dreidimensionalen Raumes liege. $W = \varphi f(\widetilde{E})$ ist dann nach der Quantenmechanik ein selbstadjungierter Operator in einem *Hilbert*-Raum $\mathcal{H}$ mit $W \geq 0$ und $\mathrm{Sp}(W) = 1$. Zu c gibt es also ein $b_{01} \subset \mathcal{R}_0$ mit $c \subset b_{01}$. $E = \psi(b_{01}, c)$ ist dann ein selbstadjungierter Projektionsoperator in $\mathcal{H}$ und zwar in der Ortsdarstellung von der Form:

$$E\psi(\underline{r}) = \begin{cases} \psi(\underline{r}) & \text{für } \underline{r} \in \mathcal{V}, \\ 0 & \text{für } \underline{r} \notin \mathcal{V}. \end{cases} \tag{12.4.7}$$

Es ist dann

$$\lambda_{\mathcal{S}}(f(\widetilde{E}) \cap b_{01}, f(\widetilde{E}) \cap c) = \mu(\varphi f(\widetilde{E}), \psi(b_{01}, c)) = \mathrm{Sp}(WE).$$

Die oft gemachte Aussage, daß $\mathrm{Sp}(WE)$ die Wahrscheinlichkeit für $f(A) \in c$ sei, ist unzulänglich und ungenau. Vielmehr ist die Charakterisierung der Hypothese (12.4.1) entsprechend dem oben geschilderten „zweiten Fall" durchzuführen:

Über ein Präparierverfahren $b_0 \in \mathcal{R}_0$ kann „verfügt" werden; für $f(A) \in b_0$ mit einem bestimmten $b_0 \in \mathcal{R}_0$ bestehen *keine* Wahrscheinlichkeiten; also für $f(A) \in b_{01}$ mit dem obigen b_{01} gibt es keine Wahrscheinlichkeit, man kann vielmehr über $f(A) \in b_{01}$ verfügen. Über $f(A) \in c$ aber kann man dann nicht mehr verfügen.

Sei also z. B. über $f(A) \in b_0$ mit einem bestimmten $b_0 \in \mathcal{R}_0$ verfügt; d. h. der erweiterte Realtext möge $A \in \widetilde{E}$, $f(A) \in b_0$ lauten. Über die Hypothese

$$A \in \widetilde{E}, \ f(A) \in b_0, \ f(A) \in c$$

kann dann nicht mehr verfügt werden, sondern $f(A) \in c$ ist dann (d. h. nachdem über b_0 verfügt wurde) mit der Wahrscheinlichkeit

$$\lambda_{\mathcal{S}}(f(\widetilde{E}) \cap b_0, f(\widetilde{E}) \cap b_0 \cap c) = \ \mathrm{Sp}\,(W\psi(b_0, b_0 \cap c))$$

physikalisch möglich.

Nach der Quantenmechanik gilt $\psi(b_0, b_0 \cap c) \leq E$ mit E nach (12.4.7).

Ist b_0 gleich dem oben eingeführten b_{01}, so wird $f(A) \in c$ mit der Wahrscheinlichkeit $\alpha = \mathrm{Sp}(WE)$ physikalisch möglich. Ist aber z. B. b_0 eine Methode b_{02} zum Messen des Impulses, so folgt nach der Quantenmechanik $b_{01} \cap b_{02} = \emptyset$ und damit (wegen $c \subset b_{01}$) auch $b_{02} \cap c = \emptyset$. Also ist $\psi(b_{02}, b_{02} \cap c) = 0$. Mit $b_0 = b_{02}$ wird also $\mathrm{Sp}(W\psi(b_{02}, b_{02} \cap c)) = 0$, und damit ist $f(A) \in c$ physikalisch auszuschließen. Man sagt kurz: „Die Messung des Impulses schließt die Registrierung des Ortes aus."

Ort und Impuls von Mikrosystemen sind keine objektiven Eigenschaften. Man kann in der Quantenmechanik als Ersatz den Begriff der Pseudoeigenschaften einführen (siehe [3] III § 4.2). Eine Pseudoeigenschaft kann aber *nicht* unabhängig von Präparierverfahren und Registriermethoden, d. h. nicht unabhängig von den $a \in \mathcal{Q}'$ und den $b_0 \in \mathcal{R}_0$ definiert werden, was eben den nicht objektiven Charakter der Pseudoeigenschaften zum Ausdruck bringt.

Nicht die Methoden der theoretischen Physik verlieren ihre Anwendbarkeit in der Quantenmechanik; nur die intuitive und unkritische Übertragung von Strukturen physikalischer Objekte auf Mikrosysteme kann zu Schwierigkeiten und Widersprüchen führen.

Literatur

[1]   G. Ludwig: *Einführung in die Grundlagen der theoretischen Physik*, 4 Bände (Vieweg, Braunschweig, 1974-1978)

[2]   N. Bourbaki: *Théorie des ensembles* (Diffusion C.C.L.S., Paris, 1970)

[3]   G. Ludwig: *Foundations of Quantum Mechanics*, 2 Bände (Springer, Berlin, Heidelberg, New York, Tokyo, 1983, 1985)

[4]   G. Ludwig: *Wellenmechanik*, Einführung und Originaltexte (Vieweg, Braunschweig, 1969);
G. Ludwig: *Wave Mechanics*, englische Übersetzung (Pergamon Press, Oxford, 1968)

[5]   G. Ludwig: Makroskopische Systeme und Quantenmechanik (Notes in Math. Phys. 5, Marburg, 1972)
G. Ludwig: Meß- und Präparierprozesse (Notes in Math. Phys. 6, Marburg, 1972)

[6]   A. Kolmogoroff: *Grundbegriffe der Wahrscheinlichkeitsrechnung* (Springer, Berlin, 1933)

[7]   K. Gödel: Über formal unentscheidbare Sätze der Principia Mathematica und verwandter Systeme (Monatsch. für Math. und Phys. **38**, 173-198, 1931)

[8]   S. Kleene: *Introduction to Metamathematics* (Van Nostrand, Princeton, 1952)

[9]   F. Meada: *Kontinuierliche Geometrien* (Springer, Berlin, Heidelberg, New York, 1958)

[10]   N. Bourbaki: *Topologie générale*, ch. II, Stuctures uniformes (Diffusion C.C.L.S., Paris, 1971)

[11]   M. Jammer: *The Philosophy of Quantum Mechanics* (Wiley, New York, 1976)
M. Jammer: *The Conceptual Development of Quantum Mechanics* (McGraw-Hill, New York, 1966)

[12]   J.M. Jauch: *Foundations of Quantum Mechanics* (Addison-Wesley, Massachusetts, 1968)
C. Piron: *Foundations of Quantum Mechanics* (Benjamin, Massachusetts, 1976)

[13]   C.F. von Weizsäcker: *Die Einheit der Natur* (Hanser, München, 1971)

[14]   E. Scheibe: *The Logical Analysis of Quantum Mechanics* (Pergamon Press, New York, 1973)

[15]   A. Robb: *Geometry of Time and Space* (Cambridge University Press, Cambridge, 1936)
J.L. Synge: *Relativity: The special theory* (North-Holland, Amsterdam, 1956)
J.L. Synge: *Relativity: The general theory* (North-Holland, Amsterdam, 1964)
J. Ehlers, F.A.E. Pirani, A. Schild: *General Relativity*, ch. 4 (University Press, Oxford, 1972)
J. Ehlers: The Nature and Structure of Space-Time, in *The Physicist's Conception of Nature* (Reidel, Dordrecht, 1973)

[16]   B. D'Espagnat (ed.): *Foundations of Quantum Mechanics* (Academic Press, New York, 1971)

[17]   N. Bourbaki: *Topologie générale*, ch. IX, Utilisation des nombres réels en topologie générale (Diffusion C.C.L.S., Paris, 1974)

[18] Y.Aharanov, D. Bohm: Significance of Electromagnetic Potentials in the Quantum Theory (Phys. Rev. **115**, 485, 1959)
R.G. Chambers: Shift of Electron Interference Patterns by Enclosed Magnetic Flux (Phys. Rev. Letters **5**, 3, 1960)
G. Möllenstedt, W.Bayh: Kontinuierliche Phasenschiebung von Elektronenwellen im kraftfeldfreien Raum durch das magnetische Vektorpotential eines Solenoids (Phys. Blätter **18**, 299, 1962)

[19] N. Bourbaki: *Topologie Générale*, ch. X, Espaces fonctionnels (Diffusion C.C.L.S., Paris, 1974)

[20] G. Ludwig: *An Axiomatic Basis for Quantum Mechanics*, 2 Bände (Springer, Berlin, Heidelberg, New York, Tokyo, 1986, 1987)

[21] G. Ludwig: Measuring and Preparing Processes, in *Foundations of Quantum Mechanics and Ordered Linear Spaces* (Lecture Notes in Physics, Vol. 29, Springer, Berlin, Heidelberg, 1974)

[22] G. Ludwig: *Deutung des Begriffs „physikalische Theorie" und axiomatische Grundlegung der Hilbertraumstruktur der Quantenmechanik durch Hauptsätze des Messens* (Lecture Notes in Physics, Vol. 4, Springer, Berlin, Heidelberg, 1970)

[23] G. Ludwig: A Theoretical Description of Single Systems, in *The Uncertainty Principle and Foundations of Quantum Mechanics* (Wiley, New York, 1977)

[24] P. Weingartner, G. Zecha: *Introduction, Physics and Ethics*, Proceedings and Discussions of the 1968 Salzburg Colloquium in the Philosophy of Science (Reidel, Dordrecht, 1970)

[25] J.D. Sneed: *The Logical Structure of Mathematical Physics* (Reidel, Dordrecht, 1971)

[26] R. Giles: *Mathematical Foundations of Thermodynamics* (Reidel, Dordrecht, 1971)
J.M. Jauch: A New Foundation of Equilibrium Thermodynamics (Preprint: Department of Mathematics, University of Denver, Colorado, 80210)

[27] H.-J. Schmidt: *Axiomatic Characterization of Physical Geometry* (Lecture Notes in Physics, Vol. 111, Springer, Berlin, Heidelberg, 1979)

[28] W. Balzer, J.D. Sneed: Generalized net structures of empirical theories, I and II (Studia Logica 36(3), 195-212, 1977 and 37(2), 168-194, 1978)

[29] P. Mittelstaedt, E.-W. Stachow: *Recent Developments in Quantum Logic* (Bibliographisches Institut Mannheim, Wien, Zürich, 1985)

[30] K.R. Popper: *The Logic of Scientific Discovery* (Hutchinson, London, 1959)
J. Lakatos: Falsification and the Methodology of Scientific Research Programmes, in *Criticism and the Growth of Knowledge*, J. Lakatos, A. Musgrave (Hrsg.) (Cambridge University Press, Cambridge, 1970)

[31] P. Janich: Protophysik, in *Handbuch wissenschaftstheoretischer Begriffe*, J. Speck (Hrsg.) (Vandenhoeck & Ruprecht, Göttingen, 1980)
P. Janich: *Die Protophysik der Zeit* (Suhrkamp, Frankfurt, 1980)
P. Lorenzen: *Elementargeometrie* (B.I. Wissenschaftsverlag, Mannheim, Wien, Zürich, 1984)

[32] G. Ludwig: *Axiomatische Basis einer Physikalischen Theorie und theoretische Begriffe* (Zeitschrift für allgemeine Wissenschaftstheorie XII/1, 55-74, 1981)

Verzeichnis der Symbole

Sachverzeichnis